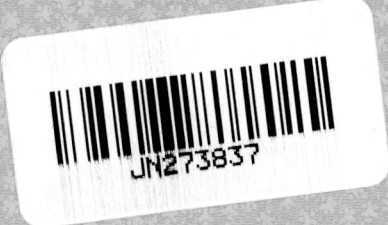

はじめに

まことに恐縮ですが初めにおことわりしなければならないことがあります。私は植物の専門家ではありません。もちろん植物学者ではなく、植物を業とするものでもありません。私の仕事は建築の設計ともう一つは絵かきです。実はその植物の素人が植物の本をかくには理由があったのです。それはたまたま興味を持っていた江戸の勉強をしている中で、昔の江戸城が現在の皇居の中では一体どういう位置関係で建物があったのかを調べていたのが始まりでした。しかし、適当な史料がなかなか見つからずやむを得ず自分で絵図を作ることにしたのです。そこでまず、古い絵図の中から現在の東御苑の地図になるべくスケールが合う幕末の江戸城の絵図を落し込むことにしたのです。進めていく中で細かい部屋割りなどを入れていくと、その位置をもう少ししっかり確認できる現在の指標が必要だと感じました。それで、東御苑に現在ある樹木を絵図に1本1本落し込んでその位置から苑内に自分が立った時、江戸城のどこにいるのかをわかるようにすることにしました。しかし初めのうちは樹々の名前さえはっきりとはわからず、しかたなく詳しい人に教えてもらったり、自分で調べたりしてなんとか絵図を完成したのです。その時、樹々と一緒に草木もついでに記録しながら3年程かけまとめたメモ帖がこの本の原点でした。

メモ帖にはその後も草木の種類が増え続け800種程になりました。さらにその後シダ、鳥、魚、キノコ、虫等も加わり、1000近くにもなりましたが、所詮素人のやることで、不明のものも多く、整理の仕方が難しくなってきたのでした。そうこうしているうちに周りの知人などから植物の本としてまとめてほしいという声も多く頂くようになり、とりあえず自分自身で確認できた範囲でキリをつけ、再構成したものがこの本です。したがってこの本は植物学としての目的で作った植物図鑑ではありません。むしろ植物絵本といったほうがよいかもしれません。それに残念ながら、自分が知りたい一心で調べたことをメモのつもりで描いていますので基本的な間違いや知識不足からくる欠点が少なからずあるかもしれません。絵も決ったスペースになるべく多く描きたいために花、茎、葉等が揃った絵に合成していますので不自然なところもあるかもしれませんがご容赦下さい。しかし、私が皇居東御苑に通い続けて初めてわかった植物の不思議さや驚きなどを始めとして東御苑の歴史や文化も、またスケッチや写真の楽しさや私自身のライフワークである「歴史を活かした東京の都市づくり」のソフトとしての意味、さらに人との出会い等を含めてそれらのすばらしさを人々に少しでも伝えたい思いでこの本を作りました。いうならば私は植物楽者であり歴史楽者です。皆さんも大都会の真ん中にあるこの素晴らしい皇居東御苑を自分の方法で楽しんでみて下さい。

2014年3月　木下栄三

目次

本書の内容について

この本の目的は大きく分けて次の三つがあります。

一つ目は植物個々の生き様や驚き、不思議さなどを体感し、それを是非伝えたいと思ったのです。そのために、伝えたい情報を文章よりもなるべく図や絵で表現する方法をとりました。絵や図については現場でのスケッチと自分が撮影した植物の写真だけでなく、多くの書籍やインターネットなどの写真等を調べて、なるべく個々の植物のスタンダードな姿を自分なりに求めました。しかし、季節の違いや、本書のスペースの関係から花・葉・茎などをできるだけ一つの絵図で表わすために合成したり、角度や範囲、縮小、拡大、場合によっては季節の違いもそこに組み込んでいます。内容は多少熱苦しいほどギューと詰め込んでいますが、いわば絵としての表現でよりわかりやすく構成し直していますので是非活用して下さい。

次に二つ目ですが、進めていく中でそれらの植物の名前の面白さと植物の特性から、人と植物の文化、歴史、生活など、様々な関係に興味を持ったことで部分的ではありますが、拾い上げたことをお伝えしたいと思いました。

三つ目は東京、あるいは日本における皇居東御苑の歴史・文化における重要性と素晴らしさをもっと多くの人々に伝えたかったことがあります。それは調査をしている中で比較的人が少なく、ゆったり観察できたのは有難いことでしたがその半面、都心の便利なところで、しかも非常によく管理された庭園であり、植物園であり、武蔵野の再現でもあり、さらに生《なま》の歴史に直に出会うことができるという大変貴重な場所でありながら案外人々にその認識が薄く、中には一切入ることさえできないと思っている人も多く、自分だけが有難く恩恵を受けているだけでは大変もったいなく思ったからです。

以上の三つをこの本の目的として構成しています。

本書の使い方

カラスノエンドウ［烏野豌豆］

マメ科／1年草・越年草／*Vicia angustifolia* var. *segetalis*／3〜6月／ヤハズエンドウ(矢筈豌豆)

和名は果実が熟すと真っ黒になるところからカラスにたとえたという。また、別名をヤハズエンドウといい、これは葉先が矢筈(弓の弦にかける凹み)形から。東御苑ではどこでも見られるが、カラス、スズメ、カスマの3兄弟の区別ができると親しみがわく。

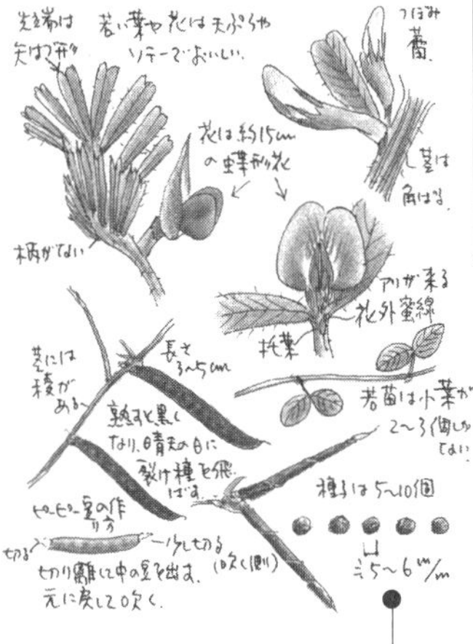

39

②

二の丸庭園〜汐見坂周辺

植物名

植物の名前については皇居東御苑内の樹木につけられている名札(ここで見られる名称は基本的に和名が使われています)の名前を準用していますが、名札のないものについては一般的に使用されているなるべくなじみのあるものを著者が選択して使用しています。従って植物学的な正式名と違う場合があります。

科目

本書では植物分類体系を基本的に従来の旧エングラー分類体系と新エングラー分類体系を使用しています。これは苑内の植物が比較的なじみのあるものが多いことで、その花や実などの外観でわかりやすく見分けができることを目的としているためです。また、現時点では多くの書籍やインターネットなどの情報がAPG植物分類体系にまだ大幅に移行されていないことと、本書が植物学的な進化を主たる目的としていないことにあります。

花期

花期については東京を基準にしていますが、皇居東御苑内の説明板にあるものはこれを優先しています。それは一般的な東京の温度や湿度などと比較すると皇居東御苑特有の自然環境が多少ですがあると思われるからです。

漢名

生活型

生活型では越年草と2年草の違いなどが、学説などで異なる場合がありますが、高度な専門的な知識が必要なものについては本書では完全に区別できていないものもあります。

学名

学名は一般的に使われているもののうち主に科・属・種を表わしています。また学説で異なるものはなるべく一般に多く使われているものとしています。

別名

別名は特にないものもありますが、数多くあるものは代表的なものとしています。

区分

解説

解説は主に名前の由来やその植物と人との関係を歴史・文化の観点でとらえています。

草木メモ

本書の文章や絵図の用語についてはなるべく一般的なものを使っていますが、例えば花床と花托、または花柄と花梗などはなるべく一つに絞って使用しています。

●本書に掲載している植物は全て著者が自分の目で確かめたものに限定していますので、皇居東御苑すべてのものではありません。従って様々な情報で存在するといわれているものも含めて実際にはまだ多くの確認できていない植物があると思われます。

●本書のうち、特に苑内の植物のコーナーなどはその主旨を忠実に伝える意味で説明板の内容を参照または引用させて頂いている部分があります。

花のこと（被子植物）

裸子植物では種子のもとである胚珠が心皮に包まれないで裸のままであるが被子植物では心皮に包まれて保護されている。花はシュートの先が凝縮して特別な形に変ったものである。

〈花葉《かよう》〉花を構成する器官の1枚ずつをいう。花弁の1枚、雄しべの1つ、子房の1部屋をそれぞれ花葉という。つまり、花器官が本来葉の変形であるという考え方から出た言い方。

〈花冠《かかん》〉個々を花弁という。または花片ともいう。がく片と同形の場合（等花被）はがく片を外花被、花弁を内花被と呼ぶ。個々を外花被片、内花被片という。

花の構造

〈花糸《かし》〉花粉を昆虫の体につきやすいように長さを調節している。

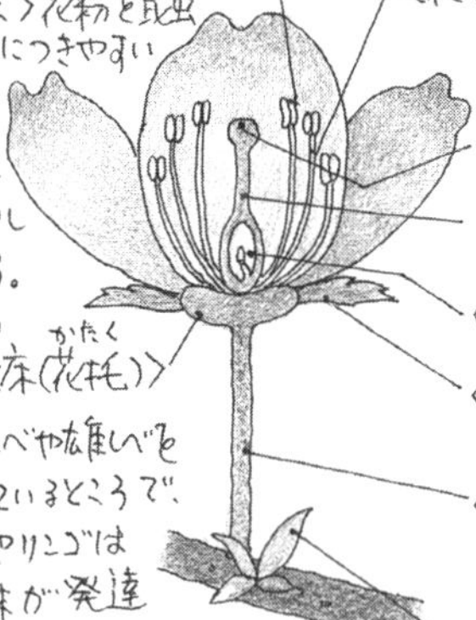

〈葯《やく》〉花粉をつけた袋

〈花糸《かし》〉

〈雄しべ〉

〈柱頭《ちゅうとう》〉花粉を受ける場所。

〈花柱《かちゅう》〉柱頭と子房の間の柱。〈雌しべ〉のこと。

〈子房《しぼう》〉種（しゅ）によって上位、中位、下位、周変と位置が変わる。

〈花床《かしょう》（花托《かたく》）〉

雌しべや雄しべを支えているところで、ナシやリンゴは花床が発達したもの。

〈がく（萼）〉個々はがく片という。花弁とがく片が同形の場合は外花被片という。（ハナショウブの項参照）

〈花柄《かへい》（花梗）〉個々の花をつけている枝のこと。サクラなどでは小花柄という。

〈苞《ほう》（苞葉《ほうよう》）〉花や花序の基部にある葉。花がつぼみのときにはこれに包まれていた。小さな鱗片状のもの、花弁状のもの、普通の葉などいろいろある。

〈総苞《そうほう》〉キク科のように複数の花につく苞をいう。（タンポポの項参照）

花の形いろいろ

〈無花被花（花被のない花）〉

花には雄しべと雌しべが必要で、花被は生殖のための飾り道具。花被のない花を裸花ともいう。

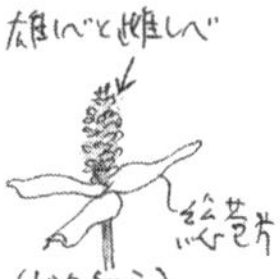

（ドクダミ）

〈単花被花（がくだけの花）〉がくだけで花弁がない花という。単花被花の場合はがくとする。

（ミズヒキ）

〈両花被花（がくと花冠のある花）〉

がくと花冠がありと区別もできる。

〈花冠いろいろ〉花冠には花弁が一部又は全部が合着している合弁花や、花弁が互いに離れている離弁花など様々なものがある。

5弁花（カタバミ）

複数弁花

切れ込みが深くて10弁に見える。（ハコベ）

十字花冠（アブラナ）（ダイコン）

高杯《たかつき》形（オシロイバナ）

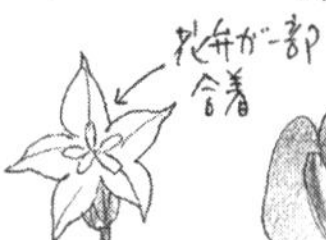

ナス形（ワルナスビ）

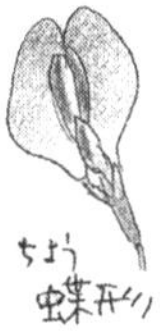
蝶《ちょう》形（カラスノエンドウ）

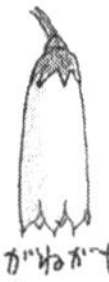
鐘形《つりがねがた》（ホタルブクロ）

唇《しんけい》形（オドリコソウ）

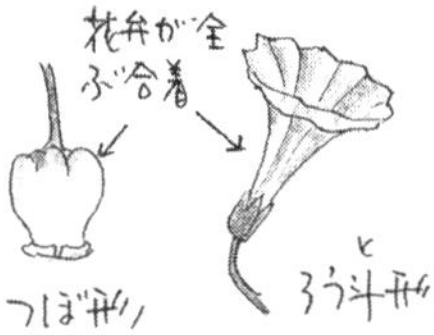

つぼ形（ドウダンツツジ）

ろう斗《と》形（ヒルガオ）

距《きょ》を持つ形（ムラサキケマン）

頭状花形（タンポポ）

ユリ形（ユリ）

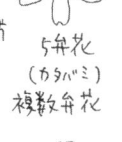

花序

花は一定の配列で茎についている。そのつき方や、ついている茎全体を花序という。

〈単頂花序〉

花茎や枝先に1個の花がつく

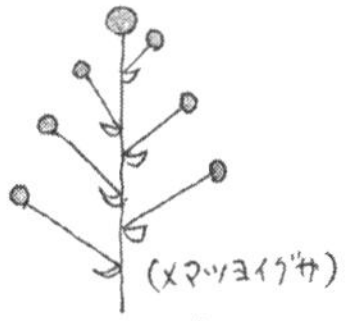

〈総状花序〉

花軸に柄を持つ花が多数つき順に咲いていく.

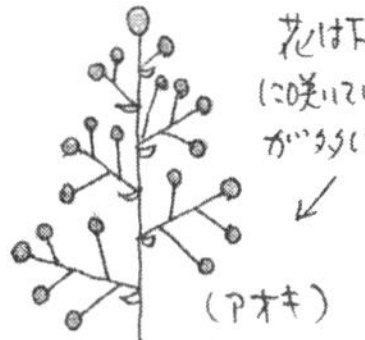

〈複総状花序〉

花軸から出た枝からさらに枝が出て花がつく.

〈円錐花序〉

多くの花が全体として円錐状に集まって花序を形づくったもの.

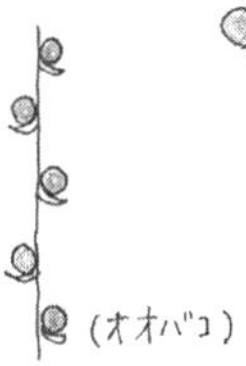

〈穂状花序〉

花軸に無柄の花が多数つき順次咲いていく.

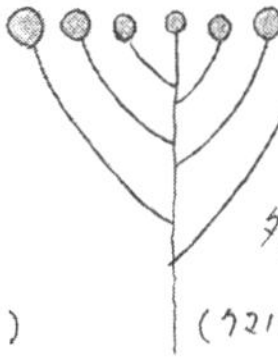

〈散房花序〉

総状花序に似る.下部の花柄ほど長く、花序の上面が平らになる.

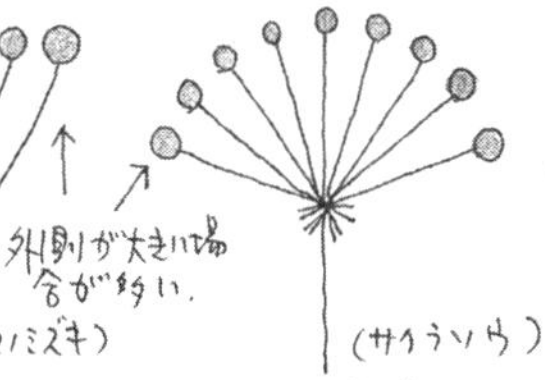

〈散形花序〉

花軸の先端からほぼ等長の柄をもつ花が放射状につく.

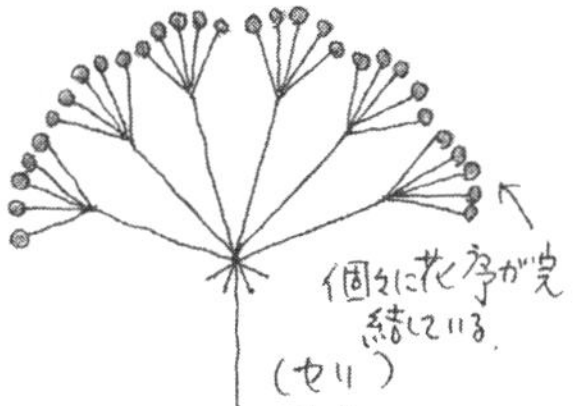

〈複散形花序〉

散形花序が2〜3段になるもの.

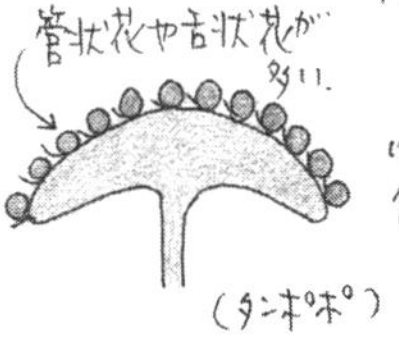

〈頭状花序〉

花軸の先端がふくらみ、そこに無柄の小花が多数つく.

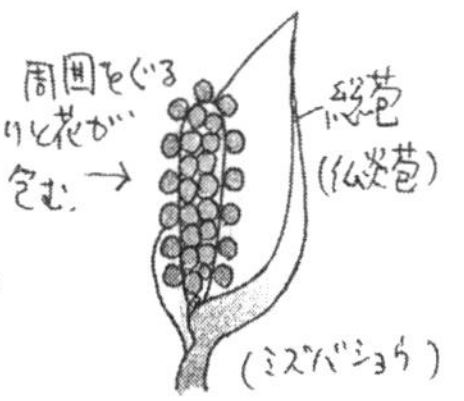

〈肉穂花序〉

花軸が多肉になりそれに小花が多数つく.それを大きな仏炎苞等が包む.

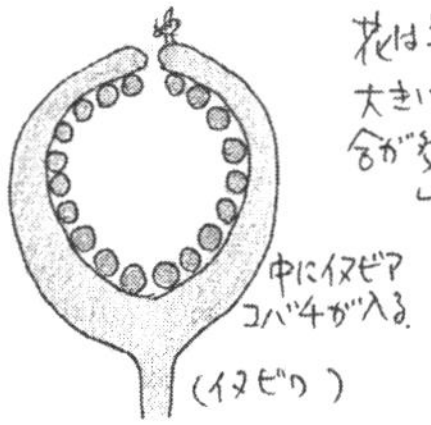

〈隠頭花序〉

花軸が多肉のつぼ形になり、その内面に多数の小花がつく.

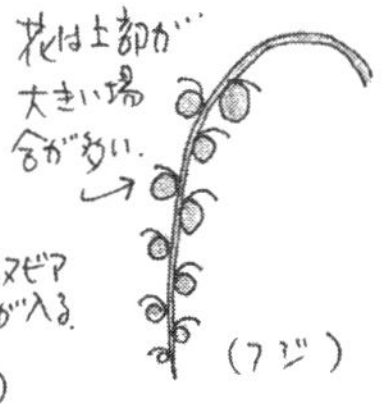

〈尾状花序〉

下部に垂れ下った曼状の枝に多くの花をつける.

一重と八重

〈一重咲き〉

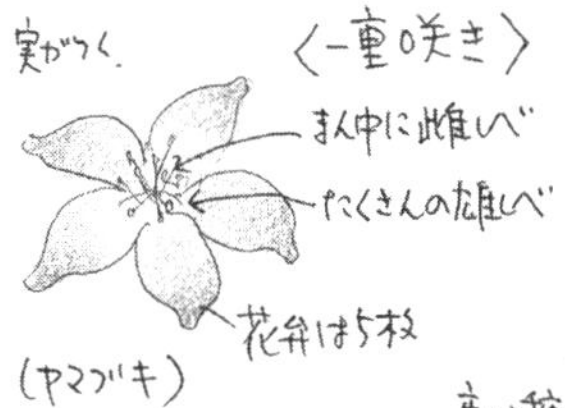

〈八重咲き〉

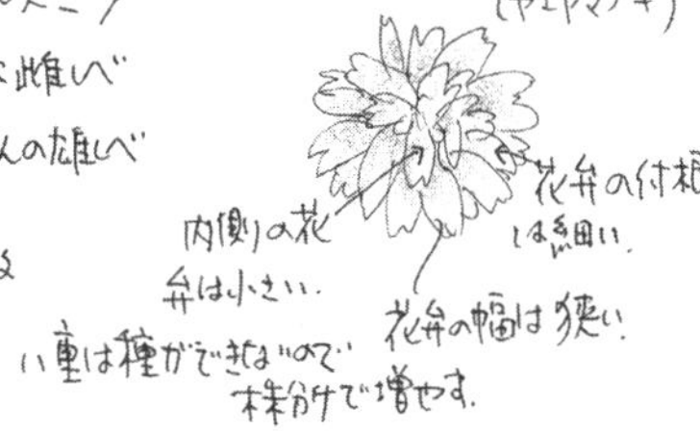

〈八重咲きのこと〉

八重咲きの花に共通していることは雄しべがなくなっていること.完全な八重咲きはおしべはまったくないが、不完全な八重咲きは時々雄しべと花弁の中間的なものがある.

主な八重咲きのある花としてはツバキ.サザンカ.バラ.ツツジ.ムクゲ.タチアオイ.サクラ.ボタン.シャクヤク.スイセンなど.

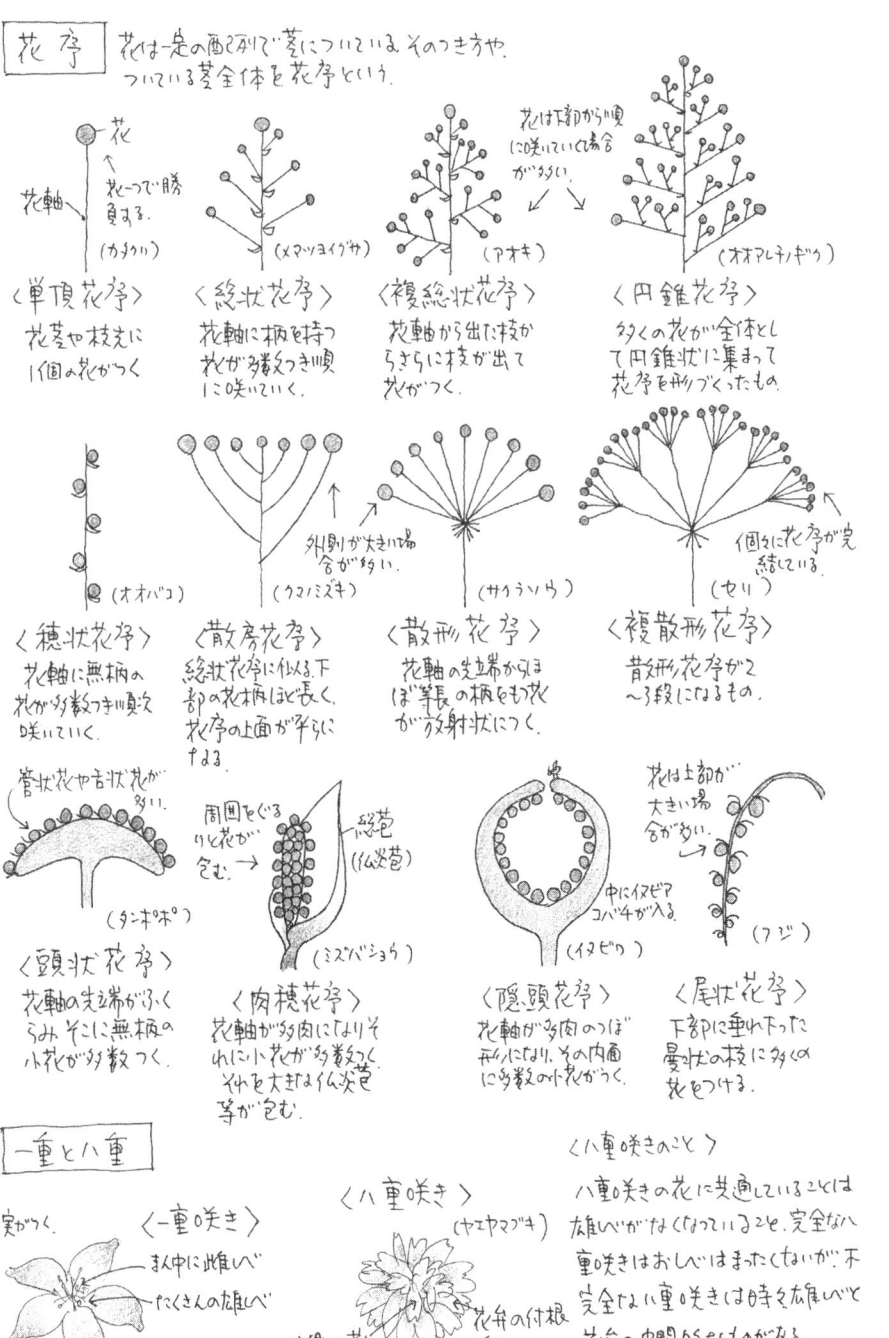

葉のこと（被子植物）

葉は光合成を行うために光を受けやすく平たく、なるべく重ならないように配列されている。

光合成は植物だけが持つ働きですべての生物を支える基礎となっているがその主役が葉である。

〈葉鞘《ようしょう》〉 葉の基部が鞘《さや》状になり、茎を巻いているものでイネ科やカヤツリグサ科等に多い！

〈偽茎《ぎけい》〉 地下茎から出た葉鞘が重なり合って、あたかも茎のように見えるもの。

葉の各部

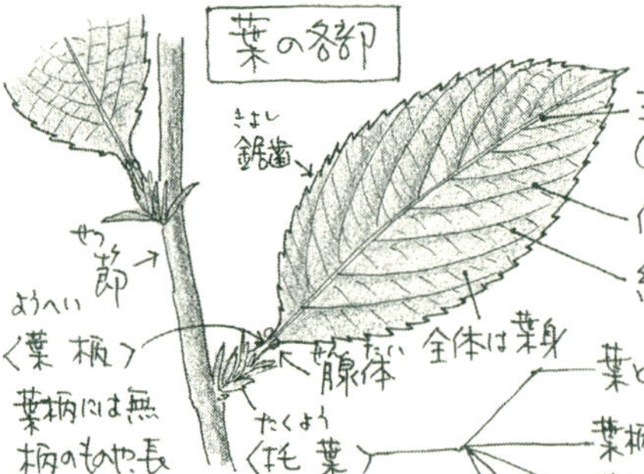

〈葉脈〉 中に維管束が走る。

〈葉柄《ようへい》〉 葉柄には無柄のものや長短がある。中には葉柄がなく葉身の基部が茎を抱くものもある。

〈托葉《たくよう》〉 葉の基部に付随するもので、形や大きさはさまざま。托葉のないものや早く落ちてしまうものも多い。

- 葉と同形のもの
- 葉柄と合着したもの
- 鞘状になったもの
- とげ状になったもの
- 大形になったもの
- 巻きひげのもの。

葉脈の種類

- 網状脈《もうじょうみゃく》 普通は双子葉植物。

- 平行脈《へいこうみゃく》 普通は単子葉植物

- 網状脈の平行型

葉の形（全体）

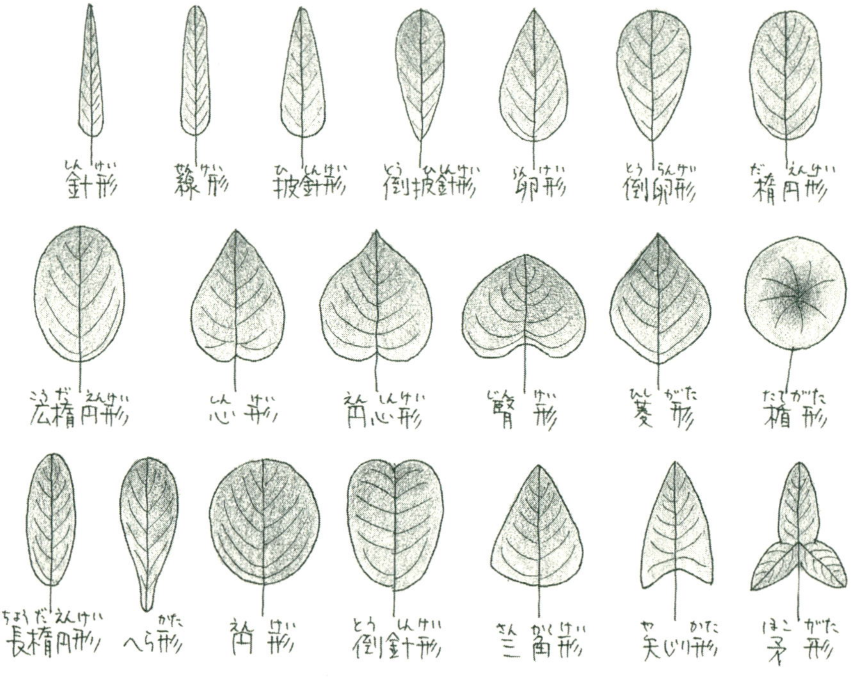

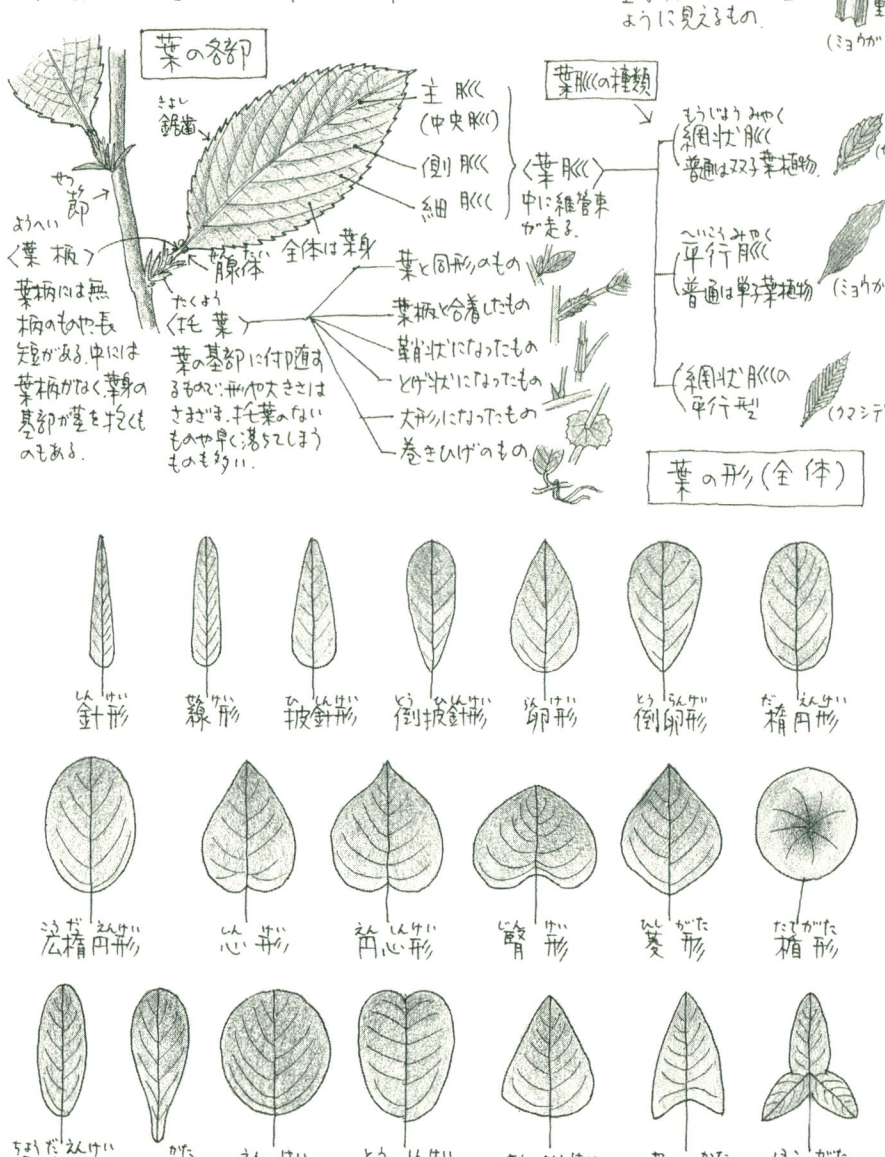

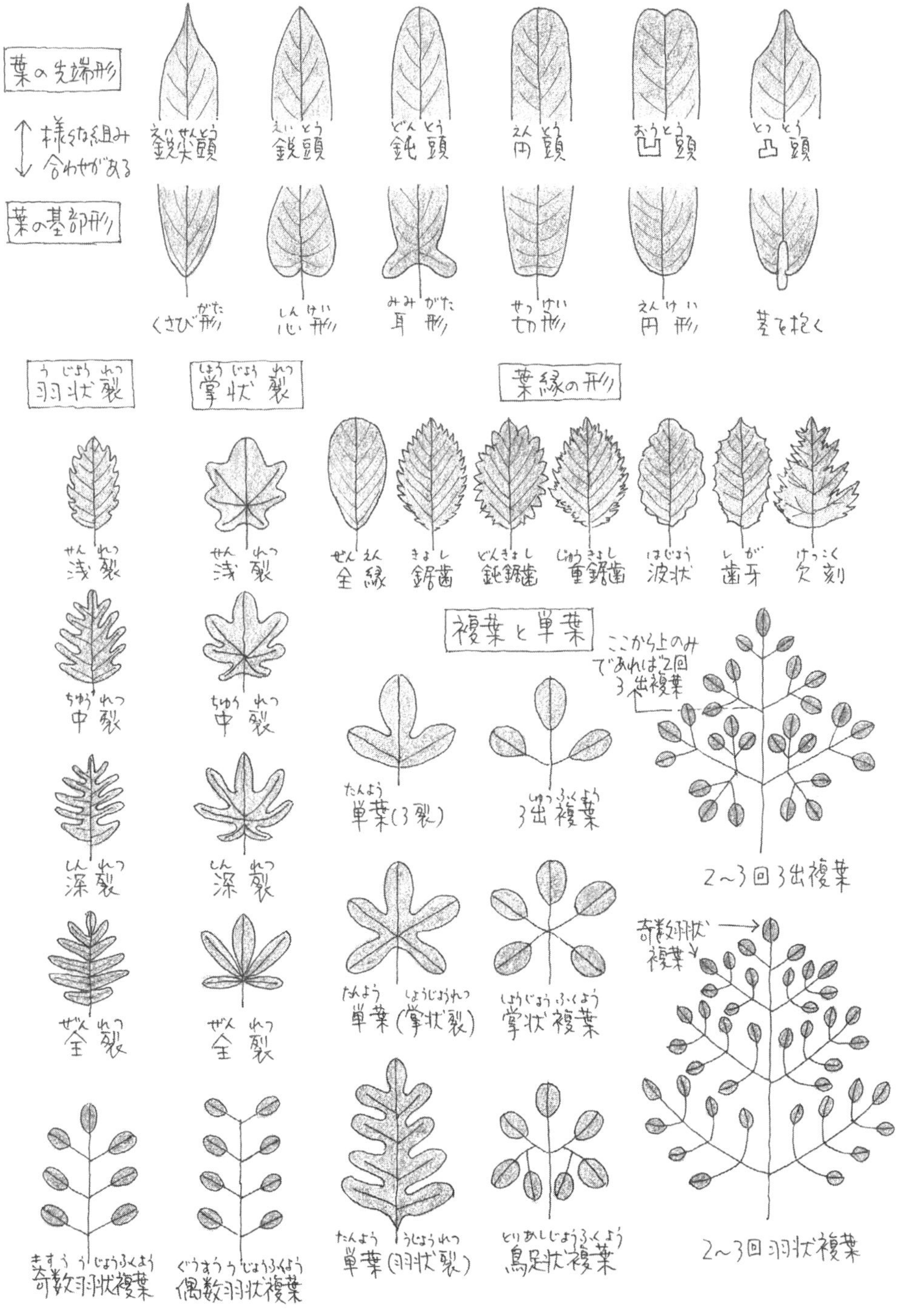
葉の先端形
↕様々な組み合わせがある
葉の基部形
鋭尖頭《えいせんとう》
鋭頭《えいとう》
鈍頭《どんとう》
円頭《えんとう》
凹頭《おうとう》
凸頭《とつとう》
くさび形《がた》
心形《しんけい》
耳形《みみがた》
切形《せっけい》
円形《えんけい》
茎を抱く
羽状裂《うじょうれつ》
掌状裂《しょうじょうれつ》
葉縁の形
浅裂《せんれつ》
浅裂《せんれつ》
全縁《ぜんえん》
鋸歯《きょし》
鈍鋸歯《どんきょし》
重鋸歯《じゅうきょし》
波状《はじょう》
歯牙《しが》
欠刻《けっこく》
複葉と単葉
ここから上のみであれば2回3出複葉
中裂《ちゅうれつ》
中裂《ちゅうれつ》
単葉《たんよう》(3裂)
3出複葉《しゅつふくよう》
2〜3回3出複葉
深裂《しんれつ》
深裂《しんれつ》
奇数羽状複葉
全裂《ぜんれつ》
全裂《ぜんれつ》
単葉《たんよう》(掌状裂《しょうじょうれつ》)
掌状複葉《しょうじょうふくよう》
奇数羽状複葉《きすううじょうふくよう》
偶数羽状複葉《ぐうすううじょうふくよう》
単葉《たんよう》(羽状裂《うじょうれつ》)
鳥足状複葉《とりあしじょうふくよう》
2〜3回羽状複葉

果実のこと

種子

〈カキの種子と果実〉

果実《かじつ》

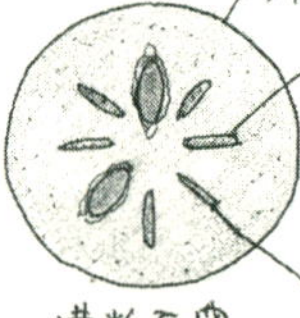

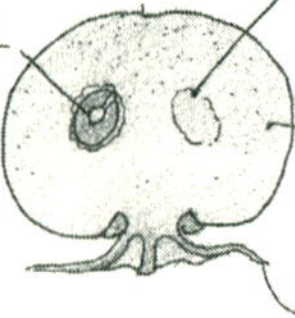

本当の果実は子房の部分が変ったもの。

液果《えきか》

漿果（しょうか）（ミカン状果とも）

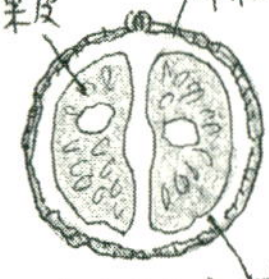

中果皮と内果皮が液質のものでカボスやスダチなどがある。

核果（かくか）

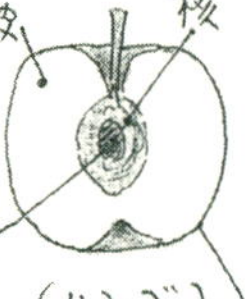

内果皮がかたい石質になって核を形成し、その中に種子を含む。

乾果《かんか》

果実が乾いてかたいもの。果皮が裂開する裂開果と裂開しない閉果に分けられる。

蒴果（さくか）

子房は複数の心皮からなり、その数に合った果皮が裂開する。アヤメやツメクサ、スミレなどがある。

角果（かくか）

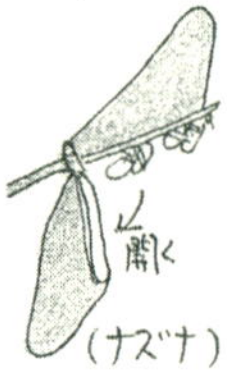

子房は2心皮からなり、果実は2室。中央の壁を残して裂開する。イヌガラシなどがある。

豆果（とうか）

カスマグサも仲間。

子房が1つの心皮からなり、その合わせ目と背側の縁で果皮（さや）が分かれて裂開する。

袋果（たいか）

子房は1つの心皮からなり、その合わせ目だけから果皮が裂開する。トリカブト等もある。

蓋果（がいか）

果実は成熟すると横に裂開し、蓋のように上部が取れてしまう。ゴキヅルなど。

痩果（そうか）

穎果《えいか》も痩果の一種。

子房は1つの心皮からなる。果実の中に種子を1つ含む。果皮と種皮は密着している。ヤニニンジンソウやノコンギクなど。

堅果（けんか）

子房は複数の心皮からなる。中に種子が1つある。果皮は木質でかたい。殻斗は総苞が変化したもの。

翼果（よくか）

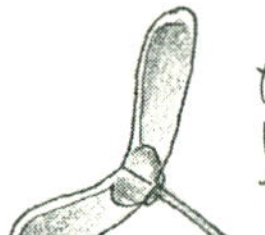

果皮の一部が翼状になった果実で、風散布に適応したもの。翼の形や種子の位置は種類によって異なる。

節果（せっか）

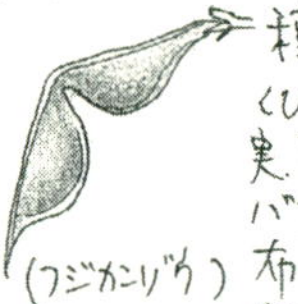

種子1つごとに果皮がくびれて節を作る果実。裂開せず節でバラバラになり散布される。トキリマメや…

集合果

複数の雌しべを持つ花のそれぞれの子房が果実となり、全体で1つにまとまったもの。

キイチゴ状果

バラ科キイチゴ属の果実。多数の核果が集合して1つの果実となる。痩果が集合したものはキツネノボタン。

複合果

花序に密集した花の子房が果実になり、花序全体で1つの果実に見えるもの。

イチジク状果

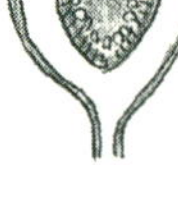

イチジク類は独得な隠頭花序を持ち、果実はつぼ状の花托が肥大した偽果。真の果実は内面にある。

真果と偽果《ぎか》

果実は子房が発達してできるものを指すが、子房の代わりに花托やがくが肥大して果実状になるものがある。果実を真果と呼ぶのに対して、このような果実器官を偽果という。ナシ状果やウリ状果などがある。

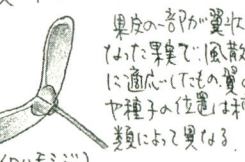

皇居東御苑の草木帖

木下栄三――著・画

Eizo Kinoshita

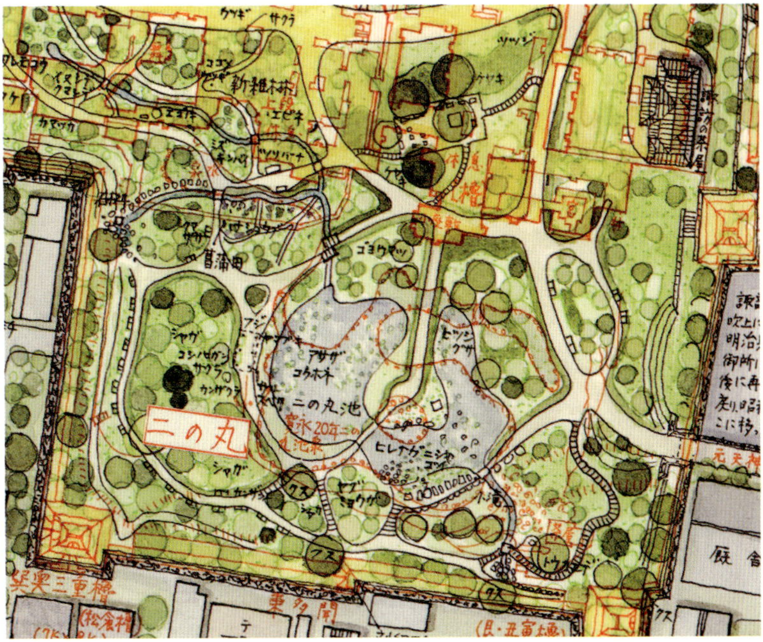

「皇居東御苑の自然と歴史を楽しむ」

皇居東御苑は昭和43年10月1日に一般公開されました。21万平方メートルという都会の中心では贅沢な苑内の自然は四季を通じて様々な姿を私達に見せてくれます。さらに公開以来年々苑内の施設や植物のコーナーも充実し、数年前からはボランティアガイドの説明が受けられるようになりました。まるで植物園と博物館を足して2で割ったようです。しかもより自然な姿で接することができるのでとても心豊かになります。

そこで広い苑内の植物や史跡を、焦点を絞ってより楽しんで散策できるように大きく6つの区域に分けそれぞれの特徴をわかりやすくしました。特にこの本は植物の姿や種の近い仲間同士の違いや季節の移ろいによる楽しみ方ができるように工夫しました。区域ごとに、あるいは時間のない人は時節に合わせてその中にあるコーナーごとに集約して見て頂くのもよいかと思います。またこの本を手にガイドの案内を聞いたり、さらに自分の世界で深く研究するのも楽しいことだと思います。全体図と各区域図を見較べながら自分なりの目的に合った楽しみ方をして頂ければ幸いです。宮内庁のサイトで提供される「皇居東御苑花だより」の地図には季節の草木が記されています。昼休みに、あるいは仕事の合間にすこし寄って頂ければ、まあ年に50回、3年も通えば立派な博士です。「我家」では。

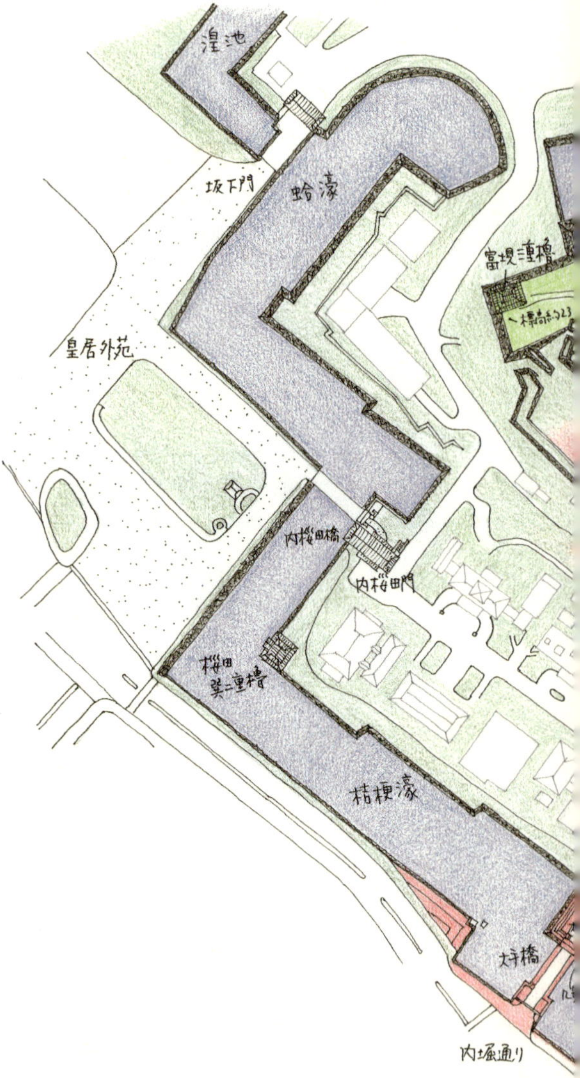

区分について

色分けした各区域は緩やかな境界線であり、多少の誤差があります。また東御苑内の植物は時節の入れ替えや枯死、倒木など、あるいは庭園計画で変わることがあります。さらに本文は植物同士の比較や属種の区分をするために区域をまたいで載せているものもあり、色分けした区域と符合していない場合があります。また広く苑内に散在する属種のものは代表する場所として1カ所に絞っています。植物に関しては基本的になるべく近くで目視で確認できる場所にあるものとしています。

皇居東御苑区分図

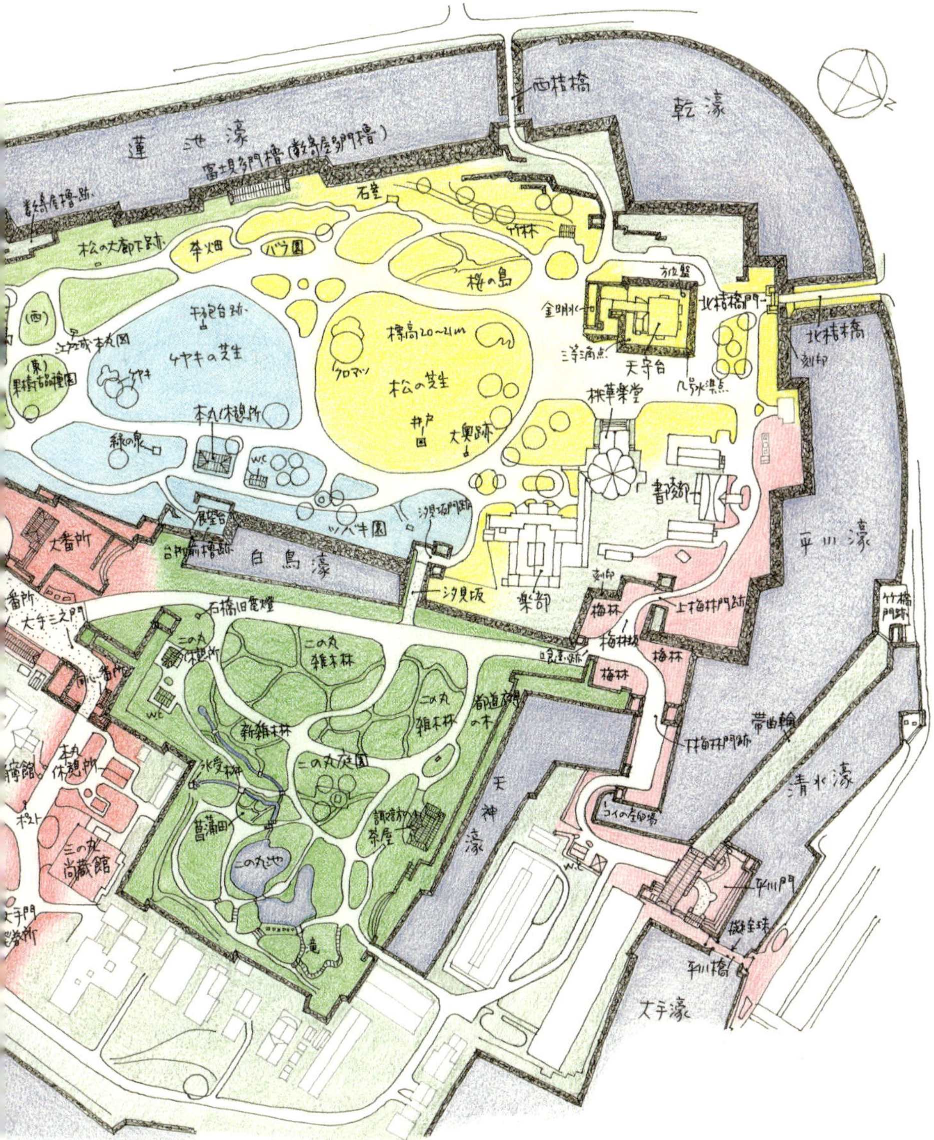

草木

- 大手門～中雀門跡周辺
- 二の丸庭園～汐見坂周辺
- 平川門～梅林坂周辺
- 松の芝生～天守台周辺
- 本丸休憩所～ケヤキの芝生周辺
- 野草の島周辺

「江戸城と植物」

江戸城内郭の樹々

現在の東御苑は庭園や様々な植物のコーナーが整備され苑内は植物で埋っています。まさに都会のオアシスであり、東京の観光としてもその歴史と共に随一のスポットといえるでしょう。しかし、江戸城の時代ということになると、二の丸の庭園や将軍や奥向きといわれる御台所の住まい周辺を除くと植物はほんとうに少なく、古絵図を見てもほとんど描かれていません。明治初期の写真を見ると既に徳川瓦解の後でもあり雑草やツタで荒れ果てた中に旧江戸城の姿が確認できます。それによると本丸は文久の大火で焼けたままで樹々は内郭周辺以外はほとんどありません。ただ遠くに内郭を包むように樹々が見えていますがこれは吹上であったり周囲にある大名家の庭園樹であったりで江戸城内のものであるか区別がつきません。

考えてみれば当然で幕府の中枢である江戸城が現在のように緑豊かでは外部から賊が侵入したとき隠れる場所が多過ぎて困ります。恐らく実際は石垣と砂利敷きの中に御殿があり、所々にマツやモミの木などがあった程度だったと思われます。ただ「花癖」といわれた家康、秀忠、家光の徳川三代の花好きもあって将軍のための花畑や盆栽の場は一部ですがあったようです。いずれにしても東御苑内に現在ある樹々はほぼ全てが明治以降のもので、江戸時代から生き続けている皇居の樹木は吹上の一部と盆栽ぐらいのようです。

武士や庶民の暮らしと植物

江戸城内の植物の様子に対して庶民の間では江戸時代を通じて特定の植物のブームは何度もありました。古くは寛永のツバキに元禄ツツジ、正徳のキク、享保のカエデ、サクラソウ、寛政タチバナ、化政のアサガオ、天保時代はハナショウブといわれ、中にはカラタチバナのように百両の値がついたことから以降「百両」の別名がついたものもあります。そんなこともあって町家や長屋の狭い庭や玄関先、路地に鉢植えが置かれ植物を楽しんでいたようです。これは元々、参勤交代で地方の珍花奇木が江戸に入り、庶民に広まったことや江戸市中の8割を占めたといわれる大名や武家の屋敷地に競うように作られた膨大な面積の庭園があり、江戸全体が世界に類を見ない庭園都市としての基盤があったからとも言えます。

また、8代将軍吉宗の時代には幕府財政の危機的な状況の中で緊縮政策の影響を直に受けた庶民のために行楽地をつくり、そこにサクラやモモ、ヤナギなどを植えたり、江戸城の吹上からマツやカエデも飛鳥山などに移植され、庶民の植物に対する感心を強くしたこともあります。さらに庶民だけでなく時間をもて余している武士の中には内職でその時代ごとに朝顔やツツジ、万年青などの園芸に精を出し、花菖蒲の松平定朝や朝顔の鍋島直孝などのように現代にも名を残す人も少なくありませんでした。

皇居の盆栽 （皇居の植物より）

皇居の盆栽は吹上御苑東側の大道《おおみち》庭園で管理している。特に貴重なものは三代将軍家光遺愛のゴヨウマツで、明治維新後、宮城外に出たが、伊藤巳代治から寄贈されて皇居に戻った。このゴヨウマツの盆栽は世田谷の都立工芸高等学校にも二鉢が保存されている。

「皇居東御苑と植物と私」

昭和64年、昭和天皇が崩御されたすぐ後に出版された『皇居の植物』という立派な本があります。この本には1470点にのぼる植物の所在と経緯等が細かく書かれ、吹上や紅葉山などを含めた皇居全体の植物が多くの写真を添えてまとめられています。東御苑についてもその一部として多くの植物が存在していることがよくわかり、本書をまとめるにあたり大変参考になったことはいうまでもありません。しかし既にそれから25年以上過ぎた今では様々な事情で変化し、結局歩いて調べる他はありませんでした。そして『皇居の植物』の3分の1の500種類近くはあるだろうと考えて植物メモを始めたのでした。ボランティアガイドの人や知り合いの人に教えて頂きながら調べ始めると素人の私にとっては次から次へと初見のものが現れてたちまち200 ～ 300種類になり、それからさらに路傍の草なども拾っていくと400 ～ 500になり、加えてシダや花菖蒲、キノコ、魚・鳥も情報が入り次第まとめていった結果ここまでにもなってしまいました。まだまだあるといわれていながらも出会っていないものや私の知らないうちに増えているものを含めると1000以上にもなるかもしれません。

今回は東御苑内に限って約860 ～ 870種類程度の草木・鳥・魚・虫等を自分のわかる範囲でまとめてみましたがこの広い皇居の中の植物はまだ果てしなくありそうです。日本の厚くて重い植物事典には5000種以上の単位で掲載されているものがありますが取敢えずそのうち5分の1ほどが皇居東御苑にあるかもしれないことは私にとっては驚きでした。小さな植物園は裸足で逃げ出しそうです。事実珍しいものもいくつかあり、それらの管理も手が行き届いていて植物がのびのびと、とても幸せそうです。

私は皇居東御苑の植物に出会って初めて生き物の素晴らしさ、不思議さ、けなげさ、すさまじさ、いじらしさ、恐ろしさなど数多くのすごい生きる「力」を感じました。そして今その入口に立っています。東京は関東大震災、第二次世界大戦、バブルなど様々な都市の危機に直面してきましたが、東京という都会のど真中にこれほどすばらしいところがあるのは奇跡であるような気がしてなりません。その体験ができたことは大変幸せで皇居東御苑に大いに感謝しています。

❶ 大手門〜中雀門跡周辺

シダレヤナギに招かれて、まず、江戸城の正門であった大手門を潜り、下乗門という位の高い人以外は駕籠から下りた大手三之門を通過して、中雀門跡までがこの区域です。三の丸尚蔵館は年間を通じて企画展が行われていて、ここだけ見て帰るだけでも十分意味があります。

植物では年に2回咲く十月桜、お札の原料になるミツマタ、独特な模様のタイワンホトトギスなどがあります。歴史的には3つの番所のほか、大手三之門や中之門の巨石の石積みが見ものです。江戸城の本丸へ行くまでのいわばアプローチであり、その演出性がよくわかるところです。

手前は土橋
大正以前は木橋であった。

〈大手門〉旧江戸城の正門
明暦の大火で焼失したが再建された。現在の渡り櫓は昭和43年に再建

〈同心番所〉同心が詰め庶務や警備の仕事をしていた。隅の瓦には三葉葵の紋が見える。

〈大手三の門跡〉下乗橋ともいわれ、多くの大名はここで駕籠をおりて登城した。その頃はここに下乗橋が架かっていて、下には濠があった。

〈百人番所〉甲賀組、伊賀組、根来組、二十五騎組が昼夜交代で警備に当たっていた。

〈切り石の展示〉石垣石に使われた石が展示されているが、計算すると左の花崗岩は8.1t、中央の平な安山岩は2.5t、右の安山岩は11.8t

〈中の門跡〉大きな石を積み上げた石垣（切込み接《は》ぎ）がある。右の人が立っている角の石は35tもあるという。

〈大番所〉一番高い格式の番所で、位の高い与力や同心が詰めていた。

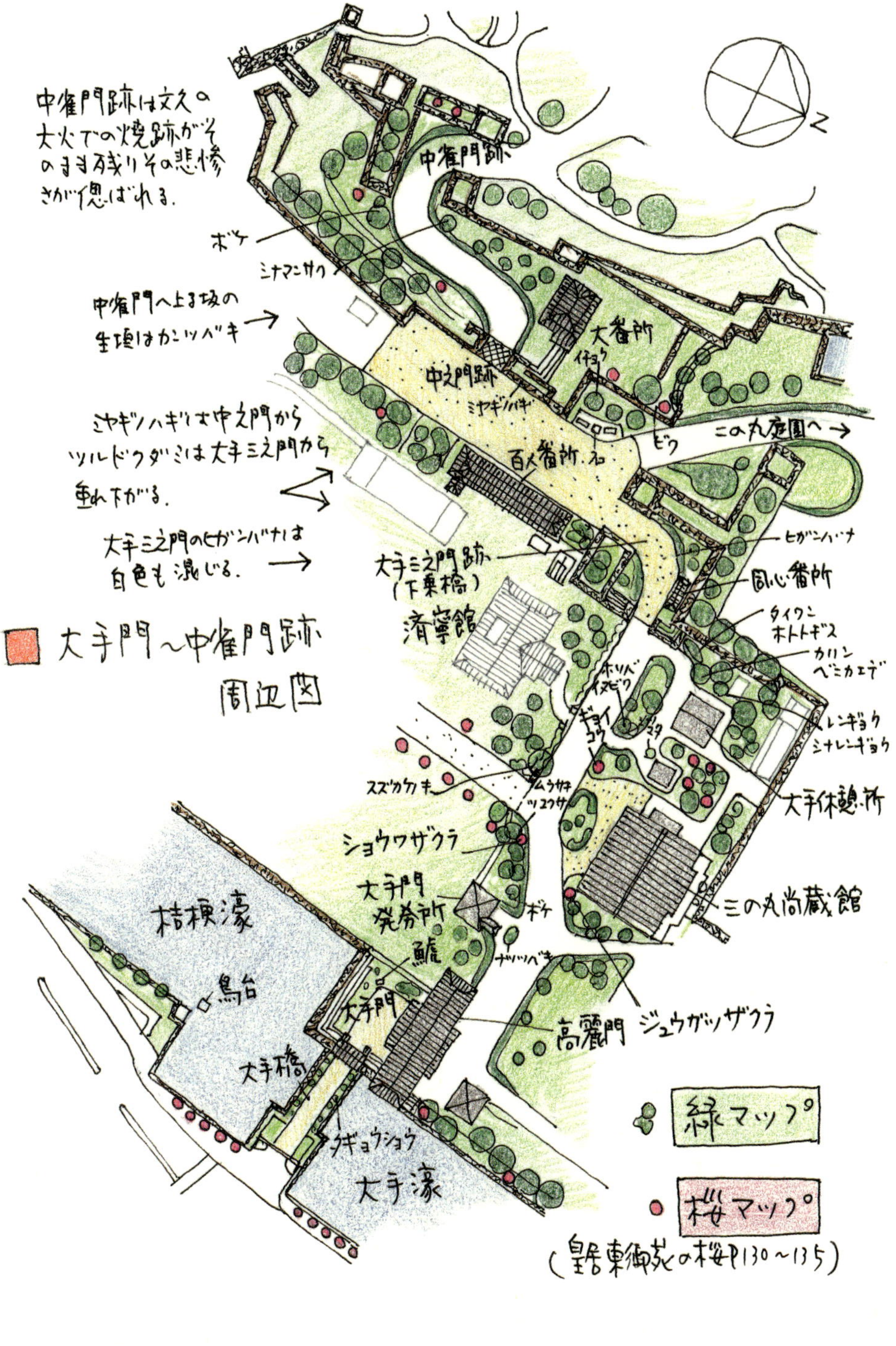
中雀門跡は文久の大火での焼跡がそのまま残りその悲惨さが偲ばれる。
ボケ
シナマンサク
中雀門へ上る坂の生垣はカンツバキ
ミヤギノハギは中之門から ツルドクダミは大手三之門から垂れ下がる。
大手三之門のヒガンバナは白色も混じる。
大手門〜中雀門跡周辺図
中雀門跡
大番所
イチョウ
中之門跡
ミヤギノハギ
ビワ
二の丸庭園へ
百人番所
ヒガンバナ
大手三之門跡（下乗橋）
同心番所
済寧館
タイワンホトトギス
カリン
ベニカエデ
ホソバイヌビワ
ギョイコウ
レンギョウ
シナレンギョウ
大手休憩所
スズカケノキ
ショウワザクラ
大手門発券所
ボケ
三の丸尚蔵館
ヤブツバキ
鯱
桔梗濠
鳥台
大手門
大手橋
高麗門
ジュウガツザクラ
大手濠
緑マップ
桜マップ
（皇居東御苑の桜P130〜135）

シダレヤナギ [枝垂柳]

ヤナギ科／落葉高木／Salix babylonica／3～5月／イトヤナギ(糸柳)

別名イトヤナギは枝が細く垂れることから。新井白石の『東雅』の中には矢を作ったとして「矢の木」から「ヤナギ」になったとある。「気に入らぬ風もあろうに柳かな」といつものように大手門で迎えてくれる。

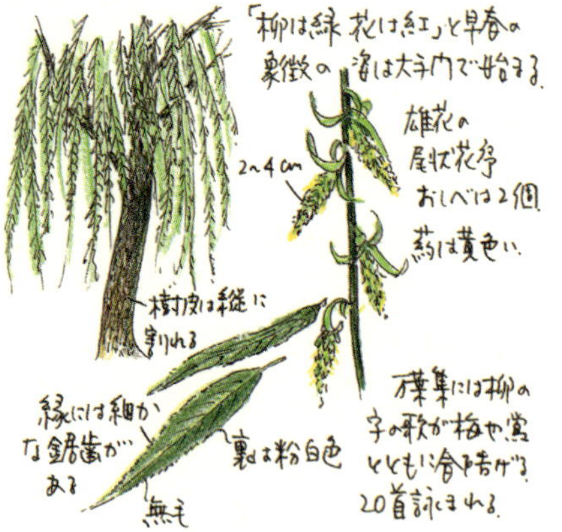
「柳は緑 花は紅」と早春の象徴の 滲は大手門で始まる.
雄花の
尾状花序
おしべは2個
葯は黄色い.
2～4cm
樹皮は縦に割れる
縁には細かな鋸歯がある
裏は粉白色
無毛
万葉集には柳の字の歌が梅や鴬とともに詠まれる20首詠まれる.

コヒルガオ [小昼顔]

ヒルガオ科／多年草／Calystegia hederacea／6～8月

畑では白くて細い茎を地中深く伸ばしてふえるので害草となる。朝咲くアサガオに対して昼間咲いているのでこの名になったという。ヒルガオよりも一回り小さい。カンピョウのユウガオはウリ科になる。

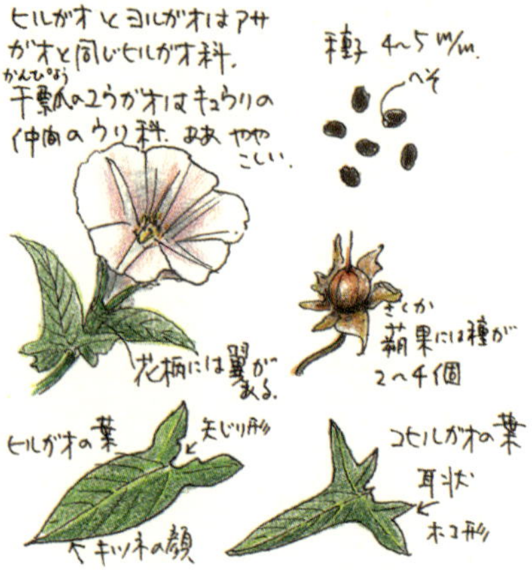
ヒルガオとヨルガオはアサガオと同じヒルガオ科.
干瓢《かんぴょう》のユウガオはキュウリの仲間のウリ科. ああややこしい.
種子 4～5m/m.
へそ
花柄には翼がある.
蒴果《さくか》には種が2～4個
ヒルガオの葉
矢じり形
キツネの顔
コヒルガオの葉
耳状
ホコ形

カンツバキ [寒椿]

ツバキ科／常緑低木／Camellia sasanqua 'Fujikoana'／12～2月／シシガシラ(獅子頭)

サザンカとツバキの園芸種とか、中国産のツバキとサザンカの交雑種ともいわれる。一般に花が、ツバキは萼《がく》ごと落ちるが、サザンカは花弁も雄しべもばらばらに散るといわれる。しかし、例外もある。

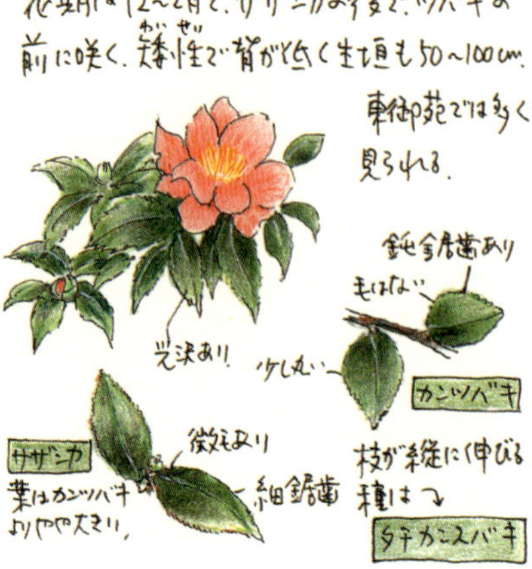
花期は12～2月で、サザンカの後で、ツバキの前に咲く. 矮性《わいせい》で背が低く生垣も50～100cm.
東御苑では多く見られる.
光沢あり.
鈍鋸歯あり
毛はない
少し丸い
カンツバキ
サザンカ
微毛あり
細鋸歯
葉はカンツバキよりやや大きい.
枝が縦に伸びる種は
タチカンツバキ

ナツツバキ [夏椿]

ツバキ科／落葉高木／Stewartia pseudocamellia／6～7月／シャラノキ(沙羅木)

一日花である。落葉は普通のツバキとの大きな相違である。別名に「シャラノキ」があるが、釈迦入滅に際して、白く色を変えた沙羅双樹はフタバガキ科の別種でこれと誤認されたためという。

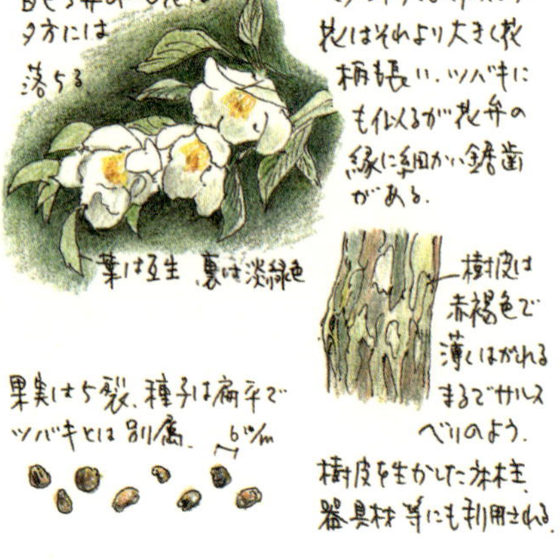
白色5弁の一日花は夕方には落ちる
ヒメシャラとよく似ているが花はそれより大きく花柄も長い. ツバキにも似ているが花弁の縁に細かい鋸歯がある.
葉は互生 裏は淡緑色
樹皮は赤褐色で薄くはがれる まるでサルスベリのよう.
果実は5裂、種子は扁平でツバキとは別属.
6m/m
樹皮を生かした床柱、器具材等にも利用される.

キキョウソウ［桔梗草］

キキョウ科／1年草／Triodanis perfoliata／5〜9月／ダンダンギキョウ(段々桔梗)

北米産の帰化植物。白花もある。1940年代から各地の道や空き地等に増えはじめた。ヒナギキョウに較べると花弁の先端が若干丸い。明治時代には観賞用に栽培されたという。

スズカケノキ［鈴掛の木、篠懸の木］

スズカケノキ科／落葉高木／Platanus orientalis／5月／プラタナス

バルカン半島からヒマラヤにかけて分布する。日本へは明治初期に渡来。世界各地で美しい並木をつくる。古代アテネの並木では哲学者は説き、医聖ヒポクラテスも木陰で憩ったという。

クロガネモチ［黒鉄黐］

モチノキ科／常緑高木／Ilex rotunda／5〜6月／フクラシバ、フクラモチ、クロガネノキ

モチノキの若枝は緑色だが、クロガネモチは紫色を帯びている。これを「鉄色」でクロガネイロと読めば和名の由来になる。師走の声を聞くころいつもの散歩道で濃い緑の中に鮮やかな赤い実に気付くことがある。

カラムシ［苧］

イラクサ科／多年草／Boehmeria nivea var. nipononivea／7〜9月／マオ(真麻)

靭皮《じんぴ》繊維が丈夫で昔から織物の材料(苧麻布《ちょまふ》)として用いた。名に秋に刈り採った茎《から》を蒸したところからとの俗説があるが間違い。「ムシ」は朝鮮語の植物名であり、「蒸し」ではない。事実、織りまでの工程に「蒸し」はない。汐見坂の石積みでも見られる。

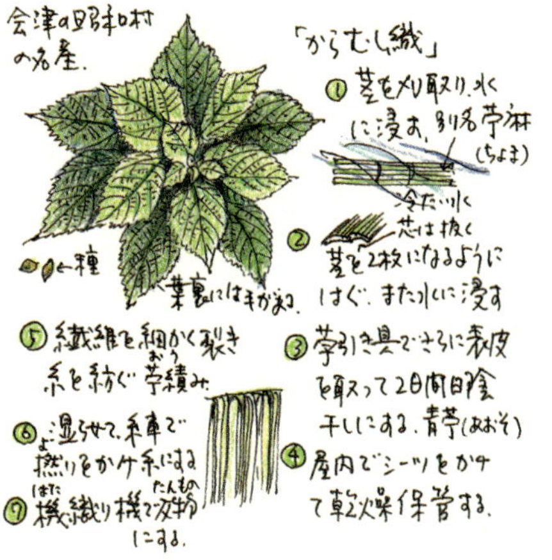

ビワ［枇杷］

バラ科／常緑高木／Eriobotrya japonica／11〜12月／ヒワ

石灰地帯に野生もあるが改良品種は果樹として広く栽培され現在では長崎県が圧倒的な量で全国の約3分の1を生産している。幕末の天璋院篤姫が好物であったらしく今でも上野寛永寺の墓にはビワが植えられている。

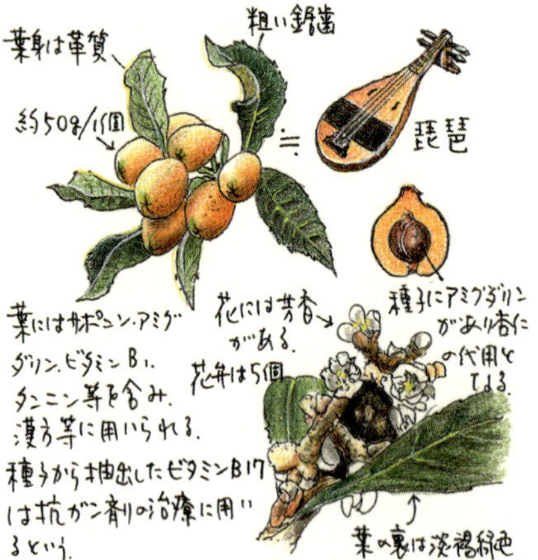

葉身は革質
粗い鋸歯
約50g/1個
琵琶
葉にはサポニン・アミグダリン、ビタミンB1、タンニン等を含み、漢方等に用いられる。
種子から抽出したビタミンB17は抗がん剤の治療に用いるという。
花には芳香がある。
花弁は5個
種子にアミグダリンがあり杏仁の代用となる。
葉の裏は淡褐緑色の毛が密生する。

コウゾ［楮］

クワ科／落葉高木／Broussonetia kazinoki／4〜5月／ヒメコウゾ（姫楮）

名の由来はカミソ（紙麻）から。枝を根際から切り取り、束ねて蒸気で蒸して皮をはぐ。この皮を乾燥させたものを黒皮という。黒皮から表皮や古い繊維層を取り除いたものが白皮でこれが和紙の原料となる。コウゾはヒメコウゾとカジノキの交雑種と考えられている。本種は二の丸庭園にある。

雌花
雄花のつぼみ
中の球は5mmφ
雌花
1cmφ
雄花
雌雄同株
カジイチゴに似る。果実は初夏に熟す。甘味がある。
1〜1.5cmφ
<代表的なコウゾ和紙>
越前奉書紙ー(書画用)
吉野美栖紙ー(表装、文化財修復用)
提灯紙(提灯用)、本美濃紙ー(書院紙、障子紙)
和紙の三大原料はコウゾ、ミツマタ、ガンピ

ホソバイヌビワ［細葉犬枇杷］

クワ科／落葉低木／Ficus erecta Thunb. var. sieboldii／4〜5月

南関東（房総半島）の山地、丘陵などに生える。雌雄異株で花のうは赤くなるがパサパサして食べられない。東御苑の実は特に水分が少ないらしい。虫媒により受粉し、夏には雌花のうが結果する。

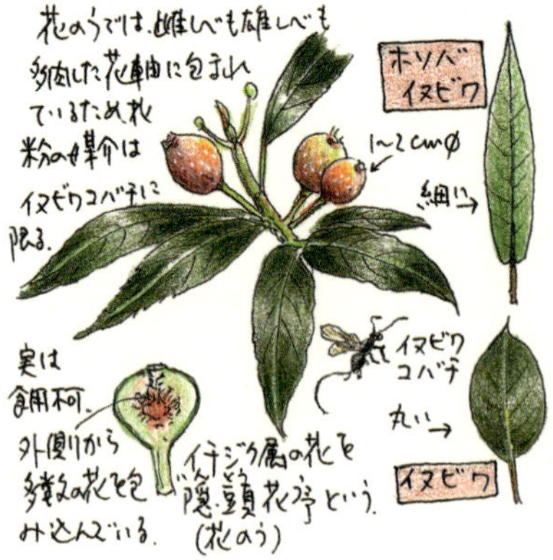

花のうでは、雌しべも雄しべも多肉した花軸に包まれているため花粉の媒介はイヌビワコバチに限る。
ホソバイヌビワ
1〜2cmφ
細い
イヌビワコバチ
丸い
イヌビワ
実は食用不可。
外側から多数の花を包み込んでいる。
イチジク属の花を隠頭花序という。(花のう)

ミツマタ［三椏、三叉］

ジンチョウゲ科／落葉低木／Edgeworthia chrysantha／3〜4月／ムスビギ（結木）

原産地は中国、ヒマラヤで名前の「椏」は「また」の意。日本には室町時代に渡来している。樹皮は主に和紙や紙幣にコウゾなどと一緒に使われる。紙幣には明治以降に使用されたがその配合は当然非公開。

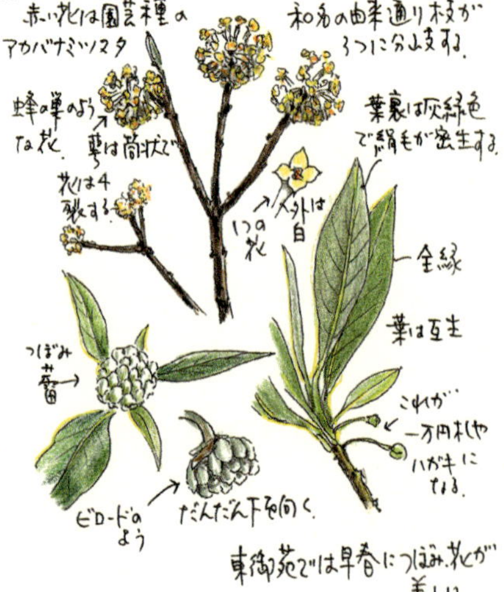

赤い花は園芸種のアカバナミツマタ
和名の由来通り枝が3つに分岐する。
蜂の巣のような花。
萼は筒状で
花は4裂する。
1つの花
外は白
葉裏は灰緑色で絹毛が密生する。
全縁
葉は互生
つぼみ
蕾
これが一万円札やハガキになる。
ビロードのよう
だんだん下を向く。
東御苑では早春につぼみ、花が美しい。

ヌスビトハギ［盗人萩］

マメ科／多年草／Desmodium podocarpum subsp. oxyphyllum／8〜10月

二節の豆果がヌスビト（盗人）の足跡に似ていることが和名の由来というが、本種の他にイノコズチやキンミズヒキなど、実が衣服や動物の毛につくものは皆「泥棒草」と呼ばれている。しかし、実を運んでもらうだけでこの名前は不本意であろう。

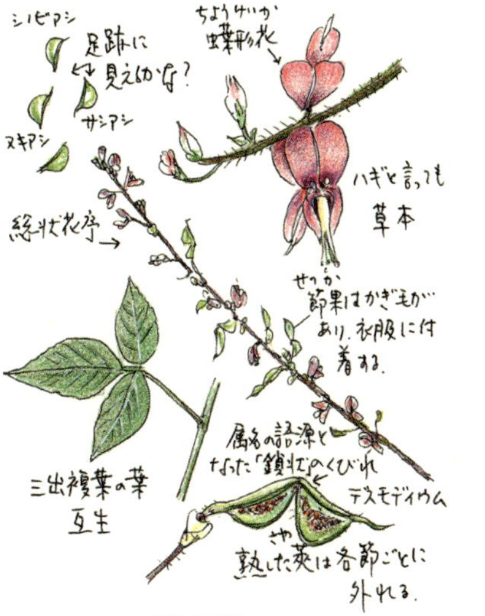

キツネノマゴ［狐孫］

キツネノマゴ科／1年草／Justicia procumbens var. leucantha／8〜10月／カグラソウ（神楽草）

茎がまばらに枝分かれし、葉と一緒に短い毛が生えている。花穂が狐の尾に似てごく小さいので「孫」となっている。ほかに種子が飛び出す様子を狐のお産に見立てた説もある。南西諸島にはさらにちいさい小形の変種であるキツネのヒマゴがあるという。

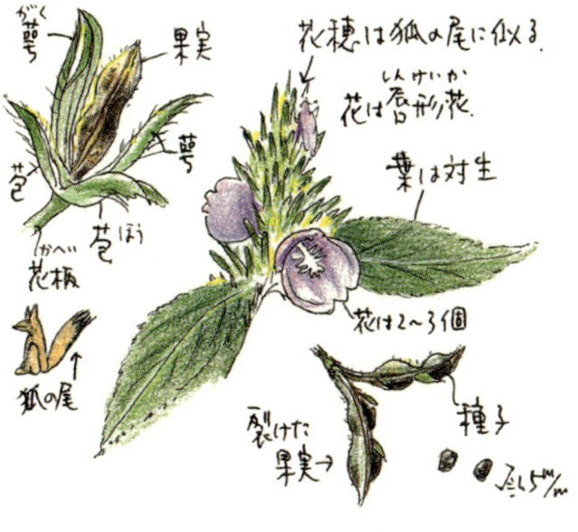

ミヤギノハギ［宮城野萩］

マメ科／落葉低木／Lespedeza thunbergii／7〜9月

東御苑では中之門の石積の上から枝を垂らしているのがミヤギノハギ。万葉集のハギは夏のハギであることから本種の可能性がある。また幕末、将軍家茂に降家する前に和宮が行った儀式を「月見」といった。邪気を祓うとして本種の枝を箸として饅頭に穴をあける「成人儀式」であったという。

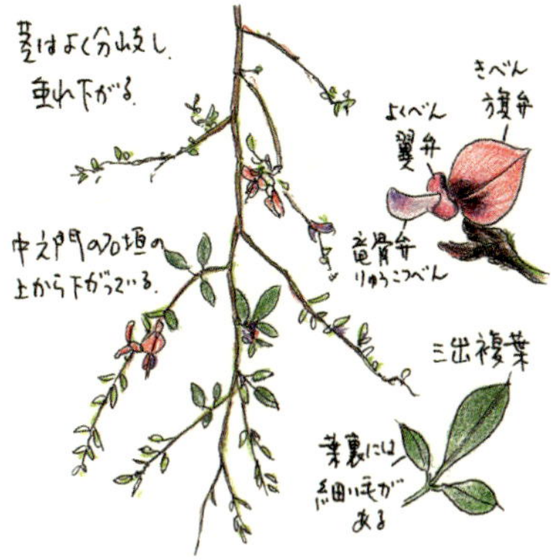

アセビ［馬酔木］

ツツジ科／常緑低木〜小高木／Pieris japonica／3〜5月／アシビ、ウマギシギシ

箱根や天城山などに大群生がある。馬が葉を食べると酔ったようになり、足が不自由になるためアシシビ→アシビ→アセビとなったという。犯人は呼吸や中枢を麻痺させるアセボトキシン。奈良公園の鹿はアセビを残すという。蜜にも毒はあるがハチは平気らしい。

ツユクサ［露草］

ツユクサ科／1年草／Commelina communis／6〜7月／ボウシバナ(帽子花)

早朝に咲き、午後花弁の中の成分は溶けて吸収され、次の花の成分になる。つまり半日花。自家・他家受粉型。江戸時代、女性の化粧で眉を引く捏墨《こねずみ》はこの花びらの黒焼きと金粉、油煙、胡麻油を練って作ったという。これは相当な量が必要だ。

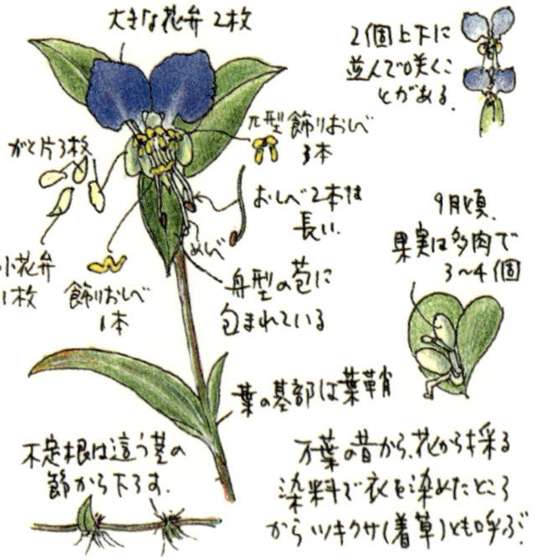
大きな花弁 2枚
2個上下に
並んで咲くこ
とがある.
π型飾りおしべ
3本
がく片3枚
おしべ2本は
長い.
めしべ
9月頃.
果実は多肉で
3〜4個
小花弁
1枚
飾りおしべ
1本
舟型の苞に
包まれている
葉の基部は葉鞘
不定根は這う茎の
節から下ろす.
万葉の昔から、花から採る
染料で衣を染めたところ
からツキクサ(着草)とも呼ぶ.

ムラサキツユクサ［紫露草］

ツユクサ科／多年草／Tradescantia ohiensis／6〜9月／ハカタカラクサ(博多唐草)

北アメリカ原産で明治初期に渡来している。近年多く栽培されているのはオオムラサキツユクサ。改良された園芸種には白・青・ピンク等がある。ツユクサと混同されることがあるが、やはり同じ半日花。

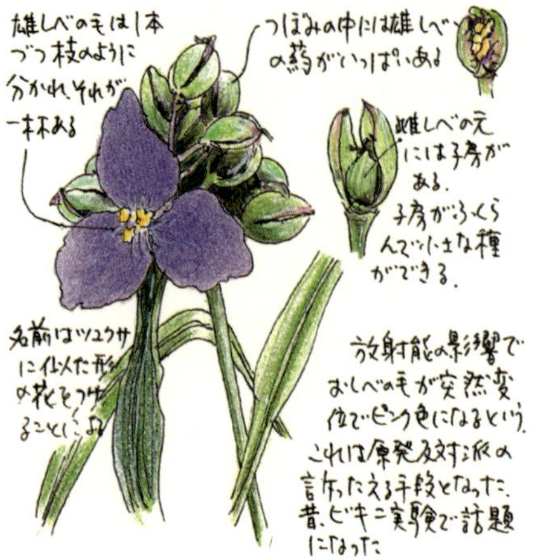
雄しべの毛は1本
づつ枝のように
分かれ、それが
一杯ある
つぼみの中には雄しべ
の葯がいっぱいある
雌しべの元
には子房が
ある.
子房がふくら
んで小さな種
ができる.
名前はツユクサ
に似た形
の花をつけ
ることによる
放射能の影響で
おしべの毛が突然変
位でピンク色になるという.
これは原発反対派の
訴ったえる手段となった.
昔、ビキニ実験で話題
になった

トキワツユクサ［常磐露草］

ツユクサ科／多年草／Tradescantia flumiensis／6〜8月／ノハカタカラクサ

本丸の汐見坂手前にある。南アメリカ原産の帰化植物である。ムラサキツユクサとは同属であるが葉の形は長楕円状卵形で違いがはっきりしている。白花は可憐で蕾は小つぶでかわいい。

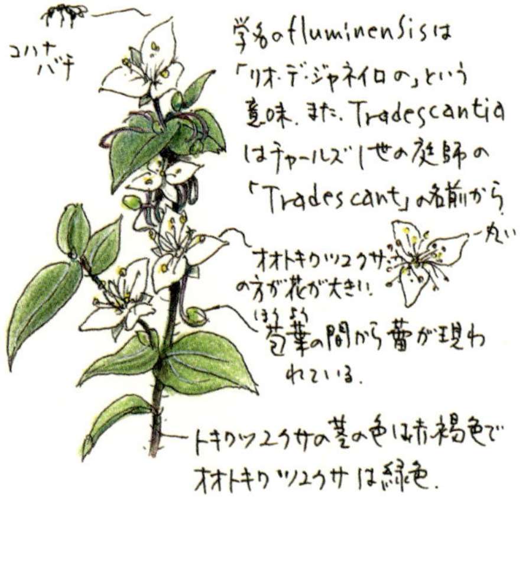
コハナバチ
学名のfluminensisは
「リオ・デ・ジャネイロの」という
意味. また. Tradescantia
はチャールズ1世の庭師の
「Tradescant」の名前から
オオトキワツユクサ
の方が花が大きい!
丸い
苞葉《ほうよう》の間から蕾が現わ
れている.
トキワツユクサの茎の色は赤褐色で
オオトキワツユクサは緑色.

ドクダミ［蕺草］

ドクダミ科／多年草／Houttuynia cordata／6〜8月／ジュウヤク(十薬)

「十種の薬の効能がある」といわれ、十薬《じゅうやく》の名もある。漢名では蕺菜《しゅうさい》とも書く。臭いからしても薬草で、生葉の汁を虫さされや疥癬《かいせん》につける。ドクダミ茶の成分は「クエルシトリン」で動脈硬化予防になるという。

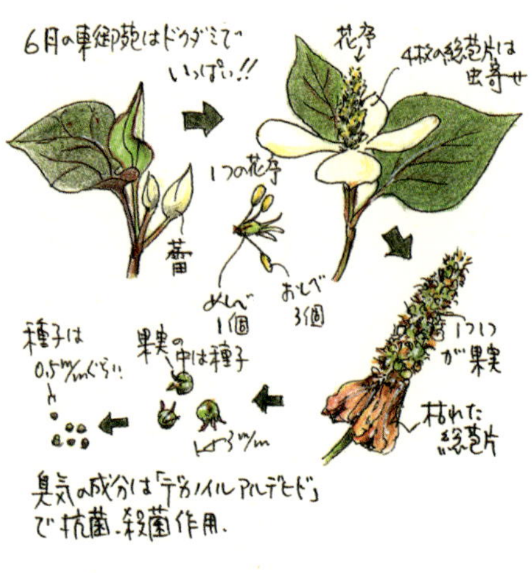
6月の東御苑はドクダミで
いっぱい!!
花序
4枚の総苞片は
虫寄せ
1つの花序
蕾
めしべ
1個
おしべ
3個
種子は
0.5m/mぐらい!!
果実の中は種子
3m/m
1つ1つ
が果実
枯れた
総苞片
臭気の成分は「デカノイルアルデヒド」
で抗菌・殺菌作用.

アメリカザイフリボク［亜米利加采振木］

バラ科／落葉小高木／Amelanchier canadensis／4月／ジューンベリー

ザイフリボクは花の形が采配《さいはい》を振っているように見えることによるが本種はその近縁種で北アメリカ原産のザイフリボクという意味。ジューンベリーの名は6月に実が紅から紫色に熟すことによる。また、花弁が四手に似ることからシデザクラの名もある。

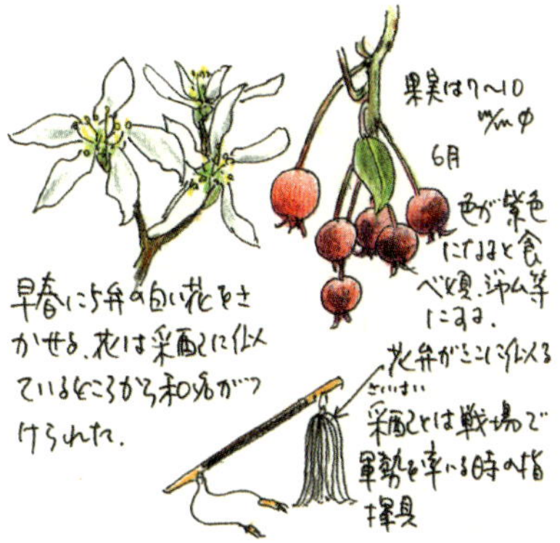
果実は7～10㎜φ
6月
色が紫色になると食べ頃。ジャム等にする。
早春に5弁の白い花をさかせる。花は采配に似ているところから和名がつけられた。
花弁がここに似る
采配とは戦場で軍勢を率いる時の指揮具

カリン［花梨］

バラ科／落葉小高木～高木／Chaenomeles sinensis／3～5月／カラナシ(唐梨)

古くに中国から渡来したらしいが、寛永11年頃、長崎に渡来した記録が残っているという。現在は長野県を中心に栽培されている。実は香りがよくのどの薬で有名。中国では様々な効用から「杏一益、梨二益、カリン三益」と呼んでいる。昔、あまりうまそうなのでかじったらそのまずいこと。

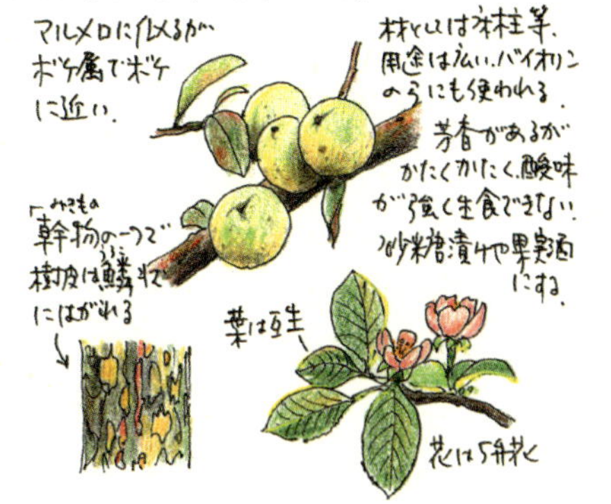
マルメロに似るがボケ属でボケに近い。
芳香があるがかたくかたく、酸味が強く生食できない。砂糖漬けや果実酒にする。
葉は互生
花は5弁花

マルバシャリンバイ［丸葉車輪梅］

バラ科／常緑低木／Rhaphiolepis umbellata var. integerrima／5～6月／ハマモッコク(浜木斛)

和名は花がウメに似て、春には葉が密に輪生に出ることによる。シャリンバイの変種として矮性であるが、シャリンバイの丸葉という区分の場合もある。成長が遅く、管理が楽であるが、斑点病が発生しやすいのが難点。

果実は球形で白い粉がかぶる。
先端が丸い
白い5弁の花はほのかに香りがする。
葉は倒卵形で肉厚
こちらは少し細長い。
シャリンバイ

ボケ［木瓜］

バラ科／落葉低木／Chaenomeles speciosa／3～4月(寒ボケは11月)／カラボケ(唐木瓜)

中国原産で日本には平安時代に薬用植物として渡来した。実の形が瓜に似ていることで漢名は木瓜《ぼっか》。これがモッケ→モケ→ボケと訛ったともいわれる。古代中国では女性が求愛のために果実を投げたという。「このボケ！　こっち向かんかい！」東御苑のボケは寒ボケ。

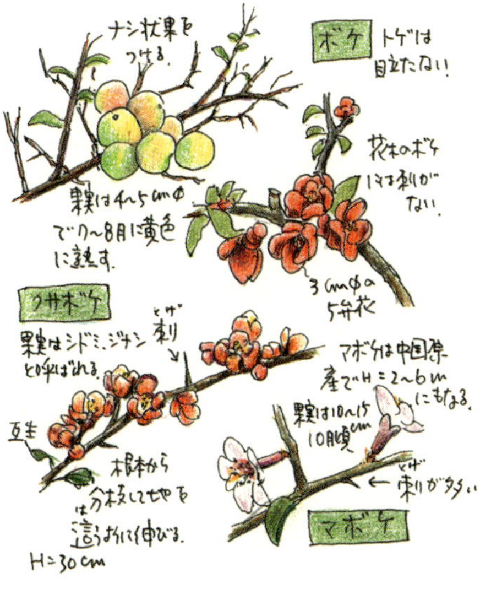
ナシ状果をつける。
ボケ
トゲは目立たない！
3cmφの5弁花
クサボケ
互生
H=30cm
マボケ

ベニカエデ［紅楓］

カエデ科／落葉高木／Acer rubrum／4月上旬／アメリカハナノキ

北米原産が由来であり、むしろ別名の方が一般に流布しているかもしれない。本種はカナダの沼地や岸に多く生える。大手休憩所のベニカエデは昭和天皇が御病気の時にそのカナダから治癒を願って贈られたもの。カナダ国旗はメープルシロップを作るサトウカエデで近縁種。

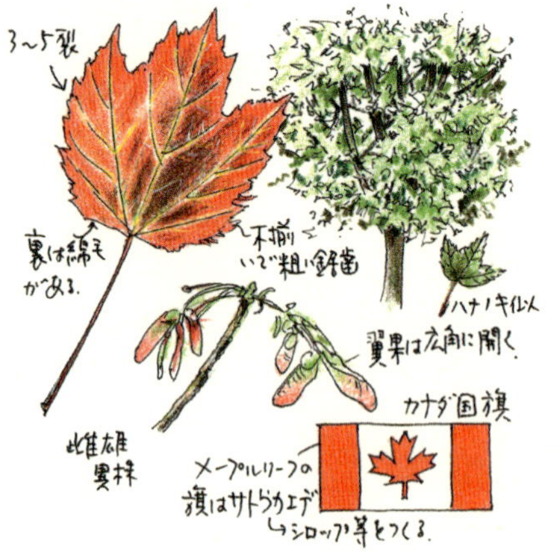

ツルニチニチソウ［蔓日日草］

キョウチクトウ科／常緑つる性亜低木／Vinca major／4~6月／ツルギキョウ(蔓桔梗)

蔓桔梗ともいわれ、特にその色や、蕾から咲き始めの頃がキキョウに似る。花はまるで右回転のプロペラのように水切羽状の花弁で、多数が並び、その姿は夜店の風車を思い出す。

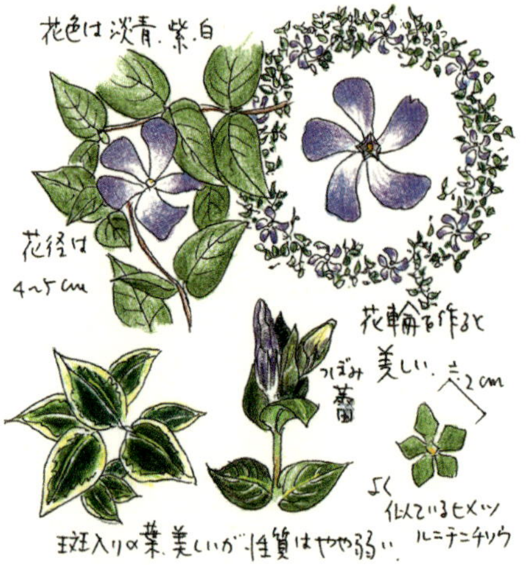

タイミンタチバナ［大明橘］

ヤブコウジ科／常緑小高木／Myrsine seguinii／3~5月／ヒチノキ、ソゲキ

和名は中国原産と思い違いをして「大明国の橘」の意味でつけられたという。イボ状の樹皮にはラバノンという成分を含み家畜の駆虫剤に使われる。ヤブコウジ科であるが高さは5 ~ 7mにもなり、カシ類と同様に薪炭材になる。

テイカカズラ［定家葛］

キョウチクトウ科／常緑つる性低木／Trachelospermum asiaticum／5~6月／マサキノカズラ

昔、マサキカズラと言ったものは本種で、天鈿女命《あまのうずめのみこと》が天岩戸《あまのいわと》の前で鬘《かずら》を垂らしたものをいうらしい。また謡曲「定家」ではある僧侶が雨宿りで駆け込んだ家が藤原定家の家で、定家が恋した女性の霊である葛《かずら》がその墓にまとわりついたので僧侶が読経したという因縁めいた伝説がある。但し、定家葛のテイカは庭下の葛の意味だという。

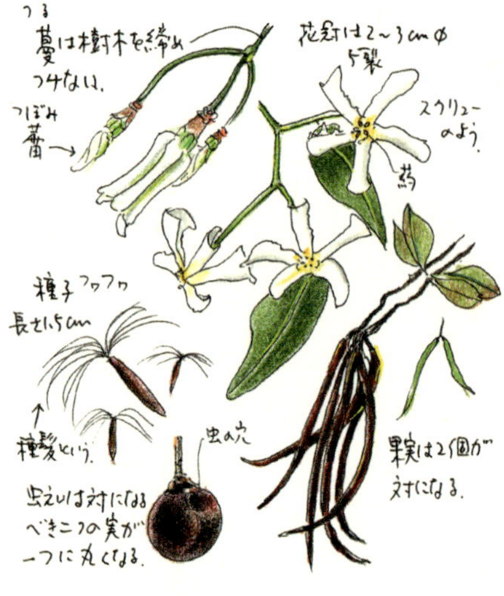

レンギョウ［連翹］

モクセイ科／落葉低木／Forsythia suspensa／3～4月／レンギョウウツギ(連翹空木)

連翹忌《れんぎようき》というのがある。詩人であり彫刻家であった高村光太郎の命日(4/2)で、本種の咲く頃である。この他に檀一雄・夾竹桃忌《きようちくとうき》(1/2)、司馬遼太郎・菜の花忌(2/12)、太宰治・桜桃忌《おうとうき》(6/19)、江戸川乱歩・石榴忌《ざくろき》(7/28)など数多くの植物に因んだ忌日がある。ナンミョウホウレンギョウ。

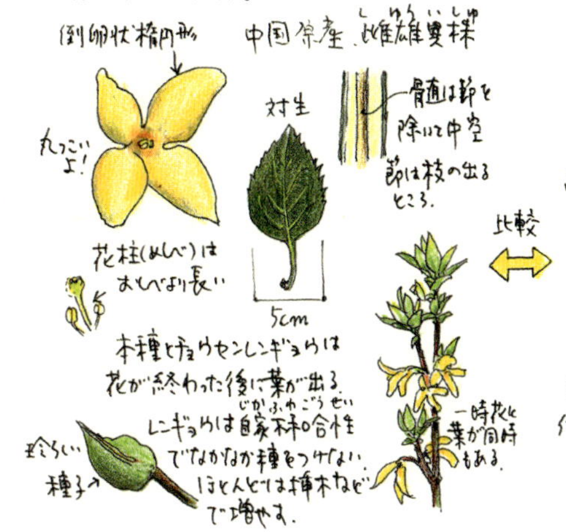

シナレンギョウ［支那連翹］

モクセイ科／落葉低木／Forsythia viridissima／4月

シナレンギョウはレンギョウと同じく中国原産で、チョウセンレンギョウは朝鮮半島原産になる。レンギョウは中国の『神農本草経』に腫れ物、虫毒に効ありとある。トリテルペン、リグナンなどを含み強い抗菌作用がある。果実を煎じて服用するらしい。

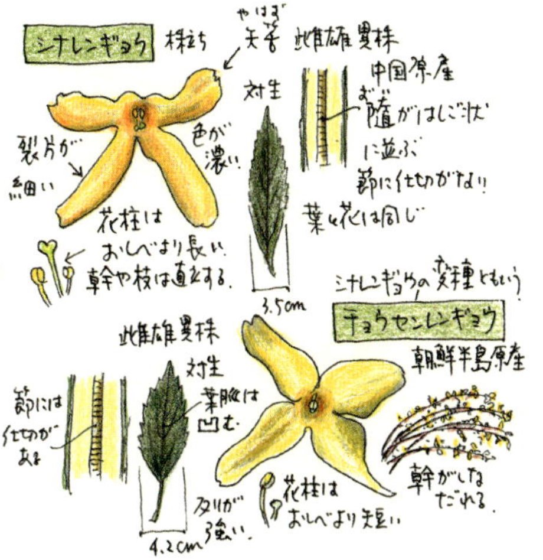

キンモクセイ［金木犀］

モクセイ科／常緑小高木／Osmanthus fragrans var. aurantiacus／9～10月

三大芳香花の一つで「九里香《きゅうりこう》」の異名がある。「七里香」のジンチョウゲとクチナシで3つ。桜には「千里香《せんりこう》」というのもある。ただし、中国の一里は400～500mで4kmではない。英名もフレグラントオリーブ。中国名は「丹桂」「桂花」などと書く。「桂花酒」はキンモクセイの酒。

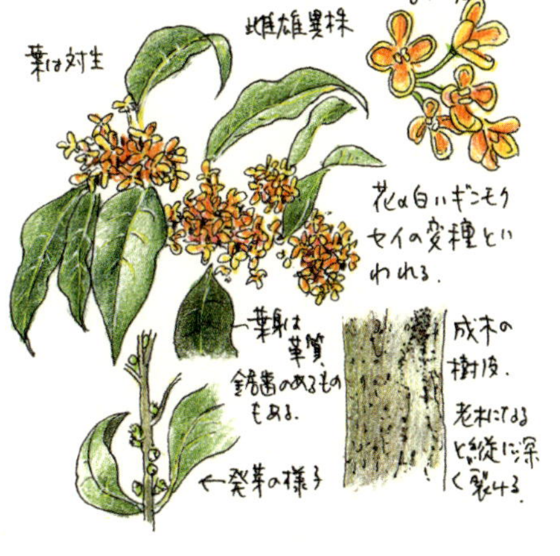

カヤ［榧］

イチイ科／常緑高木／Torreya nucifera／4～5月／ホンガヤ(本榧)、カヤノキ(榧の木)

漢字の「榧」は本来は中国の異種の木。日本ではそれをそのまま使っている。小種名は「堅果を持った」の意。命名者はシーボルトとツッカリーニ。材質が緻密で耐水、耐久性に優れ、桶や船具に使う。特に碁盤などは7寸盤になると1千万円を超すものもある。

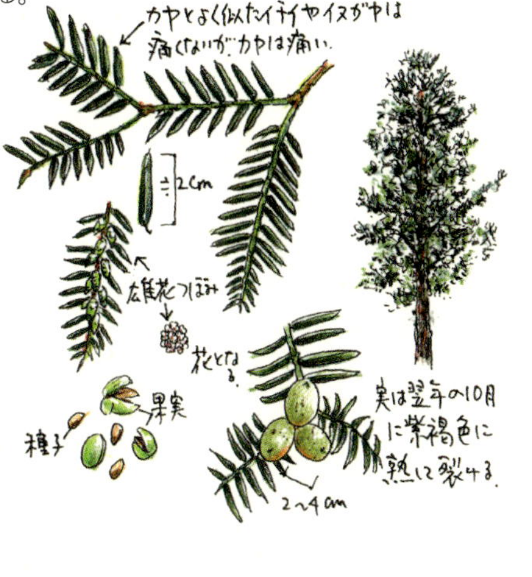

ツルボ［蔓穂］

ユリ科／多年草／Scilla scilloides／8〜9月／スルボ、サンダイガサ（参内傘）

たしかに変な名前である。調べてみると一つの説があった。昔は食べられる球根類全般が「するぼ」といい、この球根の形を見立てて「ツルリの坊頭」からだという。玉葱のような鱗茎がその元である。属名のシラーは「有害」が語源でその鱗茎に毒がある。

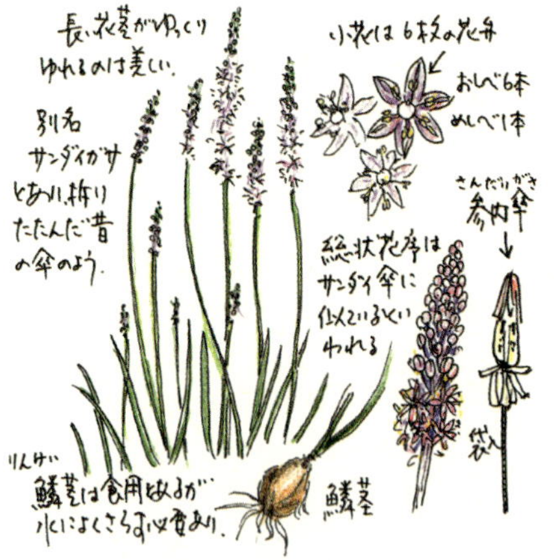
長い花茎がゆっくり
ゆれるのは美しい。
小花は6枚の花弁
おしべ6本
めしべ1本
別名
サンダイガサ
とあり、折り
たたんだ昔
の傘のよう。
参内傘《さんだいがさ》
総状花序は
サンダイ傘に
似ているといわれる
鱗茎《りんけい》は食用となるが
水によくさらす必要あり。
鱗茎
袋

ジャノヒゲ［蛇の鬚］

ユリ科／多年草／Ophiopogon japonicus／6〜7月／リュウノヒゲ（竜の鬚）

街でカバープラントとしてよく見かけるのはチャボリュウまたはタマリュウといわれる矮性種のもの。細い葉を蛇や竜の鬚《ひげ》に見立ててこの名がある。東御苑では各所の縁取りに使われている。葉陰《はかげ》に隠れている青紫色の球形種子は弾力があり、子供の頃投げつけてよく遊んだ。

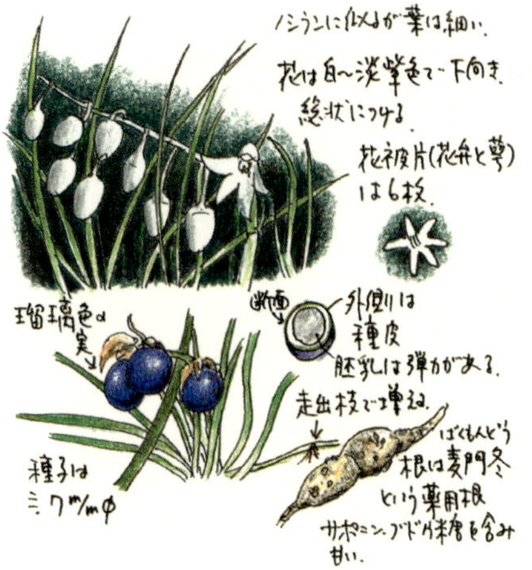
ノシランに似るが葉は細い。
花は白〜淡紫色で下向き。
総状につける。
花被片（花弁と萼）
は6枚。
瑠璃色の
実
断面
外側は
種皮
胚乳は弾力がある。
走出枝で増える。
種子は
≒7m/mφ
根は麦門冬《ばくもんどう》
という薬用根
サポニン、ブドウ糖を含み
甘い。

ヘクソカズラ［屁糞葛］

アカネ科／つる性多年草／Paederia scandens／8〜9月／ヤイトカズラ

万葉集では尿葛《くそかずら》とある。また出雲風土記では「女青」と書いて「かはねぐさ」とあり、しもやけの薬らしい。花は内側が赤く人の肌にそれを伏せると灸《やいと》をすえているようで、ヤイトバナ（灸花）とか。あまりに可哀想だとサオトメバナ（早乙女花）という別名もある。

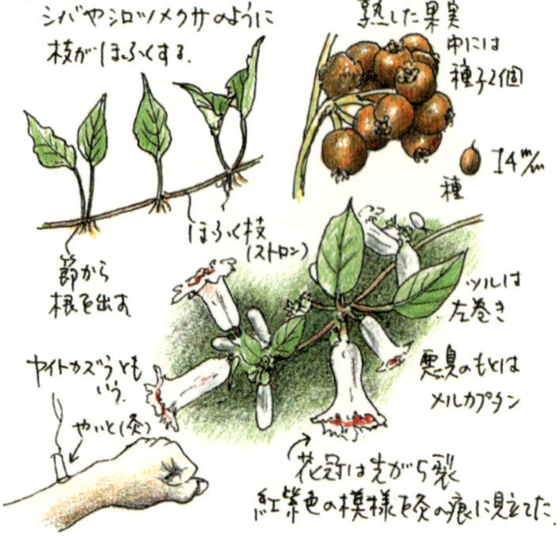
シバやシロツメクサのように
枝がほふくする。
熟した果実
中には
種子2個
≒4m/m
種
ほふく枝
（ストロン）
節から
根を出す
ツルは
左巻き
ヤイトカズラとも
いう。
やいと（灸）
悪臭のもとは
メルカプタン
花冠は先が5裂
紅紫色の模様を灸の痕に見立てた。

ヒメウズ［姫烏頭］

キンポウゲ科／多年草／Aquilegia adoxoide／4〜5月／トンボソウ

和名のヒメは小さい意味で、ウズは中国名のトリカブトのことで花が小さく根の形が烏頭《うず》に似ているところからついた。中国ではその根を天葵子《てんきし》と称して薬用とし、解熱、利尿の効果があるという。しかし、本種は恐ろしいキンポウゲ科。毒と薬は紙一重。

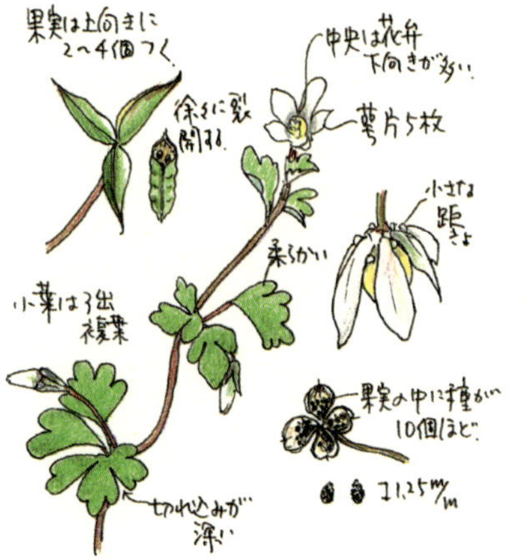
果実は上向きに
2〜4個つく。
徐々に裂
開する。
中央は花弁
下向きが多い。
萼片5枚
小さな
距《きょ》
柔らかい
小葉は3出
複葉
果実の中に種が
10個ほど。
≒1.25m/m
切れ込みが
深い

ヒガンバナ［彼岸花］

ヒガンバナ科／多年草／Lycoris radiata／9～10月／マンジュシャゲ（曼珠沙華）他多数

加賀の方言に「ハミズハナミズ」というのがある。これは「花は葉を見ず、葉は花を見ず」の略で、花と葉は出会うことがないという植物である。別名はマンジュシャゲといい、釈迦が教えを説いた後に美しく赤い大きな花を天上から散らしたという説によるものを筆頭として、テクサレバナ、ドクバナ、ハコボレ等、忌み嫌われるものが多く、調べると1000を超す別名がある。属名のリコリスはギリシャ神話の女神でこの仲間はリコリスと総称される。小種名のラジアンは放射状の意味で花弁の姿を表わす。鱗茎から採れるデンプンは戦争中風船爆弾の糊に使ったというが、全草がリコリン等のアルカロイドを含み有毒である。

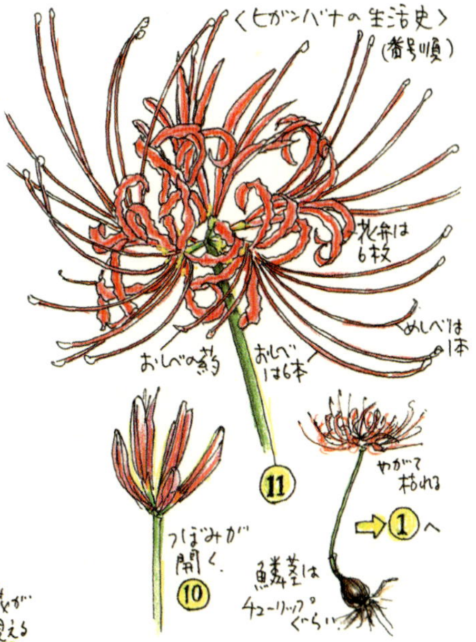
〈ヒガンバナの生活史〉
（番号順）
花弁は6枚
めしべは1本
おしべの葯
おしべは6本
11
つぼみが開く。
10
やがて枯れる
⇒1へ
鱗茎はチューリップぐらい

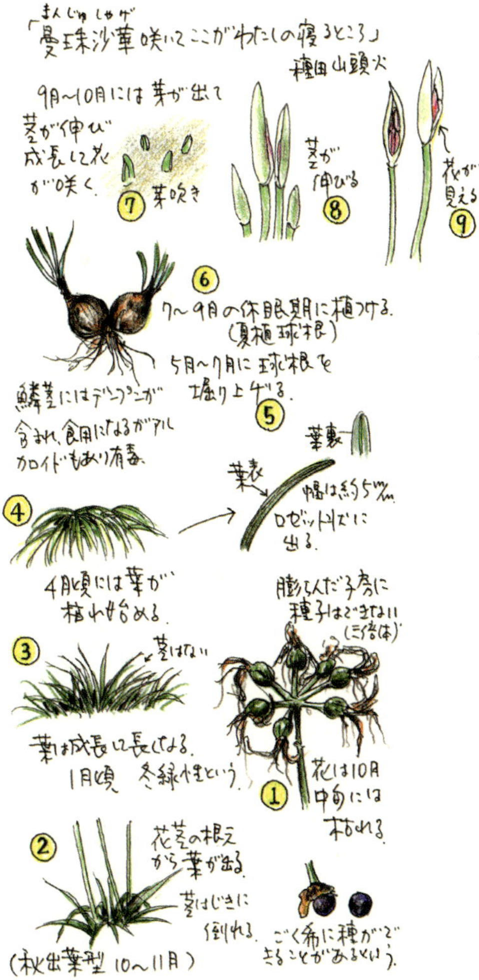
「曼珠沙華《まんじゅしゃげ》咲いてここがわたしの寝るところ」
種田山頭火
9月～10月には芽が出て茎が伸び成長して花が咲く。
7 芽吹き
茎が伸びる
8
花が見える
9
6
7～9月の休眠期に植つける。（夏植球根）
5月～7月に球根を堀り上げる。
5
鱗茎にはデンプンが含まれ、食用になるがアルカロイドもあり有毒。
葉裏
葉表
幅は約5mm
ロゼット状に出る。
4
4月頃には葉が枯れ始める。
膨らんだ子房に種子はできない（三倍体）
3
茎はない
葉は成長して長くなる。
1月頃 冬緑性という。
1
花は10月中旬には枯れる。
2
花茎の根元から葉が出る。
茎はじきに倒れる。
（秋出葉型 10～11月）
ごく希に種ができることがあるという。

ゴウソ［郷麻］

カヤツリグサ科／多年草／Carex maximowiczii／5～6月／タイツリスゲ（鯛釣菅）

和名は郷麻と書いてゴウソと読む。田畑の周りに生える麻という説はあるがはっきりはしない。この葉で物を編んだり結びひもに利用される。他に紙の材料として、コウゾやミツマタの主材料に対してその補助材料として使われたという。

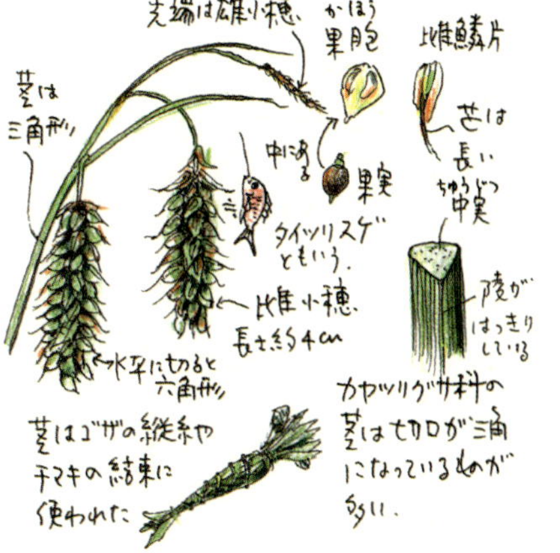
先端は雄小穂《しょうずい》
果胞《かほう》
雌鱗片
茎は三角形
中にある
果実
芒は長い
中実《ちゅうじつ》
タイツリスゲともいう。
雌小穂
長さ約4cm
稜がはっきりしている
水平に切ると六角形
茎はゴザの縦糸やチマキの結束に使われた
カヤツリグサ科の茎は切口が三角になっているものが多い。

❷ 二の丸庭園～汐見坂周辺

二の丸庭園は東御苑の全植物の半分ほどがあり、特に雑木林と新雑木林は武蔵野の面影を再現したもので苑内でも最も緑豊かで、季節ごとの変化が楽しめるゾーンです。春のキンラン、ギンランと桜、夏の花菖蒲、秋は七草やモミジ等の紅葉、冬にはシモバラの珍しい姿などがまさに日替りで見られます。また鳥や多くの昆虫も自然を謳歌しています。ここでは植物の花や実だけでなくそれぞれの季節に応じた美しくも厳しい自然の摂理として接する意義もあります。全国の都道府県の木も一堂に顔を揃えて迎えてくれるのも嬉しいものです。

木陰で本を読み、行く雲をじっと眺め、鳥のさえずりを聞く。お弁当を食べるもよし。時には人と人の出会いも生まれます。こんなところが東京のど真中にあるのです。

〈二の丸雑木林〉昭和天皇の御発意により都近郊で失われていく雑林を復えしようと昭和58年から3ヶ年かけて造成された。矢板の山林＋町田の土

〈二の丸休憩所〉

〈菖蒲田〉

〈二の丸庭園〉昭和43年、江戸時代の絵図をもとに小堀遠州作といわれる回遊式庭園を復えした。

〈汐見坂〉

〈諏訪の茶屋〉明治45年に吹上御苑に建てられた数寄屋風の書院茶屋で、東御苑の整備にあたり現地に移築された。

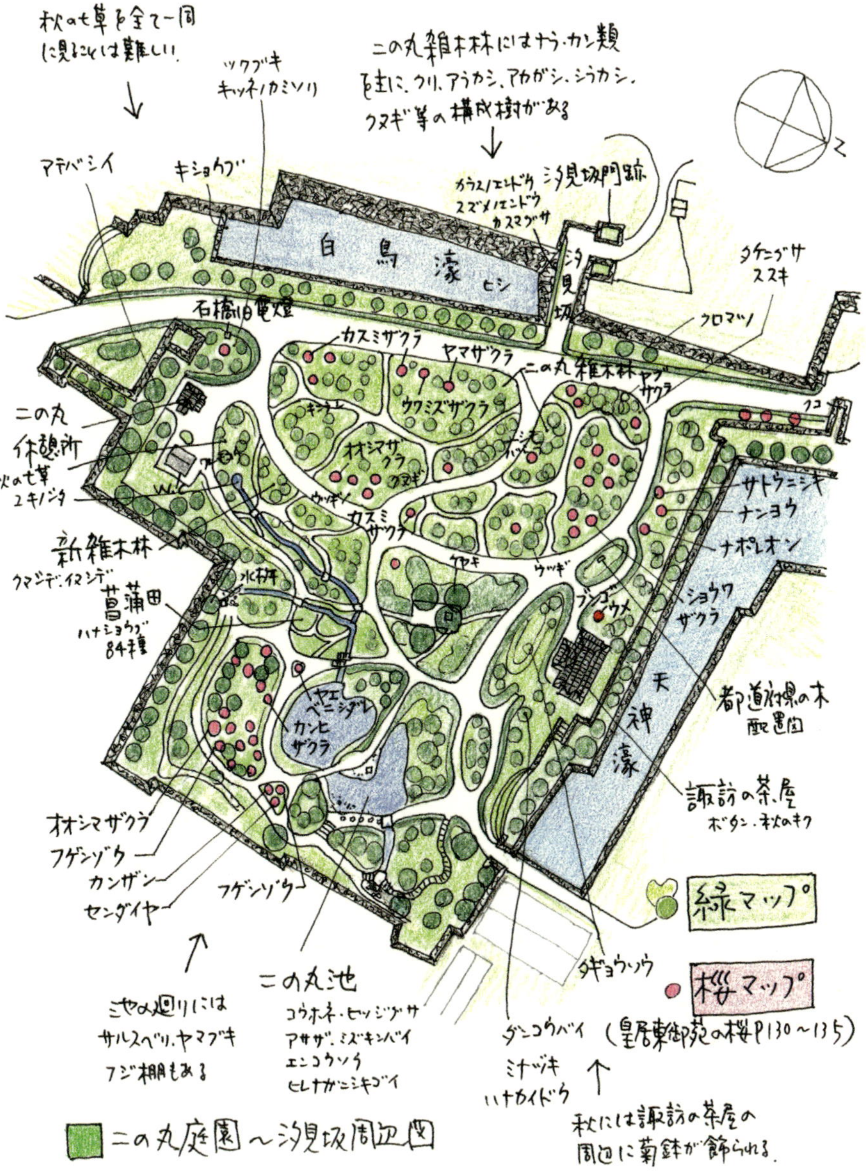

二の丸庭園～汐見坂周辺図

「カエデとモミジ」

•カエデとモミジの違い―植物学的にはどちらも「カエデ」といいカエデ科のカエデ属、モミジという科や属はない。但し、盆栽などの世界では5つ以上の切れ込みはモミジで、それ以外はカエデと呼んでいるという話もある。

•カエデとモミジの名の由来―「モミジ」は揉《も》んで染め出す紅色「もみ」が語源で動詞の「もみづ」は紅葉することと言われているのが一般的。「カエデ」の語源はカエルデ(蛙手)の略と言われるが、水かきのように切れ込みが浅いものがカエデで、深いものはモミジというのはどうも後付らしい。

•モミジの歴史―桜と並んで二大風物でもあるモミジ(紅葉)は平安時代の紅葉狩りなどで貴族の風流な遊びであった。江戸時代の元禄年間になっての楓《かえで》の流行を牽引したのが伊藤伊兵衛政武で父三之丞の『花壇地錦抄《かだんじきんしょう》』(1695)には23種類だったが後に政武の著書『歌仙百色紅葉集』には100種が掲載されている。また明治時代にかけても、イロハモミジ、オオモミジ、ヤマモミジなど改良した園芸種が多く出ている。以下は主なもの。

イロハカエデ系　－ ウコン、ヤツグサ、シシガシラ
オオモミジ系　－ イムラ、ショウジョウ
ヤマモミジ系　－ タムケヤマ、ツマガキ、
アオシダレ、シメノウチ

オオモミジ［大紅葉］

カエデ科／落葉高木／Acer amoenum／4～5月／ヒロハモミジ(広葉紅葉)

イロハモミジの変種で、葉が大きい。また、イロハは不揃いの重鋸歯だが、本種は大きさの揃った単鋸歯または重鋸歯である。万葉の時代はモミジを黄葉と書き紅葉、赤葉は数首しかない(万葉集)。日本の三大紅葉の里は京都嵐山、栃木日光、大分邪馬渓。

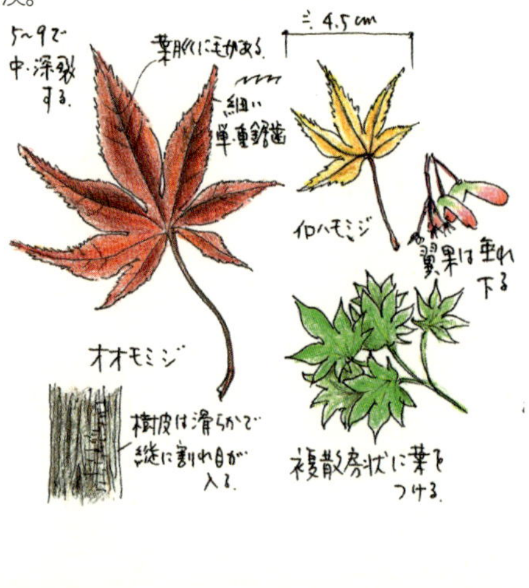

イロハモミジ［いろは紅葉］

カエデ科／落葉高木／Acer palmatum／4～5月／イロハカエデ、タカオカエデ、モミジ

和名は掌状に深く5～9裂する裂片を「いろはに…」と数えたことによる。庭園に最もよく植えられるカエデで単にモミジといえば本種を指すくらいで紅葉を代表する。蹴鞠《けまり》の場は7間半四方で、四隅に桜、柳、楓、松の4本の木を植えるのが正式という。

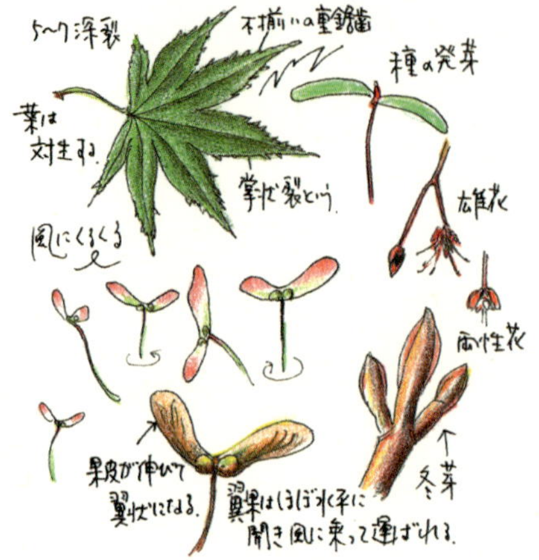

ハウチワカエデ［羽団扇楓］

カエデ科／落葉高木／Acer japonicum／4～5月／メイゲツカエデ(名月楓)

属名はラテン語でカエデを意味し「切れる」という語源、本種は切れ込みが浅いので団扇に見たてたのが和名の理由。カエデ科カエデ属は約100種あり、全て北半球の温帯に分布する。ちなみに紅葉は一般に日最高気温が8℃を割ると生じるという。本種の赤い花に対し、コハウチワカエデは花が白い。

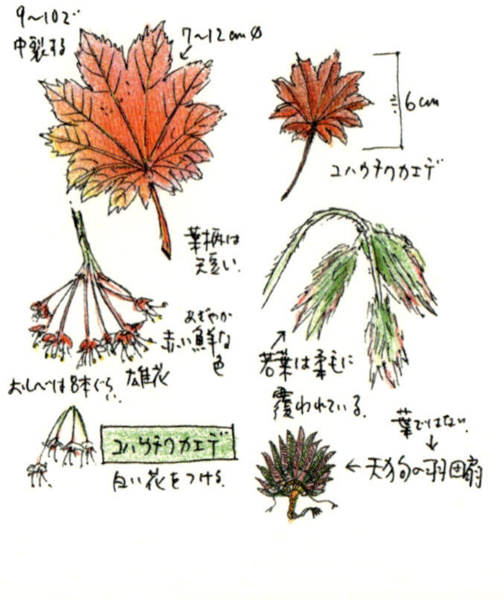

ロウバイ［蠟梅］

ロウバイ科／落葉低木／Chimonanthus praecox／1～2月／カラウメ(唐梅)

和名は中国名蠟梅の音読み。ウメと同時期に咲き香りもあり花色が蜜蠟に似ていることや臘月《ろうげつ》(陰暦12月)に咲くことなど、諸説ある。東御苑ではフクジュソウのあとロウバイ、マンサクの順で春を告げる。

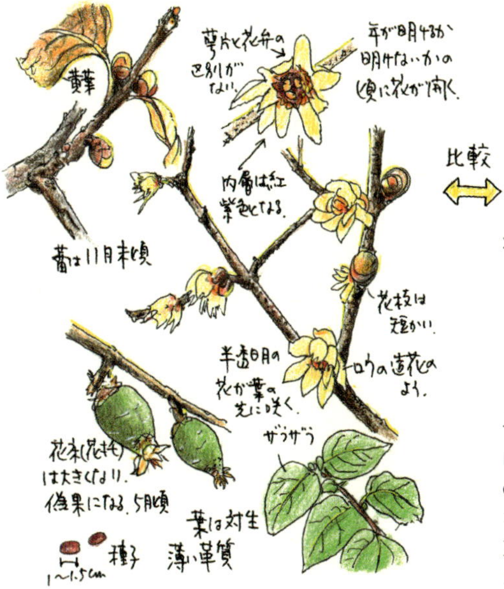
黄葉
萼片と花弁の
区別が
ない。
年が明けるか
明けないかの
頃に花が開く。
内層は紅
紫色となる。
比較
蕾は11月末頃
花枝は
短かい。
半透明の
花が葉の
先に咲く。
ロウの造花の
よう。
ザラザラ
花床(花托)
は大きくなり、
偽果になる。5月頃
葉は対生
種子
薄い革質
1～1.5cm

キツネノカミソリ［狐の剃刀］

ヒガンバナ科／多年草／Lycoris sanguinea／8～9月／キツネノタイマツ(狐の松明)

面白い名前は、その葉の細く鋭い形状をよりどころとしている。キツネが顔を剃るところを想像するのも楽しい。ヒガンバナと逆に春緑性で葉は夏には枯れ、その後に花が咲く。球根はリコリンなどのアルカロイドを含み有毒でドクバナ(毒花)ともいう。

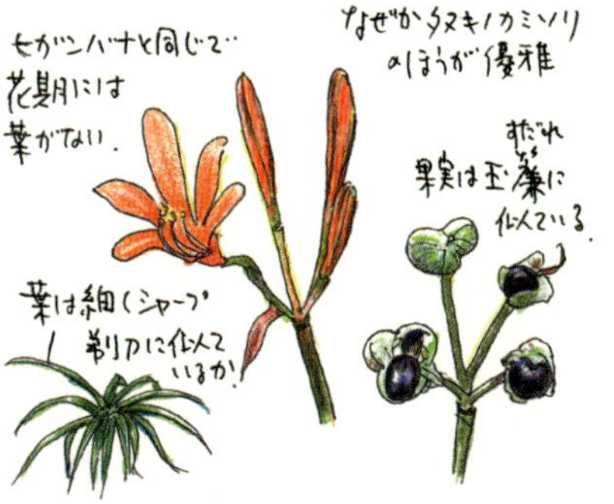
ヒガンバナと同じで…
花期には
葉がない。
なぜかタヌキノカミソリ
のほうが優雅
果実は玉簾《すだれ》に
似ている。
葉は細くシャープ
剃刀に似ている
いるか!

ソシンロウバイ［素心蠟梅］

ロウバイ科／落葉低木／Chimonanthus praecox f. concolor／4～6月／カラウメ(唐梅)

ソシンとは素心で純粋で汚れていない心、飾らぬ心の意。これは花がロウバイのように斑点や紫褐色がなく透きとおった黄色一色の意味もあろう。属名は冬咲きの「冬」のこと。中国原産。

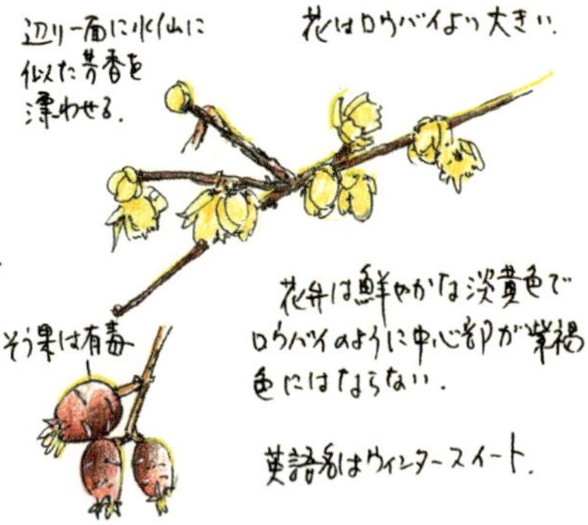
辺り一面に水仙に
似た芳香を
漂わせる。
花はロウバイより大きい。
花弁は鮮やかな淡黄色で
ロウバイのように中心部が紫褐
色にはならない。
そう果は有毒
英語名はウィンタースイート。

スイセン［水仙］

ヒガンバナ科／多年草／Narcissus tazetta var. chinensis／12月～4月／セッチュウカ(雪中花)、ハダカユリ(裸百合)

妖精エコーはナルキソスに恋焦がれたが相手にされず、憔悴してやせ細りとうとう姿がなくなり声だけになった。そして復讐の神はナルキソスを花の姿に変えたというギリシア神話が属名の由来。つまり「エコー」は姿のない声だけの「こだま」や「山びこ」のこと。ちなみにスイセンはスイセン属の総称。

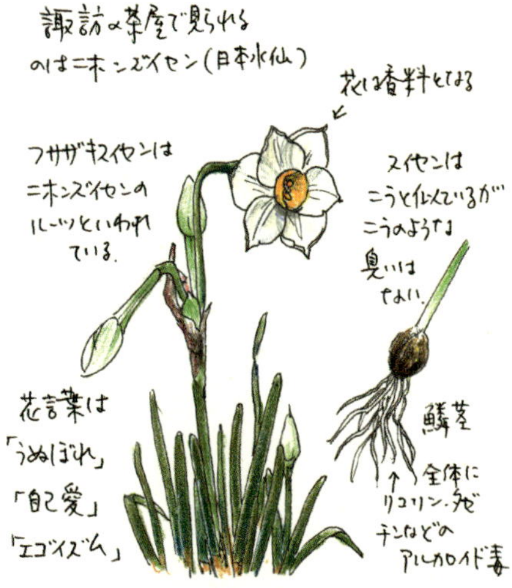
諏訪の茶屋で見られる
のはニホンズイセン(日本水仙)
花は香料となる
フサザキスイセンは
ニホンズイセンの
ルーツといわれ
ている。
スイセンは
ニラと似ているが
ニラのような
臭いは
ない。
花言葉は
「うぬぼれ」
「自己愛」
「エゴイズム」
鱗茎
全体に
リコリン、タゼ
チンなどの
アルカロイド毒

「秋の七草」

皇居東御苑二の丸には秋の七草のコーナーがある。いつもフジバカマは花期が遅く、クズは花期が短いのでなかなか全部揃って見ることは難しい。早くから派手に目立つのがナデシコである。山上憶良《やまのうえのおくら》の「秋の七種《ななくさ》の歌」の旋頭歌《せどうか》で有名な歌が「芽《はぎ》の花 尾花 葛花《くずばな》 瞿麦《なでしこ》の花 姫部志《おみなへし》 また藤袴《ふぢばかま》 朝貌《あさがほ》の花」であるがこの歌は春の七草の歌に較べると何ともリズムが乗りにくく、すぐに忘れてしまうのは私だけではあるまい。そこでとっておきの覚え方。「お・す・き・な・ふ・く・は」である。これは七草の頭文字を並べただけである。花々が秋の装いを楽しんでいるかのようで、しかも一度覚えたら忘れない。春の七草と違って見て楽しむことを味合わせてくれるのが秋の七草である。

オミナエシ［女郎花］

オミナエシ科／多年草／Patrinia scabiosaefolia／7月〜10月／アワバナ(粟花)、ハイショウ(敗醤)

女郎花とかいてオミナエシ。エシはヘシ(圧し)で花の美しさが美女を圧倒すること。全体に草姿がやさしい感じがすることからこの名がつけられた。茎は直立して上部でよく枝分かれする。万葉集には15首載る。これはサクラ、ウメに次ぎマツに並ぶ。

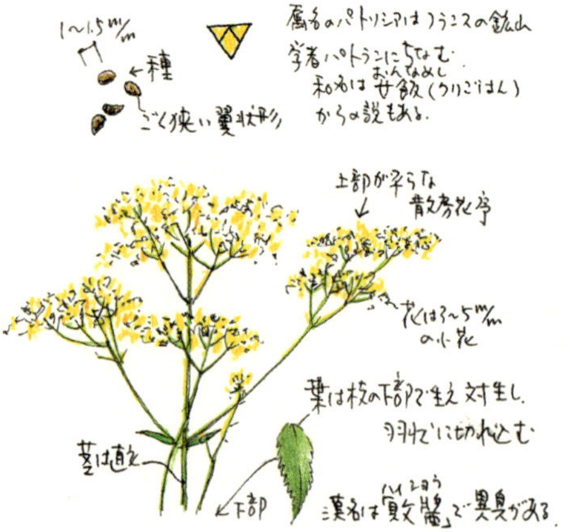
1〜1.5mm
←種
ごく狭い翼状形
属名のパトリニアはフランスの鉱山学者パトランにちなむ。
和名は女飯《おんなめし》(うりごはん)からの説もある。
上部が平らな散房花序
花は3〜5mmの小花
葉は枝の下部で生え対生し、羽状に切れ込む
茎は直立
←下部
漢名は「敗醤《ハイショウ》」で異臭がある。

ススキ［芒、薄］

イネ科／多年草／Miscanthus sinensis／7〜10月／オバナ(尾花)、カヤ(萱、茅)、ミクサ(御草)

昔の尾花とは穂のでたススキのことで、十五夜には欠かせない。乾燥、強光、高温に強いC4植物で、これはシバやメヒシバ等も含まれる。250年間続く若草山の山焼きはこのススキとシバを焼く。

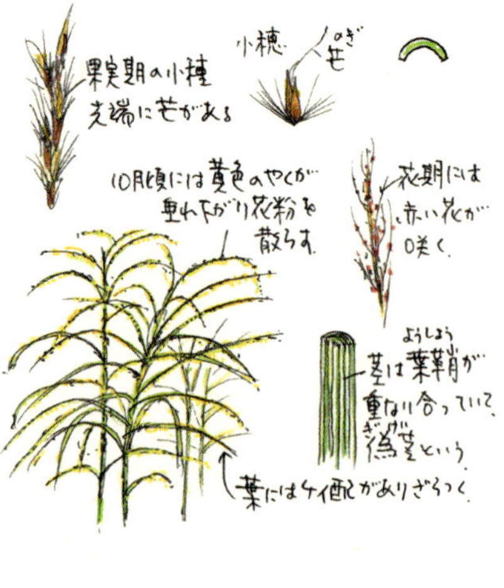
果実期の小穂
先端に芒がある
小穂
芒《のぎ》
10月頃には黄色のやくが垂れ下がり花粉を散らす。
花期には赤い花が咲く。
茎は葉鞘《ようしょう》が重なり合っていて、偽茎《ぎけい》という。
葉にはケイ酸がありざらつく。

キキョウ［桔梗］

キキョウ科／多年草／Platycodon grandiflorus／5〜9月／オカトトキ(岡ととき)、バルーンフラワー

秋の七草では朝貌《あさがほ》で万葉集に載る。身近なヒルガオ科の朝顔は中国原産で、万葉集の時代にはまだない。八重咲きや白花もあり、桔梗色という色名にも使われている。絶滅危惧II類に指定。薬用として屠蘇《とそ》の一つ。

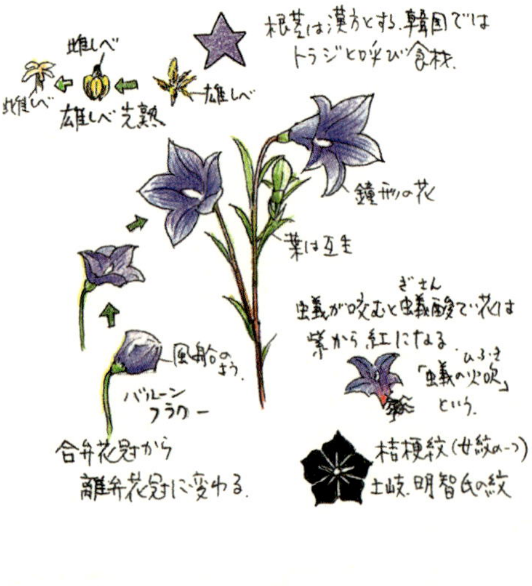
根茎は漢方とする。韓国ではトラジと呼び食栽。
雌しべ
雌しべ
雄しべ
雄しべ先熟
鐘形の花
葉は互生
風船のよう。
バルーンフラワー
合弁花冠から離弁花冠に変わる。
蟻が咬むと蟻酸《ぎさん》で花は紫から紅になる。
「蟻の火吹《ひふき》」という。
桔梗紋(女紋の一つ)
土岐、明智氏の紋

ナデシコ［撫子］

ナデシコ科／多年草／Dianthus superbus var. longicalycinus／6〜8月／カワラナデシコ

中国原産は唐撫子、日本原産は大和撫子、初生葉が竹の葉に似ていて、細い茎に節もあるところから「石竹」ともいう。万葉集で憶良はこの花を秋の七草に歌い、また大伴家持は種から育てたという。枕草子では「美しきものはなでしこの花」とある。

「撫子とは花の形ちいさやかに
其の色愛すべきを以《も》って名づく」—貝原益軒
花は普通茎の先に
2〜3個ずつさく。
白もある。
ギザギザに切ることをピンクという。英名はpink.
花の色もピンク
萼は円筒形
先端は5裂
斎藤道三の
撫子紋
キキョウと同じ
雄しべ先熟。
葉は線形

フジバカマ［藤袴］

キク科／多年草／Eupatorium fortunei／9〜10月／ヒヨドリバナ（鵯花）、ランソウ（蘭草）

中国原産で日本へは奈良時代に渡来したという。名前の由来は花の形が藤色の袴に見えること、あるいは藤蔓で織った袴をはいた女性の変身ともいう。漢名は蘭草、属名のエウパトリウムはヒヨドリバナと同じで古代小アジアの王名から。絶滅危惧II類に指定。

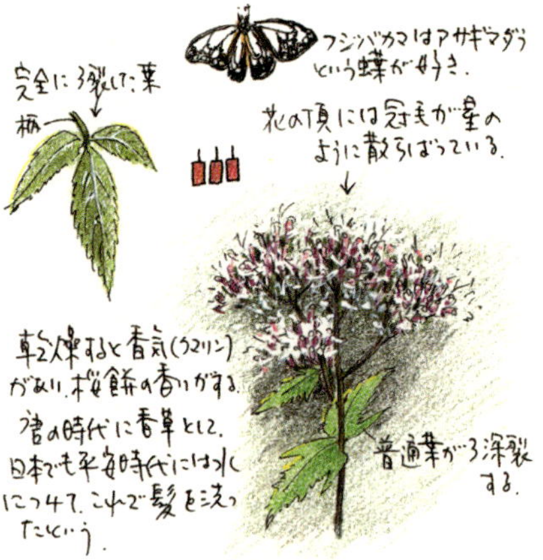
フジバカマはアサギマダラという蝶が好き。
完全に3裂した葉
柄
花の頂には冠毛が星のように散らばっている。
乾燥すると香気（クマリン）があり、桜餅の香りがする。
唐の時代に香草として、日本でも平安時代には水につけて、これで髪を洗ったという。
普通葉が3深裂する。

クズ［葛］

マメ科／つる植物／Pueraria lobata／7〜9月／クズカズラ（葛蔓）、ウラミグサ（裏見草）

名は大和国のクズの名所であった国栖《くず》にちなむ。非常に繁殖力が強く、日差しが強い時は葉を立てて昼寝をしているらしい。酒井抱一の「夏秋草図屏風」の葛とはだいぶ違う。根に含むデンプンは良質で、食用にする。漢方の風邪薬である葛根《かっこん》を得る。

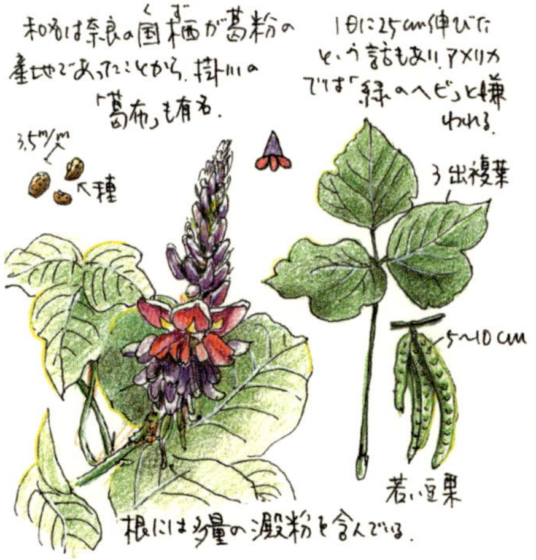
和名は奈良の国栖《くず》が葛粉の産地であったことから。掛川の「葛布」も有名。
1日に25cm伸びたという話もあり、アメリカでは「緑のヘビ」と嫌われる。
3.5m/m
種
3出複葉
5〜10cm
若い豆果
根には多量の澱粉を含んでいる。

ハギ［萩］

マメ科／落葉低木／Lespedeza bicolor Turcz.／7〜8月／ニワミグサ（庭見草）

ハギと言えば普通ヤマハギをさし、一般にはヤマハギに似るハギ属の総称。万葉集では芽子《はぎ》などと表記され、最も多く歌われ断トツ1位の142首。男性は装飾として頭に挿したり、形見に植えたともいう。平安以降は蒔絵の題材に多用。萩の字は秋咲きの意。

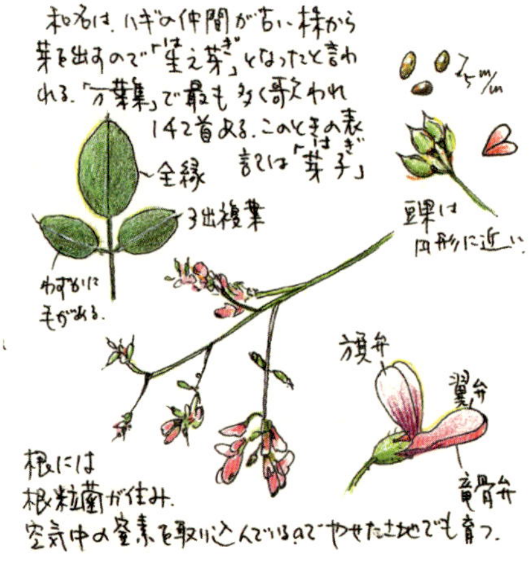
和名は、ハギの仲間が古い株から芽を出すので「生え芽《はぎ》」となったと言われる。「万葉集」で最も多く歌われ142首ある。このときの表記では「芽子《はぎ》」
5m/m
全縁
3出複葉
わずかに毛がある。
果は円形に近い。
旗弁
翼弁
竜骨弁
根には根粒菌が住み、
空気中の窒素を取り込んでいるのでやせた土地でも育つ。

オトコエシ［男郎花］

オミナエシ科／多年草／Patrinia villosa／8〜10月／シロアワバナ(白粟花)、ハイショウ(敗醤)

一瞬見ると泡が浮き上がっているように見える。このせいか、シロアワバナという別名もある。全体に毛が多く、茎も太いので、オミナエシに対してオトコエシの名がついた。若芽は食べられるが、醤油の腐ったような臭いがする。漢名は敗醤《はいしょう》という。

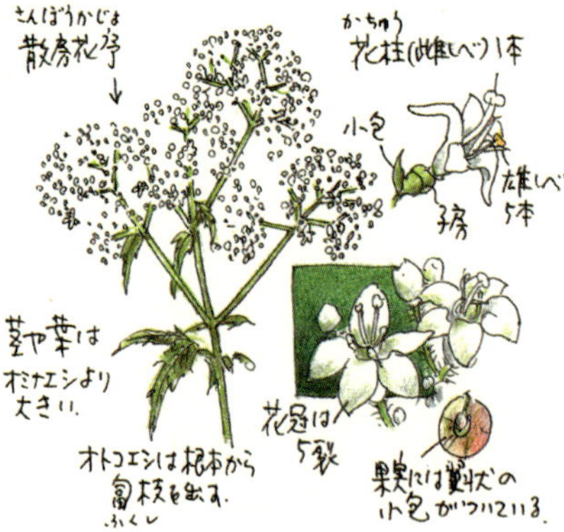
散房花序《さんぼうかじょ》
花柱《かちゅう》(雌しべ)1本
小包
雄しべ
5本
子房
茎や葉は
オミナエシより
大きい。
オトコエシは根本から
副枝《ふくし》を出す。
花冠は
5裂
果実には翼状の
小包がついている。

ツリガネニンジン［釣鐘人参］

キキョウ科／多年草／Adenophora triphylla var. japonica／8〜10月／ハクサンシャジン

根が薬用の朝鮮人参に似ていることと、花が鐘《つりがね》に似ていることから和名がついた。「山でうまいはおけらにとときし」という歌があるが、おけらは朮と書き山菜で食用や薬草にもなる。とときとはツリガネニンジンの別名。

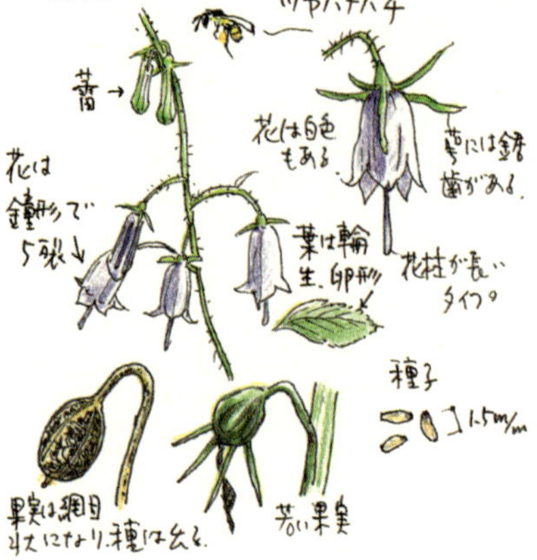
ツヤハナバチ
蕾→
花は白色
もある
萼には鋸
歯がある。
花は
鐘形で
5裂↓
葉は輪
生、卵形
花柱が長い
タイプ。
種子
1.5m/m
果実は網目
状になり、種は去る。
若い果実

ホタルブクロ［蛍袋］

キキョウ科／多年草／Campanula punctata／6〜7月／チョウチンバナ(提灯花)

東御苑にはないが、厳密にはシマホタルブクロを入れて3種類ある。和名は花が提灯に似ることから。昔は提灯のことを「火垂る袋」と言った。ホタルを入れて遊んだことからの説もある。梅雨頃になると花が見られるのでアメフリバナの別名もある。

ヤマホタルブクロ［山蛍袋］

キキョウ科／多年草／Campanula punctata var. hondoensis／6〜7月／チョウチンバナ

ホタルブクロの仲間の独特な鐘《つりがね》形の意味は深い。雄しべが先に熟して、まだ成熟してない雌しべの毛に花粉をつけ雄しべは枯れる。奥にある蜜を求めてきた虫はその花粉を他に運ぶ。この形が雨風から花粉を守り、かつ自家受粉を避けるというメカニズムを成立させるデザインだ。そして美しい。

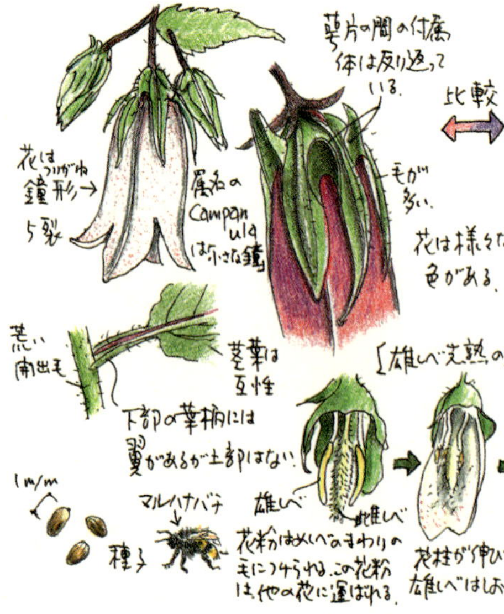
萼片の間の付属
体は反り返って
いる。
比較
花は
鐘《つりがね》形→
5裂
属名の
Campan
ula
は「小さな鐘」
毛が
多い。
花は様々な
色がある。
荒い
開出毛
茎葉は
互生
下部の葉柄には
翼があるが上部はない。
［雄しべ先熟の過程］(共通)
1m/m
種子
マルハナバチ
雄しべ
雌しべ
花粉は雌しべのまわりの
毛につけられる。この花粉
は、他の花に運ばれる。
花柱が伸びて
雄しべはしおれる。
柱頭はまだ
開いていない。
中は蜜
がいっぱい。後に
果実になる。
柱頭
の成熟
雌しべの柱頭
は3方に開く。
雄しべ先熟は
他にキキョウやトウ
モロコシ、オオバコ等
がある。

ヤマホタルブクロは
萼片の間が
盛り上がっている
ホタルブクロと最
も違うところ。
ホタルブクロに蛍を入れ
た姿。ウツクシイー。

ゲンノショウコ［現の証拠］

フウロソウ科／多年草／Geranium thunbergii／8〜10月／ミコシグサ(輿草)

下痢や腹痛の民間薬として重用され、効き目があらたかなところから「現の証拠」と名がついたといわれる。全草にタンニンを含み煎じて飲む。小種名にはスウェーデンの植物学者で江戸時代、日本の植物を研究して『日本紀行』などを著したツンベルクの名がある。

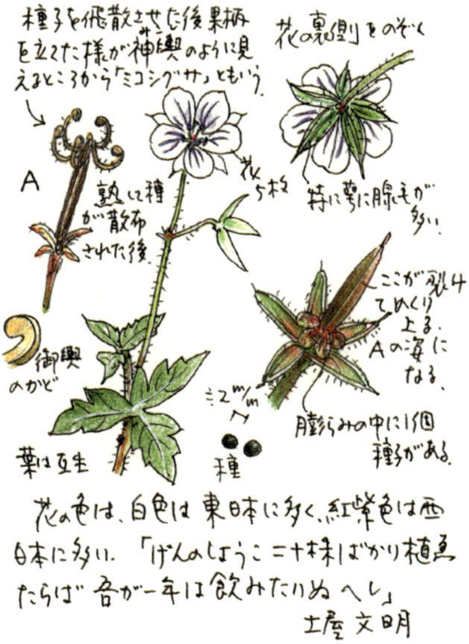
種子を飛散させた後果柄を立てた様が神輿《みこし》のように見えるところから「ミコシグサ」ともいう。
花の裏側をのぞく
A
熟して種が散布された後
花5枚
特に萼に腺毛が多い。
ここが裂けてめくり上る。Aの姿になる。
御輿のかど
≒2m/m
膨らみの中に1個種子がある。
葉は互生
種
花の色は、白色は東日本に多く、紅紫色は西日本に多い。「げんのしようこ二十株ばかり植ゑたらば吾が一年は飲みたりぬべし」
土屋文明

アキカラマツ［秋唐松］

キンポウゲ科／多年草／Thalictrum minus var. hypoleucum／7〜9月／タカトオグサ(高遠草)

雄しべ、雌しべ等が細長く、それがカラマツの葉のように重なりあって咲いている。白いものが複雑に重なりあう姿はなんとも絵描き泣かせの植物だ。花びら状の萼《がく》が早く落ちて雄しべが長く残った姿が名前の由緒であろう。

←果実
そう果には8個の翼がある
≒4m/m
翼よく
水平断面
グローブのような葉もある。
種
2m/m
カラマツの葉

キンポウゲ［金鳳花］

キンポウゲ科／多年草／Ranunculus japonicus／4〜5月／ウマノアシガタ(馬の足形)

名高い横綱トリカブトや小結クサノオウを擁する有毒植物の宝庫であるキンポウゲ部屋の親方。植物毒のアルカロイドを含むが、漢方薬、医薬品としても用いられる。別名のウマノアシガタの由来は蹄鉄を外した馬の足裏の窪みの輪郭に似るところからか。

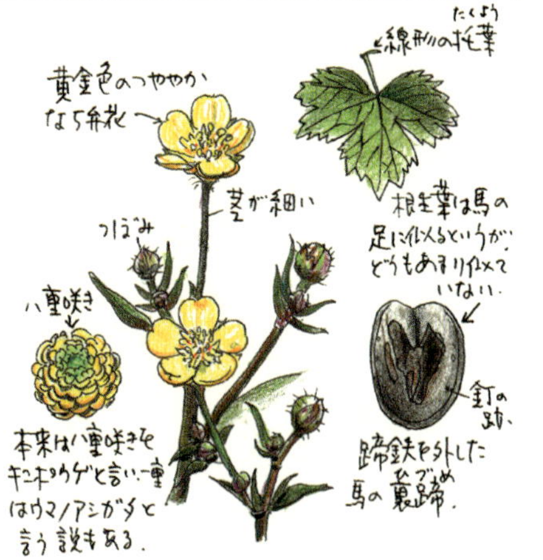
線形の托葉《たくよう》
黄金色のつややかな5弁花
茎が細い
根生葉は馬の足に似るというが、どうもあまり似ていない。
つぼみ
八重咲き
釘の跡
本来は八重咲きをキンポウゲと言い一重はウマノアシガタと言う説もある。
蹄鉄を外した馬の裏蹄《ひづめ》。

センニンソウ［仙人草］

キンポウゲ科／常緑半低木／Clematis terniflora／8〜9月／ウマクワズ(馬食わず)

夏の真盛り、二の丸菖蒲田のそばでこの花が優雅に咲いているのが見られる。真白な羽毛か仙人のヒゲのような何とも不思議な姿だが驚くことにこれが風に舞って空を飛び種を運ぶというから是非一度見てみたい。凧の様か、UFOの様か。

ヒラリフワリフワー
仙人のヒゲのような花柱を凧のあしにしてこんなふうに飛ぶのでしょうか。
花弁にあらず萼は4枚で十字形。
キンポウゲ科としては珍らしく蜜を分泌しない。
そう果は扁平な楕円形
花柱には羽毛のような伏毛が目立つ

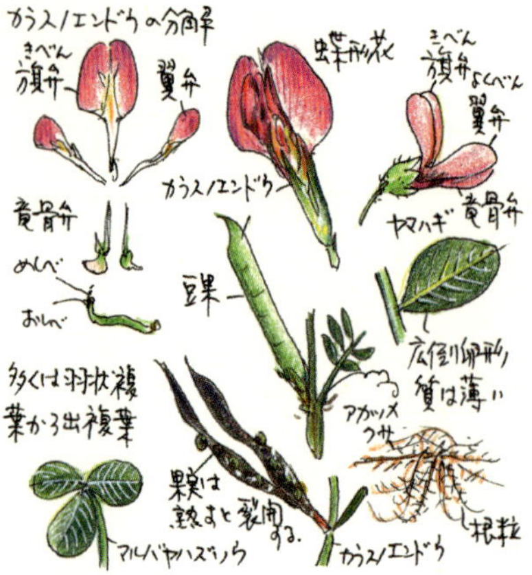

「マメ科の特徴」

葉は互生でほとんどが複葉。夜は就眠運動で葉を閉じるものもある。花は多くが独特の蝶形花冠で果実は豆果。草本《そうほん》も木本《もくほん》もあり、日本で100種類ほどが自生する。双子葉植物ではキク科に次いで大きな科となる。一部のマメ科の植物は根に根粒菌という細菌が寄生し、根粒を作る。これは寄生した植物から栄養を得る代わりに、大気中の窒素を硝酸塩に変えて植物に吸収されやすくする働きがある。このためマメ科の植物はやせた土地でも育ちやすく、食用だけでなく窒素分の肥料としても利用される。

メドハギ［蓍萩］

マメ科／多年草／Lespedeza cuneata／9～10月／メドギ(蓍木)

和名のメドは小葉の形が針の頭の穴《めど》に似ていることから。また花が萩に似ているところから。しかし、植物学者の牧野富太郎は目処萩であり元来は筮萩と言ったものがなまったものとしている。漢名は鉄掃箒でその目で見ると細長い箒《ほうき》にも見える。

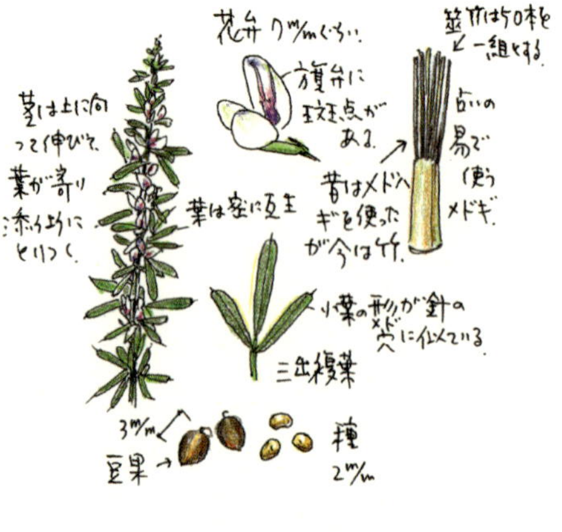

ネムノキ［合歓木］

マメ科／落葉高木／Albizia julibrissin／6～7月／ゴウカンボク(合歓木)、ネブ(合歓)

和名が合歓木とあるように中国では一家和合、夫婦和合の象徴として植える風習があるという。おじぎ草は触れると葉を閉じるのに対してネムノキはネブリノキ(眠之木)に由来し、夜暗くなるとその光量を感じて閉じる。「象潟や雨に西施がねぶの花」芭蕉

シロツメクサ［白詰草］

マメ科／多年草／Trifolium repens／5～8月／クローバー、ウマゴヤシ(馬肥)

和名は江戸時代にオランダから献上されたギヤマン(ガラス製品)などの荷物の詰物にこの草を使ったことに由来するもので爪草とは違う。アカツメクサは明治初期に牧草として輸入された。幸福を呼ぶ4つ葉のクローバーだけでなく時には5枚、6枚もある。

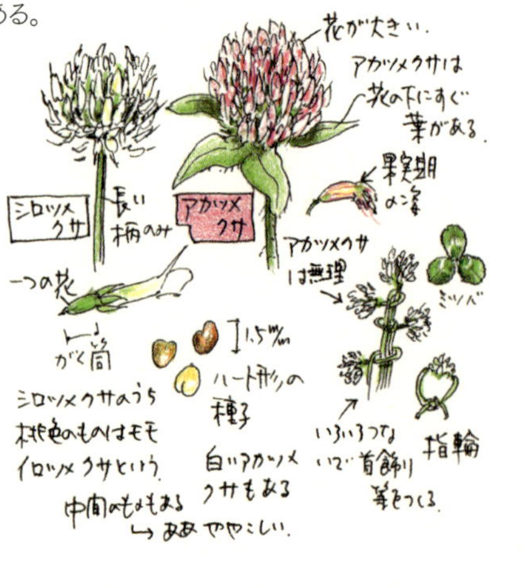

ヤブマメ［藪豆］

マメ科／1年草／Amphicarpaea edgeworthii var. japonica／9〜10月／ノマメ、ギンマメ(銀豆)

この植物の生き様を見ると、多様な子孫を期待する開放花に対して、閉鎖花という保険的な自己完結型の生殖を地上だけでなく地中にも用意している周到さがある。これには生物の種の保存という執念を感じないではいられない。自然はスゴイ!

トキリマメ［吐切豆］

マメ科／多年草／Rhynchosia acuminatifolia／7〜9月／オオバタンキリマメ(大葉痰切豆)

オオバタンキリマメの別名があり痰を切る薬効かと思いきや、その効能は不明。名前の由来も特になし。万葉集などにも詠まれていない。文学にも縁なし。食用にも薬用にも利用なし。さりとて有毒でもない。なにもないのがスゴイ!!　ただ晩秋の鮮やかな赤色は実に美しい。

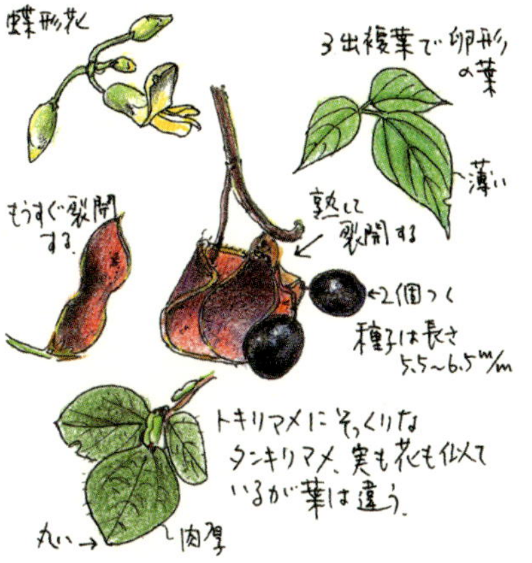

ツルマメ［蔓豆］

マメ科／1年草／Glycine soja／8〜9月／ノマメ(野豆)

古くは大陸から渡来し、平安時代の本草和名には「久《く》須《ず》加《か》都《ず》良《ら》乃《の》波《は》衣《え》」の名で出てくる。利用価値の少なかったヤブマメは江戸時代になって認知されたがツルマメは既にしっかり活躍していた。畑で栽培される大豆は本種の改良品と考えられ、豆果は家畜の飼料や水田の肥料にする。スゴイ!!

ノササゲ［野大角豆］

マメ科／多年草／Dumasia truncata／8〜9月／キツネササゲ(狐大角豆)

ノササゲのササゲは豆果が最初上向きになるので「捧げる」から転訛したという。やがて果実は垂れ下がり、秋には鮮やかな紫色で目を引く。やがて中莢《さや》が割れて中から瑠《る》璃《り》色の豆果があらわれる。これはこれでスゴ〜イ。

フジカンゾウ［藤甘草］

マメ科／多年草／Desmodium oldhamii／8〜9月／フジクサ(藤草)、ヌスビトノアシ(盗人足)

ヌスビトハギを一回り大きくした節果をつける。二節に分かれて、Fカップのようだ。花はフジの花に似て、葉は薬用植物である甘草《かんぞう》に似ているとして和名がついた。全面に短い鉤《かぎ》毛があり、動物や衣服にくっついて散布する。茎が長いので頂部は傾く。

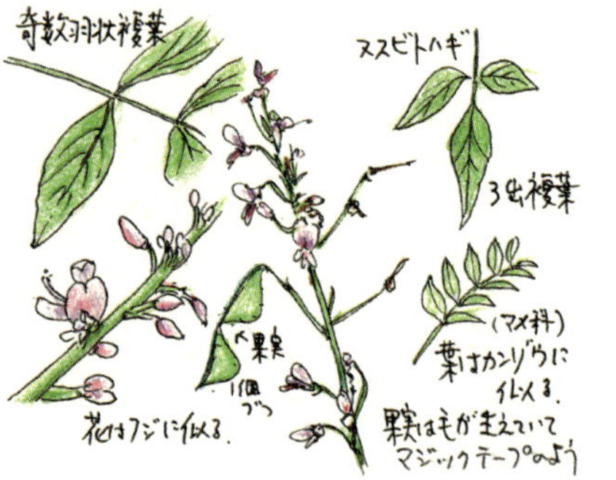

フジ［藤］

マメ科／落葉つる性木／Wisteria floribunda／5月／ノダフジ(野田藤)

牧野富太郎は最終的に図鑑で標準和名を「フジ」または「ノダフジ」としている。「野田の藤」は埼玉の「牛島の藤」と奈良の「春日野の藤」と並び三大名藤の一つとされる。歌川広重に描かれた亀戸天神境内のフジは大坂から江戸に下った野田藤とされている。

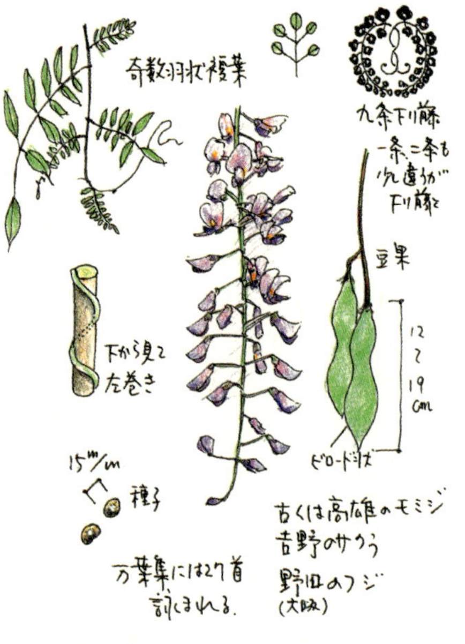

ミヤコグサ［都草］

マメ科／多年草／Lotus corniculatus var. japonicus／4〜6月／コガネバナ(黄金花)

和名は京都か奈良の都に多く生えていたからとも、薬草名の「脈根草《みやくこんぐさ》」からともいわれる。また花の形から烏帽子草《えぼしぐさ》の名もある。また近年は小さくて栽培が簡単なことなどから、マメ科の「モデル植物」と呼ばれ世界中で研究されているという。マメ科はキク科、ラン科についでの大きなグループである。

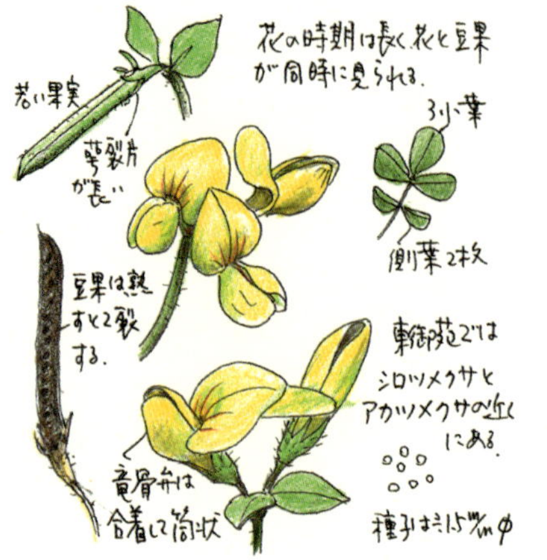

アメリカデイゴ［亜米利加梯梧］

マメ科／落葉低木〜小高木／Erythrina crista-galli／6〜9月／カイコウズ(海紅豆)

属名はニワトリのトサカの意味と、ギリシヤ語の赤が語源。ブラジル原産で、日本には江戸時代に渡来。和名はカイコウズであるがアメリカデイゴが一般的で漢名の「梯梧」の音読みからデイゴとした。一般のマメ科の植物とは旗弁が大きくて下向き等の違いが特性。

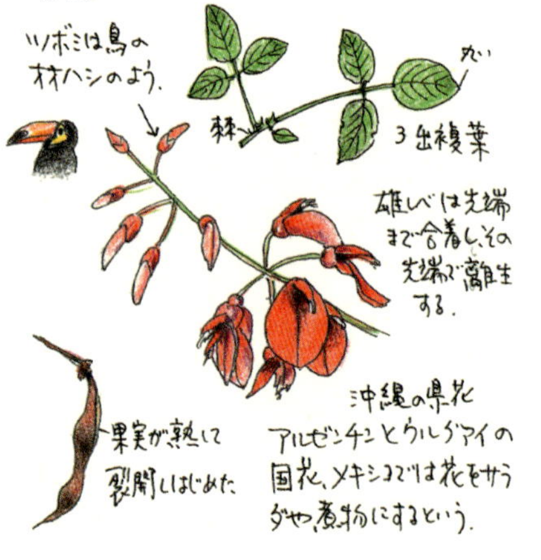

ナンテンハギ［南天萩］

マメ科／多年草／Vicia unijuga／6～11月／アズキナ(小豆菜)、フタバハギ(二葉萩)

岐阜県の飛騨地方、高山などではナンテンハギはアズキナ(小豆菜)と呼ばれ、天ぷら、おひたしの食材として、古くから親しまれてきた。最近では伝統野菜として山菜料理や土産物用に盛んに栽培されているという。またためまいや疲労回復にも煎じて服用される。

カラスノエンドウ［烏野豌豆］

マメ科／1年草・越年草／Vicia angustifolia var. segetalis／3～6月／ヤハズエンドウ(矢筈豌豆)

和名は果実が熟すと真っ黒になるところからカラスにたとえたという。また、別名をヤハズエンドウといい、これは葉先が矢筈(弓の弦にかける凹み)形から。東御苑ではどこでも見られるが、カラス、スズメ、カスマの3兄弟の区別ができると親しみがわく。

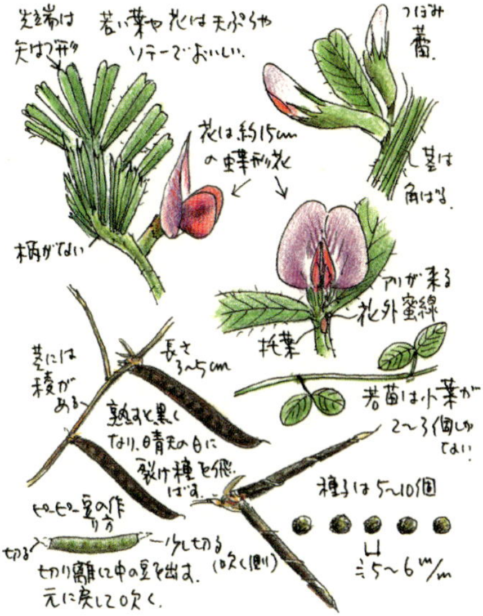

スズメノエンドウ［雀野豌豆］

マメ科／越年草／Vicia hirsuta／4～6月

エンドウ3兄弟の末っ子のような存在で苑内でも他の兄弟と混在している。末っ子といっても年の離れた弟のように小さくて可愛い。うっかりすると見落としてしまいそう。小さくても毛深く色白で存在感はある。乾燥した色もカラスのように全てが黒くなくスズメの色に近いものも多い。

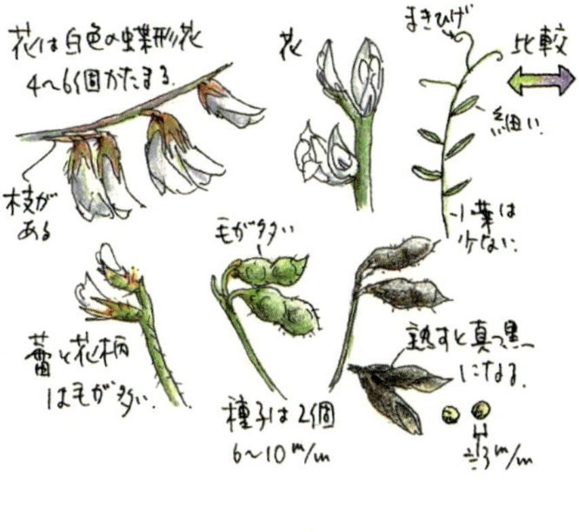

カスマグサ［かす間草］

マメ科／越年草／Vicia tetrasperma／4～6月

カラスとスズメの中間の大きさでカスマとはなんと安易なことか。いやなんと憶えやすいことか。けっして交雑した品種ではない。3兄弟はソラマメ属の一家で、それぞれ個性をしっかり持って楽しそうに生きている。

皇居東御苑のシダ

シダ（羊歯）植物とは、シダ類、ヒカゲノカズラ類、トクサ類、マツバラン類からなる植物分類学上の名称。

日本におけるシダは約630種が記録されており、同じ北半球のイギリスでは約70種である。これを考えると日本はシダにとってすごしやすいシダの豊かな国であるといえる。

シダ植物は根、茎、葉の三器官に分化した体を持ち顕花植物と同じように水分や養分を運ぶ維管束がありそれが体を支えている。

種子を形成するまで進化しておらず、胞子によって繁殖する。胞子は母体から離れて発芽し、配偶体（前葉体）となる

シダの歴史を見ると地球上に登場したのは約4億年前になる。恐竜時代あるいは古生代中期に出現し、特に石炭紀にはリンボク、ロボクなどが大森林を形成していた。現在では熱帯や亜熱帯、オーストラリア、ニュージーランド、パタゴニアにのみ大型のシダが見られる。日本で普通に見られる普通に見られるのは草姿のシダがほとんどである。世界では一万種類以上といわれる。

古来からシダは食用や薬用、籠などの生活用品を作る材料として日本人の生活と深く結びついてきた。

建築でも地被として、ヒカゲノカズラ、イワヒバ、トクサ、タマシダ、クサソテツ、ヤブソテツなどが使われる。

文学の中でも万葉集の「石《いわ》走る垂水《たるみ》の上の早蕨の萌え出づる春になりけるかも」（志貴《しき》皇子）の歌や、源氏物語の「早蕨」の巻なども有名。

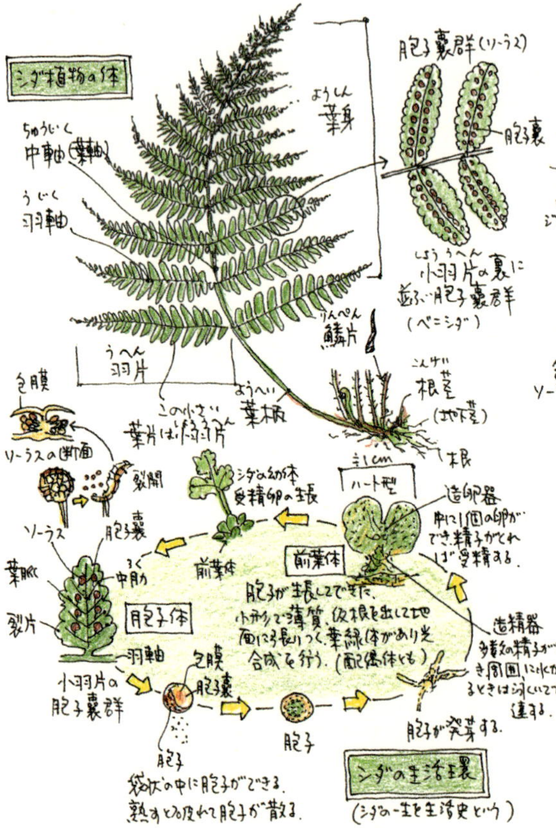

※「皇居の植物」にはまだこの他に20種類以上のシダが掲載されている。（クサソテツ、カニクサ、ヘビノネゴザ、イワガネソウ、オニヤブソテツ、イヌシダ、ノコギリシダ、イタチシダ、トウゴクシダ等）

Equisetum arvense L.

スギナ（杉菜）トクサ科、多年草。

荒地や土手の斜面などに生育。地下茎は長く這う。その節から芽を出して増える。

ツクシは胞子茎でスギナは栄養茎。

英語名はホーステール（馬のしっぽ）

5月→

スギナの群生
春先につくしの後にスギナが顔を出す。漢名「問荊」

Pteris multifida

イノモトソウ（井の許草）イノモトソウ科

皇居では大手門の石垣に2～3ヶ所生えている。昔は井戸端によく見かけたもので今思えばそれがイノモトソウだったようだ。

胞子葉の裏面（翼の裏）には長くソーラスがつく。

Athyrium niponicum

イヌワラビ（犬蕨）イワデンダ科。

どこにでも生えているシダらしいシダ。形質は変化があり、ソーラスをつける葉の長さも20～50cm以上と幅がある。色は斑入りもあり黄緑色～濃緑色まである。葉色の濃いものは軸が紅紫色を帯びることが多い。

Thelypteris viridifrons

ミドリヒメワラビ（緑姫蕨）ヒメシダ科

大型シダ。鮮緑色で葉の質がやわらかく繊細な印象を受ける。羽片は細かく切れ込む。下のものほど大きくなる。

Cyrtomium fortunei

ヤブソテツ（藪蘇鉄）オシダ科。

藪に生え、蘇鉄のように葉を広げる。この写真のものは濃緑色で光沢がある。

羽片の先端付近に細かい鋸歯がある。

包膜は円形で中央は黒くならない。

Lepisorus thunbergianus

ノキシノブ（軒忍）ウラボシ科

常緑の着生植物。

シノブの名がつくがシノブ類とは違い革質でにぶい緑色のシダ。かつては茅葺屋根の軒下にも見られた。乾燥すると縮んで耐えて湿気を待つ。葉柄は短かく基部に鱗片がつく。

Coniogramme japonica

イワガネソウ（岩ヶ根草）ホウライシダ科

常緑、半地中植物。

葉裏を見ると葉脈が網目状につながるところがある。ソーラスが沿う。

皇居では二の丸庭園の滝口に見られる。笹に似た濃緑色はシダというより観葉植物のよう。葉は革質で厚くやや光沢がある。両面共無毛。よく似たイワガネゼンマイは葉先が急に細くなる。

Botrychium ternatum

フユノハナワラビ（冬の花蕨）ハナヤスリ科

本州から九州の向陽の山野に生える。栄養葉の柄は長く基部近くで胞子葉を分岐する。似たものにオオハナワラビがあるが鋸歯が尖っている。胞子葉
て茎に毛がある。本種は
葉軸や羽軸は無毛。

2〜3回分枝する

葉は栄養葉

Thelypteris acuminata

ホシダ（穂羊歯）メシダ科

帆羊歯ともいう。葉の先端が穂や帆のようでなめらか。触るとカサカサした感触。日当りのよい道端などに広く普通に群生する。冬にも緑の葉が残り覚えやすい。
葉は羽片の半ばまで切れ込む。穂状の先端が特徴。

葉裏包膜は円腎形

Asplenium sarelii

コバノヒノキシダ（小葉の檜羊歯）チャセンシダ科

ヒノキの葉に似たヒノキシダよりさらに切れ込みのある小さいシダの意。葉は厚い草質。葉柄基部をルーペでよく見ると全体に細い格子模様があり、毛はない。

←ソーラスは裂片に1〜3個つく。

葉軸の表面は中央に凸状に盛り上がる。

Arachniodes standishii

リョウメンシダ（両面羊歯）オシダ科

表も裏も同じような緑色シダ。葉は紙質で羽片は繊細に切れ込む。美しい大型のシダ。ソーラスは葉の下部からつき始める。葉裏の胞子は秋〜冬に熟しはじめは緑色。

裂片の細かい尖った鋸歯

包膜は円腎形をしている。

Neocheiropteris ensata

クリハラン（栗葉蘭）ウラボシ科

関東以西〜九州に広く見られ林中の渓流近くの湿った岩の上や土上に群落をつくる。

ソーラスは包膜がない

葉身は広い針形の単葉で鋭尖頭。葉の縁は波状で中肋は明瞭。ソーラスは1〜3列並ぶ。

11月

Dryopteris erythrosora

ベニシダ（紅羊歯）オシダ科

表

裏

葉はやや光沢がある。イヌワラビより厚く、質感がある。名はソーラスが赤いことから。胞子が熟すと茶色に変化する。

春先のソーラス。 熟しはじめたソーラス

羽片は羽軸まで裂ける。鱗片、葉裏は暗褐色で密に生える。

Adiantum capillus-veneris

ホウライシダ（蓬莱羊歯）ホウライシダ科

イチョウのような葉裏にはソーラスがつく
この丈4cm
色は爽やか
葉は薄くて光沢はない。

本名より観葉植物としてよく利用されるアジアンタムの方が通りがよい。これは学名でもある。アジアントスは「濡れない」を意味するだけに葉は水をはじく。街の中でも石垣や溝に見られる。関東地方で見られるものは逸出し帰化したもの。

Pteridium aquilinum var. latiusculum

ワラビ（蕨）コバノイシカグマ科

表

裏

ゼンマイと並ぶ食用シダ。にぎり拳に似た芽立ちの頃が食べ頃。根茎から採った澱粉は「わらび粉」として和菓子に使う。

芽立ち
夏緑性

ソーラスは葉に沿ってつく。

1mにもなる大型シダ。

『シダハンドブック』（文一総合出版）などを参考に作成

カントウタンポポ［関東蒲公英］

キク科／多年草／Taraxacum platycarpum Dahlst／3〜5月／タナ(田菜)、フチナ(縁菜)

漢字で「蒲公英」と書くが、これは漢方薬にした生薬の名。東洋のみならず、西洋でも食用や薬用にされた。属名のダラクサクムは「苦痛を癒す」という意味。きっちり朝開き、夕方に閉じる。それを3日間繰り返し枯れ、また再生する。天の時計、または妖精時計ともいわれる。本種は日本の在来タンポポでも代表的存在。ガンバレニッポン!!

セイヨウタンポポ［西洋蒲公英］

キク科／多年草／Taraxacum officinale／3〜11月

英名はダンディライオン。これは葉のギザギザがライオンの牙《きば》を思わせるところからというが、フサフサの黄色い舌状花がたて髪に見えなくもない。フランスでは13℃で花開くという。明治年間にクラーク博士で有名な札幌農学校の教師であったブルックスが食用として輸入したものが野生化して、日本中に広がったと言われている。

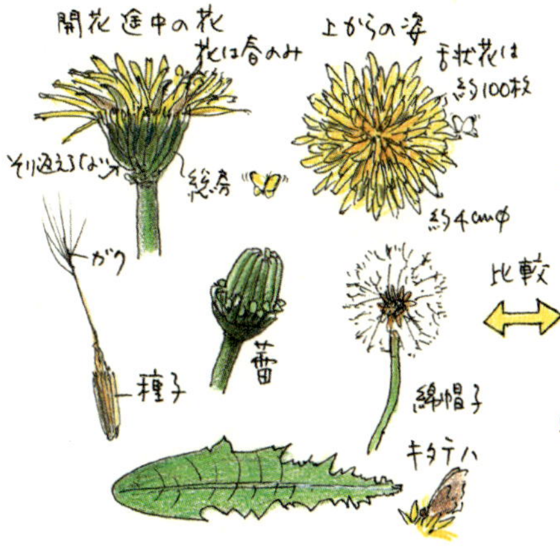

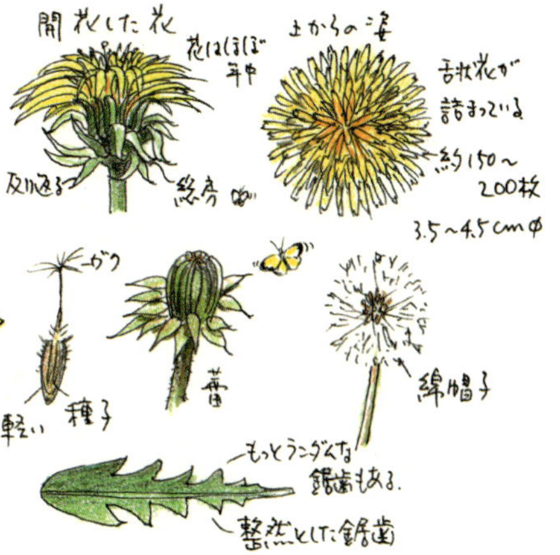

「タンポポの世界」

タンポポ属は主に北半球の温帯から暖帯に400種類あり、日本には20種類程度が自生していると言われる。ここ数年、セイヨウタンポポと在来種の遺伝結合による中間型が多くなっているともいう。タンポポ戦争の流れが変った。牧野富太郎存命時にはセイヨウタンポポはまだ広まっていなかった。

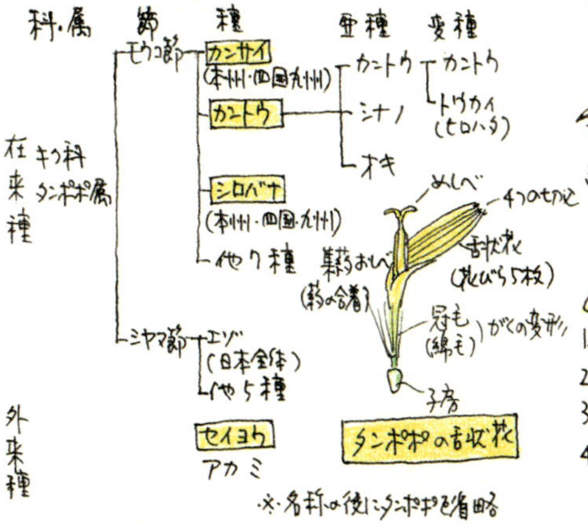

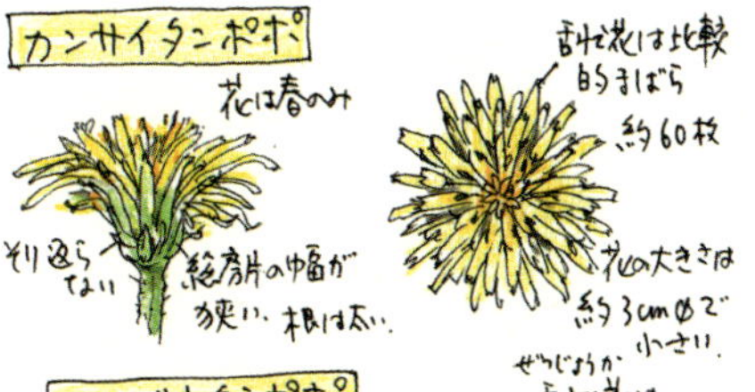

〈在来タンポポがセイヨウタンポポに駆逐された原因〉

1. 在来は自家受粉しないが、セイヨウは自家受粉する。
2. 在来は受粉して秋まで発芽しないがセイヨウは年中発芽する。
3. 種子の数が在来よりセイヨウのほうが多い。
4. 在来の生息地が開発されると、そこにセイヨウが入りこむ。在来は時がかかるのでセイヨウに席巻される。

以上は主な原因になる。

皇居の草たち

皇居東御苑の植物には名札のついた立派な樹や季節ごとに美しい花や実をつける華やかな草木がたくさんあります。しかしそれらの樹々の足元や道の片隅でひっそりと生きている草もたくさんあります。これらは日頃人々に見向きもされない地味な草たちです。また、皇居に来た奉仕団の人々の手できれいさっぱり刈り取られてしまう草たちでもあります。

かつて昭和天皇のお言葉に「雑草という草はない、どんな植物でも名前があってそれぞれ自分の好きな場所で生を営んでいる」というものがありました。まさに本来、植物に貴賤の差はなく大きさや見た目には関係なく必死に生きている姿はどれも美しくもあり、厳しくもあります。

このコーナーではいつもひっそりとしていたこれらの草たちのうち特に区別のしにくいものにスポットを当てて比べたり、特徴を確認してみたいと思います。不思議なことに名前やその植物の生き方などがわかると別の場所で出会った時には、もうただの草ではなく親しみがわき愛おしくさえ感じます。このことは小さな草花にかぎらず大きな樹や美しい花々でも同じで、さらに調べていくと、私はこれらの植物の生きていく世界と人間の世界との関係や環境などにも興味と心配を感じるようにもなりました。それは植物の絶滅危惧種に関することや外来種のことが人間と大きく関りのあることだということです。つまり人間を含めた生物の世界そのもののことなのです。

東御苑の植物なども例外ではなくいわゆるレッドデータブックに載るものもあります。また、外来植物も沢山あり、現に侵略的外来生物に指定されたものも見られます。二の丸池にはびこるオオカナダモ等はその一つです。このことは巻末の方でもう少し詳しく触れますがここでは地味で強くて嫌われがちな草たちの代表14選手の顔ぶれを見て下さい。

	Erigeron philadelphicus ハルジオン（春紫苑）	Erigeron annuus ヒメジョオン（姫女苑）
花期・高さ・科・属	4月～6月。多年草 H=30～60cm. 北アメリカ原産で大正時代に渡来したという。要注意外来生物リスト。 キク科。ムカシヨモギ属	6月～10月。1～2年草 H=30～150cm 北アメリカ原産。明治初年に渡来。要注意外来生物リスト。 キク科。ムカシヨモギ属
全体の様子と特徴	都市には戦後広がったという。  茎を抱く葉 つぼみが大きくうなだれる。 茎の中は空洞	つぼみは少しだけうなだれる。 大きくは垂れない！  ハルジオンに場所を追われつつある。 葉は茎を抱かない。 茎は白い髄《ずい》でいっぱい。
葉の様子	根生葉は長楕円形  つぼみはうなだれる 葉は茎を巻く 葉柄はない。	越冬する。ロゼットのままで  葉柄ははっきりしている。 鋸歯は少し深い！ ハルジオンに較べて披針形のものもある。
花の様子	中央は管状花 舌状花  舌状花は淡紅色を帯びることが多い。 舌状花は細い。 ヒメジョオンに較べると少し筒状花が小さい。 ハルジョオンではない。	中央は管状花 舌状花  舌状花は白が多い。 いく分、ハルジオンより舌状花がが短い。そして太い。 数も少い。 ときに秋にも成長開花する。

Erigeron bonariensis アレチノギク（荒地野菊）	Erigeron sumatrensis オオアレチノギク（大荒地野菊）	Erigeron canadensis ヒメムカシヨモギ（姫昔蓬）	Erechtites hieracifolia ダンドボロギク（段戸襤褸菊）
5月〜10月、1〜越年草 H=30〜60cm 南アメリカ原産、明治なかばに帰化、オオアレチノギクに較べて少ない。 キク科、ムカシヨモギ属	5月〜10月、1〜越年草 高さは1〜1.8mにもなる。 南アメリカ原産、大正時代に渡来、要注意外来リスト 全国に広まった帰化植物 キク科、ムカシヨモギ属	7〜10月、1〜越年草 高さは1〜1.8mにもなる。 北アメリカ原産、明治初期に渡来、要注意外来リスト 道路や鉄道に沿って広まった。 キク科、ムカシヨモギ属	9月〜10月　1年草 H=50〜150cm 昭和8年愛知県の段戸《だんど》山で発見されたという。伐採跡や山火事の跡に生る帰化植物 キク科、タケダグサ属
頭花は緑っぽい白色。 花は6月頃から咲き始める。 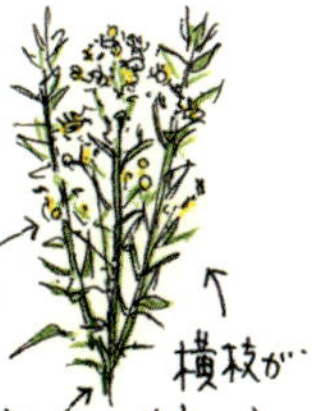 横枝 主軸 横枝が花序より高く伸びるのが特徴	花序は大きな円錐形  枝に頭花をつける。 横枝は低い 全体に白毛が密生	オオアレチノギクより枝が左右に張り出す。  毛は少ない 鉄道草ともいう。 大まかなイメージの形状	細長い頭花をあちこちに向けて付ける。  上部で枝を分ける。 茎は直立する。
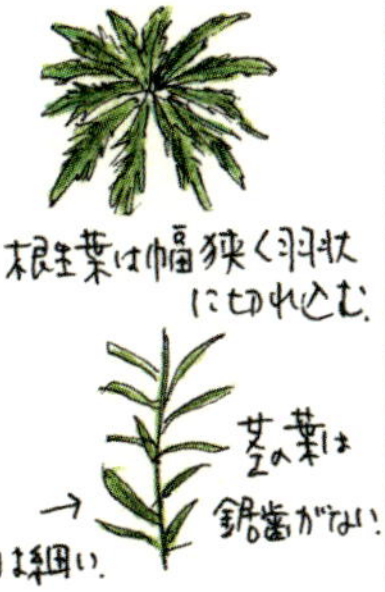 根生葉は幅狭く羽状に切れ込む。 茎の葉は鋸歯がない。 葉は細い。	 根生葉は緑に鈍い鋸歯がある。 育成期はヒメムカシヨモギと重なる。 鋸歯が目立つ。 ゴワゴワ	根生葉はオオアレチノギクとそっくり。  葉の縁が赤い。 葉はオオアレチノギクより細く薄い。 色は明るい。 茎には白い毛が密生する。	若い葉は鋸歯はない。 食用にされる。  葉は茎を抱く。 シュンギクの香りがする。 不揃いの鋸歯
舌状花と管状花  頭花はオオアレチノギクと較べてひとまわり大きい。 管状花と多数の舌状花があるが目立たない。 果実 冠毛は長く全体が毬《まり》のよう。	少数の舌状花と多数の管状花  舌状花は目立たない。 淡褐色の冠毛は長い。 果実 風媒	舌状花と管状花 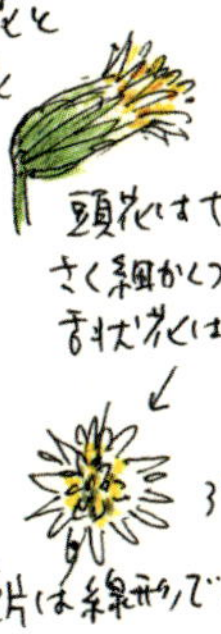 頭花はやや小さく細かくつく。 舌状花は白い。 3mmφ 総苞片は線形で淡緑色。	頭花は管状花のみで淡緑色 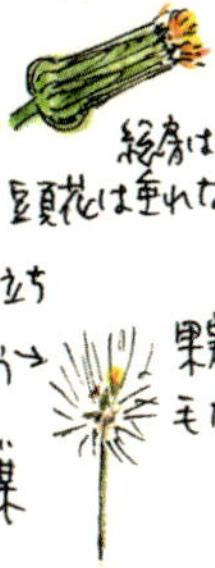 総苞は2〜3cm 頭花は垂れない。 白が目立ち綿のよう 果実は冠毛が目立つ 風媒《ふうばい》

Crassocephalum crepidioides ベニバナボロギク(紅花襤褸菊)	Senecio vulgaris ノボロギク(野襤褸菊)	Sonchus oleraceus ノゲシ(ハルノノゲシ)(野芥子)	Sonchus asper オニノゲシ(鬼野芥子)
8月~11月. 1年草 H=30~80cm アフリカ原産の帰化植物 第二次世界大戦中は南洋菊、昭和菊と呼んで兵士が食べた. キク科ベニバナボロギク属	1月~12月(年中) 1年草 やや肉質でH=30cmほど ヨーロッパ原産で明治初期に渡来. 繁殖力が強い. キク科. キオン属	3月~10月. 1~2年草 高さ1mぐらいまでになる. 葉がケシを思わせることで名がついたらしいがケシの仲間ではない. キク科. ハチジョウナ属	3月~10月 2年草 ハルノノゲシに似ているがより大形で1.2mぐらいになる. 明治年間に渡来した. キク科 ハチジョウナ属

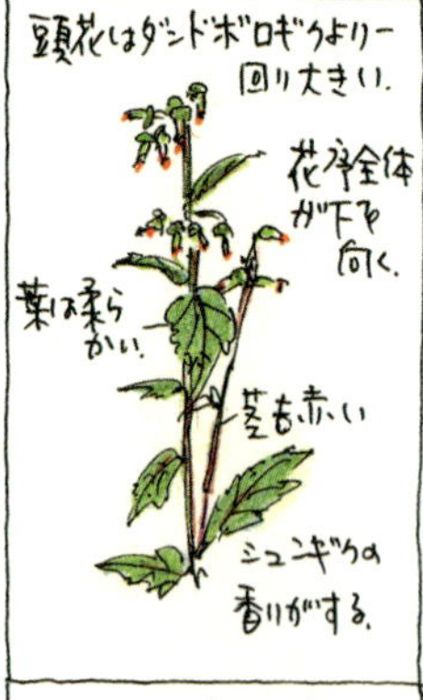
頭花はダンドボロギクより一回り大きい.
花序全体が下を向く.
葉は柔らかい.
茎も赤い
シュンギクの香りがする.

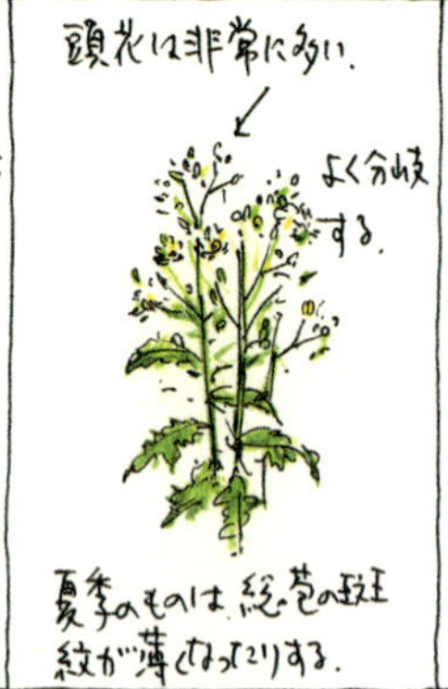
頭花は非常に多い.
よく分岐する.
夏季のものは総苞の斑紋が薄くなったりする.

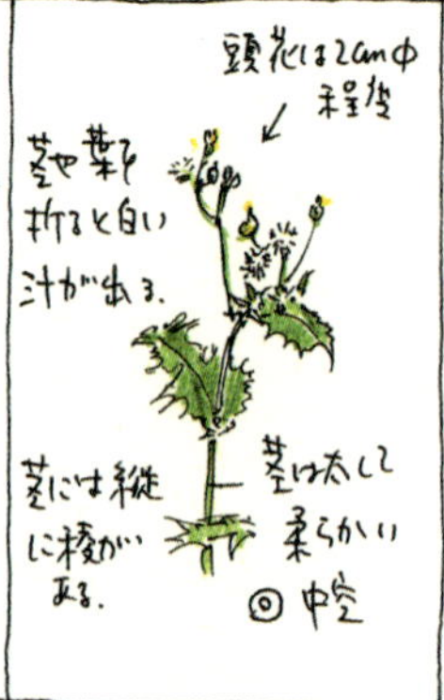
頭花は2cmφ程度
茎や葉を折ると白い汁が出る.
茎には縦に稜がある.
茎は太くて柔らかい
◎ 中空

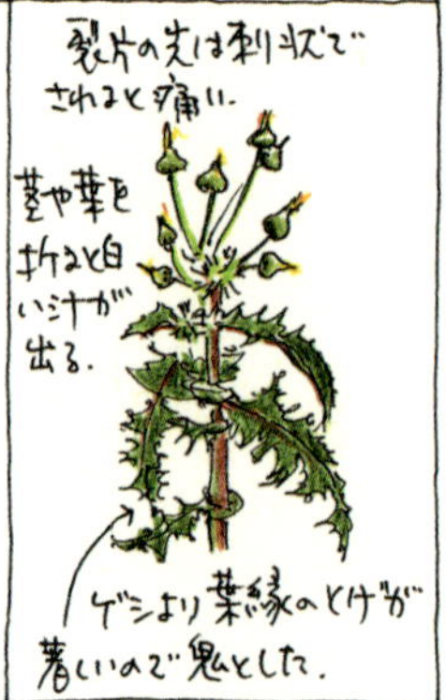
裂片の先は刺状でさわると痛い.
茎や葉を折ると白い汁が出る.
ゲシより葉縁のとげが著しいので鬼とした.

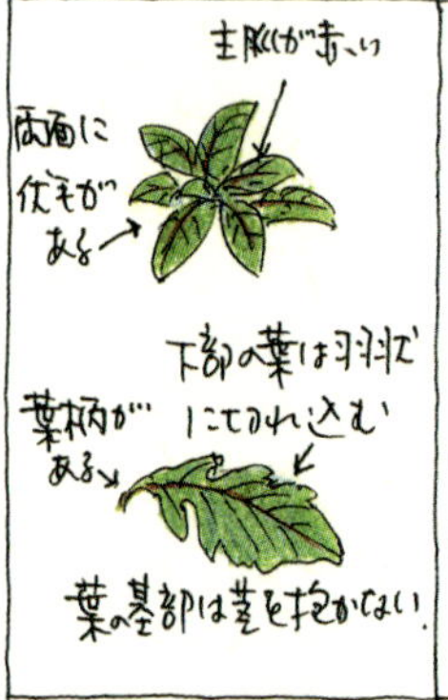
主脈が赤い
両面に伏毛がある
下部の葉は羽状に切れ込む
葉柄がある
葉の基部は茎を抱かない.

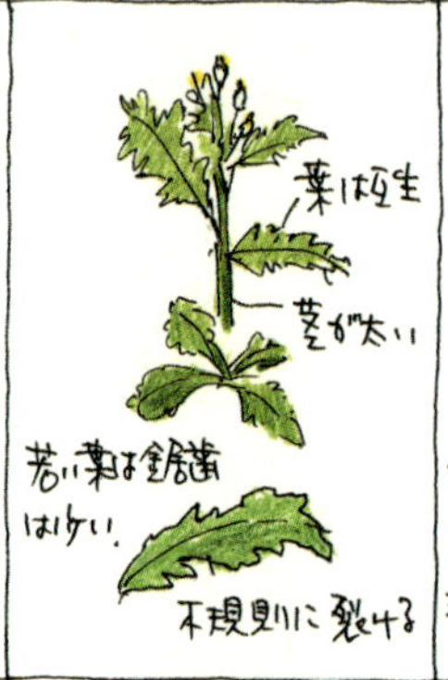
葉は互生
茎が太い
若い葉は鋸歯は少い.
不規則に裂ける

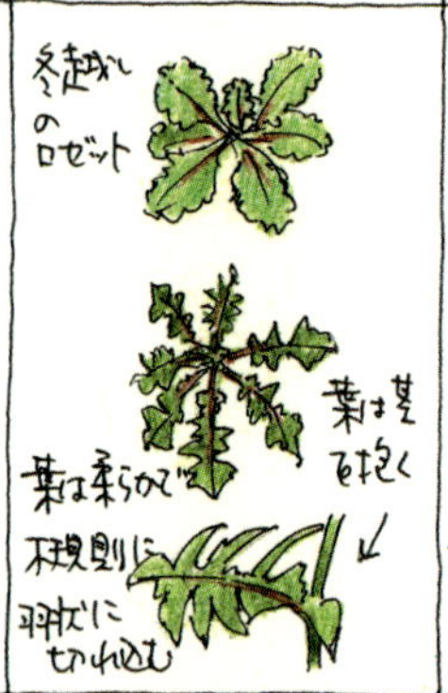
冬越しのロゼット
葉は茎を抱く
葉は柔らかで不規則に羽状に切れ込む

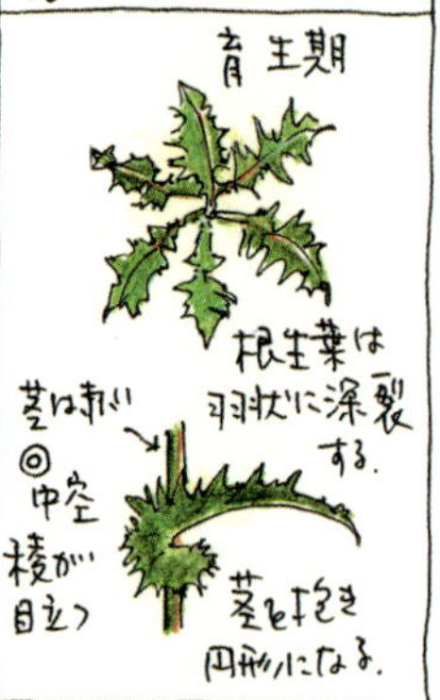
育生期
根生葉は羽状に深裂する.
茎は赤い
◎ 中空
稜が目立つ
茎を抱き円形になる.

管状花は赤茶色.
管状花のみ.
頭花はダンドボロギクに較べるとずんぐりしている.
冠毛は頭花と違い真白.

頭は管状花のみ、5~6mmφ
黒点
総苞片には黒い三角の斑紋がある.
花は周年咲き続ける.
果実は冠毛が目立つ.

花期は長い!
頭花は舌状花のみ.
頭花は冠毛がある.

頭花は舌状花のみ.
2cm内外の頭花は下部がふくらむ.
冠毛は密で多い.

Lactuca indica アキノノゲシ(秋の野芥子)	Youngia japonica オニタビラコ(鬼田平子)	Youngia denticulata ヤクシソウ(薬師草)	Ixeris debils オオジシバリ(大地縛り)
8月～11月. 1～2年草 茎は直立してH=1.5～2m 春に咲くノゲシに似て秋に咲くのでこの名がある. キク科. アキノノゲシ属	5月～10月. 1～越年草 H=20～100cm. タビラコは田平子で, ロゼット状の形の表現. コオニタビラコは花柄が立ち上がらない. キク科. オニタビラコ属	8月～11月. 多年草 H=30～120cm 名は薬師堂の近くで最初に見つかったことに由来する. 葉は紅葉する. キク科. オニタビラコ属	4月～5月. 多年草 H=30cmほど 白くて細い茎を四方に伸ばして節ごとに根をおろす. これは名の由来. キク科. ニガナ属
茎も葉も無毛  切ると白い汁が出る.	茎が立ち上り. 上部で枝分かれする.  茎につく葉は小型で小さく目立たない.	頭花は1.5cmφほどで枝先に多数つく.  切ると白い乳液を出す. 花のあと下を向き黒い総苞が目立つ	頭花の直径は3cmほど. 茎や葉を傷つけると白い液を出す. これは苦い. 長い柄の先に頭花をつける.  ジシバリよりも全体的に大形.
ロゼット型  まるで魚の骨のようであるが個体差が大きい  葉は茎を抱かない. 葉は多くは狭披針形.	根生葉はロゼット状  葉は倒披針形が多いが こんな形もある  ランダムの鋸歯	1年目の根生葉はロゼット状  さじ形の葉 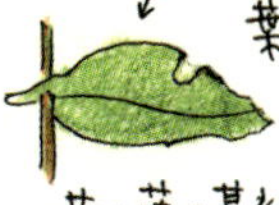 葉は薄く基部で茎を抱く.	ジシバリの葉は丸い.  白っぽい緑色 長い柄がある  葉はへら形で下部が羽状に切れ込むことがある.
頭花は全て舌状花. つぼみ   頭花はノゲシよりも色が淡い. 中央の黄色は濃い.  タンポポをあっさりしたような 冠毛長い	頭花のかたまりはぎっしり 舌状花のみ  7～8mmφ コオニタビラコは冠毛を持たない. 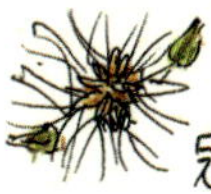 冠毛がある.	頭花は約1.5cmφ  舌状花は12枚ぐらい. 頭花は舌状花のみでその廻りにつぎつぎとつぼみが生える.  果実は白い冠毛. 花の終った総苞	ジシバリよりも花も葉も大きい.  頭花は舌状花のみで少ない. 黒っぽいのはおしべ 果実  冠毛は約7mmほどで白い.

アサザ［浅沙］

ミツガシワ科／多年生水草／Nymphoides peltata／6～8月／ハナジュンサイ（花蓴菜）

池の浅い所に生え葉茎は水底で横ばいする。別名ハナジュンサイとあるように若い葉はジュンサイのように食べられる。東御苑のアサザは千葉県手賀沼から赤坂御所を経てきたという。花は朝咲き昼頃には閉じる。絶滅危惧II類指定。

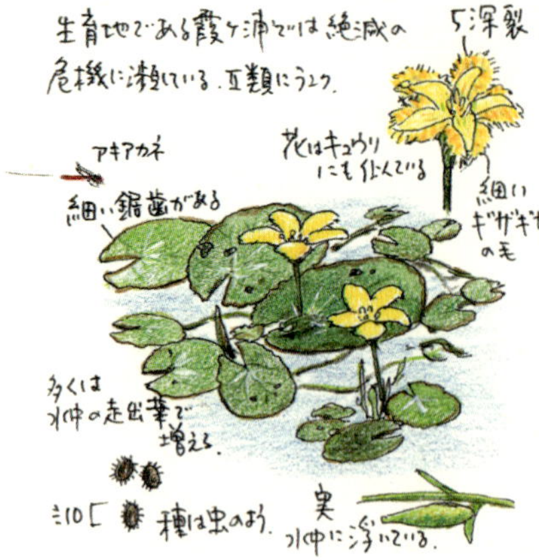
生育地である霞ヶ浦では絶滅の
危機に瀕している。II類にランク。
5深裂
アキアカネ
花はキュウリにも似ている
細い鋸歯がある
細いギザギザの毛
多くは水中の走出茎で増える。
≒10［
種は虫のよう。
実
水中に浮いている。

ヒツジグサ［未草］

スイレン科／多年生水草／Nymphaea tetragona／7～9月／スイレン（睡蓮）

葉の形がまるで羊等の足跡のようで、これからヒツジグサと名がついたのかと思いたくなる。しかしさにあらず。「未《ひつじ》」は昔の昼の八ツ時である。花の大きさは意外に小さく5～6cmぐらいでハスよりずっと小さい。

和名は未《ひつじ》草で未の刻（午後2時頃）開くことによるが、牧野富太郎の観察によると正午頃から咲き始め、2時頃満開だったという。必ずしも一定はしていないようだ。
睡蓮の名は夜花を閉じるところから。
スイレンは同属の総称。
萼4枚
15m/m
実（液果）
萼は緑色で4枚
葉には艶がある。
種
水中で多数の根生葉《こんせいよう》を出す。
3m/mぐらい。
英名はピグミーウォーターリリー／リリーはユリ
ホシメハナアブ

コウホネ［河骨］

スイレン科／多年生水草／Nuphar japonicum／6～9月／センコツ（川骨）、カワホネ（河骨）

なんといっても名前がゴツイ。川底の骨のような姿も気味が悪い。茶人利休は花生として嫌う花にジンチョウゲやザクロ等と一緒にこのコウホネも狂歌に詠んでいる。やはり池の上がよい。

和名は白く太い根茎が水底で横に這っているさまが骨に見えるところから。
葉は水に浮いたり突き出るものがある。
「小ぶなとる わらべは去りて門川の河骨の花に目高群れつつ」
正岡子規
実
下部には水中葉がある。
柄は長さ20～30cm
葉は矢じり形。アルカロイドを含み、強壮剤、利尿剤等に用いる。漢方薬名は「川骨《せんこつ》」）

「東御苑の水生植物」
沈水植物―オオカナダモ等、浮葉植物―アサザ、ヒツジグサ等、抽水《ちゅうすい》植物―コウホネ等。他にここにはないが浮遊植物―ホテイアオイ等がある。

ヒメコウホネ［姫河骨］

スイレン科／多年生水草／Nuphar subintegerrimum Makino／4～9月

コウホネよりも小さく、葉はほとんど水面に浮いていて、コウホネのように水面から上に立ち上がらない。今ではヒシで一杯の白鳥濠も昭和61年頃にはヒメコウホネの群落があったという。

ウチワヤンマ（6月頃）
果実の中の白いゼラチン状のものに覆われた種
これは溶ける。
ほんとうの種

ミズキンバイ［水金梅］

アカバナ科／多年草／Ludwigia stipulacea／7〜9月／ミズチョウジ（水丁子）

浅い水中に生える。日当りのよい湿地を好むが、花が深山の木陰に咲くキンバイソウに似ているところから和名がついた。根は泥中をはう抽水植物。絶滅危惧II類に指定されている。

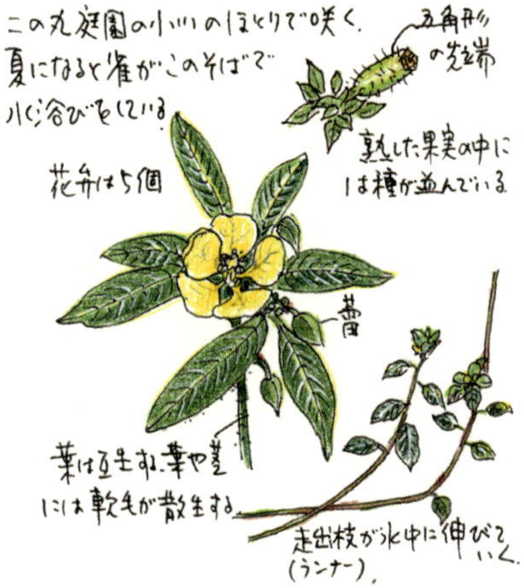
二の丸庭園の小川のほとりで咲く。
夏になると雀がこのそばで
水浴びをしている
五角形
の先端
熟した果実の中に
は種が並んでいる
花弁は5個
蕾
葉は互生する。葉や茎
には軟毛が散生する
走出枝が水中に伸びて
いく。
（ランナー）。

エンコウソウ［猿猴草］

キンポウゲ科／多年草／Caltha palustris／4〜5月／ヤチブキ（谷地蕗）

北海道の水辺や湿地に生えるリュウキンカ（立金花）の仲間。生育環境、花期ともミズバショウに近いのでその脇役のイメージが強い。二の丸の菖蒲田の脇にひっそりと咲くが5月頃からは少し目立つようになる。

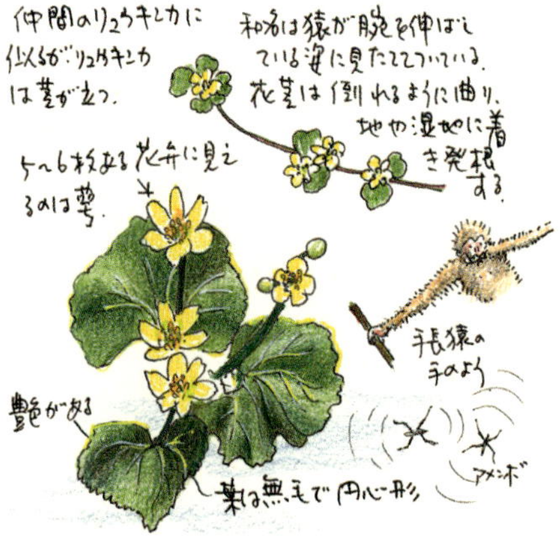
仲間のリュウキンカに
似るがリュウキンカ
は茎が立つ。
和名は猿が腕を伸ばし
ている姿に見たててついている。
花茎は倒れるように曲り、
地や湿地に着
き発根
する。
5〜6枚ある花弁に見え
るのは萼。
手長猿の
手のよう
艶がある
アメンボ
葉は無毛で円心形

オオカナダモ［大カナダ藻］

トチカガミ科／多年草／Egeria densa／6〜10月／アナカリス

二の丸池でこの水草の間をゆったりとヒレナガニシキゴイが潜り抜けていく。水の濁りで本当の姿がわかりにくい。アルゼンチン原産の帰化植物である本種は水中の酸素の泡から光合成を学ぶ実験植物でもある。日本産は雄株のみ。

吹上御所のものは善福寺川
から移植したもので二の丸池
のものは池の浄化のために大義
園から移し
たもの。
葉は三輪生
から六輪生。
花弁は3個
ヤゴ
雌雄異株であるが日本では
雄株のみが生育している。
水中では水の流れに身を
まかせている。

ヒシ［菱］

ヒシ科／1年草／Trapa japonica／7〜10月／ミスモグサ

皇居では白鳥濠に年によっては水面がみえないほど大発生する。水草の多くは水質の悪化で数を減らしているがヒシは比較的汚染に強く普通に見られる。昔、忍者がこの尖った実を撒きびしに使ったとされる。確かに刺さると痛そう〜。

桃の節句の菱餅は形だけでなく
実際にヒシの実やデンプンを入れる場合
もあるという。
いろいろな姿の実
柄はふくらんで
浮袋の
役割をする
鋸歯
25
m/m
実
茎
ガンの
予防にも
なるという
実はデンプン、タンパク質、ビタミンB1等
を多く含み栄養豊富。
艶あり
中は白い実

皇居の濠《ほり》には魚類などが住んでいるようで、環境省の調査でも確認されているようです。残念ながら一般には見ることはできませんが、ここには本やネットなどの情報の範囲で描いてみました。いつかほんものを見てみたいと思います。

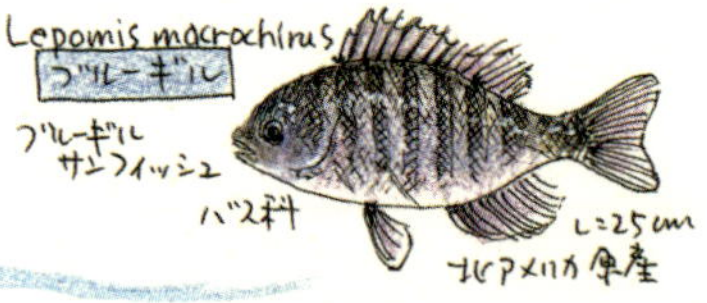

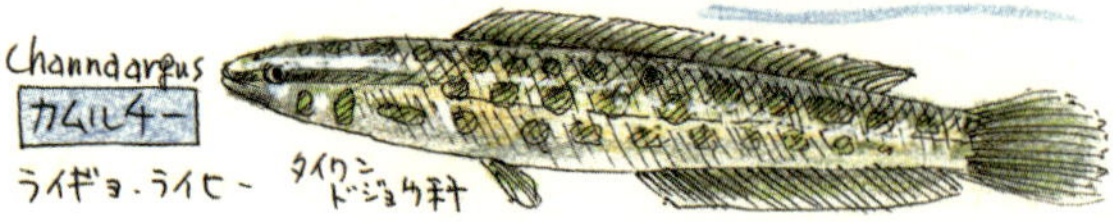

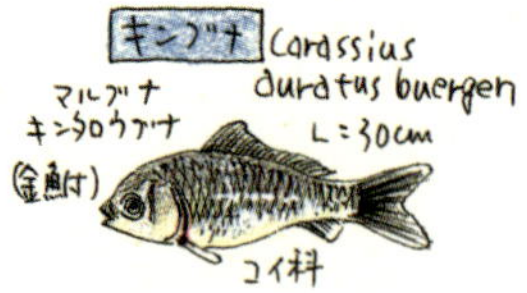

いちおう、見ておきましょうか。

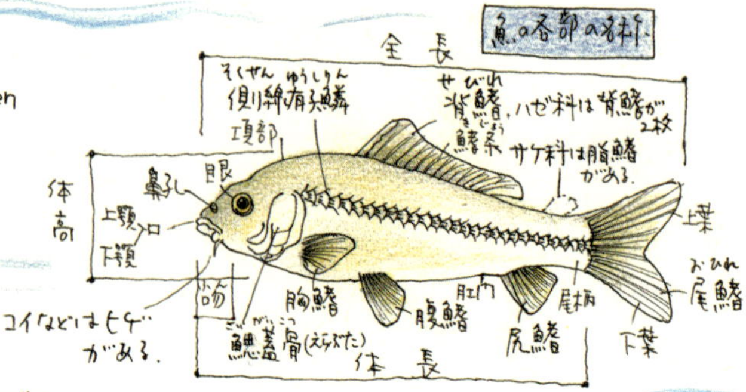

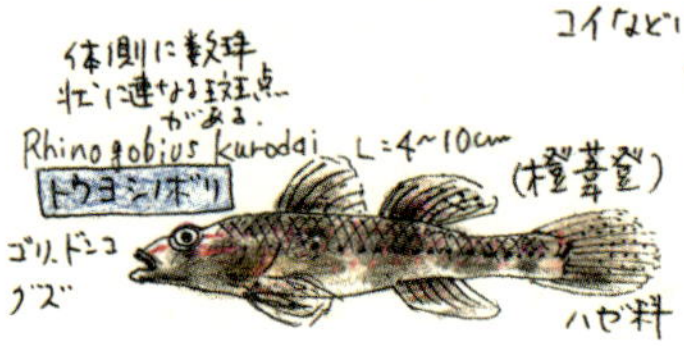

魚だけでなくエビもいるようだ。

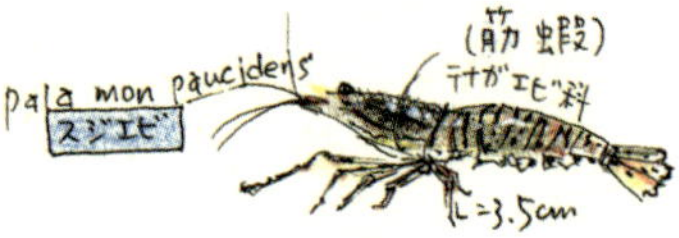

Cypirnus carpio var. flavipinnis
ヒレナガニシキゴイ
1977年に埼玉県水産試験場を視察に訪ずれた皇太子(今上陛下)にインドネシアから打診があって組み合わされた。2012年に新たに50匹放流。二の丸池
日本のニシキゴイとインドネシアのヒレナガゴイの品種改良。
二の丸池ではよく見られる。
Oryzias latipes
メダカ (目高) メダカ科
L=4cm
ウルメ. メダカコ. メンザ. アラビコ.
Micropterus salmoides
オオクチバス (大口バス)
ブラックバス
バス科
L=15cm
北アメリカ原産
Tridentiger kuroiwae brevispinis
ヌマチチブ ハゼ科
(沼知知武)
L=15cm
カジカ. チチブ. ダボ. ダボハゼ
ゴリ. ドンコ
Hypophthalmichthys molitrix
ハクレン (白鰱) L=1m
コイ科
レンヒー
レンギョ
1943年にソウギョなどとともに中国から移植された。利根川水系で自然繁殖。
目が中央より下にある。
Carassius cuvieri
ゲンゴロウブナ (源五郎鮒) 原産は琵琶湖
L=50cm
ヘラブナ
カワチブナ
コイ科
タモロコ
L=10cm
(田諸子)
コイ科
Gnathopogon elongatus
カキバエ.
スジモロコ.
ミソバエ
ソウギョ (草魚)
Ctenopharyngodon idellus
リーヒー
コイ科
アレ!
断面はコイより丸い.
Cyprinus carpio
コイ (鯉)
コイ科
背鰭基底が長く、口ひげは2対ある. L=1m
口に歯はないが喉の奥に咽頭歯がある.
産卵期 4～7月
20年程度生きる.
コイは大手門附近で見られる.
Chaenogobius laevis
ジュズカケハゼ
(数珠掛鯊) ハゼ科
L=5cm
うまそう!
Chinemys reevesii
クサガメ (臭亀)
L=20～30cm
ヌマガメ科
リーブスクサガメ
キンセンガメ
ゼニガメ(幼体)
カメは時々フワリとよってきたりするので見られる.
?
Trionyx sinensis japonicus
スッポン
(鼈) L=38cm
スッポン科
キョクトウスッポン
シナスッポン

菖蒲田

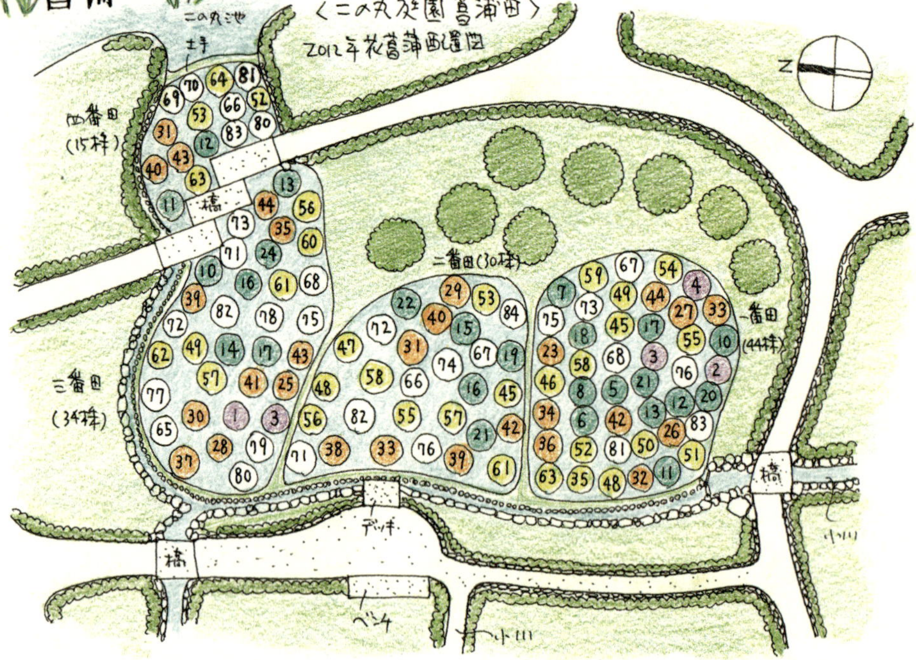

二の丸庭園の菖蒲田には毎年84種類程の花菖蒲が植えられている。植えられて3年目の花期が過ぎると改めて株分け整理され、新たに1年目として植え替えられる。現在全部で123株が高さや色を考慮して植えられている。これらは堀切菖蒲園から始まり明治神宮に株分けされ、一時皇居東御苑に移し、再度明治神宮で栽培され、改めて東御苑に株分けされ現在に至っている。そして現在でもその一部が明治神宮に里帰りしている。

そもそもは、明治30年代、明治天皇が皇后が病気がちであったので明治神宮に菖蒲田を作ったという。

東御苑二の丸庭園の花菖蒲は「江戸系」で、「伊勢系」や「肥後系」と比較して群生で観賞するものである。安永2年に生まれた松平定朝は久桜門の2000石を領する旗本に生まれた。84才で江戸に没するまで60余年を花菖蒲の改良に取り組み、晩年を「菖翁」と号して、300にせまる品種を作出し、そのうち20種弱が「菖翁花」と呼ばれ今日に伝えられている。ここの84種のうち9種が「菖翁花」であり、その芸術の域にまで発展させた花が美しい。

江戸系の花菖蒲は菖翁以前と以後に区切られる。江戸で完成された品種群が日本の栽培の基礎となった。定朝（松平左金吾）の著書では「花菖培養録草稿」が有名。

① 葵形（アオイガタ）

② 葵の上（アオイノウエ）

③ 安積（アサカ）

④ 東撰（アズマエラビ）

※各番号はあいうえお順で各色○○○○○はページごとの色.

5 勇獅子 八重 (イサミジシ)

6 泉川 (イズミガワ) 平咲き

7 磯千鳥 (イソチドリ)
目は白、ハナショウブの平咲き、名残りあり.

8 青空が広がってきたイメージ 雨後の空 (ウゴノソラ)
三英

9 浦安の舞 (ウラヤスノマイ)
内花被が山盛り. 垂れ咲. 六英

10 江戸自慢 (エドジマン)

11 煙夕の空 (エンユウノソラ)

12 大江戸 (オオエド)
三英 ゆったりとしたイメージ.

13 大盃 (オオサカズキ)

14 大鳥毛 (オオトリゲ) 三英

15 大鳴海 (オオナルミ) 三英

16 大紫 (オオムラサキ) 三英、深咲き 濃い赤紫が覆輪ある.

17 沖津白波 (オキツシラナミ)
真白い大きな波の重り 六英 垂れ咲き

18 奥葵形 (オクアオイガタ) 平咲き
内花被が赤紫色で血のようにつている料理のよう. 三英

19 奥万里 (オクバンリ) 純白 三英

20 鬼ヶ島 (オニガシマ) 六英 少しゴツゴツしている

21 鶴鵲楼 (カクジャクロウ) 三英 白のライン

22 鎌田錦 (カマタニシキ)
ツボミは色が濃い 三英 斑入りが趣きある.

23 神代の昔 (カミヨノムカシ)

24 加茂川 (カモガワ) 三英 内花被が大きい

※番号の左㉜に赤丸印があるものは皇居東御苑菖蒲田にある「菖翁花」の9種類。

㉕賀茂祭（カモマツリ） 三英

外の紫

紙白

㉖鏡台山（キョウダイサン）

平咲き

㉗麒麟閣（キリンカク）

㉘熊奮迅（クマフンジン）

㉙黒雲（クロクモ）

㉚群山の雪（グンザンノユキ） 六英

㉛古希の色（コキノイロ） 六英

平咲き

㉜五湖遊（ゴコアソビ）

受咲き

㉝御所遊（ゴショアソビ） 三英

㉞虎嘯（コショウ）

㉟湖水の色（コスイノイロ） 花は白

㊱五節の舞（ゴセチノマイ） 六英

㊲小町娘（コマチムスメ）

内花被は赤紫 三英

白

㊳桜川（サクラガワ）

糸覆輪あり

㊴五月晴（サツキバレ）

六英 古花

㊵佐野渡（サノワタシ） 六英

㊶佐保路（サホジ） 六英

垂れ咲き

㊷座間の森（ザマノモリ） 三英

㊸猿踊（サルオドリ）

三英 垂れ咲き

㊹汐煙（シオケムリ） 六英

※写真撮影日は2012年6月13日〜23日。7月に入るとすぐに3年目を迎えた株の整理が始まった。

45 滋賀の浦波(シガノウラナミ) 六英

46 獅子怒(シシイカリ)

47 七小町(ナナコマチ) 六英

48 七福人(シチフクジン) 三英

49 七宝(シッポウ) 三英

50 蛇籠波(ジャカゴナミ)

筋の細いものと太いものがある。
純白

51 十二単衣(ジュウニヒトエ) 三英〜六英 (咲き分け)

52 白糸の滝(シライトノタキ) 三英

53 深窓の佳人(シンソウノカジン)

54 酔美人(スイビジン)

55 翠蓮(スイレン)

56 大神楽(ダイカグラ)(オオカグラ) 三英

57 伊達道具(ダテドウグ) 三英

58 玉鉾(タマホコ) 三英、垂れ咲き

59 淡仙女(アワセンニョ)

60 九十九髪(ツクモガミ)

61 剣の舞(ツルギノマイ) 六英

62 鶴の毛衣(ツルノケゴロモ) 三英

63 波乗舟(ナミノリブネ) 三英

三英 (ニシキノタスキ)
64 錦の襷

※2013年の夏には花菖蒲の配置図が立てられた。

65 霓の巴(ニジノトモエ)
三英

66 濡烏(ヌレガラス)
三英

67 萩の下露(ハギノシタツユ)
六英

68 初鴉(ハツガラス)
三英

69 万里響(バンリノヒビキ)
三英

70 日出鶴(ヒノデヅル)
三英

71 藤娘(フジムスメ) 六英

72 鳳凰冠(ホウオウカン)
三英

73 鳳台(ホウダイ)

74 松葉重(マツバガサネ)

75 真鶴(マナヅル)

76 萬代の波(マンダイノナミ)
丈は1mを越える
花弁には襞がある…

77 三笠山(ミカサヤマ)
三英
受咲き

78 三歳松風(ミトセマツカゼ)
六英

79 都の巽(ミヤコノタツミ)
六英

80 武蔵川(ムサシガワ)
三英
糸覆輪が美しい。

81 夕日潟(ユウヒガタ)
六英

82 四方海(ヨモノウミ)
受け咲き
三英

83 連城の璧(レンジョウノタマ)
八重

84 笑布袋(ワライホテイ)

Iris ensata var. hortensis

ハナショウブ（花菖蒲）

アヤメ科、多年草。草原や湿原に自生するノハナショウブから改良された園芸植物。江戸時代後期には江戸系（花は大きくないので風に強い。全体の群生で見る。平咲きが多い）肥後系（1本だけを床の間や屏風の前で見る。花は大きい。）伊勢系（鉢植えで花弁が垂れる。優美）等があり、地域文化で異なる品種が作られた。仲間にはカキツバタやアヤメ等があり区別するには注意が必要。キショウブ（黄菖蒲）等の外来種も多い。上表は江戸系以外の特徴。
花菖蒲もまた生け花の最古書である「仙伝抄」に初出

Irisはギリシア語で「虹」の意味。ゼウスの妻「ヘラ」の侍女「イリス」はヘラから7色の首輪を与えられて「虹」の女神となったことから。ensataは剣形の鋭い意味。

ショーブ（菖蒲）はサトイモ科で別品種。花は蒲の穂のように茶色の細いもので地味。子供の日に風呂に入れる。息災祈願。室町中期の「仙伝抄」が初出。

肥後系	伊勢系	長井古品種
肥後藩主、細川斉護が吉田潤之助を菖翁の弟子に入れた。門外不出の条件で自作の株を譲った。細川はこれを「母本」とし、維持し、武士を中心とした「花連」と呼ばれる同好会でその教えを頑に守り通した。そして、肥後六花の一つとして今日に伝えられている。	伊勢松坂の紀州藩士、吉田定五郎により独自に品種改良された品種群で「伊勢三品」の一つである。 昭和27年（1952）に「イセショウブ」の名で三重県指定天然記念物になり全国に知られる。	山形県長井市で栽培された品種群。昭和37年（1962）に園芸家によって独自の品種群が確認され、「長井古品種」と命名された。 江戸中期以前の原種に近いものと評価されている。 長井古種のうち13品種は長井市指定天然記念物。

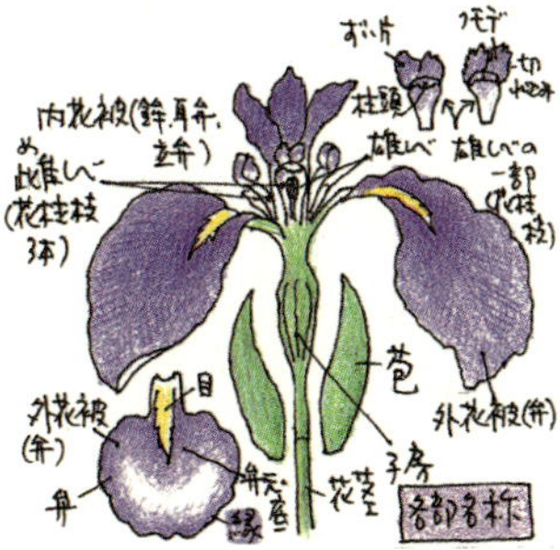

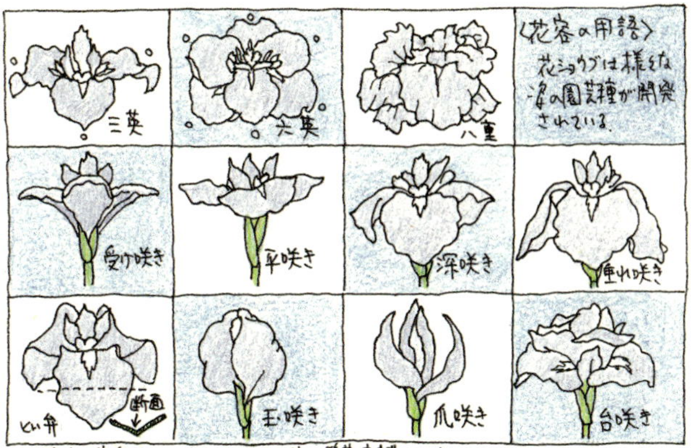

※萼片と花弁がほぼ同形、同色の花を等花被花という。

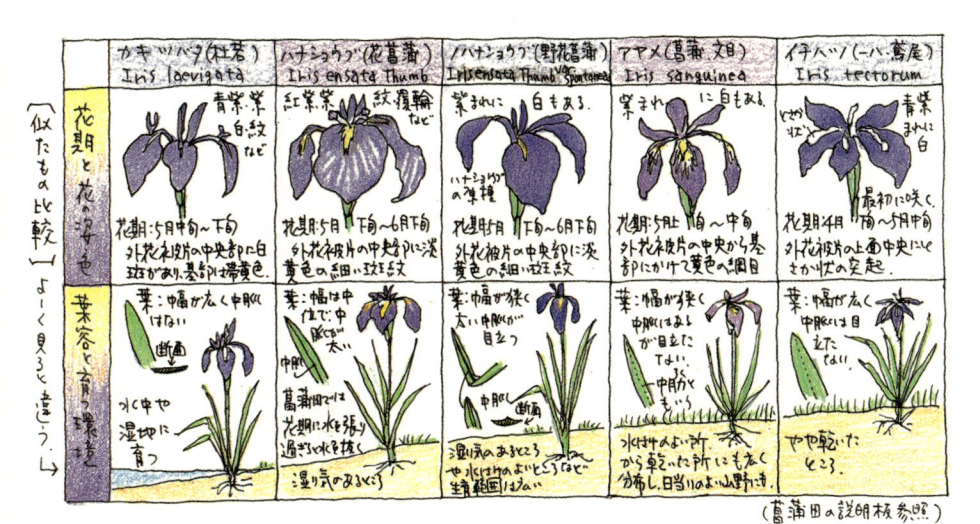

〈似たものの比較〉よーく見ると違う。

	カキツバタ（杜若） Iris laevigata	ハナショウブ（花菖蒲） Iris ensata Thumb	ノハナショウブ（野花菖蒲） Iris ensata Thumb var. spontanea	アヤメ（菖蒲、文目） Iris sanguinea	イチハツ（一八、鳶尾） Iris tectorum
花期と花の姿・色	青紫・紫 白・紋など 花期：5月中旬〜下旬 外花被片の中央部に白斑があり、基部は帯黄色。	紅紫・紫 紋・覆輪など 花期：5月下旬〜6月下旬 外花被片の中央部に淡黄色の細い斑紋	紫 まれに白もある。 ハナショウブの原種 花期：5月下旬〜6月下旬 外花被片の中央部に淡黄色の細い斑紋	紫 まれに白もある。 花期：5月上旬〜中旬 外花被片の中央から基部にかけて黄色の網目	青紫 まれに白 とさか状 最初に咲く。 花期：4月下旬〜5月中旬 外花被片の上面中央にとさか状の突起。
葉容と育つ環境	葉：幅が広く中脈はない 断面 水中や湿地に育つ	葉：幅は中位で、中脈が太い 中脈 菖蒲田では花期に水を張り過ぎると水を抜く 湿り気のあるところ	葉：幅が狭く太い中脈が目立つ 中脈 断面 湿り気のあるところや水はけのよいところなど生育範囲は広い	葉：幅が狭く中脈はあるが目立たない。中肋《ろく》ともいう 水はけのよい所から乾いた所にも広く分布し、日当りのよい山野に生育。	葉：幅が広く中脈は目立たない。 やや乾いたところ。

（菖蒲田の説明板参照）

ナスヒオウギアヤメ［那須檜扇菖蒲］

アヤメ科／多年草／Iris setosa var. nasuensis／4〜5月／ナスノヒオウギアヤメ

和名は檜扇《ひおうぎ》に似ていることから名付けられた。秋篠宮紀子妃殿下のお印はヒオウギアヤメであるが、本種は花茎が1mほどと背丈が高く、普通のアヤメに比べて葉の幅が広く全体的に大形。環境省の絶滅危惧II類、昭和天皇の著書『那須の植物誌』に紹介されている。

内花被片
外花被片
〈ナスヒオウギアヤメとヒオウギアヤメの違い〉
ヒオウギアヤメ
ヒオウギアヤメに較べて全体的に大きく、外花被片も幅広い。
内花被片はスミレ色
種子を結ばない。
等々

シャガ［射干、胡蝶花］

アヤメ科／多年草／Iris japonica／4〜5月／コチョウカ(胡蝶花)

属名のアイリスは「虹」のこと。またシャガの名は檜扇の漢名を「射干《しゃかん》」と音読みにしてつけられた。中国からの帰化植物とされる。三倍体で実をつけず、球根もないが地下茎に着く子株で増える。4〜5月になると二の丸庭園に群生ができる。花の後も葉の緑が美しい。

内側は表
葉の外は裏
同じ
上も下も本当は裏
葉を二枚にめくった内側は本当の表
ツボミ
蕾
苞
内花被片は白い
外花被片に黄い模様がある
子房
葉の上側（生態上の裏）は気孔がほとんどない。
果実
茎の途中にある苞ほう
葉の下側（生態上の裏）は気孔が多い。
気孔は水分の吸収、蒸散など。

ニワゼキショウ［庭石菖］

アヤメ科／多年草／Sisyrinchium atlanticum／5〜6月／ナンキンアヤメ(南京文目)

北アメリカ原産で明治20年頃に渡来の帰化植物。葉の形がセキショウに似ているところから名付けられた。セキショウはサトイモ科の多年草の水草。花色が青みがかったものはオオニワゼキショウとの雑種である。東御苑では芝の上に花が咲くことも多い。

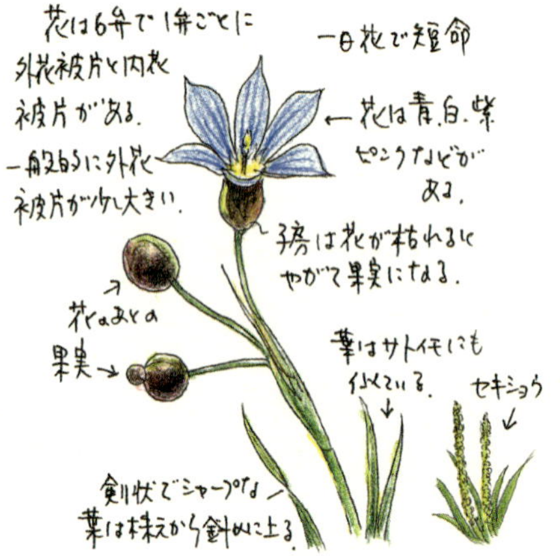
花は6弁で1弁ごとに外花被片と内花被片がある。
一日花で短命
花は青、白、紫ピンクなどがある。
一般的に外花被片が少し大きい。
子房は花が枯れるとやがて果実になる。
花のあとの果実
葉はサトイモにも似ている。
セキショウ
剣状でシャープな葉は株元から斜めに上る。

キショウブ［黄菖蒲］

アヤメ科／多年草／Iris pseudacorus／5〜6月／イエローアイリス

花が黄色であることから名付けられた。ヨーロッパから西アジアにかけての原産で明治中頃に渡来している。繁殖力旺盛であるため皇居では二の丸菖蒲田を避け、白鳥濠の一角にまとめてある。日本の侵略的外来種ワースト100の指定種にされている。「愛知の輝《かがやき》」はキショウブが母親の交配種。

花言葉は「幸せをつかむ」
ニッポンヒゲナガハナバチ
子房
中脈がはっきりしている

「植物と昆虫」

植物は一見自分自身で光合成を行い、誰にも頼らずに生きているように見える。しかし実際には動くことができないので生殖のために花粉や種子の移動を動物や風、雨などの自然を活用して強《したた》かに生き抜いている。なかでも昆虫と植物の関係は繋がりが深く花は美しく進化し、蜜や匂いで昆虫を引き寄せて、一方で昆虫は花粉や蜜を求めて生きるためのエネルギーを得ている。こうして双方が固有な共進関係を作り上げている。

キリシマ［霧島］

ツツジ科／常緑低木／Rhododendron × obtusum／4〜5月／キリシマツツジ（霧島躑躅）

ツツジを漢字で書くと「躑躅《てきちよく》」と書いてためらう意味。本来は羊躑躅《ようてきちよく》で、花を食べて羊が死に他の羊がためらったことからこの字を当てたと言われる。一部のツツジには毒があると言われている。江戸時代元禄期に大流行し、我が国初のツツジ、サツキ専門図鑑『錦繡枕《きんしゆうまくら》』が駒込染井の伊藤伊兵衛三之丞《さんのじよう》により、元禄5年に刊行されている。また、日本最古の園芸書である『花壇綱目』（1681）に記載され『江戸砂子』（1735）には薩摩から京都、江戸へ広まったとある。属名のロードデンドロンはギリシア語で「木になるバラ」の意。

キリシマの別名であるクルメツツジは九州久留米地方で栽培された品種グループの総称で 100年以上の栽培歴を持つ。キリシマの歴史はいくつかあるが、天保年間に久留米藩士、坂本元蔵が作ったとされ、ミズゴケに種子を播いたという。また一説にはキリシマは霧島地方のヤマツツジかミヤマキリシマツツジから、あるいは両種の交配でできたと考えられてきた。しかし最近では鹿児島県に野生するサタツツジが本種ではないかともいわれている。キリシマの中でもホンキリシマ（本霧島）は鮮やかな紅色で、市場では5割増しぐらいの値段で取引されるともいう。葉の寿命は数カ月と短いが古い葉が落ちる前に新葉が開くので常緑ともいえる。寒地では半落葉樹。以下の図はキリシマの主な園芸品種の一部。

サツキ［皐月］

ツツジ科／常緑低木／Rhododendron indicum／5〜7月／サツキツツジ（皐月躑躅）

和名は陰暦の5月（皐月）に花が咲くことから。現在サツキの園芸種は3000 〜 5000ともいわれマルバサツキやアザレアなども交配親に加わり雑種化している。花期は5 〜 7月でツツジ類としては遅い。秋冬の紫色の紅葉は独特。刈込みに耐え、移植も容易である。ちなみにツバキのように花弁の基部が合着している合弁花に対してサツキやツツジは離弁花の代表で生物学の解剖実験に使われる。7 〜 9月に白斑が表われるツツジグンバイムシやハダニが多発するので注意が必要。また、同じ頃に丁度発芽した芽を食べるルリチュウレンジバチを防除することも大切である。生け垣や道路の植込みなどで日常的に見られ、日本国内で最も多く用いられている庭木だという統計もあるという。多くの品種の中で個体品種を同定することはなかなか難しいが有名なものにはギョウテン、マツカガミ、チョウジュホウ、ジュコウ、オオサカズキなどがある。

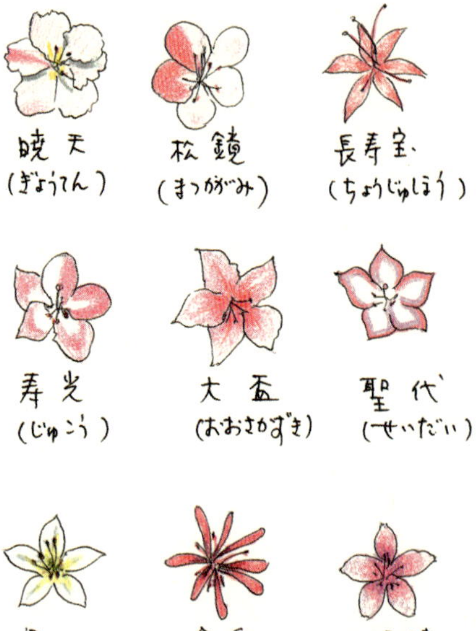

「サツキとツツジ」

ツツジ科は世界で82属2500種あり、そのうち日本には22属91種あるといわれる。ツツジはツツジ科ツツジ属に分類されるものでその総称。低木で落葉するものが多い。それらの中でも逸品はキリシマを母体としたクルメツツジ系などで多種多彩になっている。ツツジの花期は4月中旬から5月で新葉より花が先に咲く。増殖は挿木で行うのが普通。なじみ深いのはヤマツツジ、ミツバツツジの類などで、紅紫色のミヤマキリシマも人気がある。

また、ツツジ属の中でサツキは常緑低木、正式にはサツキツツジといい、日本では古くから改良が行われ江戸期には多くの園芸品種が生まれ大流行している。漢名には杜鵑花を当てるがこれは誤用。明治以降の交配育種でも近縁のマルバサツキ等を加えて一段と品種が増えている。サツキだけの専門誌があるのも珍しい。キリシマに較べて葉は小さく艶がありかたさもある。一般に緑も濃く鮮やか。そして、ツツジが過湿を嫌うのとは対照的にサツキは水没する岩場でも自生している。半湿地でも耐え萌芽力が強い植性がある。

ヒカゲツツジ［日陰躑躅］

ツツジ科／常緑低木／Rhododendron keiskei Miq.／4～5月

和名は谷沿いや崖などのやや日当りの悪い場所に生えることから。ツツジでは淡い黄白色の花が珍しい。このためではないが、山ではサルが花を食べるという。関東以西の太平洋側に分布するが丹波市向山《むかいやま》連山、四の山北斜面のヒカゲツツジは特に有名。東御苑ではバラ園の西側の坂道脇にある。

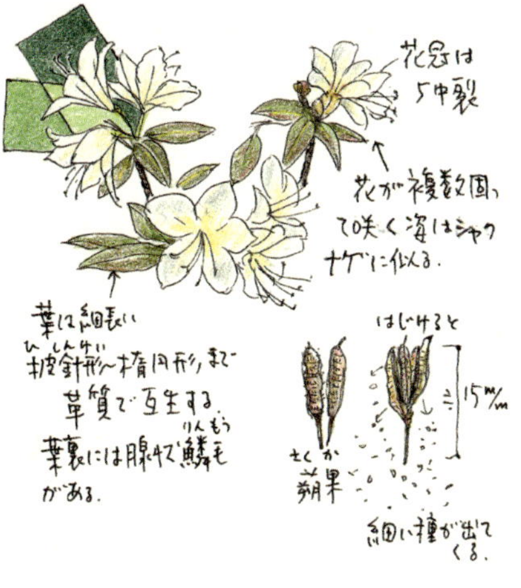
花冠は5中裂
花が複数固って咲く姿はシャクナゲに似る.
葉は細長い
披針形《ひしんけい》～楕円形まで
革質で互生する.
葉裏には腺体で鱗毛《りんもう》
がある.
はじけると
15m/m
蒴果《さくか》
細い種が出てくる.

ヤマツツジ［山躑躅］

ツツジ科／半落葉低木／Rhododendron kaempferi／4～6月／アカツツジ(赤躑躅)

ツツジやシャクナゲは有毒成分を含んでいるといわれている。子供の頃その蜜を吸ったものだがいまだに生きている。「薬も過ぎれば毒となる」か。品のよい色あいが、葉の柔らかい緑との量的なバランスが絶妙で美しい。二の丸雑木林の中でもあちらこちらに程よく見られる。

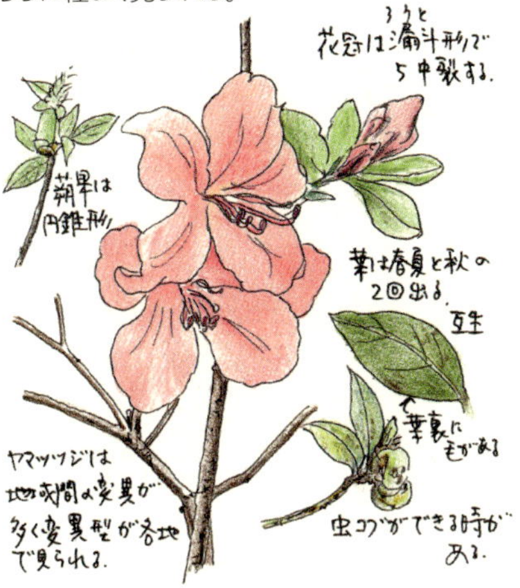
花冠は漏斗《ろうと》形で
5中裂する.
蒴果は
円錐形
葉は春夏と秋の
2回出る.
互生
葉裏に
毛がある
ヤマツツジは
地域間の変異が
多く変異型が各地
で見られる.
虫コブができる時が
ある.

オオムラサキ［大紫］

ツツジ科／半常緑低木／Rhododendron × pulchrum／4～5月／ヒラドツツジ(平戸躑躅)

キリシマやサツキに並ぶヒラドツツジの品種群のひとつでツツジの中では花が一番大きい。ツツジといえば本種を指すぐらいの代表で単に「大紫」と呼ぶこともある。厳密にはヒラドツツジの一品種だが、ケラマツツジとリュウキュウツツジの雑種であるなどの説がある。オオムラサキと言っても白や桃色花もある。

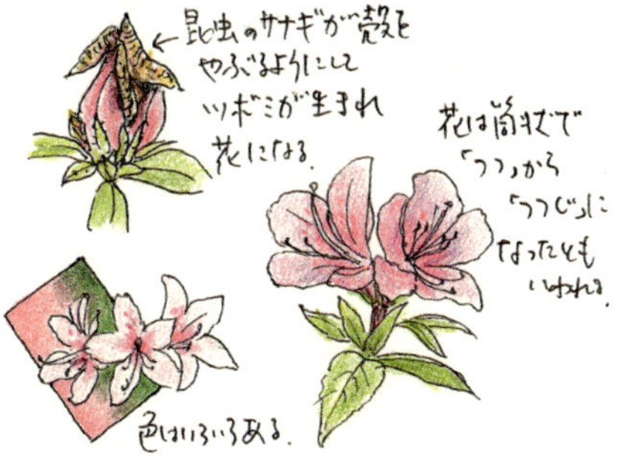
昆虫のサナギが殻を
やぶるようにして
ツボミが生まれ
花になる.
花は筒《つつ》状で
「つつ」から
「つつじ」に
なったとも
いわれる.
色はいろいろある.

「近道へ出てうれし野の躑躅《つつじ》かな」
与謝蕪村

ウド [独活]

ウコギ科／多年草／Aralia cordata／9月／ナガイキグサ(長生草)

名前の本来の意味は「生土《うど》」で、土から芽が持ち上るように出てくる姿を表わしている。若芽も茎もおいしい食材であるが、花が咲くほど大きくなると食用にならなくなる。これを「ウドの大木」と揶揄《やゆ》されるがこれは人間の勝手。大木といっても木本《もくほん》ではない。大きくなる基本は茎が中空であることが多い。

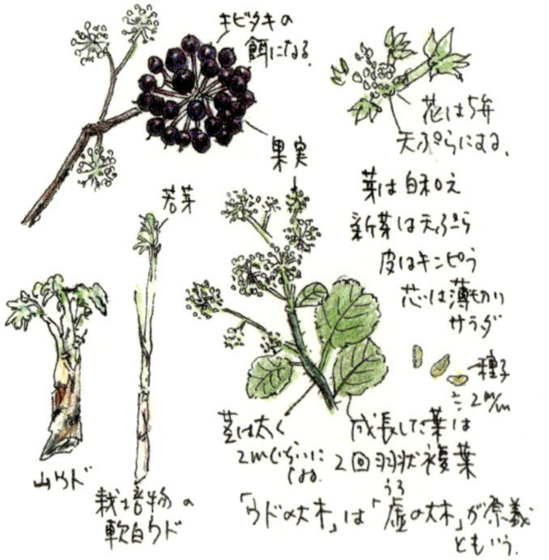
キビタキの
餌になる。
果実
花は5弁
天ぷらになる。
若芽
葉は白和え
新芽は天ぷら
皮はキンピラ
芯は薄切り
サラダ
種子
≒2m/m
茎は太く
2mぐらいに
なる。
成長した葉は
2回羽状複葉
山ウド
栽培物の
軟白ウド
「ウドの大木」は「虚《うろ》の大木」が原義
ともいう。

タラノキ [楤の木]

ウコギ科／落葉低木／Aralia elata／8〜9月／タランボ、ウドモドキ(独活擬)

山菜のウドは、古くは朝鮮語名の「ツチタラ」と呼ばれ、これに似た木として「タラノキ」に転訛した説がある。近郊の山では2番芽、3番芽まで採ってしまうので枯れてしまうものも多いという。一見ウルシに似ているので注意が必要だが、タラノキにはトゲがある。「おいしいものにもトゲがある」。

果実は鳥のエサ。
葉にも棘が多い。
奇数2回羽状複葉
雌時期の花
≒2m/m
種子
春の若芽は
天ぷら等でうまい。
山のバターと
いわれる。
幹には枝
も少なく
鋭い刺が
いっぱい。
ヘビノボラズ、
トリトマラズの俗名がある。

ハリギリ [針桐]

ウコギ科／落葉高木／Kalopanax septemlobus／4〜6月／センノキ(栓の木)

植物図鑑では「ハリギリ」だが、建築や木工の世界ではセンと言い「栓」と書く。キリに似て柾目が美しく下駄に使われたが、箪笥や板材として家具や建築にも使われる。昔から「救荒本草」として食用にされた。アクは強いが若芽の天ぷらはうまいと言う。

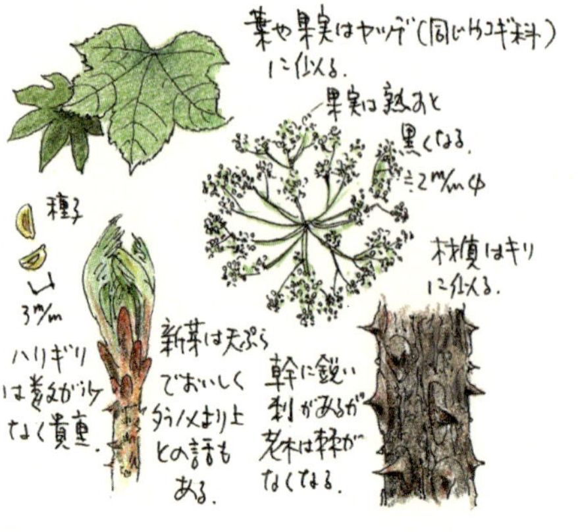
葉や果実はヤツデ(同じウコギ科)
に似る。
果実は熟すと
黒くなる。
≒2m/m φ
材質はキリ
に似る。
種子
3m/m
ハリギリ
は数が少
なく貴重。
新芽は天ぷら
でおいしく
タラノメより上
との話も
ある。
幹に鋭い
刺があるが
老木は棘が
なくなる。

ヤツデ [八つ手]

ウコギ科／常緑低木／Fatsia japonica／11〜12月／テングノハウチワ(天狗の羽団扇)

テングノハウチワという別名があるぐらいで、大形の手の平状の葉が特徴。「鬼の指」の呼び名もあるが古来鬼の指は3本と決まっていて多すぎる。但し若い時は3つに分かれなぜか7、9、11と奇数裂が多い。ヤツ(八)は単に多いという意味である。

断面
葉は9裂が
多い。
4m/m
種子
≒5m/m
果実は春に
は熟す。
若い時は3裂する
雄性期
雌性期《しせいき》
蕾《ツボミ》
冬に花が咲き、ハナアブや
ハエがその蜜を餌とする。

ハエドクソウ［蠅毒草］

ハエドクソウ科／多年草／Phryma leptostachya var. asiatica／7〜8月／ハエトリソウ（蠅取草）

ハエドクソウ科は世界に1属2種のみ知られ、1つは本種で、もう1つは北アメリカ東部に隔離分布するもの。昔は根の搾り汁でハエ取り紙を作ったという。涼やかな姿でもフリマロリンという毒を含み、嘔吐などを起こす。ああオソロシヤ。

多年草であるが、地下部は2〜3年で交替し、地上部は1年で交替する。
葉裏の葉脈
アッ!
ハエトリ巻紙
葉柄が非常に長い。
唇形花を下から順に咲かせる
がく
萼には3本の刺がある。
鋸歯
果実はイノコズチに似た「引っ付き虫」
花のアップ
葉は対生
微妙に高さが違う

ツルドクダミ［蔓蕺］

タデ科／多年草／Fallopia multiflora／8〜10月／カシュウ（何首烏）

和名はつる性でドクダミに似るところからついた。江戸時代の将軍吉宗の頃に滋養強壮薬として渡来して、栽培された。漢方では「何首烏《かしゅう》」という不思議な名がついている。これはこの根を煎じて飲んだ親子3代が髪黒く長生きしたという「何首烏伝」にちなむが話は長い。

東御苑では大手三之門、また市谷見附のフェンスにある。
天ぷら、お浸しなどにする。
しかし、ドクダミ科ではない。
花のアップ
葉がよく似ている。
花弁5枚
ドクダミ
塊状根は生薬名「何首烏」かしゅう
効能は緩下、強壮等

キヌタソウ［砧草］

アカネ科／多年草／Galium kinuta／7〜9月／ツクバネソウ（衝羽根草）

和名のキヌタソウのキヌタは「砧」と書き、「洗濯した布を生乾きの状態で台にのせ、たたいて柔らかくする棒のこと」とあるが、キヌタソウの実がこれに似る通説は納得できない。つまり似ていないのだ。これだと木魚をたたくバチに近い姿になるが、砧は棒状の形が多い。

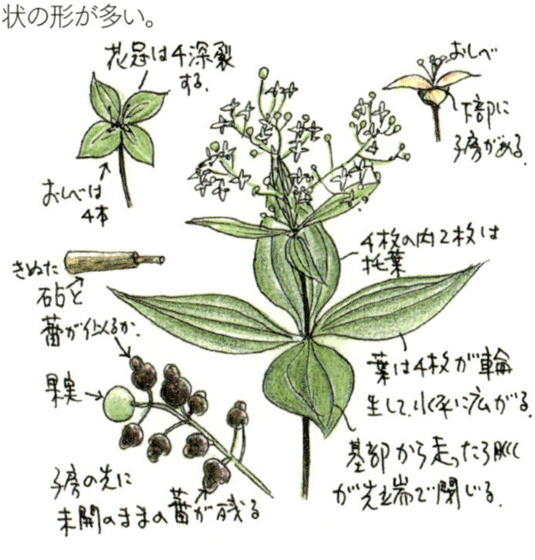
花冠は4深裂する。
おしべ
下部に子房がある。
おしべは4本
4枚の内2枚は托葉
きぬた
砧と蕾が似るか。
果実
葉は4枚が輪生して水平に広がる。
子房の先に未開のままの蕾が残る
基部から走った3脈が先端で閉じる。

アカネ［茜］

アカネ科／多年草／Rubia akane／8〜10月／アカネカズラ（茜蔓）

アカネの名はその「赤い根」に由来する。アイとともに最古の染料の一つで4500年前のインダス文明、モヘンジョダロ遺跡からアカネ染めの木綿が出土している。茜色はやや沈んだ赤色で朝焼けの空色に似るところから「茜さす」という日や紫などにかかる枕詞がある。

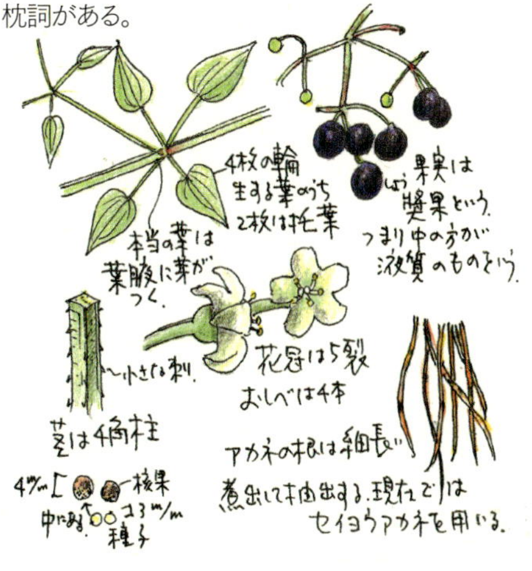
4枚の輪生する葉のうち2枚は托葉
本当の葉は葉腋に芽がつく。
果実は漿果という。つまり中の方が液質のものをいう。
花冠は5裂
おしべは4本
小さな刺
茎は4角柱
4mm 核果
中にある 3mm 種子
アカネの根は細長い。煮出して抽出する。現在ではセイヨウアカネを用いる。

ノカンゾウ［野萱草］

ユリ科／多年草／Hemerocallis longituba／7～9月／ベニカンゾウ（紅萱草）

ノカンゾウは林内や林縁のあまり日当りのよくないところに生え、八重咲きのヤブカンゾウは野原などに日を受けてあでやかに咲いている。特に赤みの強い株はベニカンゾウと呼ばれているが本種とは同種である。一日花。

蕾《ツボミ》は天ぷらでアクもなくおいしい
花筒はヤブカンゾウより細くて長い
6弁花で漏斗形
若芽は酢味噌和えでおいしい
種子
5~6m/m
朝、花を開き午後にはしぼむ
ヤブカンゾウは八重
種子

チゴユリ［稚児百合］

ユリ科／多年草／Disporum smilacinum／4～6月

和名は見た通り小さくて可愛らしいことから付けられた。山地や明るい林内でいつもうつ向きかげんに咲いている。六花弁は完全に開いていないものが多い。茎はほとんど枝分かれせず、地中には根茎《こんけい》と匐枝《ふくし》がある。

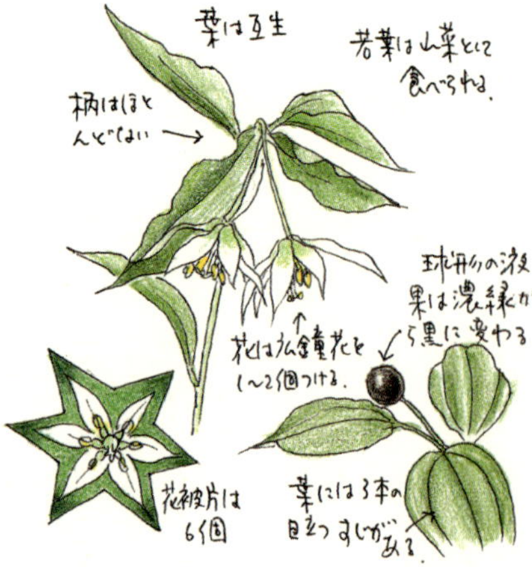
葉は互生
若葉は山菜として食べられる
柄はほとんどない
球形の液果は濃緑から黒に変わる
1~2個つける
花被片は6個
葉には3本の目立つすじがある

ヤブラン［藪蘭］

ユリ科／多年草／Liriope platyphylla／8～10月／リリオペ、サマームスカリ

ヤブに生えるランに似ているところから名が付いたというがラン科ではなくユリ科。確かに葉はシュンラン（ラン科）やジャノヒゲ（ユリ科）に似ている。江戸時代の本草学者小野蘭山は本種を古典の山菅《やますげ》に重ねている。塊根を麦門冬（ジャノヒゲ）の代用として滋養強壮の薬とする。

花被片は6枚
≒4m/m
繁殖は春秋の株分けによる
斑入りの葉
葉は根生する
種子
≒6m/m
若い種子はマスカットのよう

ノシラン［熨斗蘭］

ユリ科／多年草／Ophiopogon jaburan／7～9月

海岸近くの林の中に生えるが薄暗い林間で見ると多くの開いていない白花が横に連なる様子は見方によっては少々気味が悪い。色は淡紫色の花もある。文字からすると熨斗《のし》は「伸《の》し」で葉の断面がぺしゃんこで熨斗鮑《のしあわび》につながるが花の姿の方が印象的。

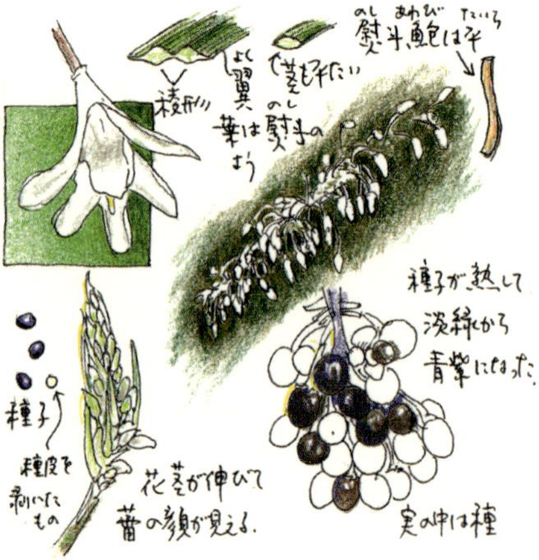
稜形
で茎も平たい
葉は熨斗《のし》のよう
熨斗鮑《のしあわび》は平
種子が熟して淡緑から青紫になった
種子
種皮を剥いたもの
花茎が伸びて蕾の顔が見える
実の中は種

ナルコユリ［鳴子百合］

ユリ科／多年草／Polygonatum falcatum／5～6月／ナルコラン(鳴子蘭)

たんぼなどで鳥を追い払う鳴子《なるこ》の板にぶらさがっている竹に似ていることで和名がついた。仲間のアマドコロやミヤマナルコユリなどと花筒の数や形に微妙な違いがあり、そのことの意味が知りたくなる。出雲風土記には「黄精《おほえみ》」が記されているが、これは根であり強精剤。

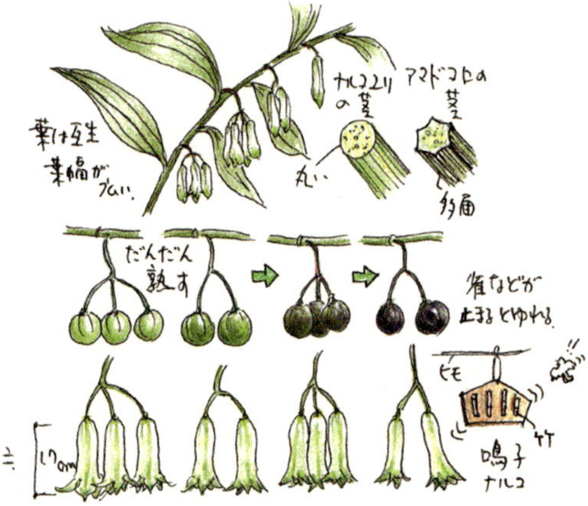

ホウチャクソウ［宝鐸草］

ユリ科／多年草／Disporum sessile／4～5月／キツネノチョウチン(狐の提灯)

花の形が寺院や五重の塔の四隅にぶら下がっている「宝鐸《ほうたく》」に似ているのが和名のもと。建築では「風鐸《ふうたく》」ということが多い。花筒がナルコユリなどに似ているが、チゴユリの仲間。食用にもなるが根をすりつぶして飯つぶを混ぜ、ひび、あかぎれの薬に使った。

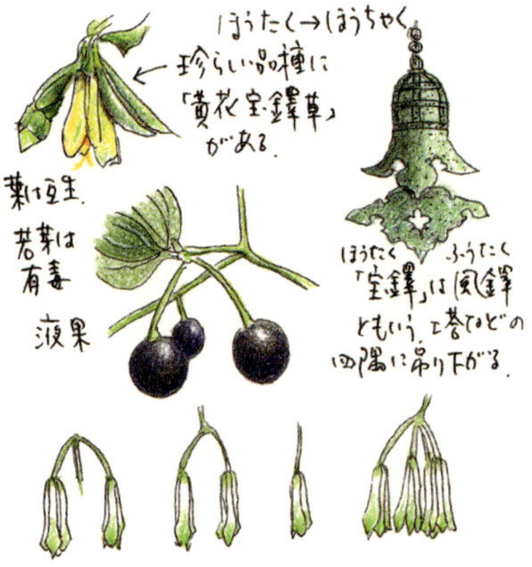

アマドコロ［甘野老］

ユリ科／多年草／Polygonatum odoratum／4～5月／ナルコユリ(鳴子百合)

和名は地下茎がトコロ(ヤマイモ科)に似ていて甘みがあることによる。「萎蕤《いずい》」は漢名で『本草図譜』にある。若芽は油でいため味噌で味付、またはゆでて酢味噌などとあえる。花はホウチャクソウのほうがうまいという。地下茎はでんぷんを含み腰痛・打撲傷に効果がある。

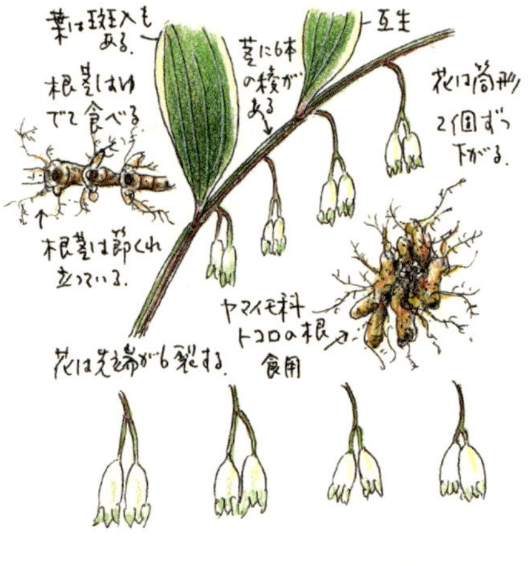

ミヤマナルコユリ［深山鳴子百合］

ユリ科／多年草／Polygonatum lasianthum／5～6月

山地の林下に生える。花が下向きで、葉に隠れているので目を凝らしてみないとなかなか見つけられない。おまけに仲間のナルコユリなどとも似ているので区別が大変。二の丸雑木林ではナルコユリ近くで見られることがある。

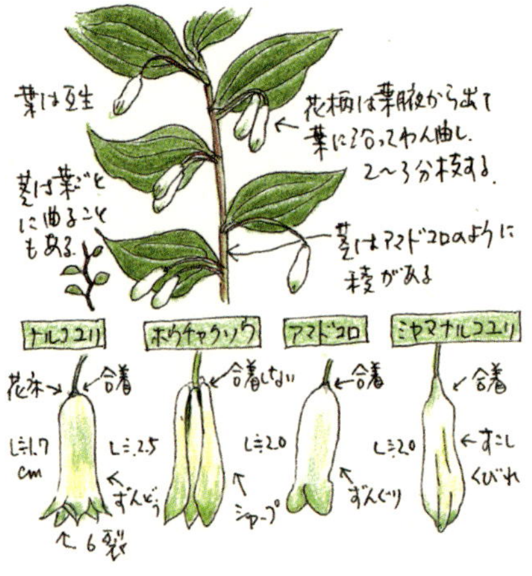

シソ[紫蘇]

シソ科/1年草/Perilla frutescens var. crispa/9月/オオバ(大葉)

日本人にとって特に食文化の中でシソはつながりが深い。アカジソは梅干しやしば漬けなどの色付に、また京都では七味唐辛子やふりかけにも使われる。アオジソは刺身や天ぷらのつまに、野菜としては「大葉《おおば》」と呼ばれる。実《み》は萼ごと食用とし、茶漬けなどの風味付に用いる。栄養も十分。

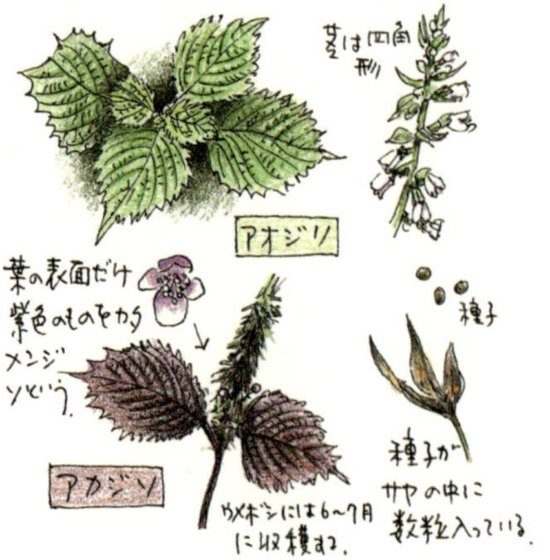
茎は四角
形
アオジソ
葉の表面だけ
紫色のものをカタ
メンジ
ソという.
種子
アカジソ
ウメボシには6〜7月
に収穫する.
種子が
サヤの中に
数粒入っている.

アキノタムラソウ[秋田村草]

シソ科/多年草/Salvia japonica/7〜11月

タムラソウの名前は由来がよく判っていない。草本のタムラソウはキク科のアザミに似た植物。また仲間に紀伊半島以西に分布する白花のハルノタムラソウや神奈川以西に分布する青花のナツノタムラソウがある。ハーブで有名なメドーセージも仲間。

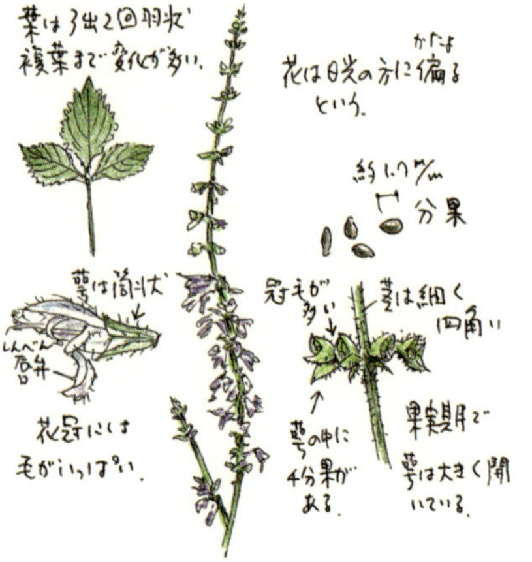
葉は3出2回羽状
複葉まで変化が多い.
花は日光の方に偏《かたよ》る
という.
約1.7m/m
分果
萼は筒状
唇弁《しんべん》
花冠には
毛がいっぱい.
冠毛が
多い
茎は細く
四角い
萼の中に
4分果が
ある.
果実期で
萼は大きく開
いている.

キバナアキギリ[黄花秋桐]

シソ科/多年草/Salvia nipponica/8〜10月/コトジソウ(琴柱草)

花の色が黄色で、葉がキリに似ているところから名が付いた。仲間のアキギリはセージに似た青紫色の唇弁花をつける。また属名のサルビア・ニッポニカは日本のサルビアの意味。葉の形が琴の弦を支える琴柱《ことじ》に似ているのでコトジソウとも呼ばれる。

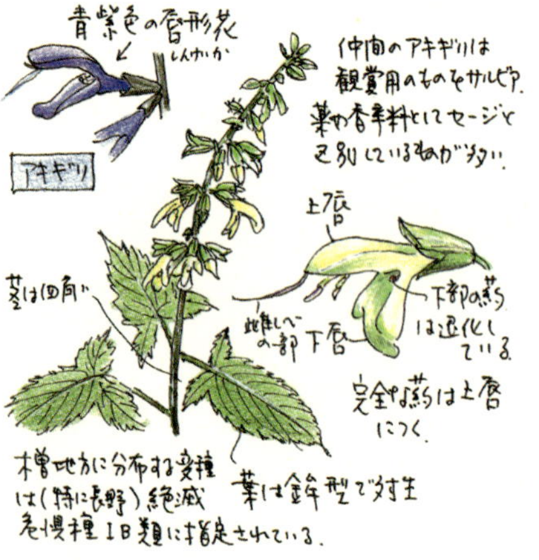
青紫色の唇形花《しんけいか》
アキギリ
仲間のアキギリは
観賞用のものをサルビア.
薬や香辛料としてセージと
区別しているものが多い.
上唇
茎は四角
雄しべの一部
下唇
下部の葯
は退化し
ている.
完全な葯は上唇
につく.
木曽地方に分布する変種
は(特に長野)絶滅
危惧種IB類に指定されている.
葉は鉾型で対生

シモバシラ[霜柱]

シソ科/多年草/Keiskea japonica/9〜10月/ユキヨセソウ(雪寄草)

枯れた茎に霜柱が出来ることで知られるが、これは根が活動しているためで、枯れた茎の維管束に水が吸い上げられて、氷点下に凍るということ。属名は幕末の本草学者伊藤圭介を記念してつけられた。東御苑で氷の結晶は正月休み明け早々に開門を待って飛び込んでやっと見られるぐらい。

霜柱はカシワバハグマや
ブルーサルビアでも
見られるという.
種子
1.5〜2m/m
1個のみ
発育する.
4本の雄しべ
が長い.
片側に向って咲く
唇形花がとても
美しい.
茎は四角い.
短い時間の「氷の結晶」の
現象はまさにアート. 寒ッ!

イヌコウジュ［犬香需］

シソ科／1年草／Mosla punctulata／9～10月

名の由来は、シソ科のナギナタコウジュ（薙刀香需）に似ているがシソ科とは別属で食用にも薬用にもならないことから。コウジュは漢方の名でナギナタコウジュからつくる漢方薬「香需」、ヒメジソは本種によく似ている。

ヒメジソと非常によく
似るが、ヒメジソは毛が
少なく、鋸歯は6個
ぐらい。萼の先端も尖
がらない。
萼の中の分果は4個
1m/m
5m/m
花穂の基部の葉は
葉柄が短く丸み
がある。
葉は対生
茎は
四角形
萼の裂片はとがって
花軸には毛が多い
片側の
鋸歯は
8個

タツナミソウ［立浪草］

シソ科／多年草／Scutellaria indica L.／5～6月／ヒナノシャクシ（鄙の杓子）

日の当る方向に向かって繊細な斑《まだら》模様をつけて咲く姿が「泡立つ波」を連想させるところからこの名があるという。それは北斎の浮世絵の波を彷彿させる。山野草を栽培する人の入門の植物とされる。

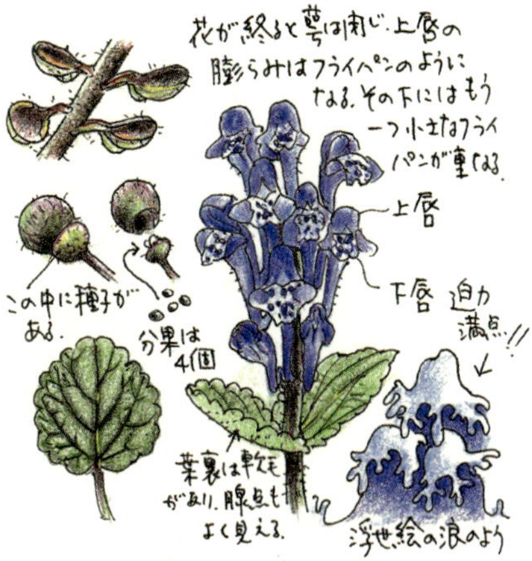
花が終ると萼は閉じ、上唇の
膨らみはフライパンのように
なる。その下にはもう
一つ小さなフライ
パンが重なる。
上唇
下唇
迫力
満点!!
この中に種子が
ある。
分果は
4個
葉裏は軟毛
があり、腺点も
よく見える。
浮世絵の波のよう

ジュウニヒトエ［十二単衣］

シソ科／多年草／Ajuga nipponensis／4～5月／アジュガ

いくつかの県で絶滅危惧種に指定されている。花柄に花が重なり合う様子を平安時代の女官の衣装である「十二単」に見立てたことが一般的な説とされる。江戸時代の本草学者小野蘭山は漢名に夏枯草（かこそう）として、夏に新旧の葉が入れ替る様子をあてている。

園芸種の紫青色の
ものはセイヨウジュウニヒトエ
と呼ばれて区別される
上唇は2つ
に裂ける
下唇は大形で
3裂する
花は地面
にへばり着く
ように別名
唇形花が重って
咲く。
花はキランソウに
似ている。別名は
ジゴクノカマノフタ
（地獄の釜の蓋）
葉は茎に2～4対
波状鋸歯
生育条件に恵まれると1つの株
から沢山のランナーを伸ばし増える。

オニシバリ［鬼縛り］

ジンチョウゲ科／落葉小低木／Daphne pseudo-mezereum／2～4月／ナツボウズ（夏坊主）

樹皮は丈夫で鬼も縛れるというのでこの名がある。秋に葉が出て盛夏に落葉してすっかりなくなることからナツボウズの名がある。ネパールではヤギやウシのロープに使われるという。

日本固有種で雌雄異株《しゆういしゅ》。
液果《えきか》は6月頃 8m/mφ
赤く熟す。
葉は互生
実が熟し終
る夏には葉が
散ってしまう。
食用不可。
超辛!!
秋には新
しい葉を出し
て冬を越す。
表・裏とも
毛はない。
萼筒が
4つに裂け
たもの。
花はナニワズに似るが
オニシバリの方が少し緑っぽい。

ヤブデマリ［藪手毬］

スイカズラ科／落葉小高木／Viburnum plicatum var. tomentosum／5～6月／テマリバナ

名は藪に生え、花序が丸く手鞠《てまり》を連想させることによる。属名はスイカズラ科のラテン古名のビエオ（組む・曲げる）に由来する。長く曲げやすい枝による。種名は扇だたみの意で葉脈の様子を表わしている。

ユキノシタ科
と違って
ガマズ
ミ属の装飾花
は花冠が変化
したもの
小さい
若い果実
枝先の葉
一般の葉
葉は対生《たいせい》
色は白色又は
淡黄白色
装飾花
5枚
熟した
核果
装飾花とは雄しべ
雌しべが退化して
いるものをいう。
核果に≒5m/m
核は1個

オトコヨウゾメ［男ようぞめ］

スイカズラ科／落葉低木／Viburnum phlebotrichum／5～6月／オトコガマズミ

オトコはガマズミに対して食べられないので、用がたたないことから付けられたという。花の形が一つ一つ違っているところが名前に負けず面白い。それなのに実は揃って端正でガマズミの仲間では珍しく垂れ下がり方が可憐。

雌しべ
≒1cm
核の中には
種が
一つ。
花冠は5裂
冬芽が芽を
吹くと葉と花序
が同時に
展開する。
葉は押し葉にしておくと
真っ黒っに変色するという。
これは男らしい。
核果は水分をよく含む、苦みが強い。

ガマズミ［莢蒾］

スイカズラ科／落葉低木／Viburnum dilatatum／5～6月／アラゲガマズミ（粗毛莢蒾）

名前は折れにくく鎌の柄に利用され酸っぱい実がなることによるといわれるが、スミは染めの転訛の説もある。昔から人々の生活と結びつきが深く地方名が多い。中部地方ではヨウゾメと呼ぶという。コバノガマズミは葉が違うのでわかりやすい。

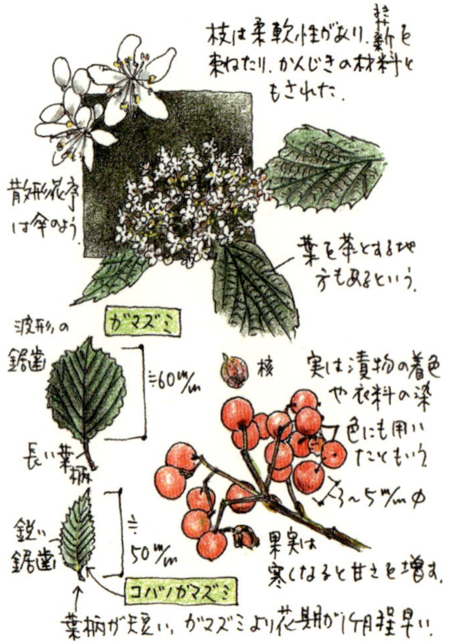
枝は柔軟性があり、薪《まき》を
束ねたり、かんじきの材料と
もされた。
散形花序
は傘のよう。
葉を茶とする地
方もあるという。
ガマズミ
波形の
鋸歯
≒60m/m
長い葉
柄
核
実は漬物の着色
や衣料の染
色にも用い
たともいう
3～5m/mφ
鋭い
鋸歯
≒
50m/m
果実は
寒くなると甘さを増す。
コバノガマズミ
葉柄が短い、ガマズミより花期が1ケ月程早い。

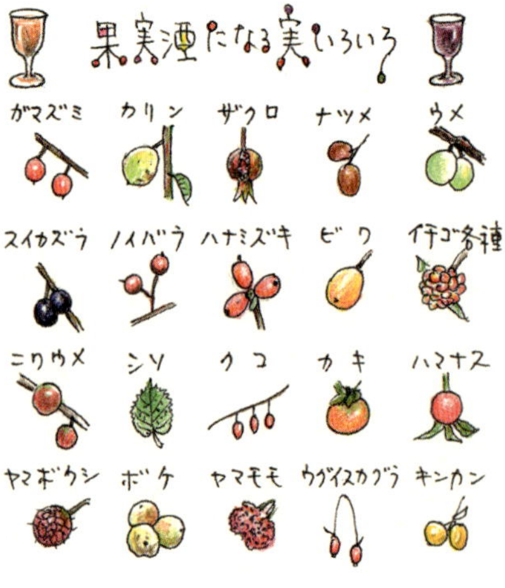
果実酒になる実いろいろ
ガマズミ
カリン
ザクロ
ナツメ
ウメ
スイカズラ
ノイバラ
ハナミズキ
ビワ
イチゴ各種
ニワウメ
シソ
クコ
カキ
ハマナス
ヤマボウシ
ボケ
ヤマモモ
ウグイスカグラ
キンカン

ウグイスカグラ［鶯神楽］

スイカズラ科／落葉低木／Lonicera gracilipes／3〜5月／ウグイスノキ(鶯の木)

鶯が春を告げて鳴くころに本種の花が咲くことから名がついたといわれるが、他の花も咲く中でなぜかという疑問も残る。一説には鶯が繁みの陰で岩戸神楽を舞うと見立てたという説もある。花材の乏しい時期に咲くことから生け花に重宝されるという。

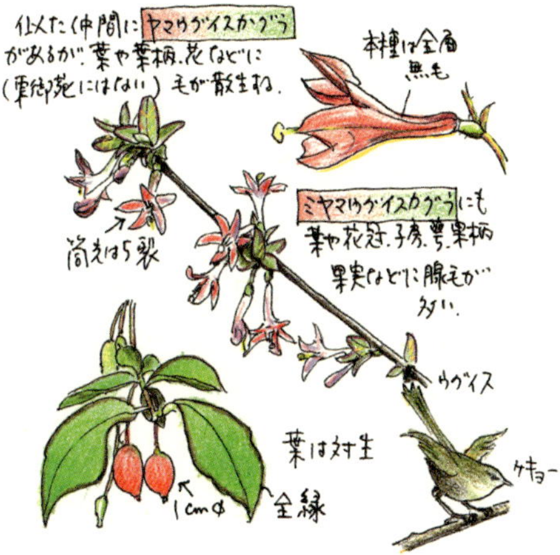
似た仲間にヤマウグイスカグラがあるが、葉や葉柄、花などに
毛が散生する。
本種は全面無毛
筒先は5裂
ミヤマウグイスカグラにも
葉や花冠、子房、萼、果柄
果実などに腺毛が多い。
ウグイス
ケキョー
葉は対生
1cmφ
全縁

ニシキギ［錦木］

ニシキギ科／落葉低木／Euonymus alatus／5〜6月／ヤハズニシキギ(矢筈錦木)

晩秋に美しく紅葉し赤い果実も美しいので「錦」の名がついている。世界の三大紅葉樹にはニシシギ、スズランノキ、ニッサであるがカエデは入っていない。江戸時代に貝原益軒による『大和本草』にはその名が出ている。

若い実
はっきりとしたコルク質の翼がある。
実が成長
二つずつつく。
果実から仮種皮が顔を出す。
仮種皮の中には種子がある。
3〜4m/m
翼は天日に干して生薬「衛矛《えいぼう》」をつくる。婦人病や火傷に用いたという。
紅葉

マユミ［真弓、檀］

ニシキギ科／落葉低木〜高木／Euonymus sieboldianus／5〜6月／ヤマニシキギ(山錦木)

材が緻密で粘りがあり、かつてこの材で弓をつくったことから「真弓」の名がついた。秋の黄葉と赤い仮種皮に包まれた種子もぶら下がり美しい。新芽は山菜になるが種子は有毒で吐き気や腹痛をもよおす。「源氏物語」の六条院の庭に植えられているという。

蒴果は熟すと4つに裂け仮種皮に包まれた赤い種子が現われる。
若い果実
雌雄異株《しゆういしゅ》
花柱が短いタイプ
雄花
細鋸歯
対生
種子
≒1cm
雌花は花柱が長いおしべが短い。
雄しべの葯は黒い
弓

ツリバナ［吊花］

ニシキギ科／落葉低木／Euonymus oxyphyllus／5〜6月／エリマキ

長い果柄の先に果実を吊り下げている姿が清清《すがすが》しく、風にゆれるのが美しい。姿がマユミによく似ているだけでなく、材が堅いのも似ていて細工物や版木などに利用される。『大和本草』には名がのる。

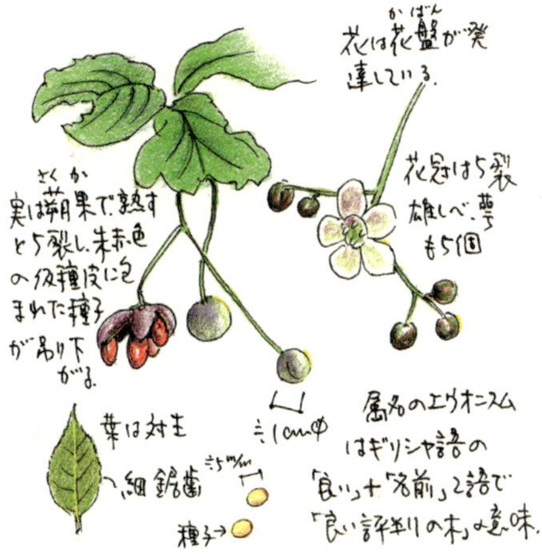
花は花盤《かばん》が発達している。
実は蒴果《さくか》で熟すと5裂し、朱赤色の仮種皮に包まれた種子が吊り下がる。
花冠は5裂
雄しべ、萼も5個
葉は対生
細鋸歯
≒5m/m
種子→
≒1cmφ
属名のエウオニスムはギリシャ語の「良い」+「名前」で「良い評判の木」の意味。

フタリシズカ［二人静］

センリョウ科／多年草／Chloranthus serratus／4〜6月／サオトメバナ（早乙女花）

名はすっくと立つ2本の花穂を静御前とその幽霊に見立てて歌った謡曲「二人静」が由来とされる。万葉集では「つぎね」が古名とされる。一方で東御苑では見当らないがヒトリシズカは花穂が1本で吉野山に舞う静御前の姿に見立てたという。

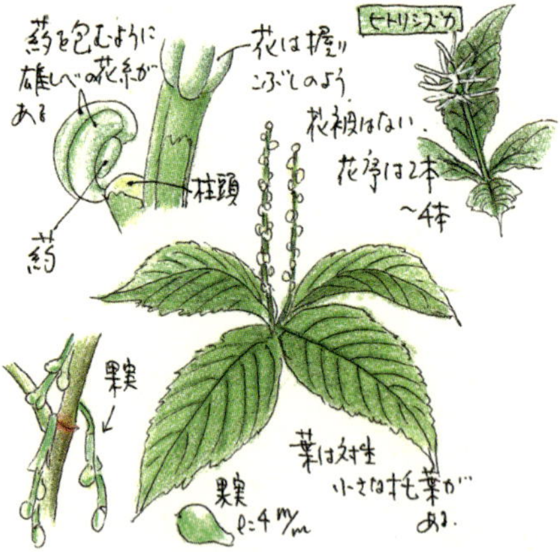

カタバミ［傍食、酢漿草］

カタバミ科／多年草／Oxalis corniculata／4〜10月／オキザリス、スイモノグサ（酸い物草）

睡眠運動で夜になると葉が折りたたまれて片方を食べられたようで「片《かた》食《は》む→片食み」で「傍食《かたばみ》」と名付けられた。蓚酸《しゅうさん》を含んで酸味があり、その酸で10円銅貨を磨くと光ってくる。すっぱい葉はみじん切りにして天ぷらのつゆに入れるとうまいという。

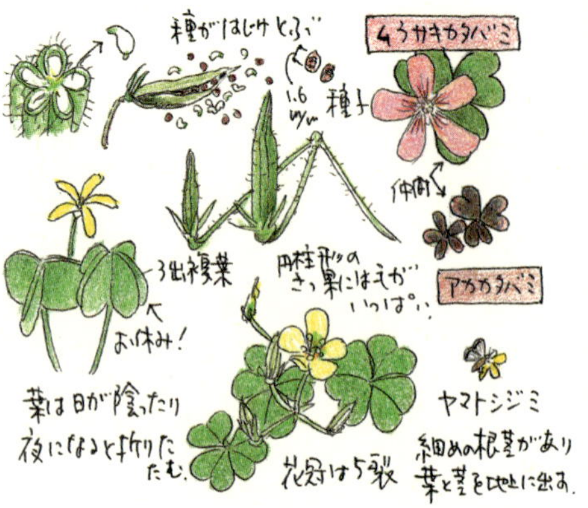

「東御苑のツバキたち」

江戸時代のツバキは徳川3代将軍によって各地から名花が江戸に集められ多彩な品種が生み出された。江戸時代に選抜された品種は数々の文献等に残され約700もあるという。明治になってその流れは衰えたものの、明治12年に染井の伊藤小右衛門らよって199品種が記録され品種の消滅を防ぎこのうち120種は現存するという。その後も保存され続けこれらの受け継ぎがされて品種群は「江戸椿」と呼ばれ現在も親しまれている。

東御苑にはカンツバキやヤブツバキ、ツバキ園の各種園芸種等、多くのツバキが見られる。苑内のそこかしこには現在でも貴重な園芸種が受け継がれ大切に育てられている。特にワビスケツバキはウラクツバキから生まれたもので独特の風情を持つ咲き方で面白い。

◆タロウカジャ—別名「有楽」。織田信長の弟である有楽斎が好んだといわれる。ロウバイの蠟のように透き通った黄色が鮮やか。

◆スキヤツバキ—数寄屋は明治12年の『伊藤椿花集』に始まりそれ以前の文献『本草花蒔絵・椿之部』は現在の初雁を指す。

◆ユキツバキ—雪の時期には地表に押しつけられ、春に雪解けが始まるとその姿を現す。倒れていた枝は立ち上り花をつける。そのねばり強さと律儀さは新潟の県木に相応しい。

◆アキイチバン—ツバキでは最も早く10月中旬にサザンカと同じ頃に咲く。紅色の粋な縦絞りは特に美しい。

◆シロワビスケ—ツバキとチャノキの交雑種といわれる。千利休と同時代のこの花を好んだ茶人の名にちなむ説やワビスキ（侘好き）の転訛説。秀吉の朝鮮出兵時に持ち帰った人名などの説がある。

◆ハツカリ—花にはウラクツバキと似た香りがあり子房に毛がある。江戸期には「数奇屋」の名で呼ばれていたという。

ハルサザンカ［春山茶花］

ツバキ科／常緑高木／Camellia vernalis／12月～4月

ハルサザンカはサザンカとツバキそれも主としてヤブツバキとその園芸種の自然交配で生まれた種間雑種と考えられているという。属名はツバキやサザンカと同じカメリア。種小名は「春に咲く」という意味である。

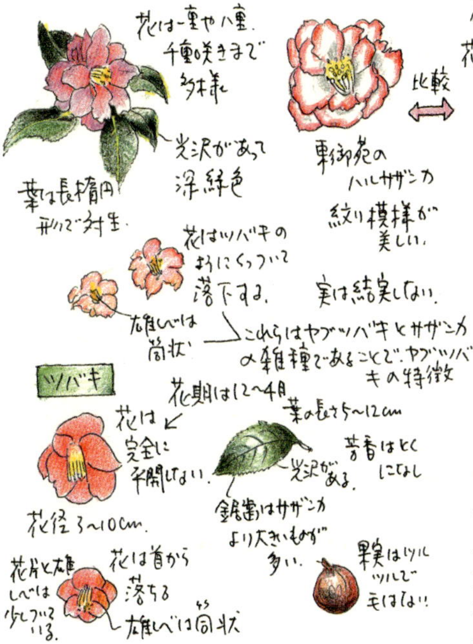
花は一重や八重、千重咲きまで多様
光沢があって深緑色
葉は長楕円形で対生
東御苑のハルサザンカ
紋り模様が美しい
比較
花はツバキのようにくっついて落下する
実は結実しない
雄しべは筒状
これらはヤブツバキとサザンカの雑種であることで、ヤブツバキの特徴
ツバキ
花期は12～4月
花は完全に平開しない
葉の長さ5～12cm
光沢がある
芳香はとくになし
鋸歯はサザンカより大きいものが多い
花径3～10cm
花片と雄しべは少しついている
花は首から落ちる
雄しべは筒状
果実はツルツルで毛はない！

ハマヒサカキ［浜姫榊］

ツバキ科／常緑低木／Eurya emarginata／11～12月／マメヒサカキ（豆姫榊）

名は暖地の海岸にあるところから浜ヒサカキ。サカキに較べて葉が小さい。ヒサカキに似るが花は冬に咲き、葉先が少し反り返り、やや薄く光沢が強い。また葉が密生しているためこの種での印象が強い。宗教的な利用は特にない。

雌雄異株
葉先は丸い
雌花
表
葉の断面は丸い
毛が少ない
種子
≒2m/m
赤紫から黒紫色へ
果実は5m/mφ
比較
雄花
花弁5枚

サザンカ［山茶花］

ツバキ科／常緑小高木／Camellia sasanqua／10～12月／ヒメツバキ（姫椿）、カタシ（堅）

サザンカの品種は咲く時期によってサザンカ群、カンツバキ群、ハルサザンカ群に分けられる。属名のカメリアはイエズス会の宣教師「カメル（Kamell）」の名からきている。和名は山茶花《さんちゃか》の読みであるサンサカからという。童謡「たきび」の歌詞に登場。

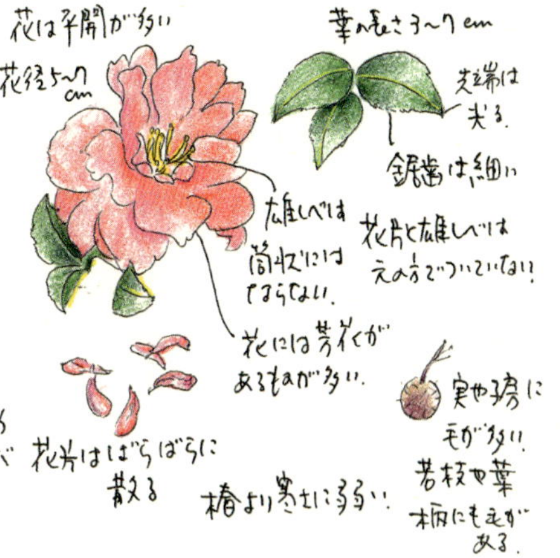
花は平開が多い
花径5～7cm
葉の長さ3～7cm
先端は尖る
鋸歯は細い
雄しべは筒状にはならない
花片と雄しべは元の方でついていない！
花には芳香があるものが多い
花片はばらばらに散る
椿より寒さに弱い！
実や子房に毛が多い
若枝や葉柄にも毛がある

ヒサカキ［姫榊］

ツバキ科／常緑小高木／Eurya japonica／3～4月／ビシャコ、アクシバ、ヘンダラ

東御苑には見当らないがサカキは神棚や祭壇など神道の神事に用いられる。名の由来は神と人との境である「境木《さかき》」や、常緑樹で繁《さか》えることから「繁木《さかき》」との説もある。混同されやすいのでサカキは「本榊《ほんさかき》」とも呼ばれヒサカキについては多くの地方名で呼ばれる。ヒサカキは神事のほかに仏事にも使うという。

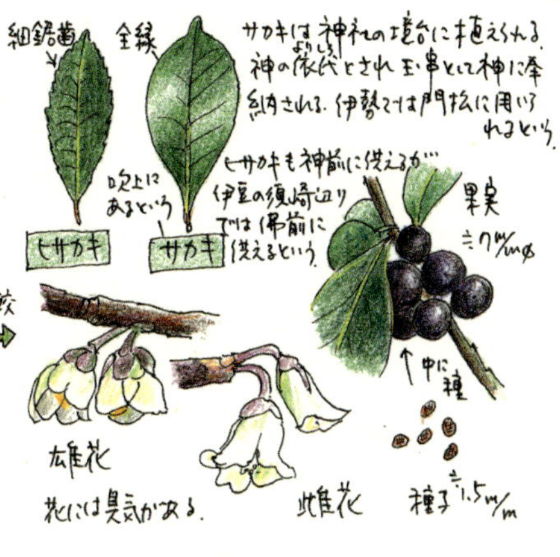
細鋸歯
全縁
ヒサカキ
サカキ
サカキは神社の境内に植えられる。神の依代《よりしろ》とされ玉串として神に奉納される。伊勢では門松に用いられるという。
ヒサカキも神前に供えるが…伊豆の須崎辺りでは仏前に供えるという。
果実
≒7m/mφ
中に種
雄花
花には臭気がある。
雌花
種子≒1.5m/m

キンラン [金蘭]

ラン科／多年草／Cephalanthera falcata／4～6月／オウラン(黄蘭)

植物の世界ではその美しさや艶《あで》やかさを黄色は金、白色は銀に譬える場合が多い。キンモクセイにギンモクセイ、キンミズヒキやキンシバイなど図鑑では一目瞭然。キカラスウリやキエビネはなぜキンになれなかったのか。

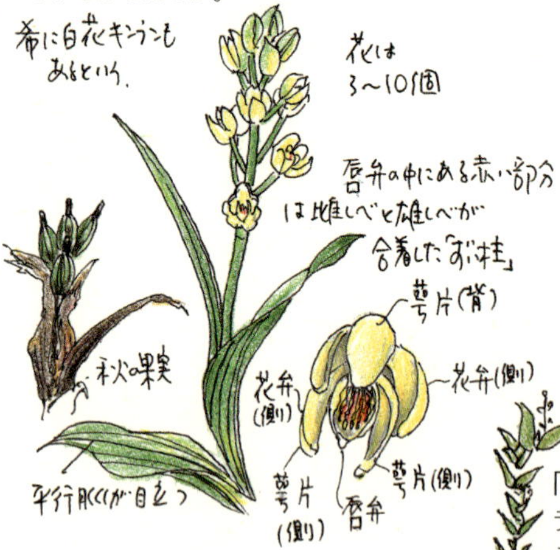
希に白花キンランもあるという.
花は3~10個
唇弁の中にある赤い部分は雌しべと雄しべが合着した「ずい柱」
萼片(背)
秋の果実
花弁(側)
花弁(側)
平行脈が目立つ
萼片(側)
唇弁
萼片(側)

ギンラン [銀蘭]

ラン科／多年草／Cephalanthera erecta Blume／4～5月／ハクラン(白蘭)

キンランは花穂が丸っこいがギンランは少し細長く、葉の幅も広い。唇弁の基部は短く距となって外に突き出す。

完全に開く花は少い.
キンランとギンランの違いは色の違いの他、ギンランの花は半開きがほとんどで開花の時期も少し遅い.
ササバギンランはギンランより葉が細く、葉脈が目立つ、草丈も高い.

「ラン集合」
ランは植物分類群の中で最も分化の進んだ植物という。日本の自生種が約73属250種で、世界は原種だけでも700属以上約25,000種という。日本に自生する野生植物はシダ、コケを含めて7000種というから世界中のランで日本の植物の3.5倍もある。

エビネ [海老根]

ラン科／多年草／Calanthe discolor／4～5月／ジエビネ(地海老根)

和名は根が浅く、横に数珠状に連なる姿をエビに見立ててつけられたという。イモ状の地下茎はサトイモのようであるがその縞模様がエビに似るかもしれない。昭和50年代には大流行した。

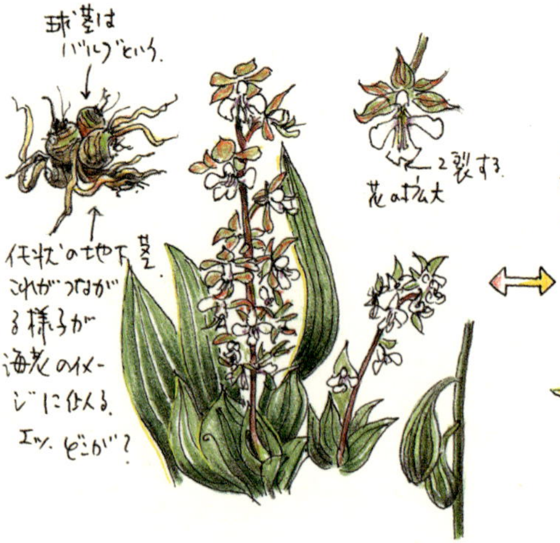
球茎はバルブという.
イモ状の地下茎これがつながる様子が海老のイメージに似る.
エッ、どこが?
2裂する.
花の拡大

キエビネ [黄蝦根]

ラン科／多年草／Calanthe sieboldii／4～5月

通称「富士見多聞《たもん》」の坂を北に下りたところに毎年決まって華やかな花を総状に咲かせて見せてくれる。東限の静岡県では絶滅し、自生地は減少。絶滅危惧IB類に指定されている。

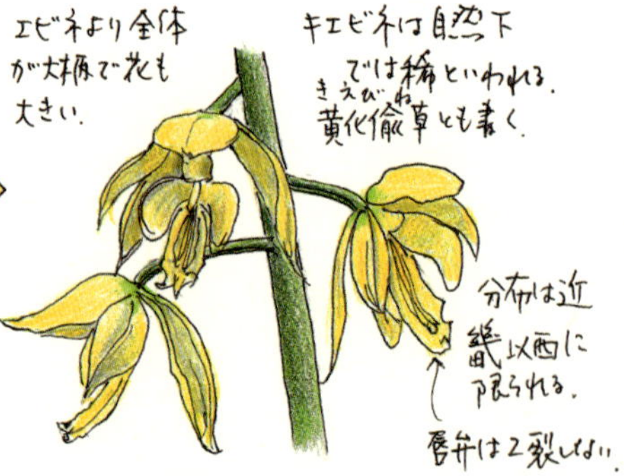
エビネより全体が大柄で花も大きい.
キエビネは自然下では稀といわれる.
黄化偸草《きえびね》とも書く.
分布は近畿以西に限られる.
唇弁は2裂しない.

サイハイラン［采配蘭］

ラン科／多年草／Cremastra appendiculata／5〜6月／モイワラン（藻岩蘭）

昔、戦場で指揮をとるのに使った采配《さいはい》に見立てた名がついている。地中にラッキョウ大の偽茎がある。アイヌの人はこれを煮たり生で食べたりした。また練って漆器の修理にも使ったという。青森や宮崎などの方言の「はくり」は葉栗で食用に基づく。

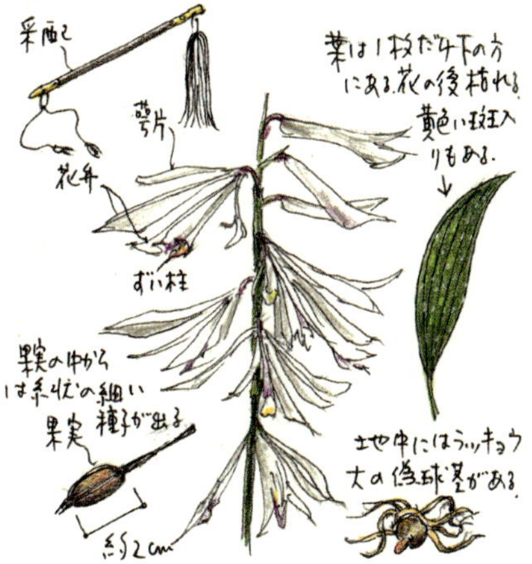
采配
萼片
花弁
ずい柱
葉は1枚だけ下の方にある。花の後枯れる
黄色い斑入りもある。
果実の中からは糸状の細い種子が出る
果実
約2cm
地中にはラッキョウ大の偽球茎がある。

マヤラン［摩耶蘭］

ラン科／多年草／Cymbidium macrorhizon／7〜10月／サガミランの範疇で呼ばれることもある

和名はこの種が始めて発見された神戸市の摩耶山にちなむ。菌従属植物（腐生植物）で自力でデンプンを作り、共生菌から栄養を摂る。共生菌はベニタケ科、イボタケ科、シロキクラゲ科など、つまり特定の樹木と共生する菌に寄生するため普通に鉢栽培などはできない。絶滅危惧II類指定。

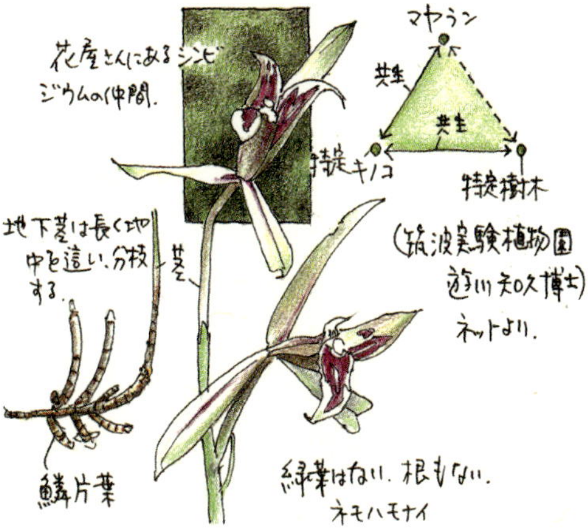
花屋さんにあるシンビジウムの仲間。
マヤラン
共生
共生
特定キノコ
特定樹木
地下茎は長く地中を這い、分枝する。
茎
（筑波実験植物園 遊川知久博士）ネットより。
鱗片葉
緑葉はない。根もない。
ネモハモナイ

シラン［紫蘭］

ラン科／多年草／Bletilla striata／4〜5月／ベニラン（紅蘭）

とても強い植物らしく東御苑では花期が過ぎた6月でもしっかり咲いている。ラン科では珍しく栽培が容易な種類。地中の肥大した偽鱗茎は「白及根《びゃくきゅうこん》」といわれ胃カタル、止血、火傷などに効く。煎じ薬にもされる。万葉集の「蕙」はシランとされる。

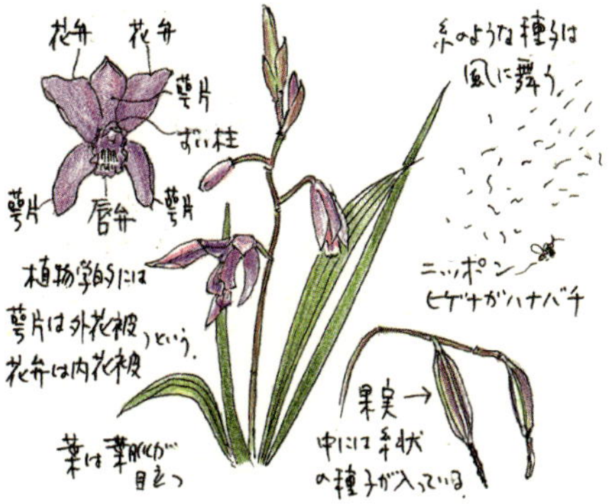
花弁
花弁
萼片
ずい柱
萼片
唇弁
萼片
植物学的には
萼片は外花被
花弁は内花被
という。
葉は葉脈が目立つ
糸のような種子は風に舞う
ニッポンヒゲナガハナバチ
果実→
中には糸状の種子が入っている。

ネジバナ［捩花］

ラン科／多年草／Spiranthes sinensis var. amoena／5〜8月／モジズリ（綟摺）

「陸奥《みちのく》のしのぶもぢずり誰ゆゑに乱れそめにしわれならなくに」有名な百人一首の一つである。この中のもぢずりは文字摺で本種の異名。種子は発芽に必要な栄養分を持っていないため、ラン菌を寄生させ栄養をもらい光合成で一人前になるとラン菌を分解して栄養にしてしまう。実は長さが6mmほどの紡錘形で中に数十万個の種子が入っている。実が熟すと裂け微細な種子は風に舞う。

セイヨウミツバチ
ネジバナは右巻きも左巻きもあり。中にはまっすぐのものも稀にある。もっとも、右か左かは上から見るか下から見るかによって逆になる。
根生葉《こんせいよう》→

ハンゲショウ［半夏生、半化粧］

ドクダミ科／多年草／Saururus chinensis／6～8月／カタシログサ（片白草）

夏至から11日目で半夏（烏柄杓《からすびしゃく》）という毒草が生ずる頃を半夏生という。田植えに最も適した時期で「チュウ（夏至）はずせ、ハンゲ（半夏）は待つな」というくらいで夏至が過ぎ、半夏に入る前が田植えに好ましいという。丁度この時期に白い葉をつけることが和名の由来というが、もちろん半分化粧の説もある。

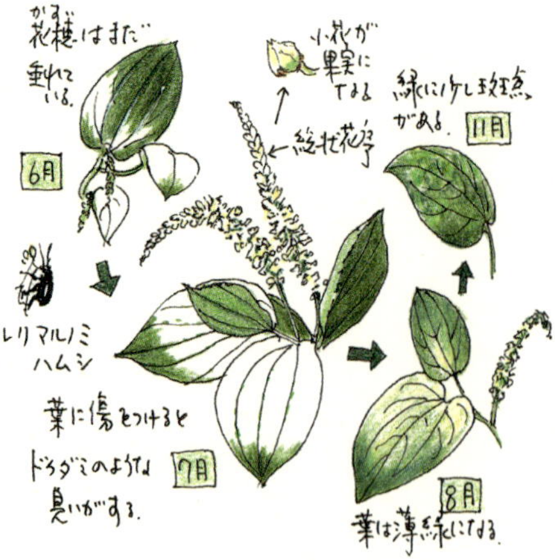

オカトラノオ［丘虎の尾］

サクラソウ科／多年草／Lysimachia clethroides／6～7月／トラノオ（虎の尾）

花穂の形がユサユサ動く虎の尾のようでヌマ（沼）トラノオや、サワ（沢）トラノオに対して、オカ（丘）に見られることからこの名がついた。葉が柳のように細かいヤナギトラノオもある。英名はグースネックでそう思って見るとガチョウの首にも見える。秋の紅葉も美しい。

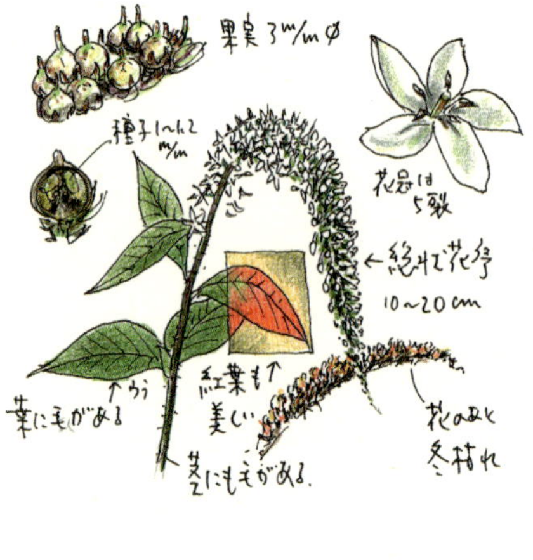

シデコブシ［四手辛夷］

モクレン科／落葉低木～小高木／Magnolia stellata／3～4月／ヒメコブシ（姫辛夷）

花弁がシデ（四手。玉串に付ける白い紙）のようにヒラヒラしている姿から「シデ」があり「コブシ」は袋果が集まった集合果が人間の拳に似ていることからこの名がついた。主に東海三県の丘陵地に限られる日本固有種である。絶滅危惧II類指定。

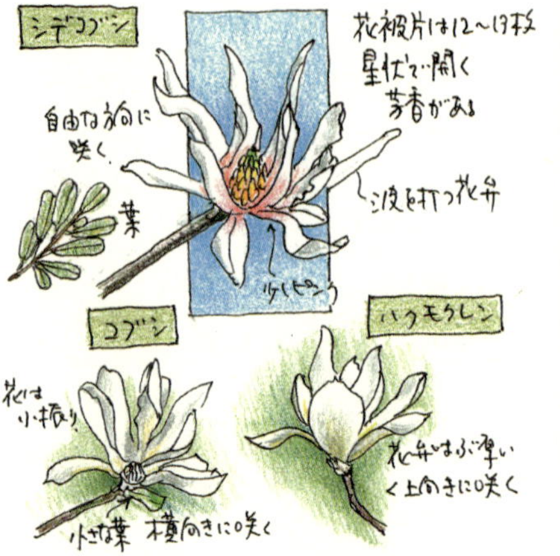

サラシナショウマ［晒菜升麻］

キンポウゲ科／多年草／Cimicifuga simplex／8～9月／ヤサイショウマ（野菜升麻）

漢方で「升麻」と呼ばれる植物は何種類もあるが日本に分布するのはこの花や根茎を乾燥させて、解毒、解熱、消炎などに用いる。トラノオにも似るがもう少しずんぐりしている。名は若菜をゆでて水にさらして食べることによる。

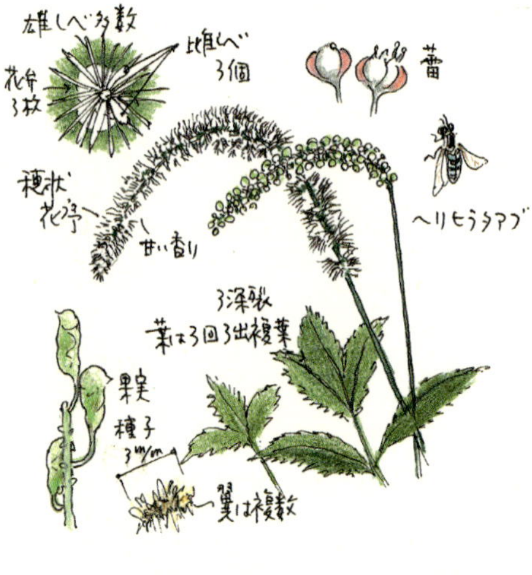

ノイバラ [野茨]

バラ科／落葉低木／Rosa multiflora／5〜6月／ノバラ(野薔薇)

香りの強い一重の花をつける。芳香は香水の原料となる。また、若い実は薬用になり、落葉したあとの熟した実は花材ともなり有用。ツルバラ系の多花性と耐寒性があり、バラの台木にされる。シューベルト作曲の「野バラ」はピンクだとか。

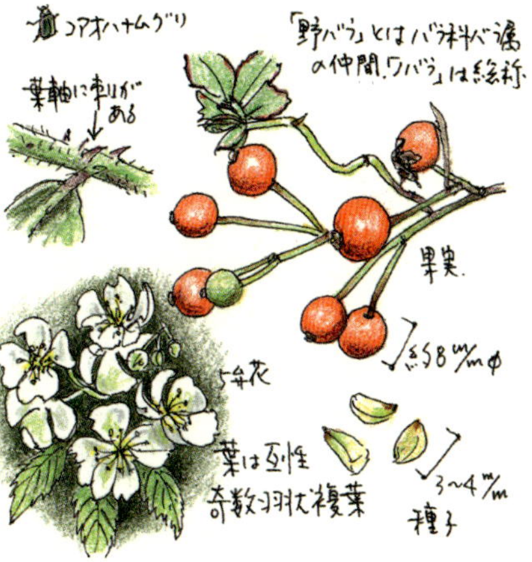
コアオハナムグリ
「野バラ」とはバラ科バラ属の仲間。「ノバラ」は総称
葉軸に刺がある
果実
約8m/mφ
5弁花
葉は互生
奇数羽状複葉
3〜4m/m
種子

キンミズヒキ [金水引]

バラ科／多年草／Agrimonia pilosa／ヒッツキグサ(引っ付き草)、ヌスットグサ(盗人草)

タデ科のミズヒキに似て花が黄色であることから金色のミズヒキと名づけられた。萼は花後に実を包み、熟すと椀状になって縁に多く棘を出し、動物や人の衣服にくっつく。若い芽は油いため、ゴマよごし、辛し和え、白和えなどで食べられる。味は特に上等ではないらしい。

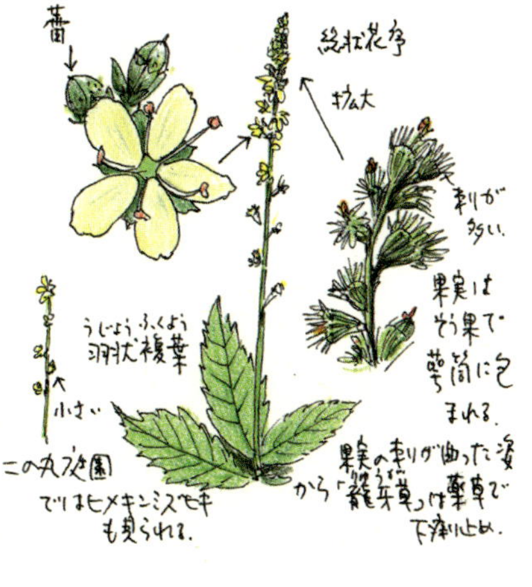
蕾
総状花序
拡大
刺が多い。
果実はそう果で萼筒に包まれる。
うじょう ふくよう
羽状複葉
小さい
二の丸庭園ではヒメキンミズヒキも見られる。
果実の刺が曲った姿から「龍牙草」は薬草で下痢止め。

ヤマブキ [山吹]

バラ科／落葉低木／Kerria japonica／4〜5月／オモカゲソウ(面影草)、カガミグサ(鏡草)

黄金色を山吹色というほど親しまれている。園芸種のヤエヤマブキ(八重山吹)は本種より少し遅れて咲くが実はならない。落語「道灌」にある兼明親王の歌「七重八重花は咲けども山吹のみの一つだになきぞ悲しき」は有名。芭蕉も「はらはらと山吹散るか滝の音」と詠んでいる。また、万葉集にも17首ある。二の丸庭園にはシロヤマブキも近くにある。

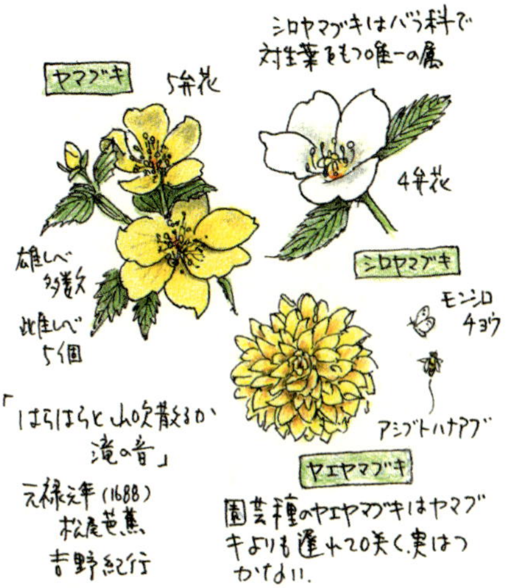
シロヤマブキはバラ科で対生葉をもつ唯一の属
ヤマブキ
5弁花
4弁花
シロヤマブキ
雄しべ多数
雌しべ5個
モンシロチョウ
アシブトハナアブ
「はらはらと山吹散るか滝の音」
元禄元年(1688)
松尾芭蕉
吉野紀行
ヤエヤマブキ
園芸種のヤエヤマブキはヤマブキよりも遅れて咲く。実はつかない。

ハナカイドウ [花海棠]

バラ科／落葉低木〜小高木／Malus halliana／4〜5月／カイドウ(海棠)、スイシカイドウ

属名はリンゴのギリシャ語 Malonより、種小名は植物採集家ハルの意味。中国原産で中国名は垂糸海棠《すいしかいどう》。これは花柄が長く垂れ下がって咲くことから。渡来は不明であるが中国では美人に形容されボタンについで広く愛好された。江戸時代に「海棠」と呼ばれていたのは別種のミカイドウ(実海棠)。

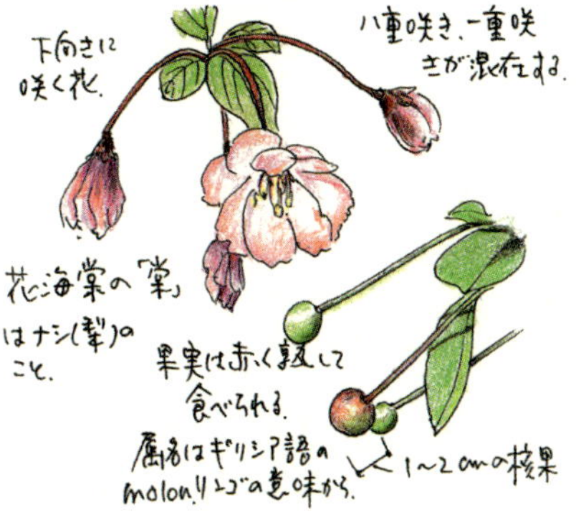
下向きに咲く花。
八重咲き、一重咲きが混在する。
花海棠の「棠」はナシ(梨)のこと。
果実は赤く熟して食べられる。
属名はギリシア語のmolon、リンゴの意味から。
1〜2cmの核果

コゴメウツギ［小米空木］

バラ科／落葉低木／Stephanandra incisa／5〜6月／コメノキ(米の木)

花がウツギに似ていてこれが小型であることから「小米」の名がついたという。花だけでなく葉も小さく可愛い。葉がキクに似ることからキクバヤマブキの別名もある。

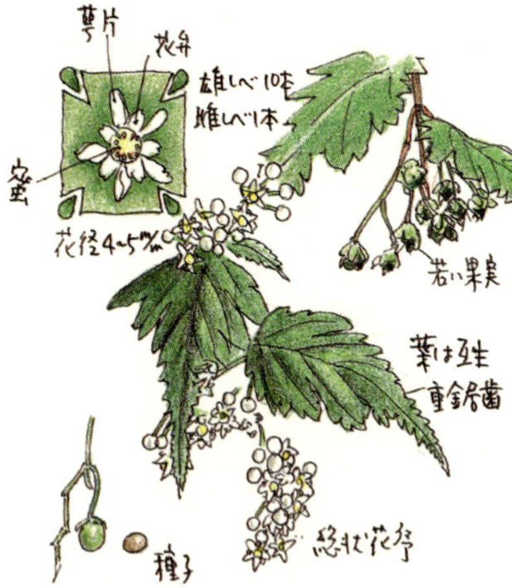
萼片
花弁
雄しべ10本
雌しべ1本
蜜
花径4〜5mm
若い果実
葉は互生
重鋸歯
総状花序
種子

ヤブヘビイチゴ［藪蛇苺］

バラ科／多年草／Potentilla indica／4〜6月

葉はヘビイチゴに比べてやや大きく濃緑色。林縁や半日陰の道ばたなどに生育する。二の丸庭園では多くの草木の陰に隠れてポツンポツンとあるのでわかりにくい。一方のヘビイチゴは日当りのよいところに生える。

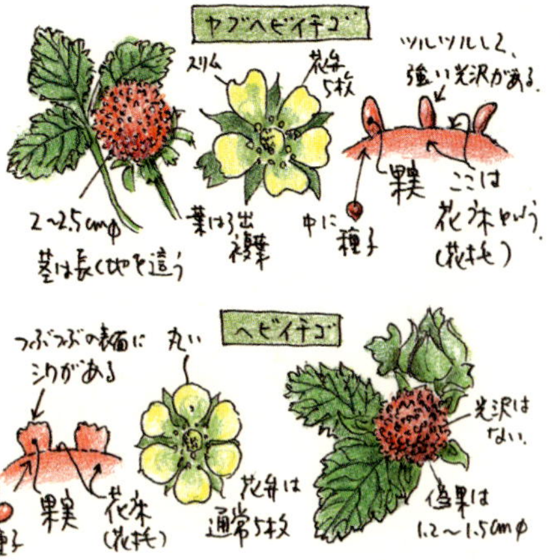
ヤブヘビイチゴ
スリム
花弁5枚
ツルツルして、強い光沢がある。
2〜2.5cmφ
茎は長く地を這う
葉は3出複葉
中に種子
果実
ここは花床という。(花托)
ヘビイチゴ
つぶつぶの表面にシワがある
丸い
中に種子
果実
花床(花托)
花弁は通常5枚
光沢はない。
偽果は1.2〜1.5cmφ

ワレモコウ［吾亦紅、吾木香］

バラ科／多年草／Sanguisorba officinalis／8〜11月／ダンゴバナ(団子花)

名の由来は最も一般的な説は根がインド原産の木香という植物に似ているので我が国の木香というもの。枝先に暗紅色の実のような果穂がつく。これを一茶は「吾木香さし出て花のつもりかな」と詠んだ。また「吾も亦《また》、紅《くれない》なりとひそやかに」と虚子もある。

古くからある木瓜紋の一つで割木瓜。
御簾《みす》の帽額の文様として使用された家紋《かもん》に木瓜《もっこう》があるがそのうちの割り木瓜《わりもっこう》の文様。これらの紋と本種の蕾や花が似ているという説もある。
御簾《みす》の帽額《もこう》
御簾

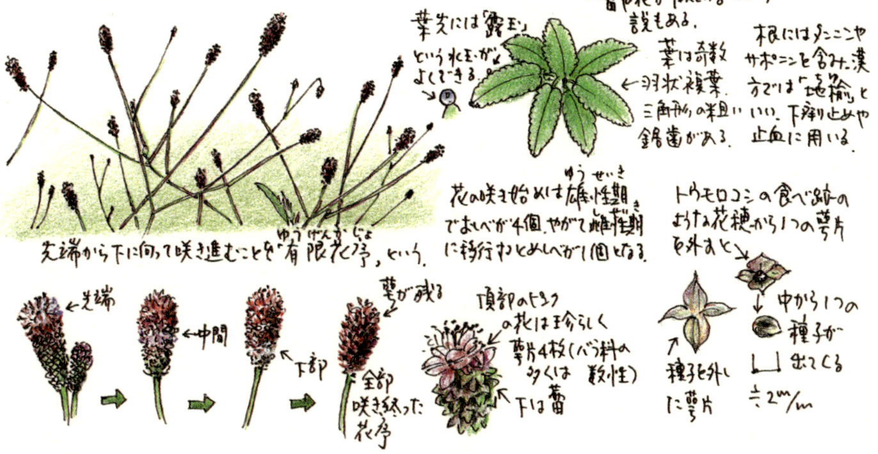
葉先には「露玉」という水玉がよくできる。
葉は奇数羽状複葉。三角形の粗い鋸歯がある。
根にはタンニンやサポニンを含み漢方では「地楡《ちゆ》」といい、下痢止めや止血に用いる。
先端から下に向って咲き進むことを「有限花序《ゆうげんかじょ》」という。
花の咲き始めは雄性期《ゆうせいき》でおしべが4個。やがて雌性期《き》に移行するとめしべが1個となる。
トウモロコシの食べ跡のような花穂から1つの萼片を外すと
中から1つの種子が出てくる
≒2mm
種子を外した萼片
先端
中間
下部
萼が残る
全部咲き終った花序
頂部のトップの花は珍しく萼片4枚(バラ科の多くは5数性)
下は蕾

ナワシロイチゴ［苗代苺］

バラ科／落葉低木／Rubus parvifolius／5～6月／サツキイチゴ(皐月苺)

6月の苗代の頃に赤く熟して食べ頃になることからこの名がある。しかし、江戸時代までは本種と他のクサイチゴ、モミジイチゴなどは明確な区別がなかったようである。果実酒やジャムにするとおいしい。熟した実にはアリもよく訪れている。

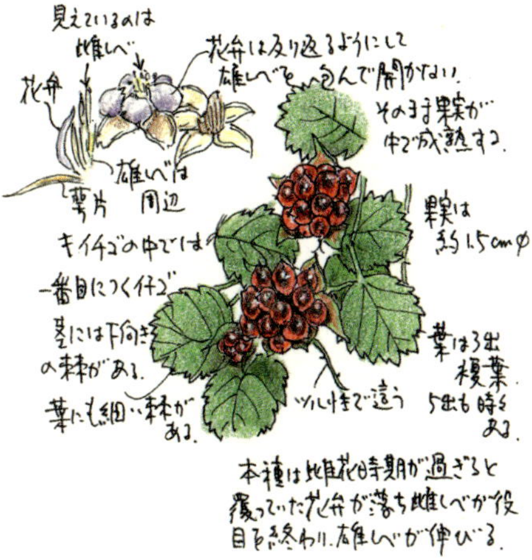
見えているのは
雌しべ
花弁は反り返るようにして
雄しべを包んで開かない。
花弁
そのまま果実が
中で成熟する。
萼片
雄しべは
周辺
果実は
約1.5cmφ
キイチゴの中では
一番目につくイチゴ
茎には下向き
の棘がある。
葉は3出
複葉
5出も時々
ある。
ツル性で這う
葉にも細い棘が
ある。
本種は雌花時期が過ぎると
覆っていた花弁が落ち雌しべが役
目を終わり、雄しべが伸びる。

クサイチゴ［草苺］

バラ科／落葉低木／Rubus hirsutus／3～5月／ナベイチゴ(鍋苺)

キイチゴであるが一見すると草のように見えるところから名がついたようである。イチゴの名は江戸時代まではキイチゴの仲間を指していたようで本草書などには「似知古」の名がある。

花弁5個で
平開する。
中央の高いのは
雌しべ
周辺の斜
めは雄しべ
萼
花弁
約1.0～1.5cmφ
丈は低く、冬でも
葉をつけている。
クサイチゴとい
ってもキイチゴ
の仲間。
葉裏や
茎に刺がある。
昭和61年頃には
半蔵濠堤上には群落
があったという。
モモブト
カミキリモドキ
5出複葉

モミジイチゴ［紅葉苺］

バラ科／落葉低木／Rubus palmatus var. coptophyllus／3月／キイチゴ(木苺)

葉の形がモミジに似ているためについた名と言われる。別名のキイチゴは木になることから木苺(キイチゴ)、黄色く熟すことから黄苺(キイチゴ)が転訛したという。

花弁5個
平開
4月頃 冬芽からのびた
短い枝に1個花を
つける。
茎は無毛だ
が刺が
多い。
約1.5cmφ
キイチゴの仲
間では最も味
がよい。果実酒や
ジャムにする。
静岡県の遠州地域を境に
東側にモミジイチゴ、西側にナ
ガバモミジイチゴが分布すると
いわれる。
モミジの葉に似ている。

カジイチゴ［梶苺］

バラ科／落葉低木／Rubus trifidus／4～5月／エドイチゴ(江戸苺)、トウイチゴ(唐苺)

キイチゴの仲間では最も大きくなり、人の背丈より高いものもある。葉がカジノキ(梶の木)に似ていることからついた。味は苦味や酸味が少なくさっぱりしている。モミジイチゴと似たオレンジ色をしている。

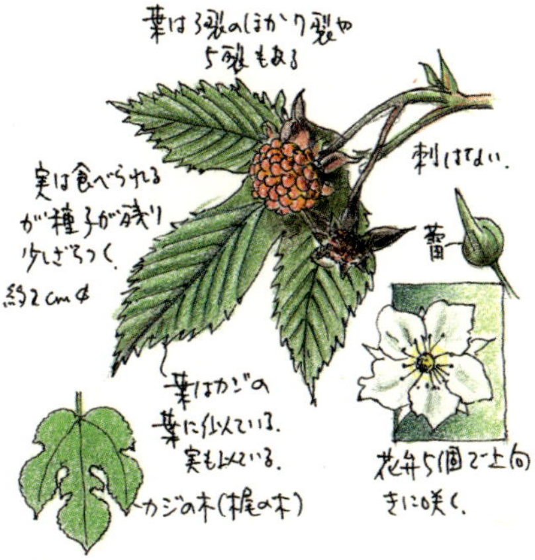
葉は3裂のほか7裂や
5裂もある
刺はない。
実は食べられる
が種子が残り
少しざらつく。
約2cmφ
蕾
葉はカジの
葉に似ている。
実も似ている。
カジの木(梶の木)
花弁5個で上向
きに咲く。

ノブドウ［野葡萄］

ブドウ科／落葉つる性木／Ampelopsis heterophylla／7〜8月／イヌブドウ(犬葡萄)

ブドウは聖書で最初に出てくる栽培植物でその回数はなんと301回という。悪味でとても食べられないというが、見た目はコバルトブルーやスカイブルー、赤紫等が美しく宝石箱のようである。ブドウタマバエ等の幼虫が寄生して虫えいになる。美しい色は虫のいる証という。少し恐い。

エビヅル［蝦蔓］

ブドウ科／落葉つる性木／Vitis ficifolia／6〜8月／エビカズラ(蝦蔓)

実から採れる赤紫色の色素は「えび色」といい元来エビカズラ(山葡萄)の色に由来していて海老ではないという。果実は秋に熟すと青紫色になり酸味はあるが食べられる。ヤマブドウやアマヅルの仲間で果実酒にもされる。ヤマブドウに較べると葉は小さい。

ヤブカラシ［藪枯らし］

ブドウ科／つる性多年草／Cayratia japonica／6〜8月／ビンボウカズラ(貧乏葛)

繁殖力が強く藪を枯らしてしまうほどの意味でこの名がついた。花床がオレンジ色でたくさんの花が集まって目立ち多くの昆虫が蜜を吸いに訪れる。東御苑内はどこでも見られるが見た目はカラフルでとても可愛い。万葉集の「葎《むぐら》」は4首あり、カナムグラとされるが本種の説もある。

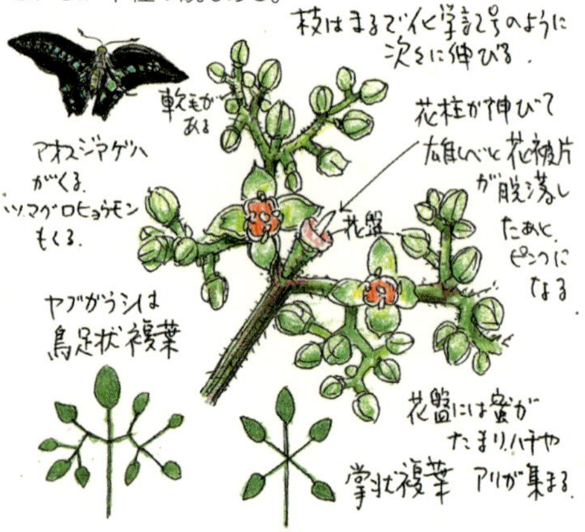

ナツヅタ［夏蔦、蔦］

ブドウ科／落葉つる性木／Parthenocissus tricuspidata／6〜7月／アマヅラ(甘葛)

ツタヒハイ(伝い這い)の意味からツタの名があり、また、冬も葉があるキヅタの別名をフユヅタ(冬蔦)というのに対し、落葉する本種をナツヅタという。平安時代には甘葛といって葉から「アマツラ」という甘味をとったという。小種名は凸頭の意味で葉の形から。

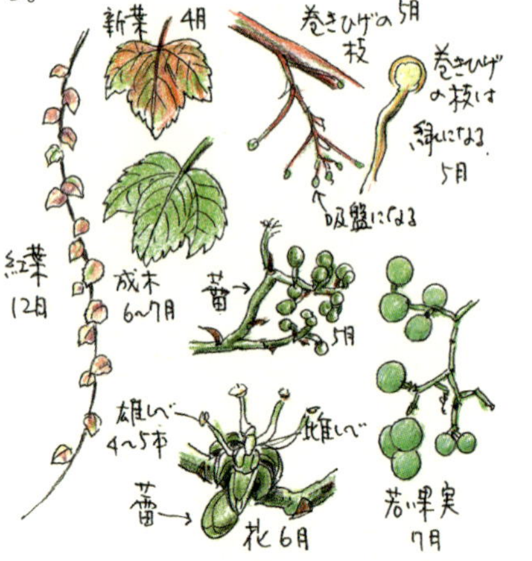

「マツのこと」

東御苑では「松の芝生」と呼ばれる大芝生にそのシンボルとしてあるクロマツが特に立派。しかしこれも恐らく明治以降に植えられたものと思われる。この辺りは江戸城のあった頃は「中奥」にあたり、将軍の応接室であった「御座の間」のすぐ東側の側衆《そばしゅう》の控室があったところである。松の木陰で昼寝をすると将軍が夢に現れるかもしれない。江戸城の西の丸下郭《したぐるわ》であった、皇居前広場には約2000本のクロマツが植えられ松原を彷彿させている。

マツはほぼ北半球全域に分布する針葉樹の一つでスギ、トウヒ、モミなどと共に同じ株に雌花と雄花が分かれつく雌雄同株《しゆうどうしゅ》である。それに対してマキ、イチイなどはそれぞれの花が別株につく雌雄異株《しゆういしゅ》となる。また裸子植物であるマツでは種子に変化する胚珠《はいしゅ》がむき出しになっていて花弁や萼がないのが大きな特徴である。花弁がないので花粉は虫などに頼ることがないため、風媒などで散布する。

アカマツ［赤松］

マツ科／常緑高木／Pinus densiflora／4～5月／メマツ(雌松)

乾燥に比較的強く山の尾根から斜面にかけて松林がよく見られる。クロマツに比べると幹は真っすぐ立上る。葉も細く柔らかく手で触れてもあまり痛くない。そのためクロマツの「雄松」に対して「雌松」と呼ばれることがある。松脂が多く京都五山送り火では大量のアカマツの薪が焚かれるという。

クロマツ［黒松］

マツ科／常緑高木／Pinus thunbergii／4～5月／オマツ(雄松)

アカマツに比べ樹形は豪壮で樹冠が広がる。葉の色は濃く長い。また水分条件のよいところでは初期成長が良好であるが痩悪《そうあく》な林地ではアカマツのほうが優勢といわれる。江戸時代では東海道を始めとする街道や一里塚の木に使われた。万葉集では 180首詠まれている。

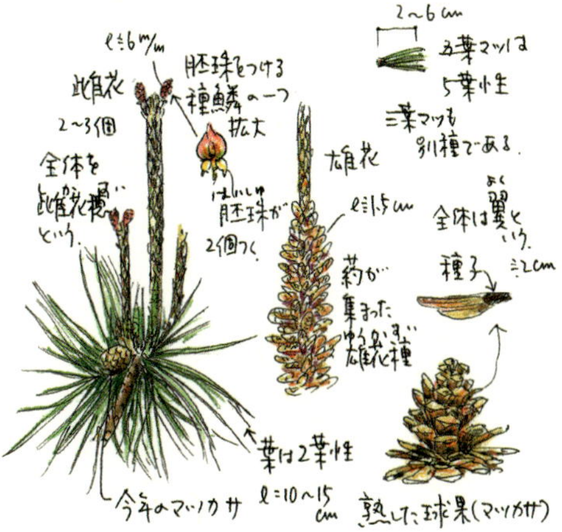

タギョウショウ［多行松］

マツ科／常緑低木／Pinus densiflora f. umbraculifera／4～5月／センボンマツ(千本松)

名前の由来は地面から多数の幹が立上り枝分かれしていく姿から。元々アカマツの園芸種で幹の色は赤い。独特な丸みのある傘のような形は連続して並ぶことで整然とした美しさがある。甲賀にある「平松のウツクシマツ」は学名が同じ。本種の寿命は意外と短く50年ぐらいだという。

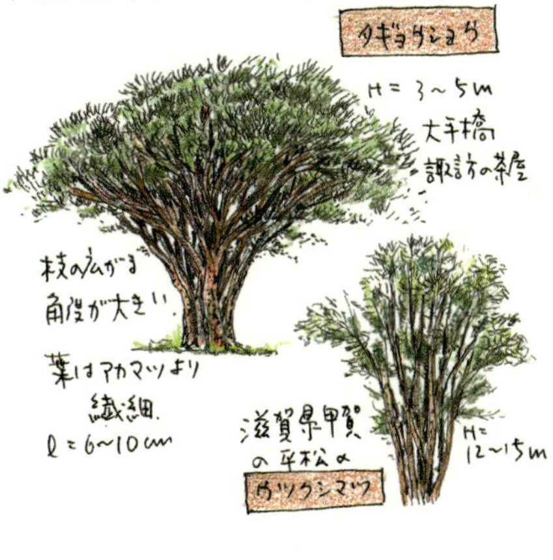

ダンコウバイ［檀香梅］

クスノキ科／落葉小高木／Lindera obtusiloba／3〜4月／ウコンバナ（鬱金花）

和名はロウバイの一種であるトウロウバイの漢名を転用したことによる。香気があり特に果実の油分が高級な髪油として用いられた。アブラチャンと似ているが枝が太く花の色が鮮やか。

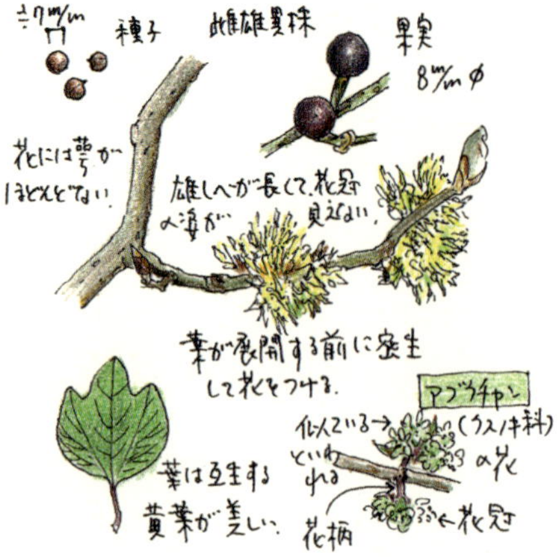
≒7m/m
種子
雌雄異株
果実
8m/mφ
花には萼がほとんどない。
雄しべが長くて、花冠の姿が見えない。
葉が展開する前に密生して花をつける。
アブラチャン
似ている→
といわれる
（クスノキ科）の花
葉は互生する
黄葉が美しい。
花柄
←花冠

ヤマコウバシ［山香し］

クスノキ科／落葉小高木／Lindera glauca／4〜5月／モチギ（餅木）

葉を揉むと芳香があるためについた名。別名のモチギは葉を乾燥後粉にし、餅に混ぜて食べたことに由来する。枯れ葉が冬でもたくさん残り、春になり芽が出ると落ちる。つまり「落ちない→目（芽）が出てから落ちる」ということで受験生がお守りに使うという。

雌雄異株。雌株しか見られないという？
花黄緑色で目立たない。
←花は黄色。
クロモジと似ていて若葉の頃は見分けが難しい。
波をうつ
枝は緑がかった色
6m/mφ
種子
葉身が葉柄から5m/mほどの位置で切れて上が落ちるので、枝のあちらこちらに小さな角が残る。

イイギリ［飯桐］

イイギリ科／落葉高木／Idesia polycarpa／4〜5月／ナンテンギリ（南天桐）

葉で飯を包んだことから名がついた。成長が早く、材はキリのように白くて軽いのでゲタなどの細工物に使われる。赤い果実がナンテンに似るのでナンテンギリとも呼ばれる。樹形は美しく街路樹でも時々見かける。属名はオランダの植物学者名から。

雌雄異株
雄花
美しい樹形の中で時々赤い実が見える
実はヒヨドリが好むというが硬そう。
1〜2m/m
種子
←液果の中は種子がいっぱい。
実は1cmφぐらい
多数が集まって下垂する。
葉はハート型。

メヤブマオ［雌藪麻苧］

イラクサ科／多年草／Boehmeria Platanifolia／8〜10月／スイチョマ（水苧麻）、ホウマ（方麻）

名はヤブマオとよく似るが、葉が薄く花序も細く全体として弱々しくみえるので雌藪麻苧（メヤブマオ）と名付けられた。カラムシのことをマオとも言うが、本種はカラムシの仲間。雌雄同種だがほとんどは無性生殖。

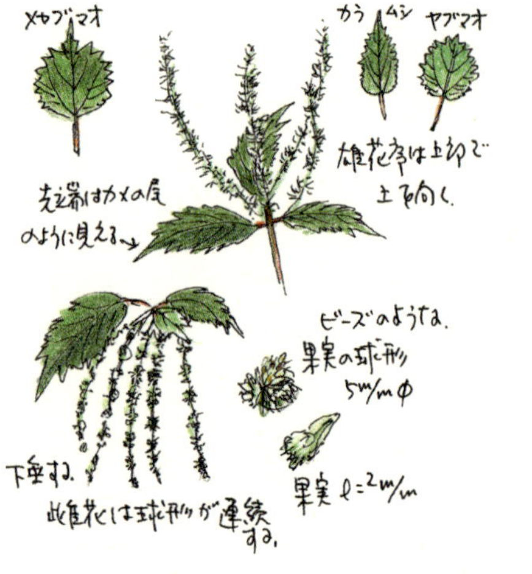
メヤブマオ
カラムシ
ヤブマオ
雄花序は上部で上を向く。
先端はカメの尾のように見える→
ビーズのような。
果実の球形
5m/mφ
下垂する。
雌花は球形が連続する。
果実 l=2m/m

イタドリ［虎杖、痛取］

タデ科／多年草／Polygonum cuspidatum／7～10月／スカンポ、イタンポ、ドングイ、ゴンパチ

イタドリは薬草で利尿や生理不順に効果があるほか、若芽を揉んで傷口に貼りつけると痛みが和らぐ。これが「痛み取り→イタドリ」となったといわれる。昔は八百屋で売っていたらしい。春の赤っぽい茎は中空で柔らかく水分が多く皮をむいて食べると酸味があっておいしい。

イヌタデ［犬蓼］

タデ科／1年草／Polygonum longisetum／6～10月／アカマンマ(赤飯)

イヌタデの名には「食べられない蓼《たで》」という意味がある。刺身のツマに使うのは辛みのあるヤナギタデでホンタデ、マタデという。別名のアカマンマは子供がままごとで紫色の花や蕾を赤飯に見立てた。実際には辛みはないが食べる人は食べる。「蓼喰う虫も好きずき」

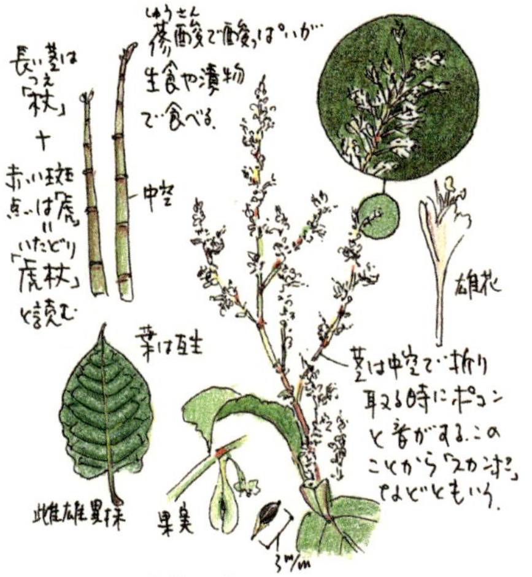

ヤブジラミ［藪虱］

セリ科／越年草／Torilis japonica／5～7月／ヒッツキムシ(引っ付き虫)

藪にあって刺《とげ》状の毛が多い果実が動物や人の衣服によくつくことからこの名前がある。別名ヒッツキムシ。似たものにオヤブジラミ(東御苑にはない)があるが、本種が花を初夏に咲かせるのに対して春に咲くことや果実がもっと密につくことの違いがある。

ノダケ［野竹］

セリ科／多年草／Angelica decursiva／9～11月／ノゼリ(野芹)、ウマゼリ(馬芹)

筍のようになる葉柄の基部や節のある真っ直ぐな茎を竹に見立てて「ノダケ」と呼ぶ。江戸以前は「ノゼリ」と呼ばれていたという。花にはカレーのような香りがある。根は「前胡《ぜんこ》」といい、煎じて薬用にする。解熱や鎮痛などに効果があるとされる。あまり食用にはしないが若葉は食べられる。

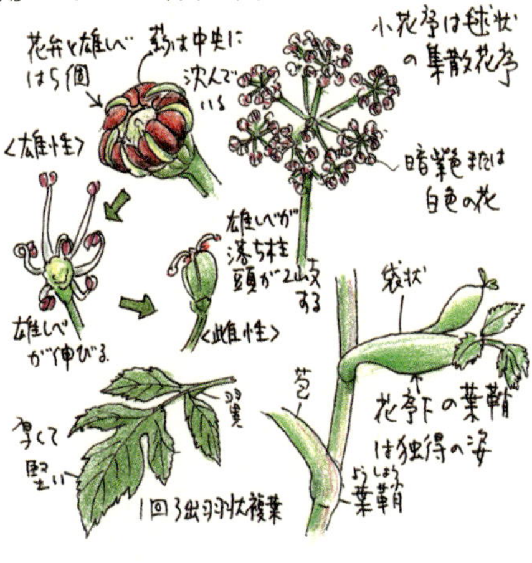

ムクノキ［椋の木］

ニレ科／落葉高木／Aphananthe aspera／4～5月／ムク（椋）、モク（木工）

名は実黒（ミク）、実木（ミク）、あるいは成長が早く「茂木」の木などの説もある。木工の仕上げにこの木の乾燥した葉をつかったことから木工（モク）の木の説もある。実際に昔は葉を象牙や漆器の研磨にも使ったという。

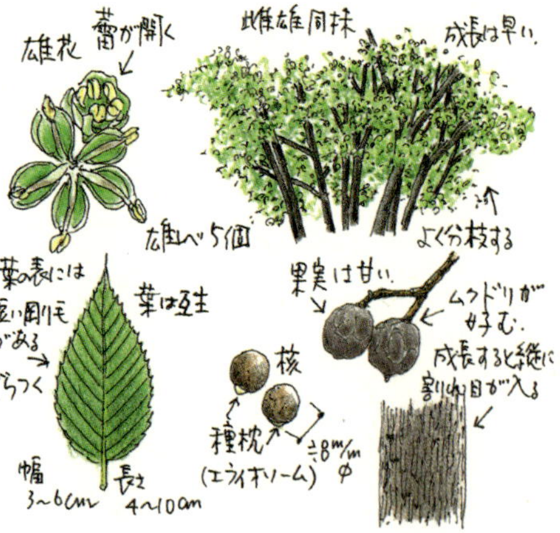

シラカシ［白樫］

ブナ科／常緑高木／Quercus myrsinifolia／5月／クロガシ（黒樫）、ホソバガシ（細葉樫）

材の色が淡いことから名があり、質も堅い。別名は樹皮が黒っぽいから。アカガシはシラカシに比べ材が赤いため。また、アラカシは枝や葉が粗いカシの意味であるがシラカシとはよく似ている。カシは堅しから。いずれも雑木林の形成樹。

ヌルデ［白膠木］

ウルシ科／落葉小高木／Rhus javanica／8～9月／フシノキ（五倍子の木）、エンバイシ（塩梅子）

名は幹を傷つけると白い樹液が出て、それを塗り物に利用するためといわれる。ヌルデシロアブラムシの仲間が寄生して葉に虫こぶをつくりそれを五倍子（ふし、附子）とよび、そのタンニンを薬用や染料（お歯黒なども）などに使う。日本書紀にも名がある。

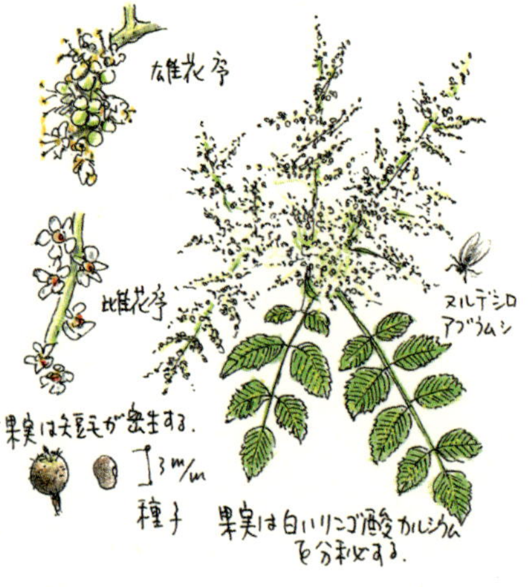

アケビ［木通、通草］

アケビ科／落葉つる性木／Akebia quinata／4～5月／アケビカズラ（木通蔓）

種子を包んでいる半透明の果肉は甘くて食用となる。秋になると果実が熟して縦に割れることから「開け実」の意で名付けられた。通脱木《つうだつぼく》ともいう。漢方では「木通（もくつう）」と呼び蔓《つる》を切って吹くと空気が通る意味があり生薬として用いられる。

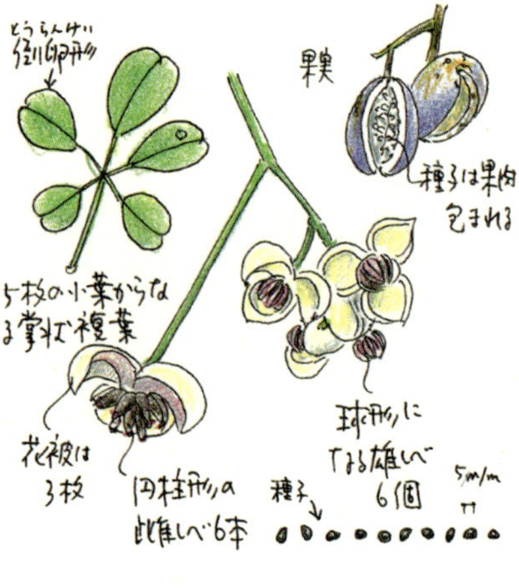

クマシデ [熊四手、熊垂、熊幣]

カバノキ科／落葉高木／Carpinus japonica／4月／イシシデ(石四手)、カタシデ(堅四手)

シデの仲間では果穂が最も大きいところからクマの名がついた。材が堅くカタシデの別名もあり、農具の柄や炭、玩具、シイタケ原木などに用いる。シデの意味はイヌシデの項を参照。

イヌシデ [犬四手、犬垂、犬幣]

カバノキ科／落葉高木／Carpinus tschonoskii／4～5月／シロシデ(白四手)、ソロ

四手(四手、垂、幣)とはしめ縄や玉串などに垂れ下がる細く切った紙のこと。果穂をシデに見立てた。「イヌ」は一般的に役に立たないものをさす。

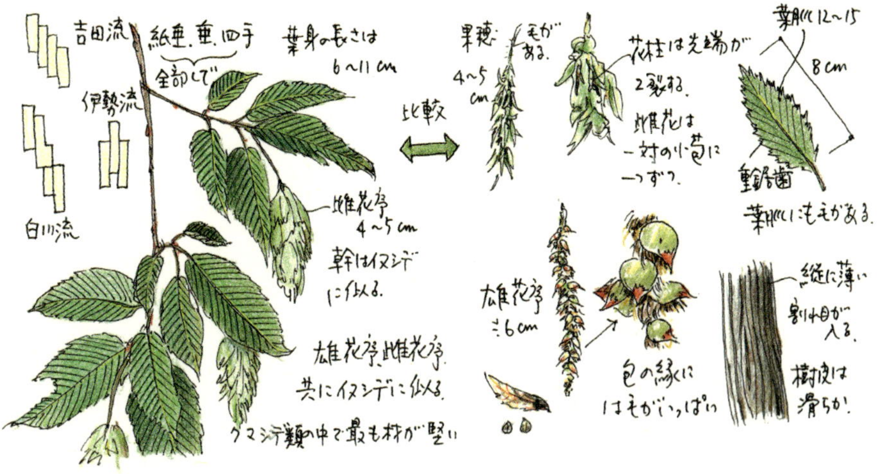

アカシデ [赤四手、赤垂、赤幣]

カバノキ科／落葉高木／Carpinus laxiflora／4～5月／コシデ(小四手)、シデノキ(四手の木)

冬芽や花芽が赤みを帯びているためにこの名がついた。イヌシデは黄葉するが本種は紅葉する。地方名が多いことは人里近くの雑木林に多いことを意味するかもしれない。材が堅いので櫛《くし》や器具にも加工される。

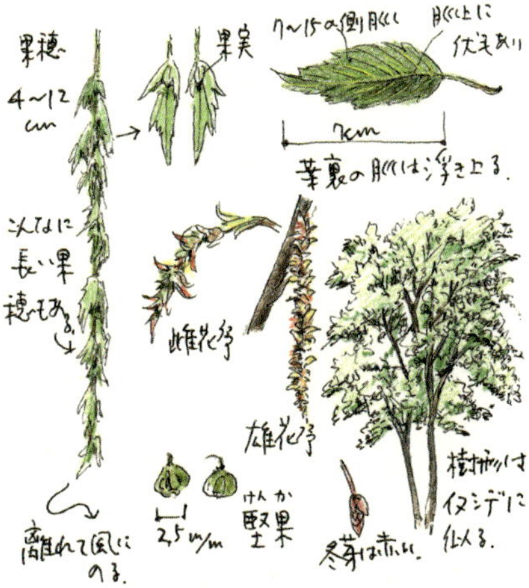

クロバイ [黒灰]

ハイノキ科／常緑高木／Symplocos prunifolia／4～5月／トチシバ、ソメシバ

名は灰を染色の触媒にしたところからで同属のハイノキに比べて葉の色が濃く、大量に葉を付けるため。木全体の感じが暗く見えるところからの説もある。

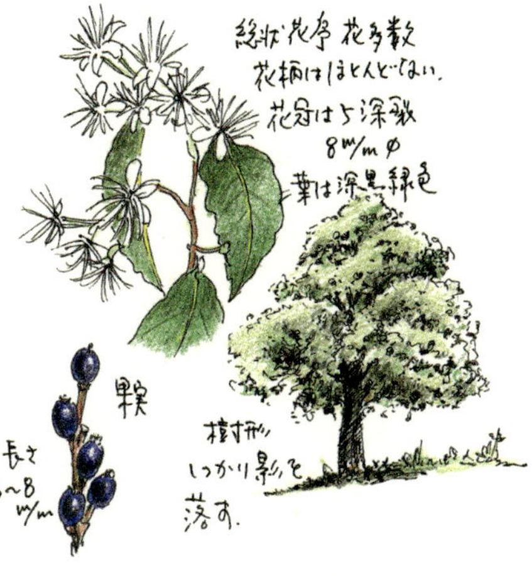

「キクの進化」

日本の国におけるキクの歴史を簡単に見てみると奈良時代(710 ～ 794)に唐の観賞菊が重陽《ちょうよう》の節句の文化とともに渡来。江戸時代になると正徳・享保(1711 ～ 1736)の頃、上方を中心に菊合わせの大会が盛んに行われたという。そして江戸では幕府の重陽の節句を祝う行事となり菊酒を飲む習いとなった。漢名の菊の語源は「匊《きく》」で両手を丸めて物を掬《すく》うという「丸く中心に集まる」イメージ。これは菊の花の特徴である。『花壇地錦抄』(1695)では157品種の解説と94品種の名がある。

キクは植物進化に成功した花だといわれることがある。キク科は約3000 ～ 4000万年前の第三紀の中期頃、キキョウに近い種類から南アメリカで生まれたという。それから今私達が見られる姿になるまで様々な機能が環境などに応じて進化してきた。その内の主なものをあげると　①あの一本一本の花びらが離弁花から合弁花になったこと　②子房が上位から下位に変化してきたこと　③雄しべや葯が合着していること　④頭花を総苞が守っているので萼片は必要がなくなり進化していること。比較的わかりやすいことでもこれだけのことがある。その洗練された姿が現在皇室の紋章であることに縁《えにし》を感じる。

シラヤマギク［白山菊］

キク科／多年草／Aster scaber／8～11月／ムコナ(婿菜)

春の若菜はヨメナに対してムコナと呼んで食用にする。但し、ヨメナより固くて味が悪いらしい。花が白くて山に生えることからこの名がついた。似たような名前で同じキク科シオン属にヤマシロギク(山白菊)というのがあるが、これは東海地方以西に分布するノコンギクの亜種といわれる。

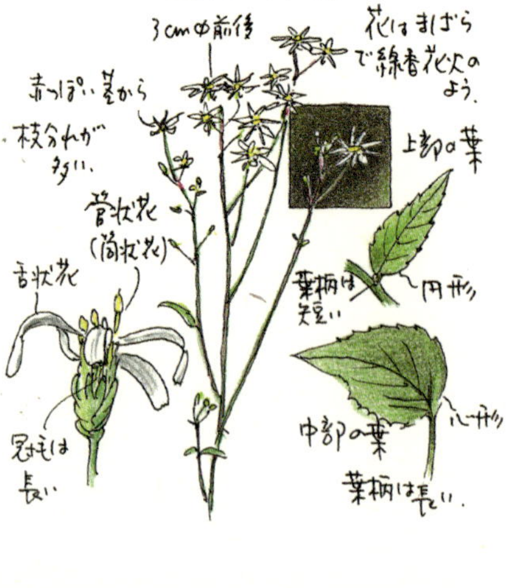

ヨメナ［嫁菜］

キク科／多年草／Aster yomena／7～10月／ゲンペイコギク(源平小菊)、ムキュウギク(無休菊)

関東型のカントウヨメナに対して西日本に広く分布。名は美味と花の美しさを新妻にたとえた。代表的な春の菜で古名は「うはぎ」「おはぎ」。小説「野菊の墓」の民子が欲しがった野菊かともいわれる。シロヨメナは花が小形で草姿がヨメナに似る。

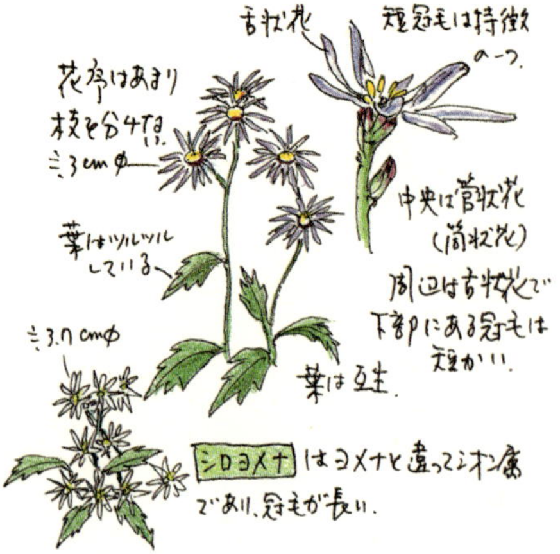

ノコンギク［野紺菊］

キク科／多年草／Aster ageratoides var. ovatus／8～11月／ナンヨウシュンギク(南洋春菊)

本種は名前と違って白色もある。北の丸公園でも見られ、野菊の代表といわれるキク。山野に咲くキクの仲間を総称してノギクと呼ぶがヨメナ属のヨメナとシオン属のノコンギクの類似種の区別が難しい。あえていえば本種は葉がざらつき長冠毛であるが、ヨメナはつるつるした葉で、短冠毛と本にある。

ユウガギク［柚香菊］

キク科／多年草／Kalimeris pinnatifida／7～10月

ユウガギクと言っても優雅ではない。葉を揉むとユズの香りがする。また水につけて揉むと泡立つので、子供達は石けんに見立てて遊んだ。長野県ではシャボンギクと呼ぶらしい。オオユウガギクとコヨメナの交雑種と考えられているもので古くから食用とされる。姿はカントウヨメナとも酷似する。

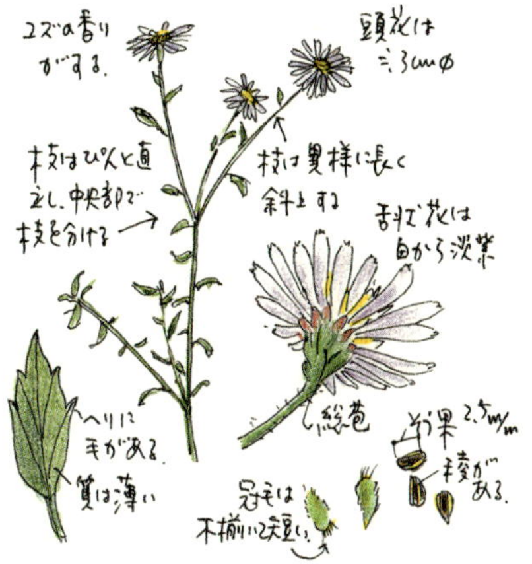
ユズの香りがする。
頭花は≒3cmφ
枝はぴんと直立し、中央部で枝を分ける
枝は異様に長く斜上する
舌状花は白から淡紫
へりに毛がある。
質は薄い
総苞
そう果2.5mm
稜がある。
冠毛は不揃いで短い

ハキダメギク［掃溜菊］

キク科／1年草／Galinosoga ciliata／6～11月／ココメギク（小米菊）

和名は窒素分の多いゴミ捨て場や畑のわきなどに生えることから。一説にはそのゴミ捨て場は東大理学部附属植物園（小石川植物園）とされ、ハキダメギクの名前は牧野富太郎が最初に呼んだといわれている。北アメリカ原産で大正年間の渡来とされる、帰化植物。

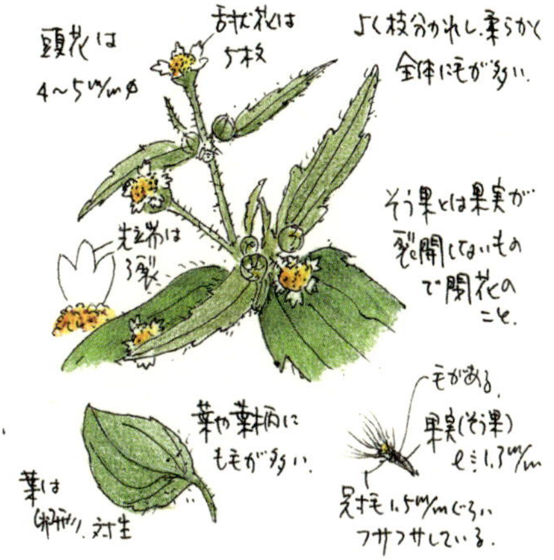
頭花は4～5mmφ
舌状花は5枚
よく枝分かれし、柔らかく全体に毛が多い。
そう果とは果実が裂開しないもので閉花のこと。
舌端は3裂
茎や葉柄にも毛が多い。
葉は卵形、対生
毛がある。
果実（そう果）≒1.5mm
冠毛1.5mmぐらい フサフサしている。

リュウノウギク［竜脳菊］

キク科／多年草／Chrysanthemum makinoi／10～11月

ラベンダー油などに含まれるアルコールの一種の「竜脳」に似た香りがする。これは竜脳香といわれ熱帯雨林に生える竜脳樹（フタバガキ科の常緑大高木でスマトラ島などで産出され、マホガニーの代用にする）からとる香で仏事に使われる。

頭花は≒3～5cm
舌状花、筒状花には冠毛がない。
茎は斜めに立上る。
舌状花の幅が広い。
毛があってツヤがない。
茎は赤黒い
先端は3裂する。
葉脈は目立たない。
葉裏には毛が密にある。
≒1.3mm
そう果

キクタニギク［菊渓菊］

キク科／多年草／Chrysanthemum boreale／10～11月／アワコガネギク（泡黄金菊）

茎の上部で枝分かれして、枝先に多数の頭花をつける。黄色い小さめの花が泡立ったように見えるところからアワコガネギク（泡黄金菊）という別名もある。やや乾いた山麓や土手などに生えるが本種の名は京都東山の菊渓に自生することからついたといわれる。

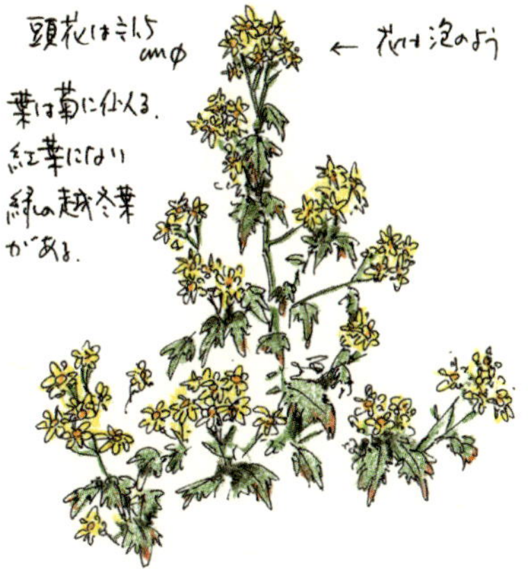
頭花は≒1.5cmφ
← 花は泡のよう
葉は菊に似る。
紅葉にはならない
緑の越冬葉がある。

カシワバハグマ［柏葉白熊］

キク科／多年草／Pertya robusta／9〜11月

葉はカシワと言ってもアカメガシワの葉に似る。またハグマ(白熊)とは仏具である払子《ほっす》や兜《かぶと》の飾りなどに用いるヤクの尾の毛のことで、それに似ることから名がついた。花はコウヤボウキに似ているがこれは木本で本種は草本である。

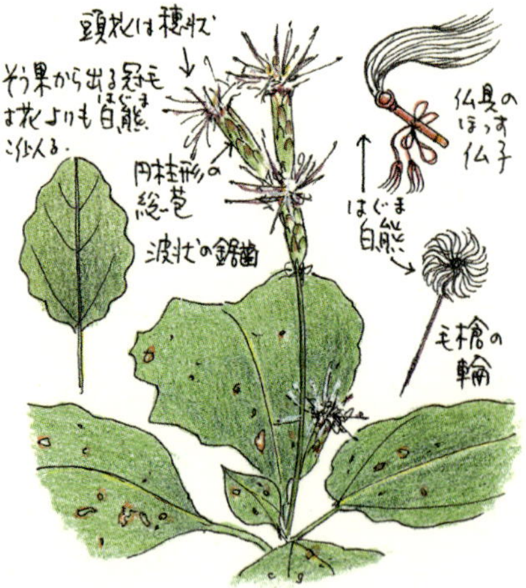
頭花は穂状
そう果から出る冠毛は花よりも白熊《はぐま》に似る.
円柱形の総苞
波状の鋸歯
仏具のほっす
仏子
はぐま
白熊
毛槍の輪

コウヤボウキ［高野箒］

キク科／落葉小低木／Pertya scandens／9〜11月／タマボウキ(玉箒)

高野山では開山である弘法大師の教えにより、商品価値のある柿、梨、桃等の栽培が禁じられていた。竹もその一つであったため本種の枝を集めて箒にしたことからこの名がついた。また初子《はつね》の日に天皇が朝臣に玉を飾った箒を下賜《かし》する習慣があり、それに本種を用いたとされる。

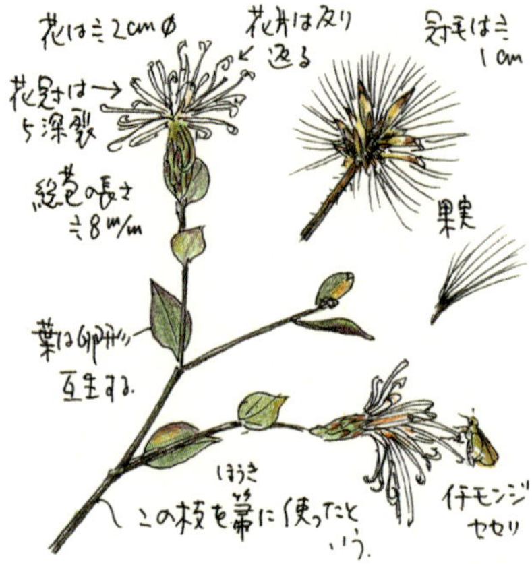
花は≒2cmφ
花片は反り返る
冠毛は≒1cm
花冠は5深裂
総苞の長さ≒8m/m
果実
葉は卵形互生する.
この枝を箒《ほうき》に使ったという.
イチモンジセセリ

ヤブレガサ［破れ傘］

キク科／多年草／Syneilesis palmata／7〜10月／キツネノカラカサ(狐の唐傘)

葉はすぼめた傘のような様子で羽裂した形も合わせて名づけられた。江戸時代から明代の兎児傘、つまり兎の児の傘という。ヤブレガサクキフクレズイムシの虫えいができる。日本や朝鮮の山地の林などに生える。葉の似たものにモミジガサがあるがこれの多くは本種より切れ込みが浅い。

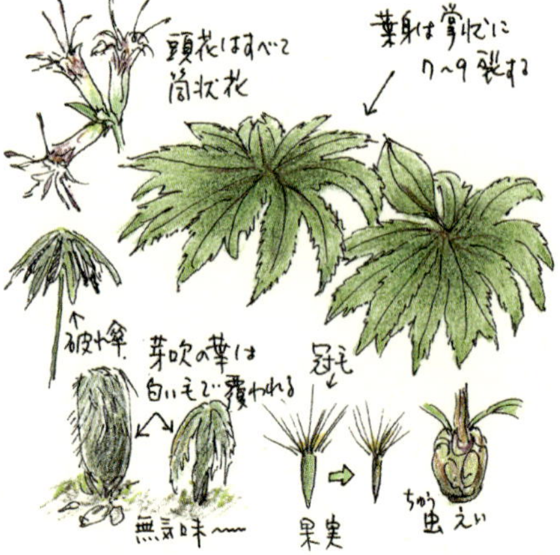
頭花はすべて筒状花
葉身は掌状に7〜9裂する
破れ傘
芽吹の葉は白い毛で覆われる
冠毛
無気味〜
果実
虫《ちゅう》えい

タイアザミ［大薊、痛薊］

キク科／多年草／Cirsium incomptum／9〜11月／トネアザミ(利根薊)

名前は触れると刺で痛いのでイタイのタイだという。もっとも痛いことを古語で「あざむ」ということからアザミに転訛したともいう。母種のナンブアザミに比べ、葉と総苞の刺が太く長くそり返っているので区別がつく。ノハラアザミより花期が遅く寒くなっても咲いていることがある。

頭花は成長すると横〜下向きになる.
すべて筒状花
1個の花
総苞片の先は太く長い刺になる.
そう果は縦の筋がある.
羽状に裂けた先にはたくさんの刺がある.
葉は互生し長さは30cmにもなる.
葉の基部は茎を抱かない.

トウグミ［唐茱萸］

グミ科／落葉小高木／Elaeagnus multiflora var. hortensis／4～6月／タワラグミ（俵茱萸）

中国から渡来したことで「唐」の字があるが江戸時代の『本草綱目啓蒙』に名があるぐらいではっきりしない。ナツグミと似ている。グミは漢名「茱萸子」からで「茱萸」を日本語読みしたらしい。本種の方が花や実がつきやすいというが、区別は難しい。

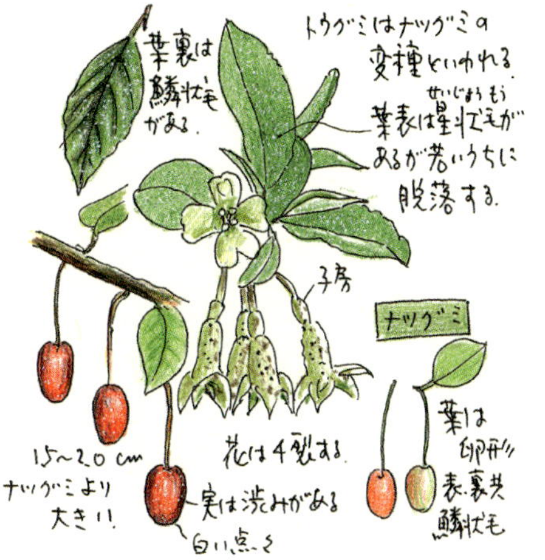

ツルグミ［蔓茱萸］

グミ科／常緑つる性低木／Elaeagnus glabra／10～11月／グイミ、カズラグイミ

グミの中でも特徴はつるで枝が伸びることと、常緑性であるが葉裏が赤く見えることだという。東御苑ではコナラが覆われていて可哀想なぐらい。果実は渋みがありうまくないという。昔は薬用に使われたが現在は化粧品に使うらしい。

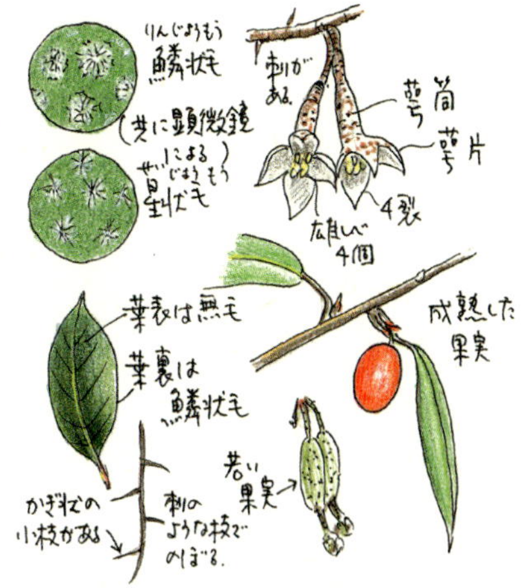

エゴノキ［斉墩果］

エゴノキ科／落葉高木／Styrax japonica／5～6月／シャボンノキ（石鹼の木）

実にエゴサポニンが含まれ果皮がえごいことによりこの名がついたとされる。実はすりつぶして魚獲りに使われた。毒漁法で一時的に魚をマヒさせるものであるが現在は禁止されている。虫えいにはネコアシアブラムシがいる。

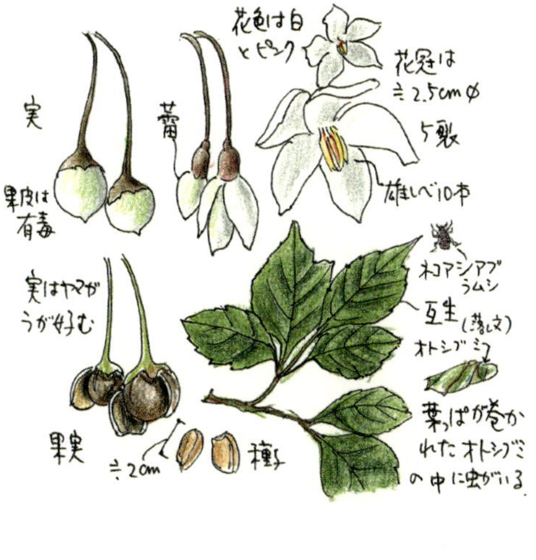

キブシ［木五倍子］

キブシ科／落葉低木／Stachyurus praecox／3～4月／マメブシ（豆五倍子）、キフジ（木藤）

名は実がヌルデの五《ふ》倍子《し》（昆虫が寄生して作る瘤《こぶ》で黒色の染料にする）の代用とされたことによる。花は下向きで、チョウやハナアブのように下向きの花に止まるのを苦手とする昆虫を避ける意味があるという。

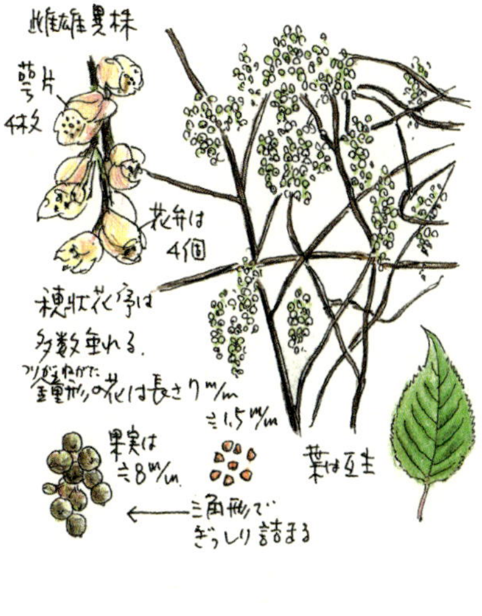

アオハダ［青膚］

モチノキ科／落葉高木／Ilex macropoda／5〜6月／マルバウメモドキ（丸葉梅擬）

樹皮は灰白色で薄く、爪で簡単にはがれ、緑色の内皮が現れるのでこの名がついた。モチノキ科の外皮には粘着質が含まれているので「とりもち」に使われることがあるが本種はその利用はないという。実はウメモドキに似ていて熊が好むという。樹形が良いのでシンボルツリーにすることがある。

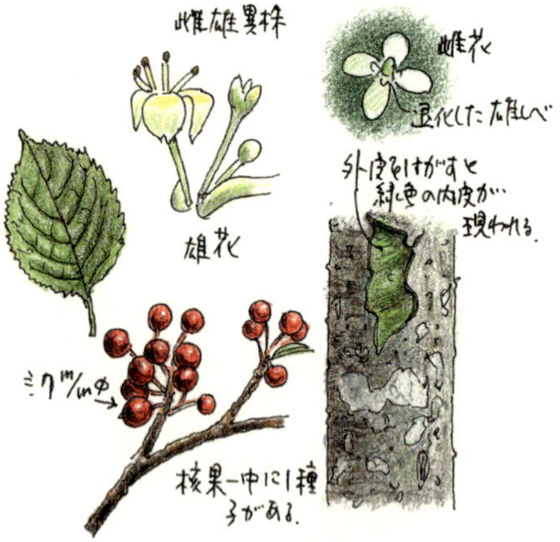

イヌツゲ［犬柘植、犬黄楊］

モチノキ科／常緑低木〜高木／Ilex crenata／6〜7月／マメイヌツゲ（豆犬柘植）

イヌツゲはツゲに似てツゲではないという意味。ツゲはツゲ科。葉が層をなして次々につく様子からツゲの名がついたという。日本で櫛に使える樹は10種類ほどあるがその中でもツゲが最良という。因みに櫛の歯はサメの皮で研ぎ出す。印鑑や将棋の駒もツゲでイヌツゲは使われないといい、せいぜい庭の生垣ぐらいに使われる。

ウメモドキ［梅擬］

モチノキ科／落葉低木／Ilex serrata／6月／オオバウメモドキ（大葉梅擬）

葉の形がウメの葉に似ていることや、実のつき方が小さな梅のように感じられるためこの名がついたという。実は晩秋から初冬にかけて。葉が落ちたあとも枝に残るので目立ち小鳥が好んでくるという。白い実がつくのはシロウメモドキ。黄色の実はキミウメモドキ。……まんまやんか。

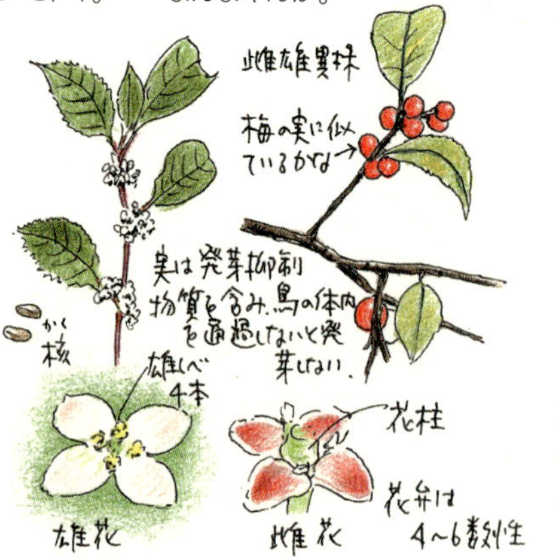

ノウゼンカズラ［凌霄花］

ノウゼンカズラ科／落葉つる性木／Campsis grandiflora／7〜9月／トランペットフラワー

和名の「霄《しょう》」は空の意味で蔓が木にまとわりついて天空を凌《しの》ぐほど高くなるので、古くは漢名の「凌霄」をリョウショウと音読みしていたものが転じてノウゼンになったという。一日花が房のようにつき夏に咲き続ける。「家毎《ごと》に凌霄咲ける温泉《いでゆ》かな」子規。

ヤセウツボ［痩靫］

ハマウツボ科／1年草／Orobanche minor／4〜6月

ウツボ(靫)は昔の矢を入れる容器のこと。小花の一つがこれに似ていることにより名がついた。本種はアカツメクサなどの根に寄生する寄生植物。自身も葉緑素を持っていて光合成を営むものを半寄生植物というのに対して本種のように葉緑素を失ってすべての栄養を宿主に頼るものを全寄生植物という。

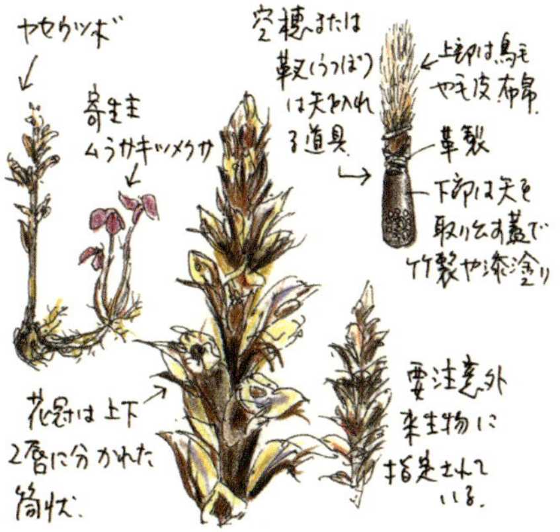

ゴンズイ［権瑞］

ミツバウツギ科／落葉小高木／Euscaphis japonica／5〜6月／クロクサギ(黒臭木)

名は熊野権現の名札をつける午王《ごおう》杖に材を用いたことによる説もある。春先には枝や幹を切ると樹液が垂れることから「雨降りの木」ともいうが、「小便の木」などとひどい別名もある。魚の名にゴンズイ(権瑞)があるが関係は不明。

オニドコロ［鬼野老］

ヤマノイモ科／つる性多年草／Dioscorea tokoro makino／7〜8月／トコロ(野老)

トコロはヒゲ根を野の老人に見立て「野老」と書き、根にも塊ができる事から「凝(とこり)」がなまってトコロになったとされる。古来からヒゲ根を正月に飾って長寿を願う風習があり、「野老を飾る」は季語でもある。本種はトコロの仲間の中でも大きいのでオニドコロと呼ばれ、根が食用とされてきた。万葉集でも「ところずら」で歌に詠まれる。

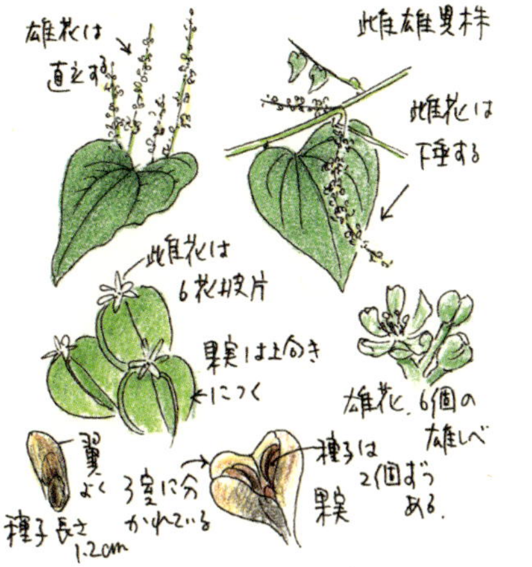

イボタノキ［水蠟樹、疣取木］

モクセイ科／落葉低木／Ligustrum obtusifolium／5〜6月／カワネズミモチ(川鼠黐)

名はイボトリの転略で疣堕《いぼた》の意。また本種の仲間の樹皮に寄生するイボタロウカイガラムシが分泌するイボタ蠟《ろう》が皮膚にできたいぼを取るのに効果があることなどによる。イボタ蠟は滑りをよくしたり艶出しに利用する。

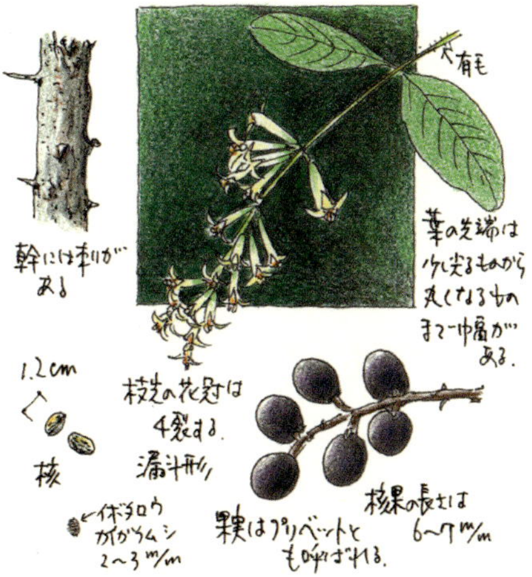

サルスベリ [百日紅]

ミソハギ科／落葉小高木／Lagerstroemia indica／7～10月／クスグリノキ(擽りの木)

和名は猿でも滑ると思うほど幹肌がなめらかなことから。日本には江戸時代、一説には鎌倉時代以前に中国から渡来したともいわれる。中国南部原産といわれるが、日本原産としてもうどん粉病抵抗性種のヤクシマサルスベリやシマサルスベリがある。別名のクスグリノキは本種の枝が細いことでかすかな振動で揺れるので花が落ちる。くすぐられて揺れることを見立てた名付けである。花期が長く3カ月以上咲き続けるので「百日紅」とされる。
皇居では千鳥ヶ淵にあるが都内の街路樹としてもよく見られる。「散れば咲き、散れば咲きして百日紅」千代女。

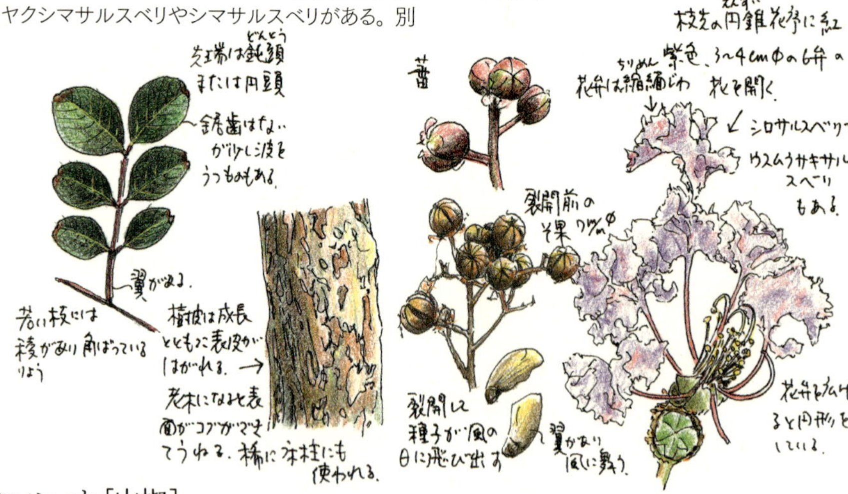
先端は鈍頭《どんとう》
または円頭
鋸歯はないが少し波をうつものもある。
翼がある。
若い枝には稜があり角ばっているよう
樹皮は成長とともに表皮がはがれる。→
老木になると表面がコブができてうねる。柄に床柱にも使われる。
蕾
枝先の円錐《えんすい》花序に紅紫色、3～4cmΦの6弁の花を開く。
花弁は縮緬《ちりめん》じわ
シロサルスベリやウスムラサキサルスベリもある。
裂開前のそ果 7mmΦ
裂開して種子が風の日に飛び出す
翼があり風に舞う。
花弁を広げると円形をしている。

サンショウ [山椒]

ミカン科／落葉低木／Zanthoxylum piperitum／4～5月／ハジカミ(椒、薑)

古名のハジカミ(椒・薑)はショウガの古名でもある。また「山椒」の椒は辛いものを表わし、山の辛い実の意味が名の由来。辛味成分はサンショオールという。特有の芳香はシトロネラールという精油。アゲハチョウはこれを体内に蓄積し鳥などに襲われないように臭いを出すという。イヌザンショウは葉の香りが悪い。

雌雄異株
イヌザンショウの花期は7～8月
葉は奇数羽状複葉。
刺は対生につく
実は赤から黒、や青に色変りする。
約5mmΦ
果実は2裂 2～3個の分果となる
雌花
柱頭は2～3個
若い分果は実山椒と呼ばれる。

ヤマモモ [山桃]

ヤマモモ科／常緑高木／Myrica rubra／3～4月／ヤンメ、ヤンモ

ヤマは山地、モモは丸い果実の意味で名付けられた。山百《も》百《も》で山に生え、実が多い等の説もある。徳島の県木で名産地でもあるが果実の大きいものは傷みやすいので東京では食べられない。関東地方ではほとんど実がつかないので「花楊梅《はなようばい》」という。出雲風土記では「楊梅」で記される。

雌雄異株
小種名のルブラは「赤い」で熟果にちなむ。
核 5～6mm
核は毛で覆われる。
葉は枝の先に放射状につく。
赤く熟した果実は甘酸っぱく独特の風味をもち。生食のほかジャムや果実酒にする。

ボタン［牡丹］

ボタン科／落葉低木／Paeonia suffruticosa／5月／フウキソウ(富貴草)、カオウ(花王)

中国北西部の原産と考えられ唐代には「花王」として大流行したという。初めは薬用として栽培され6～7世紀頃から園芸品種が作られるようになった。日本へは天平時代に渡来したといわれ、江戸時代にはすでに160種類以上の種が知られていた。台湾の国花であり、島根県の県花にもなっていて、八束町が有名。「牡丹」の牡はオスの意味で王を表わし、丹は赤のことである。ボタンの根は生薬名を牡丹皮《ぼたんぴ》といいペオノールなどを含み消炎、解熱、鎮痛、浄血などの漢方薬。

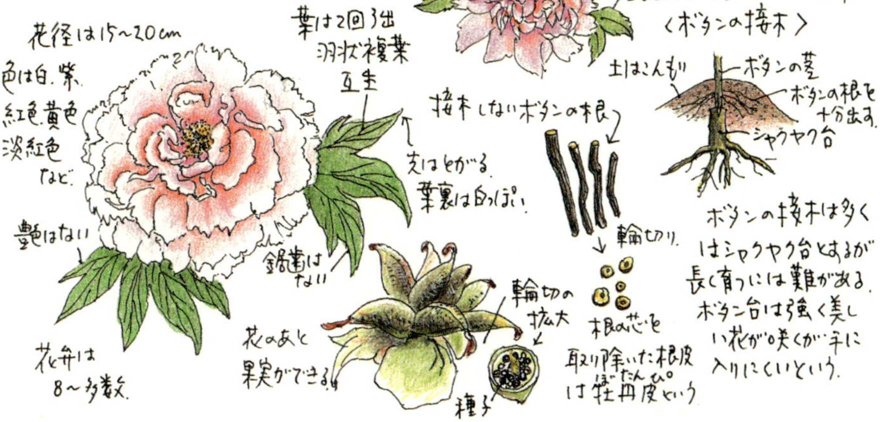

イヌマキ［犬槇］

マキ科／常緑高木／Podocarpus macrophyllus／5～6月／クサマキ(臭槇)、マキ(槇)

名前の定説はなく、本来マキは真木で、コウヤマキ、スギ、ヒノキなどのすぐれた樹木の美称。イヌはこれらに劣る意味があるが琉球王朝では最高級の建材として使われたという。旅をしていて立派な旧家の外廻りで塀越に本種やその仲間を見かける。これらは防風林の役割もしている。

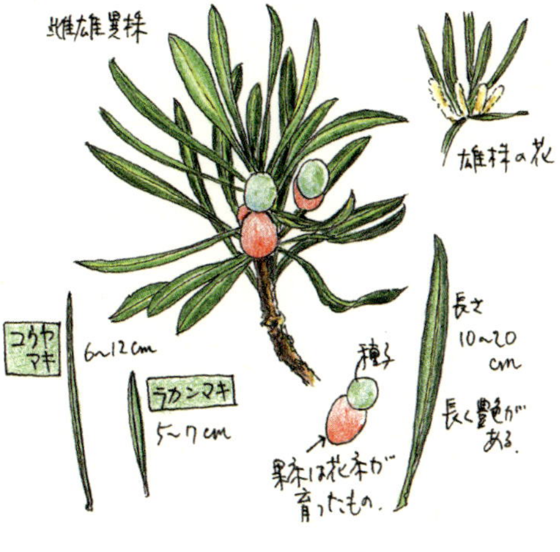

アカガシ［赤樫］

ブナ科／常緑高木／Quercus acuta／5～6月／オオガシ(大樫)、オオバガシ(大葉樫)

カシノキの一種で材の色が赤みを帯びていることによりこの名がついている。庭木や建材などに用いるが、属名の語源はポルトガル語の「良質の材木」。成長はカシの類では早いほうで、葉の大きさはカシ類で最大、実は灰汁《あく》抜きした後、砕いて餅などにする。

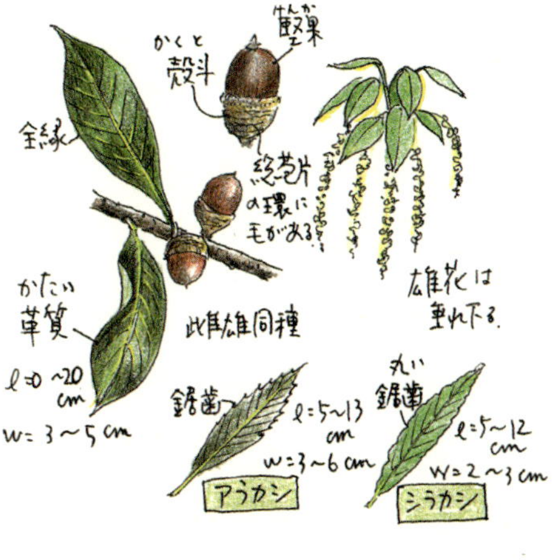

コナラ［小楢］

ブナ科／落葉高木／Quercus serrata／4～5月／ナラ(楢)

「ナラ」はコナラ、ミズナラなどの総称。また「オーク」はコナラ属を示す。コナラは小さな葉のナラであるが由来は「鳴る」で風で葉が触れ合い音を出すからとされる。またしなやかな様を表わす「ナラナラ」や平らの意からともいう。ハイイロチョッキリムシは青い実をつけたまま枝を落す。実は「ドングリ」で灰汁《あく》抜きして食べる。幹は椎茸のほた木用や薪炭用として使う。

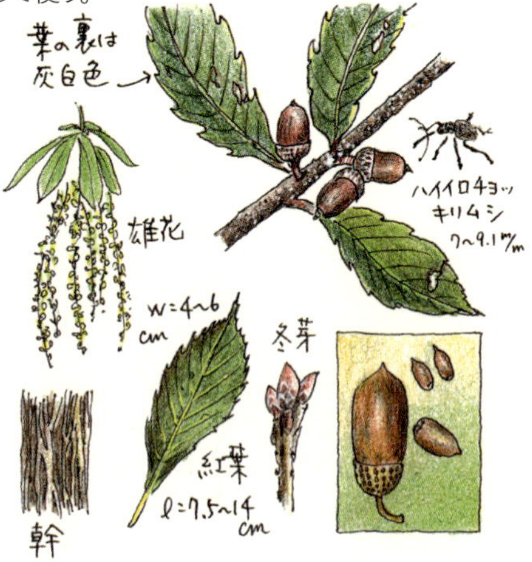

カシワ［柏、槲］

ブナ科／落葉高木／Quercus dentata／5～6月／カシワギ(柏木)、モチガシワ(餅槲)

カシワの名は「炊《かし》ぐ葉」の意味でホウノキなども同様にかつて食物を蒸すときに大形の葉が使われたことによる。樹皮が厚く火と乾燥に強い。葉はブナ科最大で春、若芽が出るまで古葉が残るのでめでたい樹とされる。

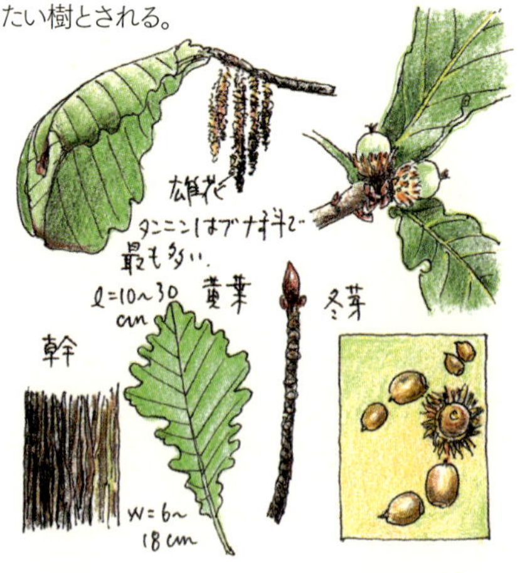

クヌギ［櫟、橡、椚］

ブナ科／落葉高木／Quercus acutissima／4～5月／ツルバミ(橡)、ドングリノキ

武蔵野の雑木林の代表的な樹木。名はクニノキ(国木)の転訛で日本書紀に天皇が命名したという伝承話説やクノキ(食之木)で食用の実をつけるブナ科の総称ともいう。ドングリは古名をツルバミ(橡)といい、褐色の染料として使われた。運がいいとコゲラなどのドラミングが見られるかもしれない。

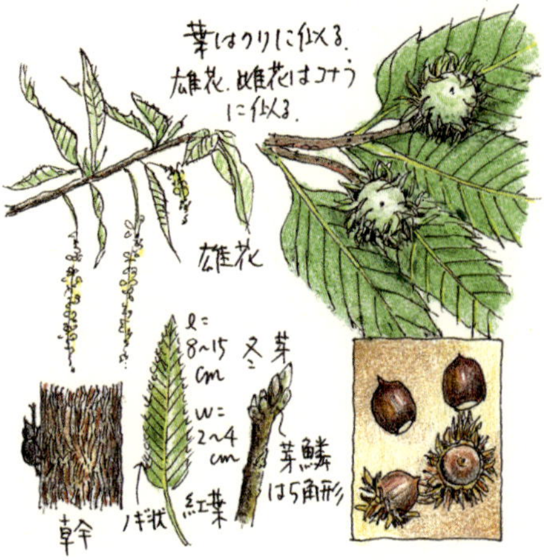

ウバメガシ［姥目樫］

ブナ科／常緑低木～高木／Quercus phillyraeoides／4～5月／ウマメガシ(馬目樫)

名は芽吹きの頃の若葉が茶色く、これを老女に見立てたといわれる。またこれをお歯黒に用いたことから。幹は堅く密で、最良質である備長炭の原木となる。この炭は炭素の含有量が約95%で不純物がほとんどなく叩いた時の金属音から「炭金」といわれる。

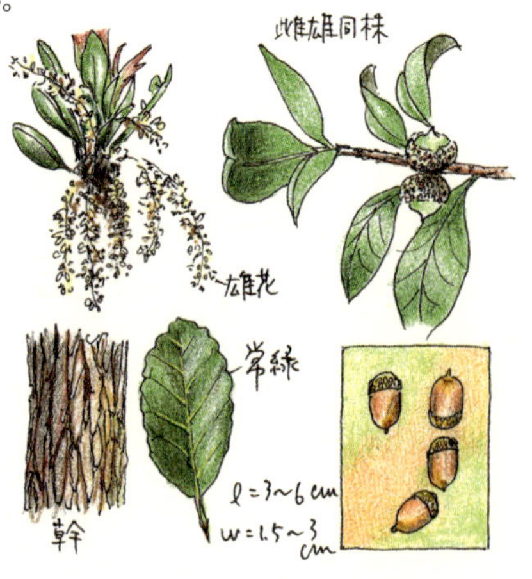

マテバシイ［全手葉椎、馬刀葉椎］

ブナ科／常緑高木／Lithocarpus edulis／6月／サツマジイ（薩摩椎）、マタジイ

名は葉がマテ貝に似ることによる。「アスナロ」のように「待てば椎」ではない。実は翌年の秋に成熟して、栗ほど甘くないが灰汁抜きなしで食べられる。昔は大切な救荒植物であった。25年以上前の『皇居の植物』によれば東御苑には817本あったという。

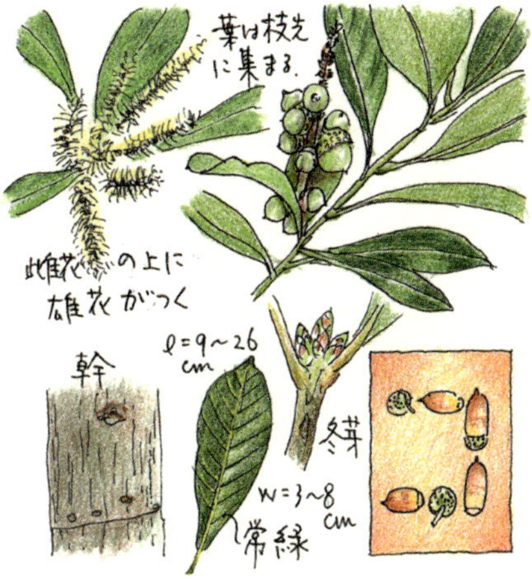

スダジイ［須田椎］

ブナ科／常緑高木／Castanopsis sieboldii／5～6月／イタジイ、ナガジイ

マテ貝が名前の由来であるマテバシイに対してシタダミ貝が実に似ていることでシタダミシイが転訛してスダジイ。そういえばツブラジイはタニシの古語であるツブが堅果に似ている説がある。不思議なことにシイは揃って貝の姿から名前がついている。

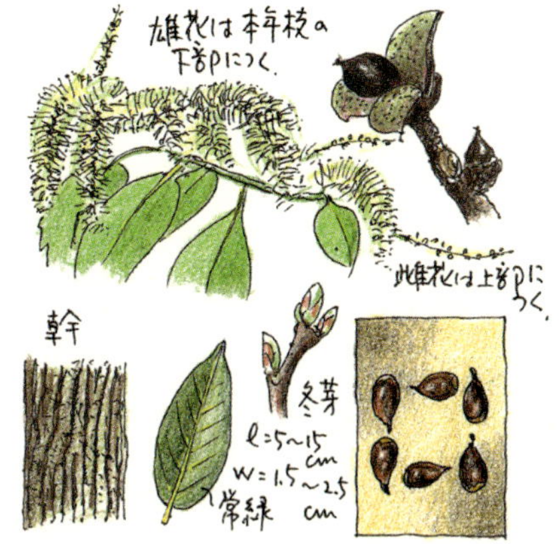

ブナ［山毛欅、橅、椈］

ブナ科／落葉高木／Fagus crenata／5月／シロブナ（白橅）、ソバグリ（蕎麦栗）

ミズナラとともに冷温帯林を代表する樹種。名の由来はブナ林を渡る風音のブーンからブンナリキになったとの説あり。かつてヨーロッパではブナ林は「森の母」と尊ばれたが今ではその大半が失われている。昔から我が国で使用する飯椀や汁椀は木製が一般的で木地師によってブナが最も使われた。

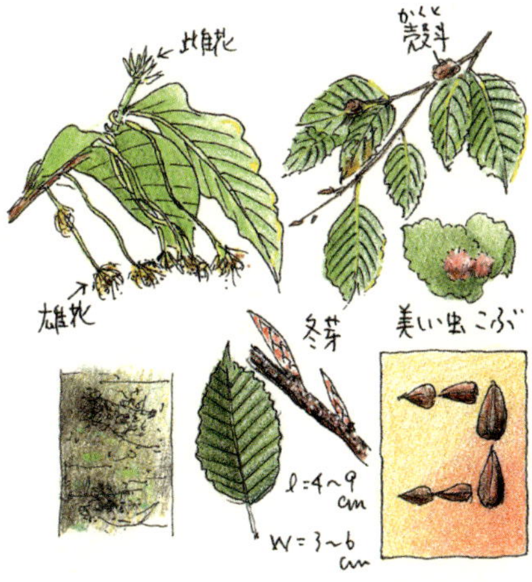

クリ［日本栗］

ブナ科／落葉高木／Castanea crenata／5～6月／シバグリ（柴栗）、ヤマグリ（山栗）

名前のいわれはいくつかある。果皮の色からクロ、その転訛でクリ。落ちた実が石に似ていることから石の古語にあたるクリの転。また木の実を意味するクラなど諸説が多い。花が梅雨時に咲くことから「栗花落」と書いて「つゆ」「つゆり」と読む姓がある。

ヤブミョウガ [藪茗荷]

ツユクサ科／多年草／Pollia japonica／8〜9月／ミョウガソウ(茗荷草)、ハナミョウガ(花茗荷)

皇居東御苑では夏の間、このヤブミョウガが庭を席巻する。ミョウガに似ているが本家はショウガ科。本種は藪の中などに大繁殖するが可憐なイメージのツユクサ科。中国では実を蛇毒や虫刺され、腰痛などの薬として利用する他、若芽をゆでて和えものなどで調理する。

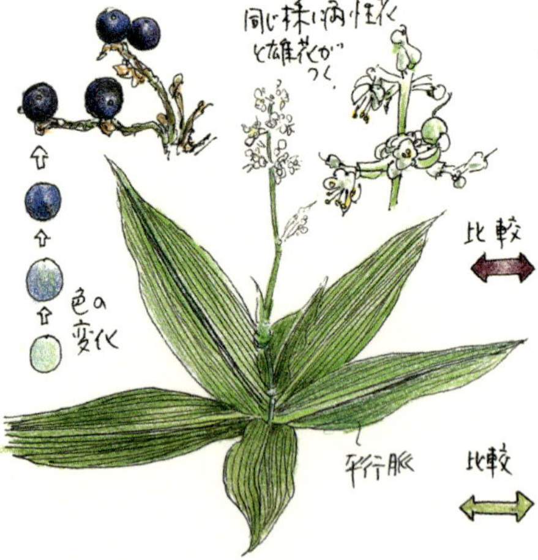

ミョウガ [茗荷]

ショウガ科／多年草／Zingiber mioga／8〜10月／ワスレグサ(忘れ草)、ドンコンソウ(鈍根草)

名は「めが」が転訛した語という。アジア熱帯地方の原産。芳香に富み、主に花序と若芽を食べる。しかし、食べ過ぎると物忘れをするという俗説から愚鈍な人を言うことがある。家紋としては「冥加」に通じることから比較的よく使われ、江戸の大名では志摩鳥羽藩の稲垣家がある。

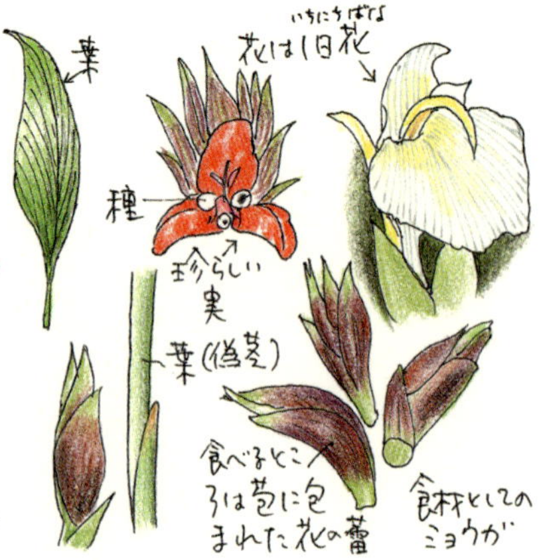

タケニグサ [竹似草]

ケシ科／多年草／Macleaya cordata／7〜8月／チャンパギク(占城菊)

日本最大級の多年草で2m程の高さは山道でもよく見る。名は茎が中空で節があることが竹に似ることや、俗説であるが、本種と竹を一緒に煮ると竹が柔らかくなることなどがある。またベトナムの古い国名の「チャンパ」という別名もあり、これは渡来植物だと考えられたことによる。

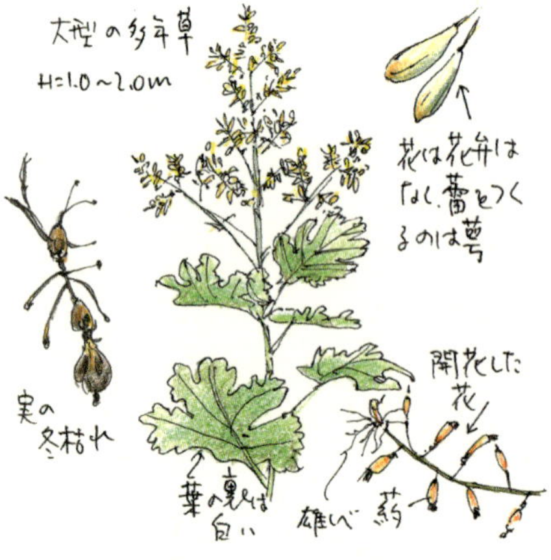

イノコズチ [猪子槌、家槌]

ヒユ科／多年草／Achyranthes japonica／8〜9月／ヒカゲイノコズチ(日陰猪子槌)

以乃古豆知は『和漢三才図』から。漢名は牛膝《ごしつ》でこれは茎の節が牛の膝に似ていることから。猪子槌はイノシシの膝頭に見立てている。別名を「日陰猪子槌」とも呼び日陰に多く花は小形。別の「日向《ひなた》猪子槌」は文字通り陽地に多い。

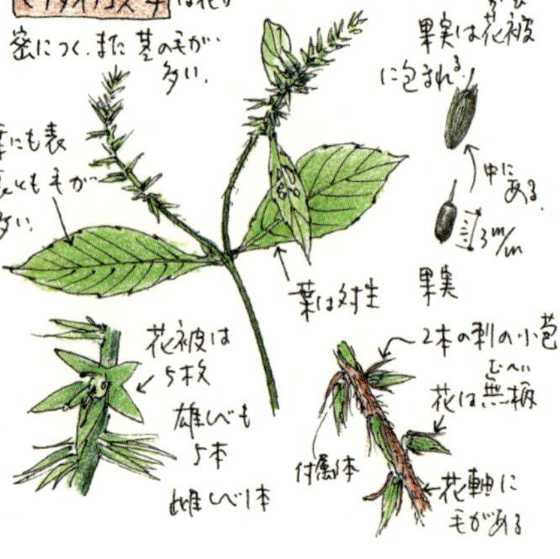

イカリソウ［碇草、錨草］

メギ科／多年草／Epimedium grandiflorum／4～5月／サンシクヨウソウ(三枝九葉草)

見るからに船の錨(碇)のイメージである。別名の「三枝九葉草」は複葉の枚数による。漢名はインヨウカク(淫羊霍)。漢方では茎を強壮、強精薬とする。属名のエピメディウムは地名のmediaに由来し、種小名は「大きな花」の意味。

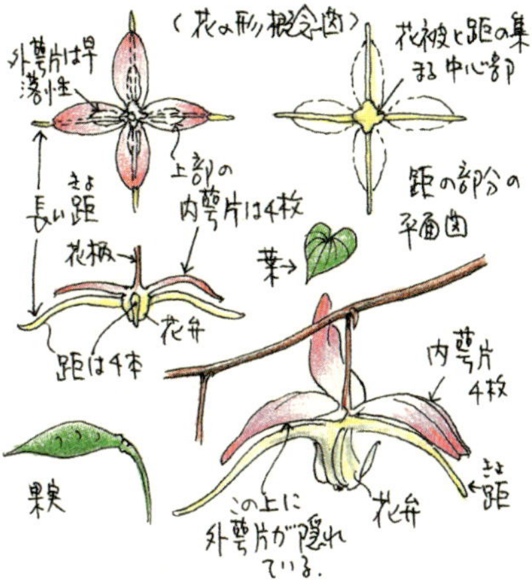
〈花の形 概念図〉
外萼片は早落性
上部の内萼片は4枚
長い距《きょ》
花被と距の集まる中心部
距の部分の平面図
花柄
葉
花弁
距は4本
内萼片4枚
果実
この上に外萼片が隠れている。
花弁
距《きょ》

ツルマンネングサ［蔓万年草］

ベンケイソウ科／多年草／Sedum sarmentosum／5～6月

繁殖力が強くまるで万能細胞のように千切れた葉の一部からでも根を出して殖える。乾燥にも強い。マンネングサの仲間を総称して「セダム」と呼び屋上緑化にも利用される。韓国では栽培してサラダなどで食べるという。

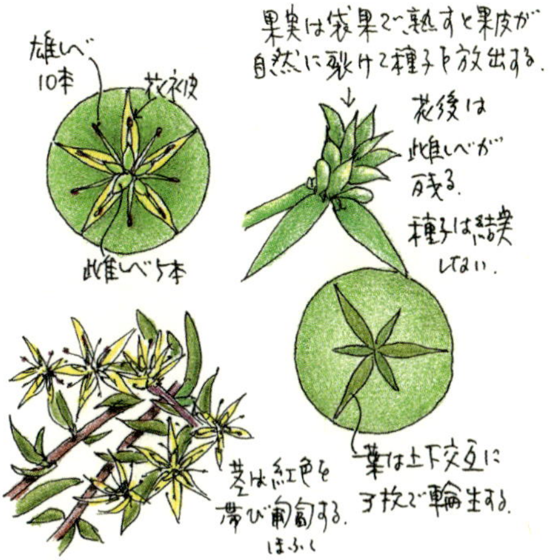
雄しべ10本
花被
雌しべ5本
果実は袋果で熟すと果皮が自然に裂けて種子を放出する。
花後は雌しべが残る。
種子は結実しない。
茎は紅色を帯び匍匐《ほふく》する。
葉は上下交互に3枚で輪生する。

カリガネソウ［雁草、雁金草］

クマツヅラ科／多年草／Caryopteris divaricata／8～9月／ホカケソウ(帆掛草)

和名の雁金は花びらの一部が雁が飛ぶ姿に似ることから。ツツジのように蜜標があり色は青紫色地に白い点々で虫を寄せる。しかし、その割には匂いがよくない。花の姿からホカケソウやヤマドリソウ(山鳥草)の別名もある。

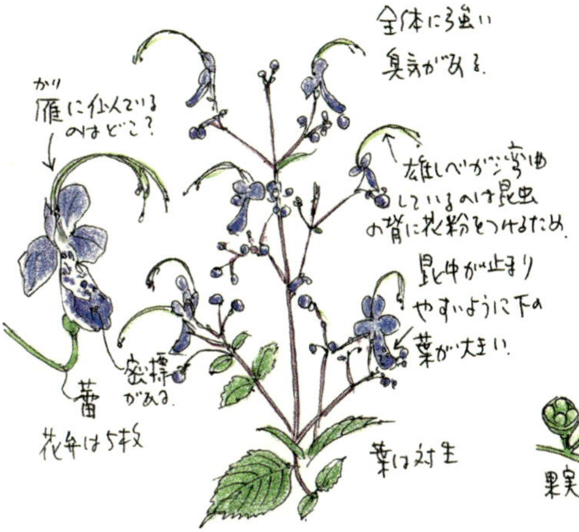
全体に強い臭気がある。
雁《かり》に似ているのはどこ？
雄しべが湾曲しているのは昆虫の背に花粉をつけるため。
昆虫が止まりやすいように下の葉が大きい。
蜜標がある。
蕾
花弁は5枚
葉は対生

カラスノゴマ［鳥の胡麻］

シナノキ科／1年草／Corchoropsis crenata Siebold et Zucc／8～10月

名は種子が小さいのでこれをゴマに見立てているが特に有用ではないのでカラスがついている。イヌと同じで植物の世界では軽く見られている。茎の繊維が強いので昔は麻の代用にされたという。

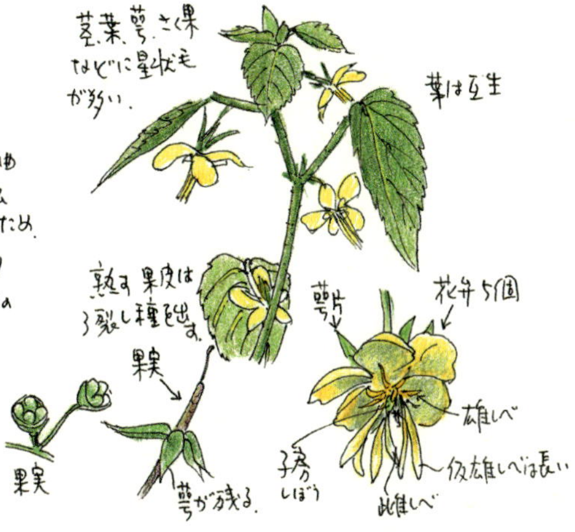
茎、葉、萼、さく果などに星状毛が多い。
葉は互生
熟す果皮は3裂し種を出す。
果実
果実
萼が残る。
萼片
花弁5個
雄しべ
子房《しぼう》
仮雄しべは長い
雌しべ

チガヤ［茅萱］

イネ科／多年草／Imperata cylindrica var. koenigii／5〜6月／ツバナ(茅花)

東御苑では二の丸のほかに汐見坂脇の白鳥濠土手に多く見られる。白い毛が密集した花穂が風でそよぐ姿が美しいのは晩春。若い花穂は古くからツバナ(茅花)とよばれ白い根とともにかすかに甘みがあり子供達が口にする。また古くは花穂を火口《ほくち》にした。ワカルカナ？

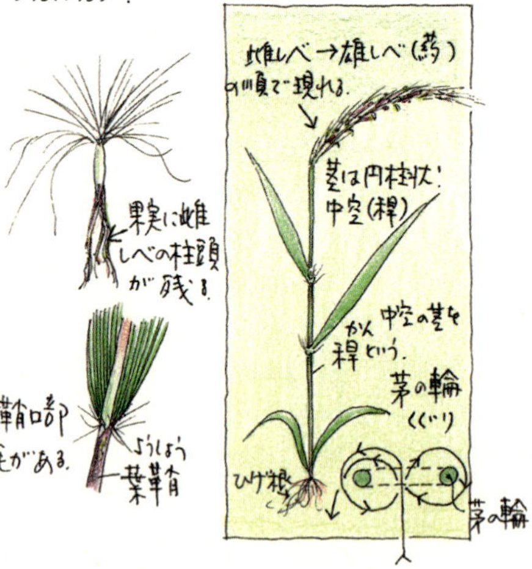
雌しべ→雄しべ(葯)の順で現れる。
茎は円柱状！中空(稈)
果実に雌しべの柱頭が残る。
中空の茎を稈《かん》という。
茅の輪くぐり
葉鞘口部に毛がある。
ようしょう
葉鞘
ひげ根
茅の輪

カモガヤ［鴨茅］

イネ科／多年草／Dactylis glomerata／5〜6月／オーチャードグラス

別名はオーチャードグラスで明治初年に牧草として導入された。和名の鴨は関連不明だが小穂の形が鴨のみずかきに似ていなくもない。世間では知る人は少ないが実は花粉症源であるという。欧州原産の帰化植物。

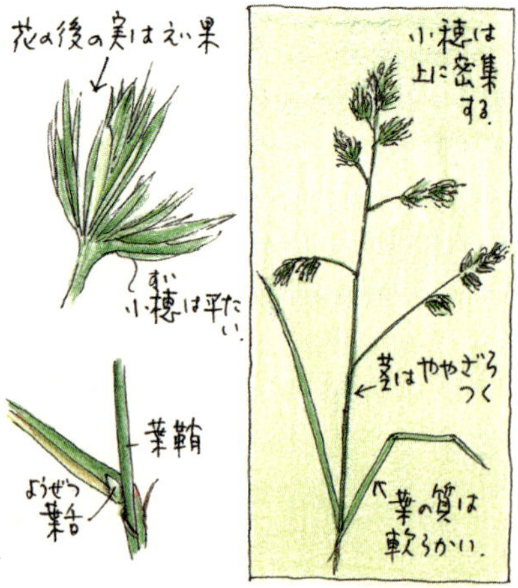
花の後の実はえい果
小穂《すい》は平たい。
葉鞘
葉舌《ようぜつ》
小穂は上に密集する。
茎はややざらつく
葉の質は軟らかい。

ハルガヤ［春茅］

イネ科／多年草／Anthoxanthum odoratum／4〜7月／スイートバーナルグラス

ヨーロッパ、シベリア原産の帰化植物でカモガヤと同様に牧草として渡来したが逸出して、現在は北海道から九州までの道端や湖畔などに生育する。サクラモチの香りのするクマリンを含み、靴や下駄箱などに入れ消臭に使う。

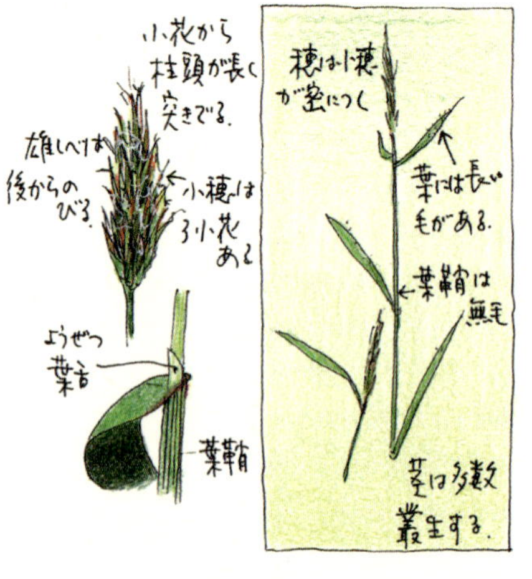
小花から柱頭が長く突きでる。
雄しべは後からのびる。
小穂は3小花ある
葉舌《ようぜつ》
葉鞘
穂は小穂が密につく
葉には長い毛がある。
葉鞘は無毛
茎は多数叢生する。

ノガリヤス［野刈安］

イネ科／多年草／Calamagrostis brachytricha Steud.／8〜10月／サイトウガヤ(西塔茅)

名はカリヤスに似ていることから。別名のサイトウガヤは比叡山西塔附近に多いことから。因みにカリヤスはイネ科の多年草で古くから染料植物として栽培されていて葉や茎を煮て黄色に染める。

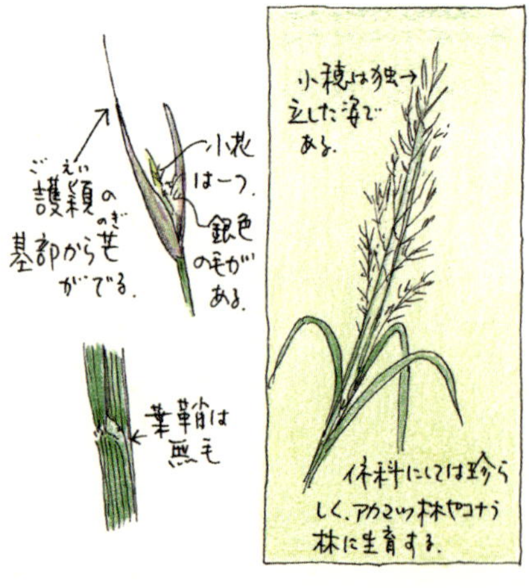
護穎《ごえい》の基部から芒《のぎ》がでる。
小花は一つ。
銀色の毛がある。
葉鞘は無毛
小穂は独立した姿である。
イネ科にしては珍らしく、アカマツ林やコナラ林に生育する。

スズメガヤ［雀茅］

イネ科／1年草／Eragrostis cilianensis／8～10月／ウィービングラブグラス

明治期に渡来した帰化植物に本種に似たコスズメガヤがあるが、本種は在来種で小穂がやや大きい。スズメの名はカラスに対して比較的小さなものに付けることが多い。余談だが名古屋の人はスズメを見つけると「ススメダガヤ！」と言う……。

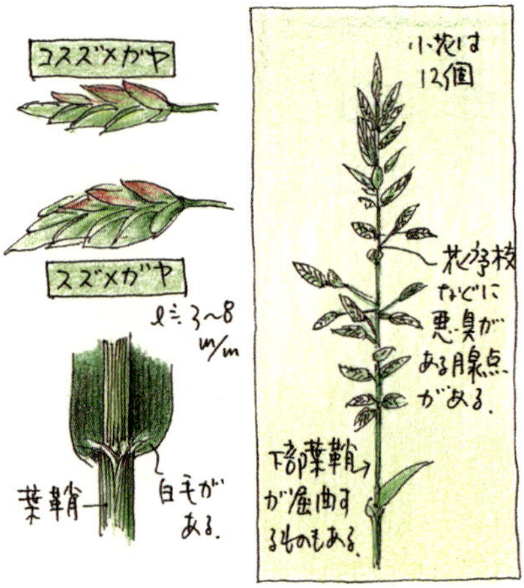

イヌムギ［犬麦］

イネ科／多年草／Bromus catharticus／5～7月／チャヒキグサ（茶挽き草）

名は麦に似ているが役に立たないことによる。イヌ（犬）の名誉のために一言。本来は否定のイナ（否）がイヌ（犬）に転音して、エセ（似而非）を表わす接頭語になったもの。明治年間に牧草として導入され野生化し各地に広まった。原産は南アメリカ。

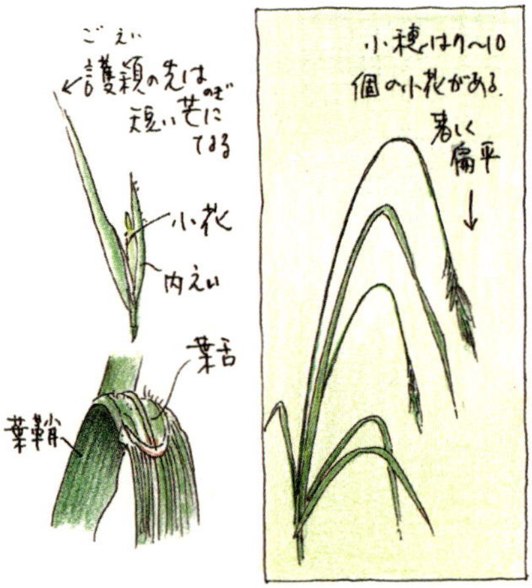

シマスズメノヒエ［縞雀稗］

イネ科／多年草／Paspalum dilatatum／7～10月／ダリスグラス

大正初期に小笠原諸島で見出され名付けられたことが和名の元。在来種のスズメノヒエは都市近郊ではまれである。本来のヒエやキビ、アワは昔は主食や救荒植物であったが今はその姿さえわからない人が多くなっている。

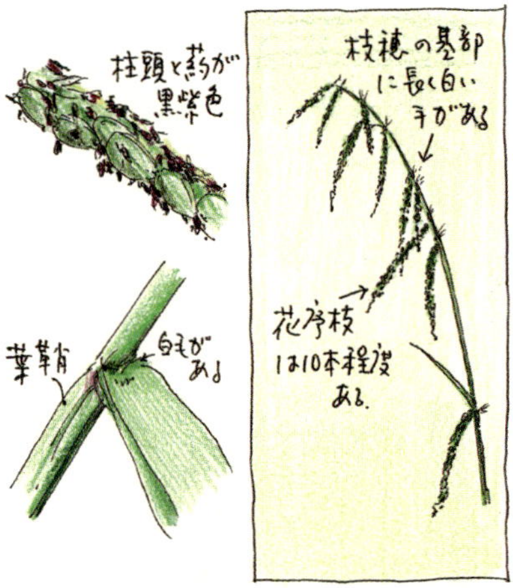

イヌビエ［犬稗］

イネ科／1年草／Echinochloa crus-galli var. crus-galli／7～10月／ノビエ（野稗）

メヒシバやエノコログサとともに夏の雑草として畑、あぜ、空地に生える。作物のヒエとは近縁である。水田で生き残る理由は、イネより少し遅れて発芽し、目立たずイネより早くタネを結実させることである。

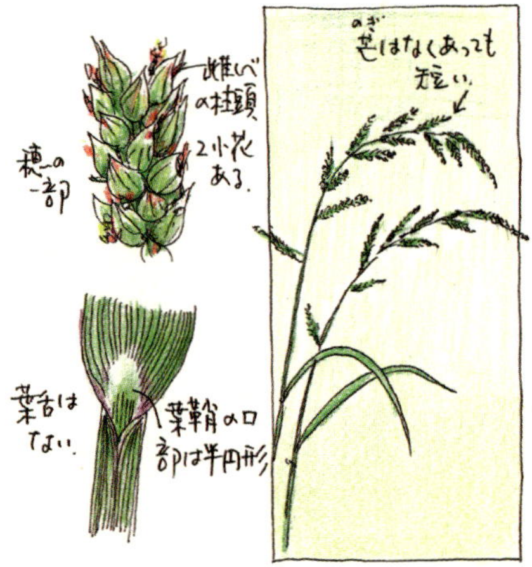

エノコログサ［狗尾草］

イネ科／1年草／Setaria viridis／6～10月／ネコジャラシ（猫じゃらし）

名は花穂を犬（イヌコロ）のシッポにたとえたもの。日本のネコジャラシの別名も英語ではフォックステールグラスで「狐の尾」となる。アキノエノコログサは本種よりやや遅れて秋まである。ムラサキエノコロ、キンエノコロ、ハマエノコロと仲間が多い。

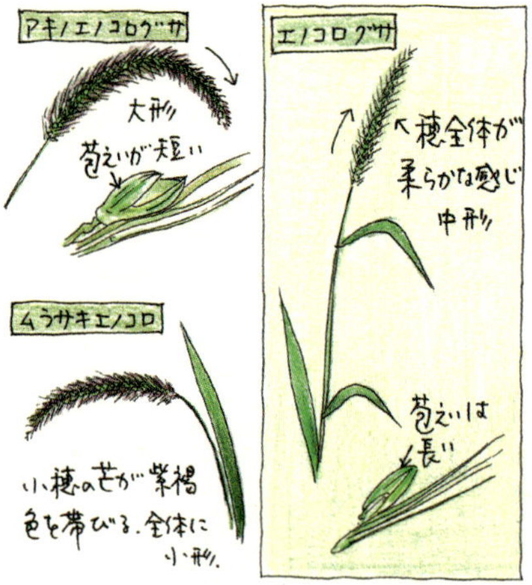

アキノエノコログサ
大形
苞えいが短い
ムラサキエノコロ
小穂の芒が紫褐色を帯びる。全体に小形。
エノコログサ
穂全体が柔らかな感じ
中形
苞えいは長い

カニツリグサ［蟹釣草］

イネ科／多年草／Trisetum bifidum／5～6月

和名は花穂で子供達がサワガニ釣りをして遊んだことによる。茎は細くてやわらかく、軟毛がある。漢名は「三毛草」という。カニツリグサには在来と外来のタイプがあり、外来は花序の部分が金色に光る。

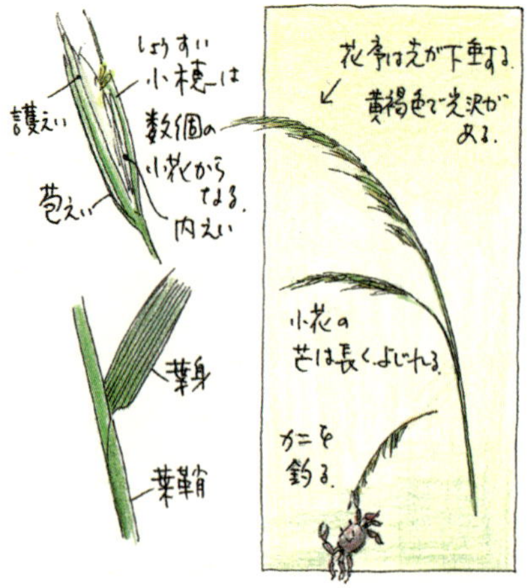

しょうずい
小穂は数個の小花からなる。
護えい
苞えい
内えい
葉身
葉鞘
花序は芒が下垂する。
黄褐色で光沢がある。
小花の芒は長くよじれる。
カニを釣る。

チカラシバ［力芝］

イネ科／多年草／Pennisetum alopecuroides／8～10月／ミチシバ（道芝）、コマツナギ（駒繋ぎ）

容易に引き抜けないことからこの名があるがコマツナギという別名もある。馬をつないでおけるほど強い意。葉と葉を結んで人を転ばせるいたずらにも使われた。

小穂は2小花からなる。
葉鞘は平たい。
根茎は発達して強い。
エノコログサ属は基部の剛毛は残し種子のみが落下するが本種は両方一緒に落る。

メヒシバ［雌日芝］

イネ科／1年草／Digitaria ciliaris／7～11月／メシバ（雌芝）、ジシバリ（地縛り）

名は強い日差しの中でも盛んに茂ることによる。「畑の女王」ともいわれ弥生時代の遺跡からタネが出土したという歴史を持つ。オヒシバは花穂が逞ましく太く全体に荒々しい感じがする。

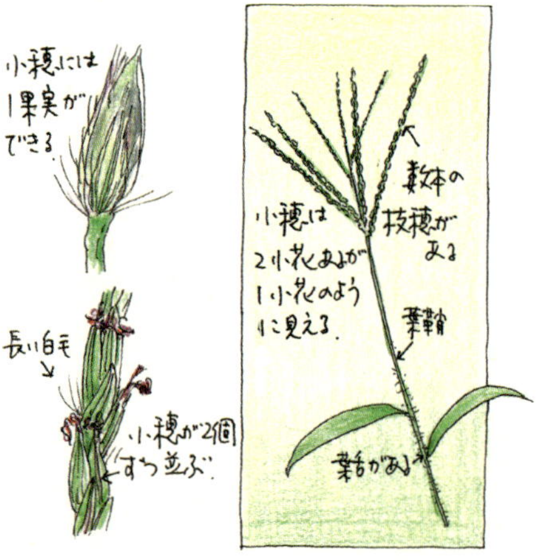

小穂には1果実ができる。
長い白毛
小穂が2個ずつ並ぶ。
数本の枝穂がある
小穂は2小花あるが1小花のように見える。
葉鞘
葉舌がある

カヤツリグサ［蚊帳吊草］

カヤツリグサ科／1年草／Cyperus microiria／7～10月／マスクサ(枡草)

名前は蚊帳を吊るイメージで遊んだことからこうよばれた。カヤツリグサ属の茎は一般に三角形でこれは風に対して曲げに強い。しかし植物の茎は一般的には円形のものが多い。これはやはりその表面積を小さくするという合理性と強さとの関係がありそうだ。

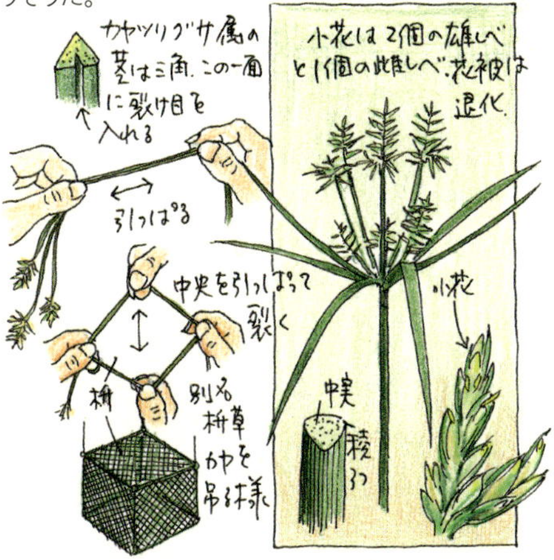
カヤツリグサ属の茎は三角.この一面に裂け目を入れる
引っぱる
中央を引っぱって裂く
枡
別名枡草 カヤを吊る様
小花は2個の雄しべと1個の雌しべ.花被は退化.
小花
中実
稜3つ

セキショウ［石菖］

ショウブ科／多年草／Acorus gramineus／3～5月／イシアヤメ(石綾目)

石菖は「石菖蒲」の略で「石」の字義から葉が硬い菖蒲、あるいは「薬となる菖蒲」の意味の説がある。根茎は薬草として、神経痛や痛風の治療に使用される。仲間には5月の節句に使うショウブがある。

花はミズバショウと同じ肉穂花序《にくすいかじょ》
花
葉には中肋《ちゅうろく》が無い
花は2〜3mm
葉は根茎から2枚ずつ出る.

ユキノシタ［雪の下］

ユキノシタ科／多年草／Saxifraga stolonifera／5～6月／トラノミミ(虎の耳)、イワブキ(岩蕗)

見方によっては「松の廊下」を歩く大名にも見える。大きく下向きにある2枚の花弁が装束の長袴《ながばかま》の姿に見える。表と裏の配色から襲色目《かさねいろめ》の「雪の下」か、あるいは葉が靫《ゆき》(矢を入れる道具)のフタの部分に似るのか、どれもほんとうのようでどれも怪しい。

花弁は5枚
下の2枚は小さい
花柄は長い
中国からの帰化植物.
根は走出枝(ランナー)で途中で根を下ろさない.

チダケサシ［乳茸刺］

ユキノシタ科／多年草／Astilbe microphylla／7～8月／アスチルベ

長い花茎に乳茸と呼ばれるキノコを刺して持ち帰ったのでこの名が付いたという。他のキノコは刺さなかったのか。花屋では「アスチルベ」として販売されているがこれはチダケサシ属の多年草で仲間。

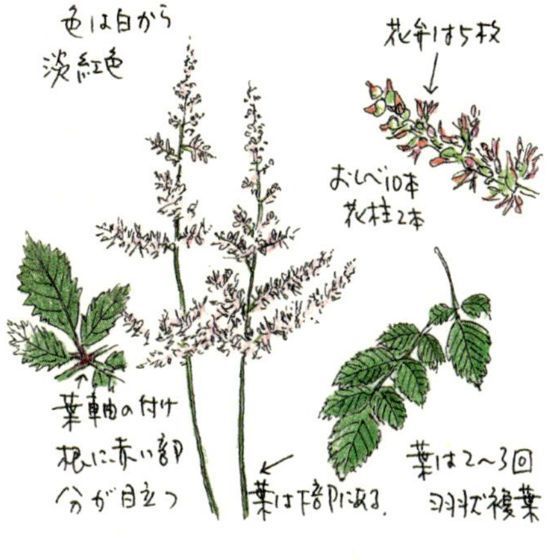
色は白から淡紅色
花弁は5枚
おしべ10本
花柱2本
葉軸の付け根に赤い部分が目立つ
葉は下部にある.
葉は2〜3回羽状複葉

ウツギ［空木］

ユキノシタ科／落葉低木／Deutzia crenata／5〜7月／ウノハナ(卯の花)、ユキミグサ(雪見草)

名は枝が中空であることから。旧暦4月は卯月といい新暦では5月頃、この時期に白い花が多数咲いて美しいので「卯の花」とも呼ばれる。有名な「夏は来ぬ」に「うの花のにおう垣根に…」とがあるが「におう」は白い色映えの表現で匂いではない。

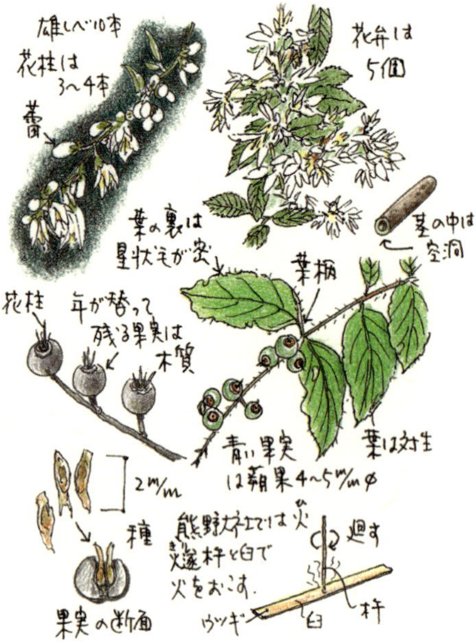
雄しべ10本
花柱は3〜4本
蕾
花弁は5個
葉の裏は星状毛が密
茎の中は空洞
葉柄
花柱
年が替って残る果実は木質
青い果実は蒴果4〜5m/mφ
葉は対生
2m/m
種
果実の断面
熊野神社では火燧杵と臼で火をおこす。
廻す
ウツギ
臼
杵

マルバウツギ［丸葉空木］

ユキノシタ科／落葉低木／Deutzia scabra／5〜7月／ツクシウツギ(筑紫空木)

ウツギの仲間で葉が丸い。2mほどにもなり防風林にも使われるほど丈夫。庭の中では少しもて余し気味に茂る。ウツギより少し早く咲く。ウツギの仲間では珍しく紅葉・黄葉する。但し日当りのよいところだけになる。

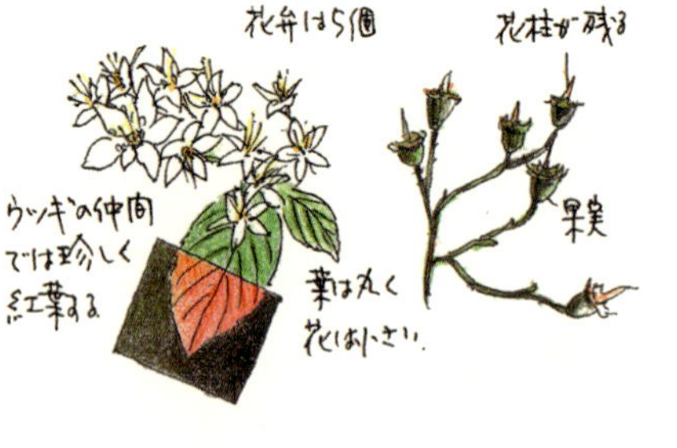
花弁は5個
花柱が残る
ウツギの仲間では珍しく紅葉する
果実
葉は丸く花は小さい。

ノリウツギ［糊空木］

ユキノシタ科／落葉低木／Hydrangea paniculata／7〜9月／サビタ、ノリノキ(糊の木)

幹の内皮にのりのような粘液があることからこの名が付いた。かつて製紙用の糊を作ったり、アイヌの女性はこれで髪を洗ったという。この植物は大量の水を吸収、蒸発させるともいい、また果実の形状が水瓶にも似るという。古い歌謡曲の「サビタの花」のサビタとは本種のこと。

種子は果序ごと落ち風で転がされて散る。
葉は対生
中から
果実
蕾
装飾花は花弁状の萼片で3〜5片ある。
花弁は5個
雄しべ10本
花柱3〜4本
スポンジ状の髄
ノリウツギの茎はウツギのように空洞ではなく髄で詰まる。

ミナヅキ［水無月］

ユキノシタ科／落葉低木／Hydrangea paniculata 'Grandiflora'／7〜9月／ノリアジサイ(糊紫陽花)

ノリウツギの園芸種で古くから栽培されている。とても水をほしがる植物。名は旧暦6月の「水無月」の頃開花することから。現在の暦では梅雨明け頃になる。ノリウツギと違ってほとんどが装飾花。

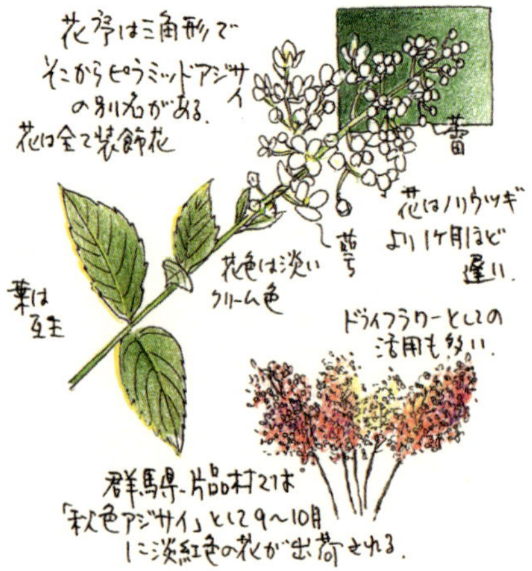
花序は三角形でそこからピラミッドアジサイの別名がある。
花は全て装飾花
蕾
花はノリウツギより1ヶ月ほど遅い。
萼
花色は淡いクリーム色
葉は互生
ドライフラワーとしての活用も多い。
群馬県片品村では「秋色アジサイ」として9〜10月に淡紅色の花が出荷される。

イチョウ［銀杏、公孫樹］

イチョウ科／落葉高木／Ginkgo biloba／7～9月／チチノキ（乳の木）、ギンキョウ（銀杏）

イチョウ科、イチョウ属という一科、一属、一種で現在仲間がいない。名は貝原益軒が「葉が一枚だから一葉《いちよう》」と解釈したという。ギンナンは中国名の一つ「鴨脚《おうきゃく》」（葉の形）の宋時代の音読み、また公孫樹《こうそんじゅ》の異名は木の実がなるには長い年月がかかり、公《こう》（祖父）が植えてもその実を食べるのは孫の時代になるところからという。

イチョウの日本一は国指定天然記念物で青森県深浦町の「垂乳根のイチョウ」といわれる木がある。高さ31.5m、幹廻り22m、樹齢1000年超という。万葉集にも2首あり「ちち」はイチョウとする説がある。イチョウは2億年前に中国で生まれたといわれるが化石からは1億年前の中生代（恐竜時代）にほぼ絶滅したと考えられ、これは元禄時代にドイツ人ケンペルが発見している。

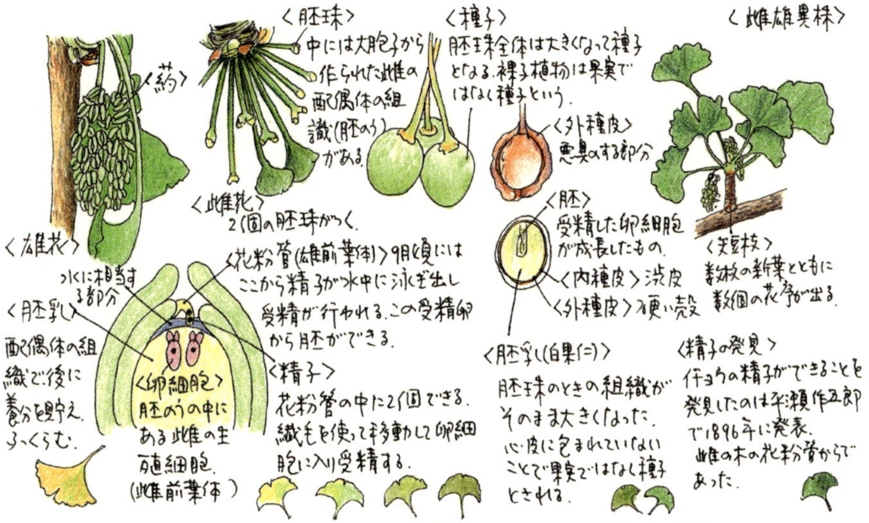
〈胚珠〉
中には大胞子から作られた雌の配偶体の組織(胚のう)がある。
〈種子〉
胚珠全体は大きくなって種子となる。裸子植物は果実ではなく種子という。
〈雌雄異株〉
〈葯〉
〈外種皮〉
悪臭のする部分
〈雌花〉
2個の胚珠がつく。
〈雄花〉
〈胚〉
受精した卵細胞が成長したもの。
〈内種皮〉渋皮
〈外種皮〉硬い殻
〈短枝〉
数枚の新葉とともに数個の花序が出る。
〈花粉管(雄前葉体)〉9月頃にはここから精子が水中に泳ぎ出し受精が行われる。この受精卵から胚ができる。
水に相当する部分
〈胚乳〉
配偶体の組織で後に養分を貯え、ふくらむ。
〈卵細胞〉
胚のうの中にある雌の生殖細胞。(雌前葉体)
〈精子〉
花粉管の中に2個できる。繊毛を使って移動して卵細胞に入り受精する。
〈胚乳(白果仁)〉
胚珠のときの組織がそのまま大きくなった。
心皮に包まれていないことで果実ではなく種子とされる。
〈精子の発見〉
イチョウの精子ができることを発見したのは平瀬作五郎で1896年に発表。
雌の木の花粉管からであった。

ミズキ［水木］

ミズキ科／落葉高木／Cornus controversa／5～6月／クルマミズキ（車水木）

名は樹液が多く、特に春先に枝を折ると水のような樹液がしたたることによるがカエデと違い糖分は少ない。枝が餅を刺しやすく赤みを帯びているので正月には繭玉《まゆだま》として使われる。

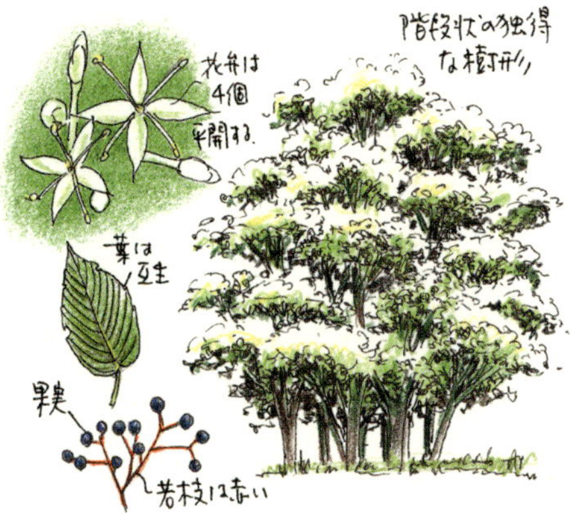
階段状の独得な樹形
花弁は4個平開する。
葉は互生
果実
若枝は赤い

ハナミズキ［花水木］

ミズキ科／落葉小高木～高木／Cornus florida／4～5月／アメリカヤマボウシ（アメリカ山法師）

米国東海岸からメキシコにかけて分布する。日本には明治中期に渡来した。1912年に当時の東京市長であった尾崎行雄がワシントンにサクラを贈り、その返礼として東京に贈られた。別名はアメリカヤマボウシでノースカロライナ州の州花とされている。

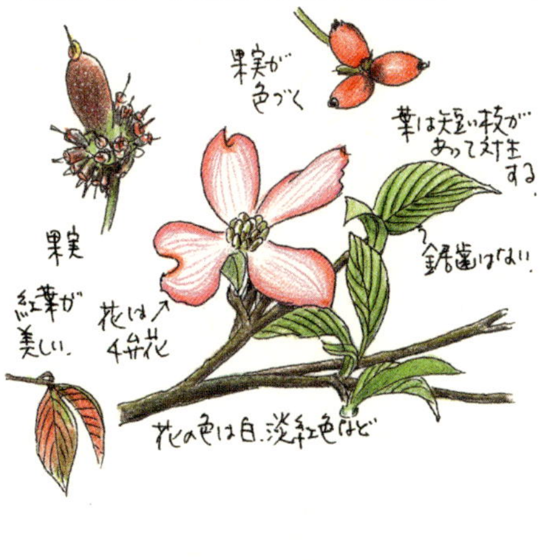
果実が色づく
葉は短い枝があって対生する。
鋸歯はない。
果実
紅葉が美しい。
花は4弁花
花の色は白、淡紅色など

Symbolic Prefectural Trees
都道府県の木

昭和43年(1968)の皇居東御苑公開に際し、都道府県から寄贈された各「都道府県の木」が植えられました。また、沖縄県の木は本土復帰した昭和47年(1972)に植樹されました。現在31樹種の木々が植えられています。(以下説明板を参考に作成)

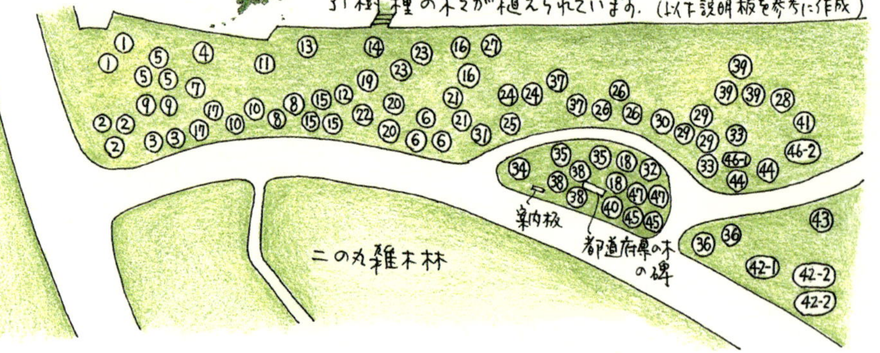

(都道府県の木説明板参照)

① 北海道 ─ Picea jezoensis えぞまつ(蝦夷松)マツ科

別名/クロエゾマツ 常緑高木。円錐形の樹冠。北海道の渡島半島を除く全域に自生する。枝は水平に広がる。

葉の先が鋭い。 H=40m、1.2mφ

② 青森県 ─ Thujopsis dolabrata var hondai ひば/ひのきあすなろ ヒノキ科

アスナロの変種。種鱗(胚珠をつける鱗片)は厚く、先はあまり突出しない。別名をアテヒ。九州ではサワラをアスナロという。ヒノキチオールが一番多い。金色堂に使う。

③ 岩手県 ─ Pinus densitiora Siebold et Zucc なんぶあかまつ(南部赤松)マツ科

木材の中央部の密度が高く、古くから高級木材として使用されている。お城などにも使われた。年輪が明瞭。

④ 宮城県 ─ Zelkova serrata けやき(欅、槻)ニレ科

(本丸休憩所〜ケヤキの芝生周辺参照。)

⑤ 秋田県 ─ Crytomeria japonica var radicans あきたすぎ(秋田杉)スギ科

長寿の樹といわれ屋久島の杉は千年を越えるものもある。4月頃開花する。太平洋側に自生するものはオモテスギ。日本海側はウラスギという。

⑥ 山形県 ─ Prunus Avium さくらんぼ(せいようみざくら)バラ科

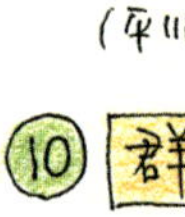

明治初期に渡来し、主に山形、福島、長野で栽培されている。西アジア原産。キダマナポレオン(丈夫) サトウニシキ

白い花が散形花序に3〜4個つく。

⑦ 福島県 ─ けやき(欅、槻)ニレ科

(本丸休憩所〜ケヤキの芝生周辺参照。)

⑧ 茨城県 ─ Prunus Mume うめ(梅)

(平川門〜梅林坂周辺参照)

⑨ 栃木県 ─ Aesculus turbinata とちのき(栃の木)トチノキ科

(野草の島周辺参照。)

⑩ 群馬県 ─ Pinus Thunbergii くろまつ(黒松)マツ科

(二の丸庭園〜汐見坂周辺参照。)

⑪ 埼玉県 ─ けやき(欅、槻)ニレ科

(本丸休憩所〜ケヤキの芝生周辺参照。)

⑫ 千葉県 ─ Podocarpus macrophyllus いぬまき(犬槙)マキ科

別名/クサマキ、マキ。常緑高木 葉は互生。5〜6月開花。ラカンマキは葉が小形で白っぽい。H=25m 2mφ。

⑬ **東京都** — Ginkgo biloba
いちょう（銀杏）イチョウ科
（二の丸庭園～汐見坂周辺参照）

⑭ **神奈川県** — Ginkgo biloba
いちょう（銀杏）イチョウ科
（二の丸庭園～汐見坂周辺参照）

⑮ **新潟県** — C. japonica var. decumbens
ゆきつばき（雪椿）ツバキ科

主に日本海側の標高300～1000mの山地に生える。葉は葉脈がはっきりしていてヤブツバキより鋸歯が大きく種子も大きい。1947年本田正次博士により新種発表された。

⑯ **富山県** Cryptomeria japonica var. radi
—たてやますぎ（立山杉）スギ科
寒さや雪に強い。背は低く幹は太い。ブナや立山の巨木スギは有名。

⑰ **石川県** Thjopsis dolabrata var. hondai
—あて（ひのきあすなろ）ヒノキ科
能登を中心に日本海側に分布する。造林樹種でクサアテ、マアテ、エリアテ、カナアテがある。

⑱ **福井県** Pinus Thunbergil
—まつ（松）　マツ科
（二の丸庭園～汐見坂周辺参照）

⑲ **山梨県** Acer palmatum
—かえで（楓）カエデ科
世界に約2属、200種
（二の丸庭園～汐見坂周辺参照）

⑳ **長野県** Betula platyphlla var. japonica
—しらかば（白樺）カバノキ科
（野草の島周辺参照）

㉑ **岐阜県** — Taxus cuspidata
いちい（一位）イチイ科

別名オンコ、アララギ。材で笏《しゃく》をつくったことから一位の名がある。
深山で生え、大きいものはH=20m 2mφ。雌雄異株。赤い仮種皮はトロッとした甘味があるが種子には毒がある。

㉒ **静岡県** Osmanthus fragrans var. aurantiacus
—もくせい（木犀）モクセイ科
世界に27属、約600種
（二の丸庭園～汐見坂周辺参照）

㉓ **愛知県** Acer pycnanthum
—はなのき（花の木）カエデ科

別名ハナカエデというように花が紅色で美しい。また新葉のころ木全体が桃色に染ったように見える。種名は密に花がある意味。特に雄花は多数集り美しい。
絶滅危惧種

㉔ **三重県** — cryptomeria japonia
じんぐうすぎ（神宮杉）スギ科
伊勢神宮の敷地にある杉の大きいものや、その種子から育った杉のこと。

㉕ **滋賀県** Acer palmatum
—もみじ（紅葉）カエデ科
（二の丸庭園～汐見坂周辺参照）

㉖ **京都府** Crytomeria japonica var. radcans
—きたやますぎ（北山杉）スギ科
磨き丸太として室町時代から茶室や数寄屋に重用された。京都市北区中川が産地の中心。

㉗ **大阪府** — Ginkgo biloba
いちょう（銀杏）イチョウ科
（松の芝生～天守台周辺参照）

㉘ **兵庫県** Cinnamomun Camphora
—くすのき（楠の木）クスノキ科
（野草の島周辺参照）

㉙ **奈良県** Cryptomeria japonica
—すぎ（杉）　スギ科
世界に約8属、15種ある。

㉚ **和歌山県** Quercus phillyraeoides
—うばめがし（姥目樫）ブナ科

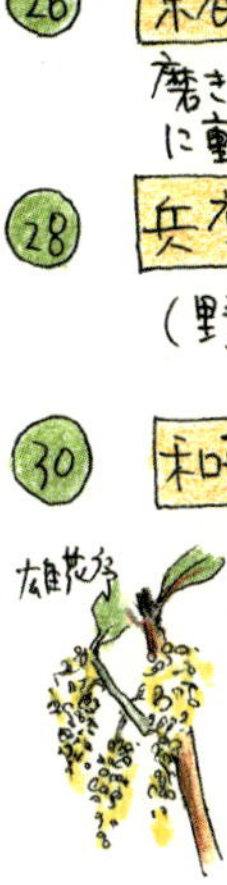

芽出しの色が茶褐色になるので姥女、昔既婚婦人の歯を染めるときの染料を採った。葉の表面のしわから老女を連想して姥女としたなど諸説あり。殻斗（実）は食べられる。木は常緑でよく枝分かれする。

㉛ **鳥取県** Taxus cuspidata var. nana
—だいせんきゃらぼく（大山伽羅木）

葉はイチイに似ているがイチイのように2列にならず、やや輪生状に並ぶ。イチイ科
大山《だいせん》の8合目あたりの群生地は天然記念物として有名。花は3～5月。イチイの変種とされる。

32 島根県－くろまつ（黒松）マツ科

（二の丸庭園～汐見坂周辺参照）

34 広島県－もみじ（紅葉）カエデ科

（二の丸庭園～汐見坂周辺参照）

36 徳島県－Myrica rubra
やまもも（山桃）ヤマモモ科

（二の丸庭園～汐見坂周辺参照）

38 愛媛県－まつ（松） マツ科

（二の丸庭園～汐見坂周辺参照）

40 福岡県－くるめつつじ（久留米躑躅）
（キリシマ）

（二の丸庭園～汐見坂周辺参照）

42－1 長崎県－Camellia japonica
つばき（椿）ツバキ科

約30属500種ある。日本には果実が裂開するツバキの仲間（ツバキ、ナツツバキ、ヒメツバキ各属）と果実が裂開しないモッコクの仲間（モッコク、サカキ、ヒサカキ属）を中心に7属、約20種ある。（二の丸庭園～汐見坂周辺－東御苑ツバキの園芸種参照）

42－2 長崎県－ひば ヒノキ科

（青森県～ひばの項に準ずる）

45 宮崎県－Phoenix canariensis
フェニックス（カナリーヤシ）
ヤシ科

幹は太く、H＝20～30m。
葉は4.5～6mの羽状複葉。
雌雄異株。果実は長さ約2.5cmの楕円形。カナリー諸島原産。

47 沖縄県－Pinus luchuensis
りゅうきゅうまつ（琉球松）

別名オキナワマツ。琉球 マツ科
列島に広く分布する。H＝20m。老木は樹冠が傘形になる。防潮、防風樹。葉は10～20cmで柔かい。

33 岡山県－あかまつ（赤松）マツ科

（二の丸庭園～汐見坂周辺参照）

35 山口県－あかまつ（赤松）マツ科

（二の丸庭園～汐見坂周辺参照）

37 香川県－Oiles europaos
オリーブ モクセイ科

小豆島が一大産地。地中海沿岸で古くから栽培されている。聖書では地の七産物、オリーブをくわえた鳩は平和のシンボル

39 高知県－やなせすぎ（魚梁瀬杉）

秋田杉、屋久杉と共に日本を代表する杉。目がつまって独特の色艶がある。 スギ科

41 佐賀県－くすのき（楠の木）クスノキ科

（野草の島周辺参照）

43 熊本県－くすのき（楠の木）クスノキ科

（野草の島周辺参照）

44 大分県－Prunus mume var. bungo
ぶんごうめ（豊後梅）バラ科

果樹として栽培されている梅の一種。
ウメとアンズの間種とする説もある。
多くは八重咲きとなる。食用となる。
実梅のブンゴウメを代表品種とする系統を豊後系という。豊後系には花梅もある。

46－1 鹿児島県－かいこうず（海紅豆）
（アメリカデイコ） マメ科

（二の丸庭園～汐見坂周辺参照）

46－2 鹿児島県－くすのき（楠の木）
クスノキ科

くすの木は県の木として四県から指定されており、最も多い。（兵庫、佐賀、熊本、鹿児島）九州だけでも三県。

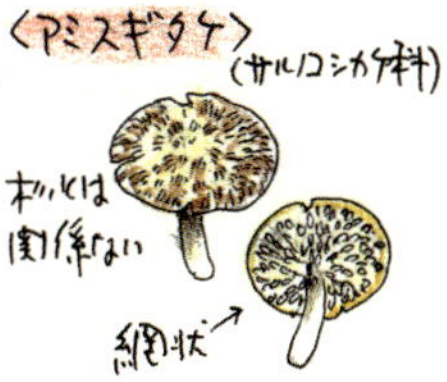

?コノキハキノコ?

皇居東御苑には多くのキノコが見られる。主に二の丸雑木林でよく見ると草木の陰でひっそりと暮しているのがわかる。

しかし、キノコの正体はなかなか難解で残念ながら、その多くは「らしい」「おそらく」「?」の冠がついてしまう。しかも触ると壊れやすく、遠目にしか見られないことも少くない。それでも一生懸命に生きているキノコに敬意を表して姿だけでも描いて見ることにした。自分で調べるのも楽しいよ！

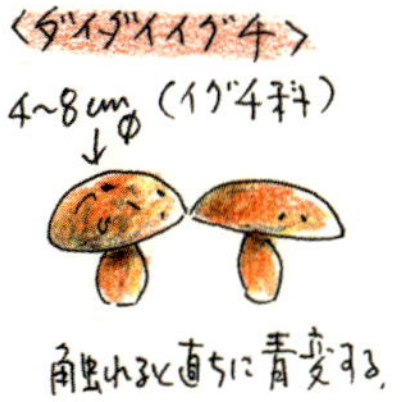

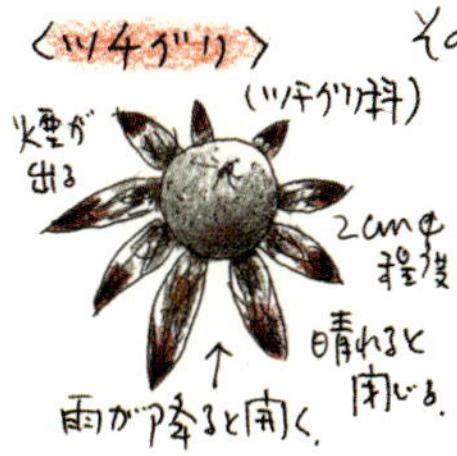

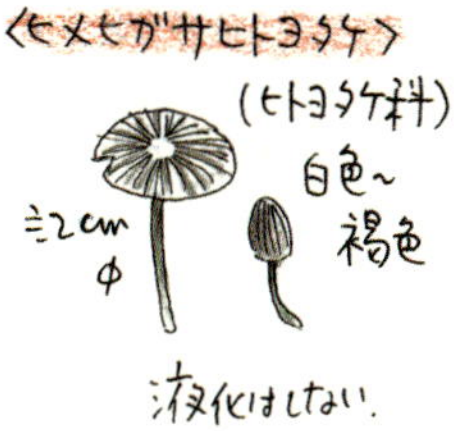

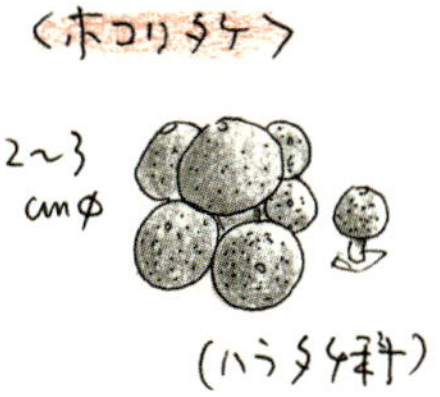

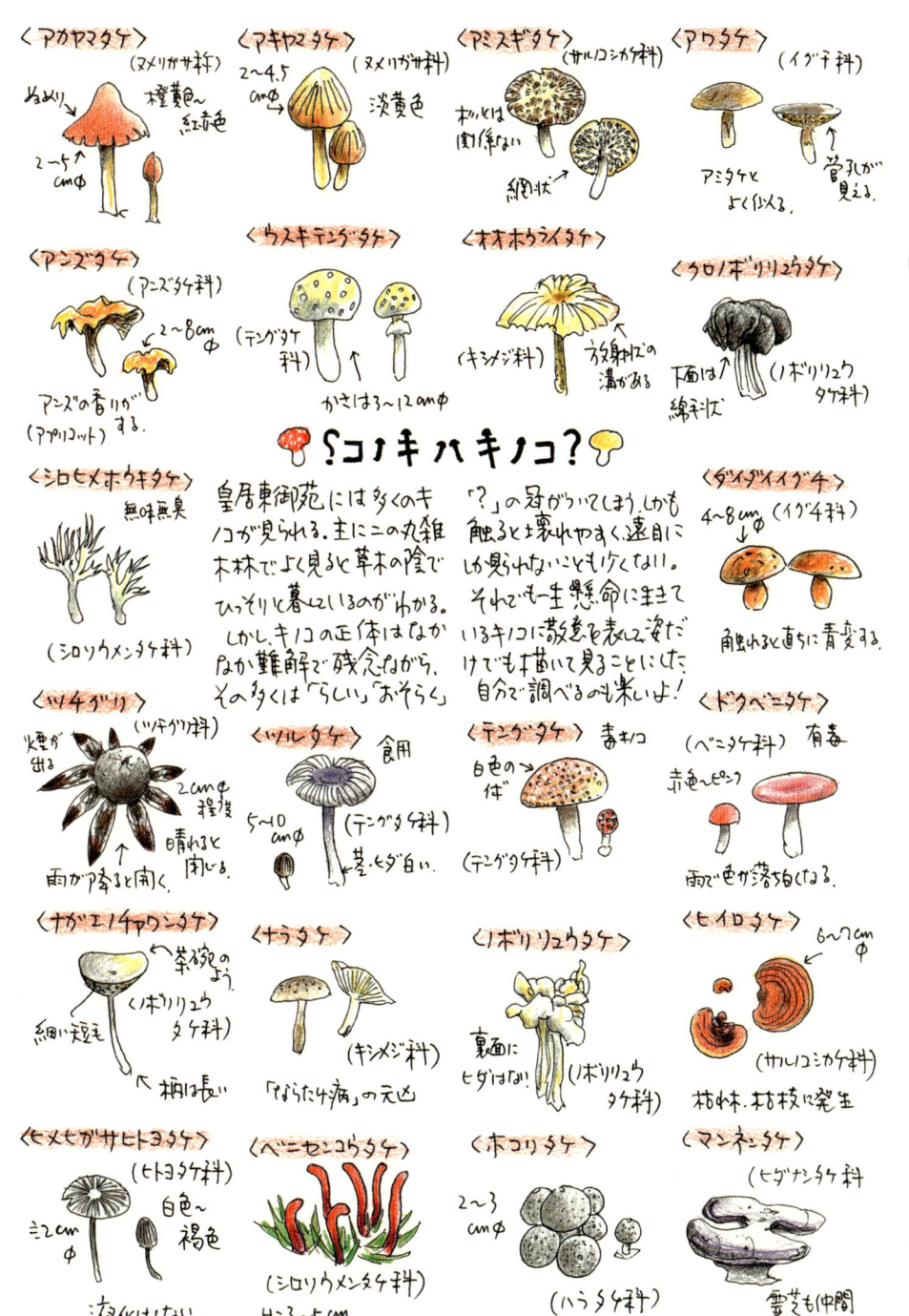

③ 平川門～梅林坂周辺

春がくる前に梅林坂には白や赤の梅の花が咲き、メジロなどの小鳥が枝と枝の間を飛び渡ります。かつて太田道灌の時代にも梅林があったといいますから 500年以上たっても梅に寄せる人の心は変わりないことを改めて思います。やがて梅雨時を過ぎるとウメの香が辺り一帯に立ち込め季節の変化を強く感じるようになります。

大手濠、清水濠、平川濠、天神濠と皇居の中でも自然と一緒になった昔の江戸城の姿を最も彷彿させるところです。

〈平川門〉

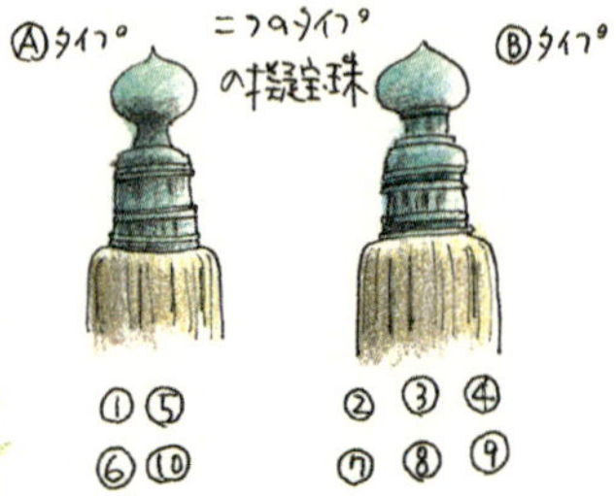

平川橋には慶長、寛永の擬宝珠が再利用されている。
江戸時代に触れられる!!

〈梅林坂と梅林〉文明10年、太田道灌が天神社をまつり、紅梅、白梅を数百本植えたことが由であるというがそのころの場所はわからない。現在の梅林は昭和42年に植えられたもので坂上から下までで50本余りのウメの木がある。

〈太田道灌 追慕の碑〉太田道灌没後450年を記念して建てられた。右後に見えるのは平川橋 ここは徳川の歴史だけではない。

〈書陵部〉皇室や宮内庁の図書や陵墓の管理等をする。

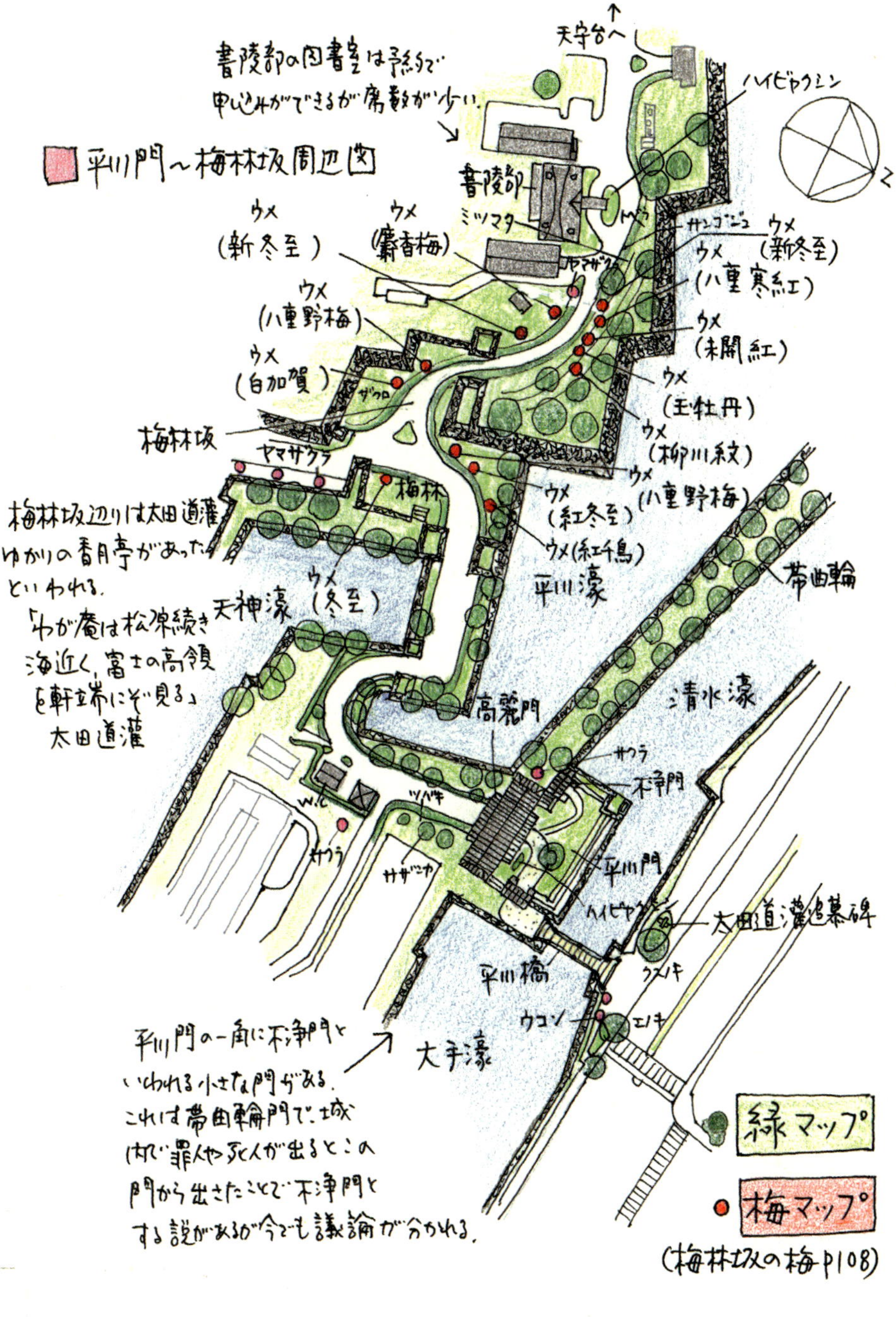
書陵部の図書室は予約で申し込みができるが席数が少い。
天守台へ
平川門〜梅林坂周辺図
ハイビャクシン
書陵部
ミツマタ
トベラ
サンゴジュ
ウメ（新冬至）
ウメ（麝香梅）
ヤマザクラ
ウメ（新冬至）
ウメ（八重寒紅）
ウメ（八重野梅）
ウメ（未開紅）
ウメ（白加賀）
ザクロ
ウメ（玉牡丹）
梅林坂
ウメ（柳川絞）
ヤマザクラ
梅林
ウメ（八重野梅）
ウメ（紅冬至）
ウメ（紅千鳥）
梅林坂辺りは太田道灌ゆかりの香月亭があったといわれる。
「わが庵は松原続き海近く、富士の高嶺を軒端にぞ見る」太田道灌
天神濠
ウメ（冬至）
平川濠
帯曲輪
清水濠
高麗門
サクラ
不浄門
W.C
サクラ
ツバキ
サザンカ
平川門
ハイビャクシン
太田道灌追慕碑
平川橋
クスノキ
ウコン
エノキ
大手濠
平川門の一角に不浄門といわれる小さな門がある。これは帯曲輪門で、城内で罪人や死人が出るとこの門から出されたことで不浄門とする説があるが今でも議論が分かれる。
緑マップ
梅マップ
（梅林坂の梅 P108）

花は
12月〜2月
冬至梅ともいう。
冬至
(トウジ)
早咲きの品種
野梅系の一重咲き
中国原産で古代に渡来した。

花は12月〜2月
中国原産
幹や枝が斜上する。
紅冬至
(べにトウジ、コウトウジ)
盆栽にも向く。野梅系の一重咲き

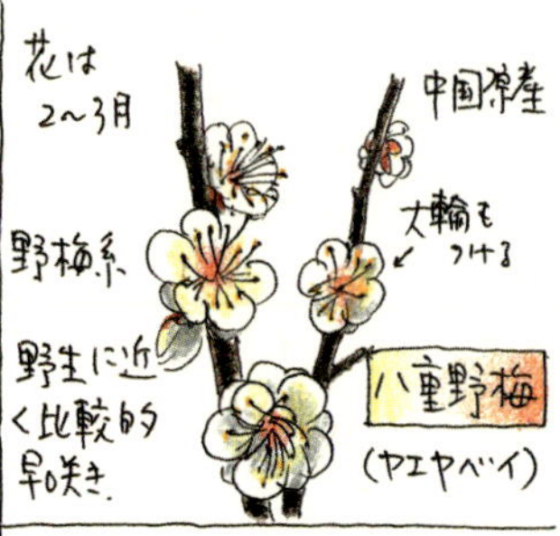
花は
2〜3月
中国原産
大輪をつける
野梅系
野生に近く比較的早咲き。
八重野梅
(ヤエヤベイ)

梅林坂の梅

ウメ[梅]

バラ科／落葉小高木〜高木／Armeniaca mume／1〜3月

早春の代名詞ともいえる花で、葉よりも先に5弁または八重の花をつける。色は本来白だが紅、淡紅もある。6月にはほぼ球形の果実が黄色に熟す。

梅林坂にはウメの木が60本程と園芸種も10種類程ある。漢名「梅」の mui または mei の転訛。中国から日本には遣唐使が漢方薬の「烏梅《うばい》」として持ち帰ったといわれる。万葉集に詠まれているのは白梅のみで119首。紅梅が初見されるのは有名な菅原道真の「東風ふかば匂ひおこせよ梅の花あるじなしとて春を忘るな」が最初という。

花は1月上旬〜2月
中国原産
八重寒梅
(ヤエカンバイ)
寒さに強い早咲き
野梅系

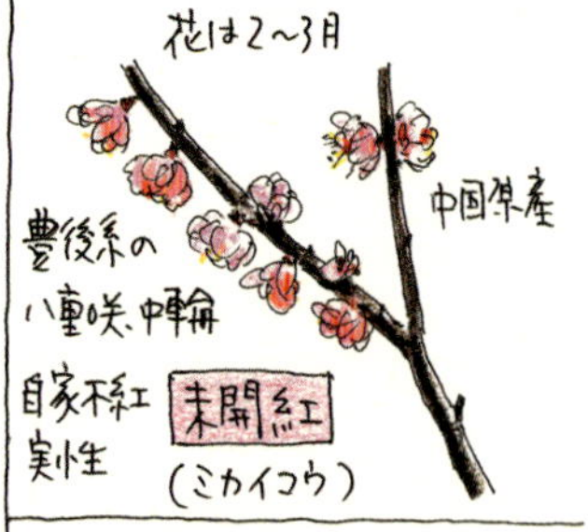
花は2〜3月
中国原産
豊後系の八重咲、中輪
自家不結実性
未開紅
(ミカイコウ)

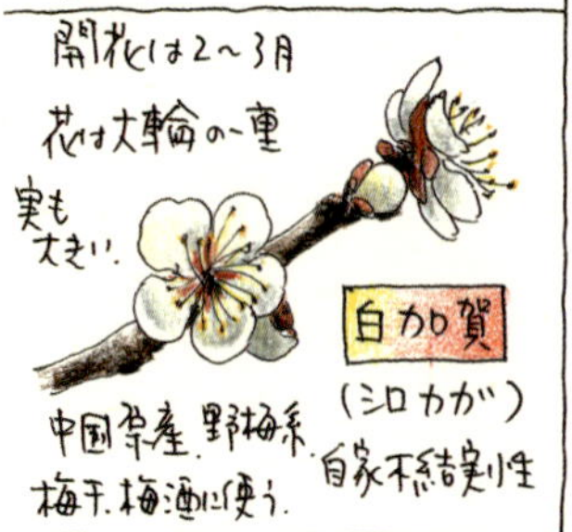
開花は2〜3月
花は大輪の一重
実も大きい。
白加賀
(シロカガ)
中国原産、野梅系。
梅干、梅酒に使う。
自家不結実性

花は2月頃
日当りを好む
新冬至梅ともいう。
野梅系の一重咲き
新冬至
(しんとうじ)

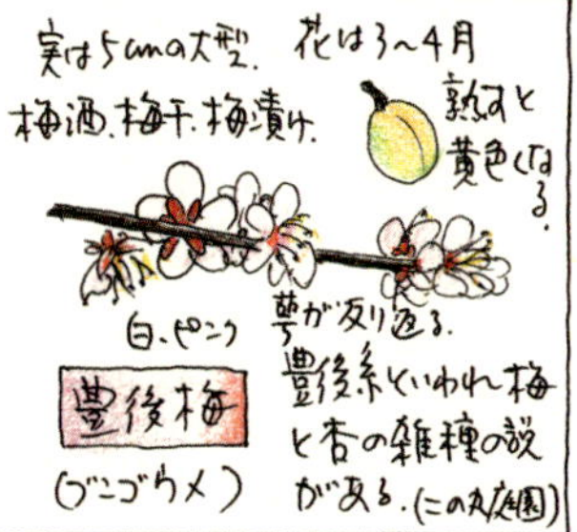
実は5cmの大型。
花は3〜4月
梅酒、梅干、梅漬け。
熟すと黄色くなる。
白、ピンク
萼が反り返る。
豊後梅
(ブンゴウメ)
豊後系といわれ梅と杏の雑種の説がある。(二の丸庭園)

ウメの実

花は2〜3月
香りがよく、早春から春へ一輪ずつ咲く。
一重咲き。
遅咲き
耐寒性
紅千鳥
(べにチドリ)

開花は2月中旬〜3月上旬
花は絞り模様
紅色、白色咲き分け
八重咲き
柳川紋
(ヤナガワモン)

開花は2〜3月
一重咲きの中輪
(20〜25m/m)
仄《ほの》かな香りがする。
中国原産
麝香梅
(ジャコウウメ)

開花は
2〜3月
中国原産
比較的遅咲き。
ギョクボタンともいう。
(30〜40m/m)
野梅系
八重咲き、
大輪
玉牡丹
(タマボタン)

エノキ［榎］

ニレ科／落葉高木／Celtis sinensis var. japonica／4～5月／エ、エンノキ、エノミノキ、アブラギリ

エノキの「エ」は枝で、枝の多い木。器具の柄に適する。よく燃えるのでモエキの略、縁の木、エリキ（選木）の意味等名の由来は多い。夏に涼しい陰をつくるので一里塚や道標、橋詰などに植えられた。果実は甘く小鳥の食餌木となる。葉は国蝶オオムラサキの食草。材ではタマムシが育つ。

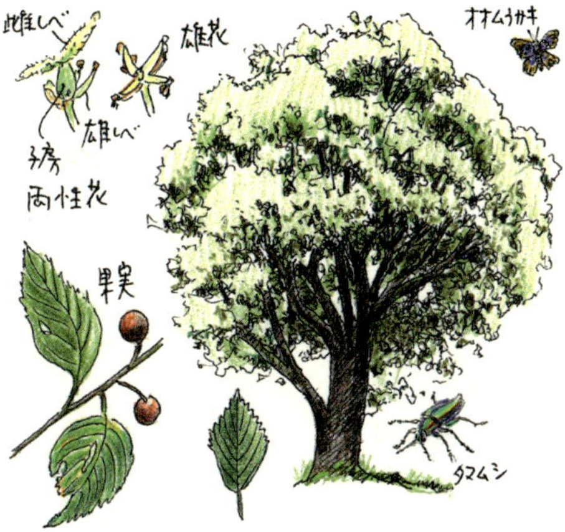

サンゴジュ［珊瑚樹］

スイカズラ科／常緑小高木～高木／Viburnumodoratissimum／6月／ヤブサンゴ

名は冬の赤い実が赤珊瑚で作った玉サンゴに似ていることから。葉肉が厚く水分が多いため燃えにくく、防火樹に適する。アワブキの別名も燃やすと泡が噴き出るところから。葉が大きく密にあるので目隠しの植込みにも使われる。サンゴジュハムシがつく。

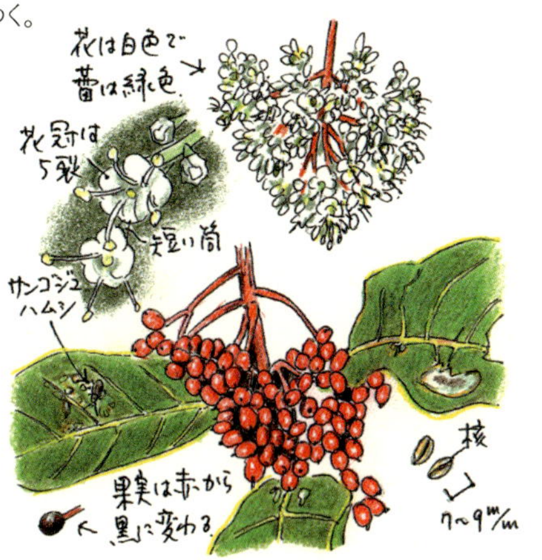

ザクロ［石榴、柘榴、若榴］

ザクロ科／落葉小高木／Punica granatum／5～6月／セキリュウ（石榴）、ジャクリュウ（若榴）

イラン、アフガニスタン、インド西北部原産で中国、朝鮮を経て日本に伝えられた。中国では漢の武帝の頃、当時安石国といったペルシャから種を持ち帰ったことから安石榴と称し石榴の呉音読みで「ジャクロ」となったという。榴は姿からコブの意味がある。神話でも多くの女神と結びつき赤い実は子宮のシンボルとされ、また多産の象徴に。釈迦は訶梨帝《かりてい》（鬼子母神）に人の子の代わりに与えた。王安石の石榴《せきりゅう》を詠ずる詩に「万緑叢中《そうちゅう》（に）紅一点（あり）人を動かす春色多きを須《もち》いず」がある。これはザクロの実が緑の葉の中で一つポツンとなっている静寂の中の艶《あで》やかさという情景であろう。つまり紅一点はここから。しかし英語では手榴弾、米語ではリンゴと様々。聖書にもある「地」の七産物の一つ。

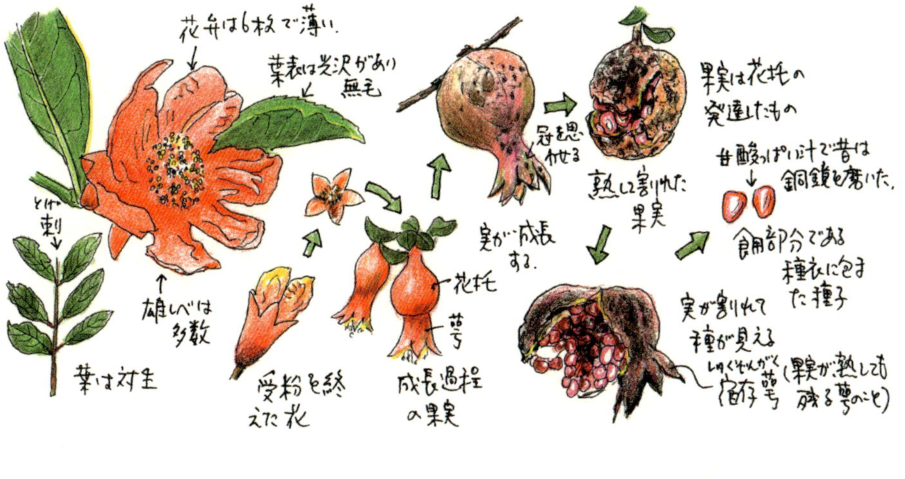

ビヨウヤナギ［未央柳］

オトギリソウ科／半落葉低木／Hypericum chinense／6〜7月／ヒペリカム

名は姿が美しくヤナギに似ていることによる。「美容柳」とも書く。中国の「未央宮」という宮殿に住んだ玄宗皇帝の妃の顔を花として、その眉をヤナギの葉にたとえたもの。

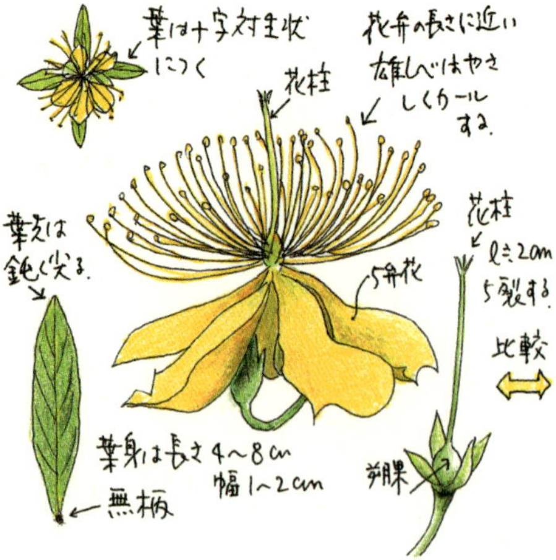

キンシバイ［金糸梅］

オトギリソウ科／半落葉小低木／Hypericum patulum／5〜7月／クサヤマブキ(草山吹)

花がウメに似ていることから名前がついた。ヒペリカムという別名もあるが、園芸種はヒドコートという。中国原産で江戸の博学者平賀源内によれば宝暦10年(1760)に渡来したという。ビヨウヤナギと違って本種は盆形で開ききらない。

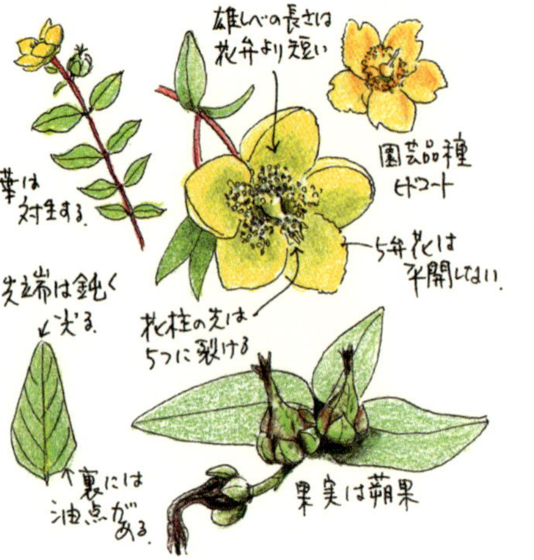

トベラ［扉］

トベラ科／常緑低木／Pittosporum tobira／4〜6月／トビラノキ(扉の木)、トビラキ(扉木)

葉や枝に悪臭があることから、節分や除夜の風習として扉に挟んで鬼を除けた木がトビラノキと呼ばれ、転略されたものが名前の由緒であるが後に木はヒイラギに代わってきた。葉枝は燃やすとパチパチとはぜてより臭いが強くなる。

クロヤナギ［黒柳］

ヤナギ科／落葉低木／Salix gracilistyla var. melanostachys／3〜4月

ネコヤナギ(猫柳)の突然変異と推定されているが花序の色が黒っぽい。観賞用には雄株が植栽されているが雌株はまだ発見されていないという。ヤナギに似るが葉の裏面にはほとんど毛がない。

クコ［枸杞］

ナス科／落葉低木／Lycium chinense／7～9月／ヌミグスリ(沼美久須利)

名前は中国名の枸杞によるが種小名も中国産の意味がある。また枸杞はニワウルシ類の葉に似る。実は酒や焼酎につけてクコ酒にする。滋養強壮の働きから薬膳料理には欠かせない。古来、不老長寿の効があるとされる薬草名は「天粒子」。

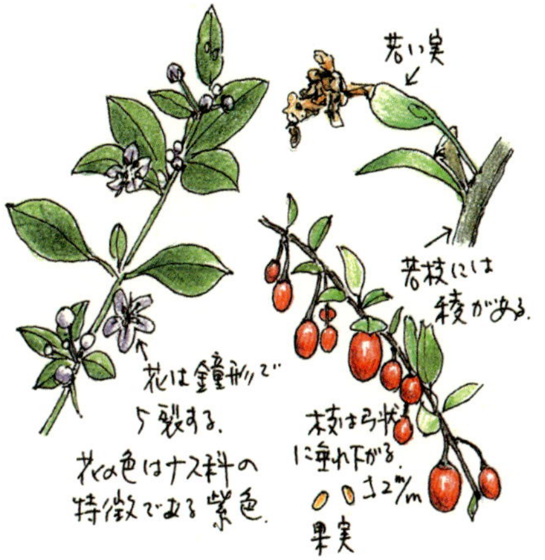

若い実
若枝には稜がある。
花は鐘形で5裂する。
花の色はナス科の特徴である紫色。
枝は弓状に垂れ下がる。
2m/m
果実

ダイダイ［橙］

ミカン科／常緑小高木／Citrus aurantium／5～6月／ビターオレンジ

古い時代に中国から渡来したといわれ、暖地に栽培される。名前は3年前の果実まで木に残ることから「代々残る」のでダイダイとか(?)。果実は冬に黄色に熟すが木に残しておくと次の年再び緑色を帯びる。これを「回青《かいせい》」または「回青橙《かいせいとう》」という。

←ダイダイ
橙《だいだい》色
←枝には刺がある。
葉質は革質
葉はやや内に巻く
ヨーロッパではビターオレンジという。
果実は約150g
鋭く尖る
香りのよい5弁花
翼《よく》がある。

クサノオウ［草黄、草王］

ケシ科／越年草／Chelidonium majus var. asiaticum／4～7月／タムシクサ(田虫草)

名前は丹毒を治す効力があるので瘡《くさ》の王と呼ぶ説もある。属名のケリドニウムはギリシャ語でツバメのことで、英語もswallow wort（ツバメ草）でツバメの来る初夏に花を咲かせる。21種類のアルカロイドを含む。

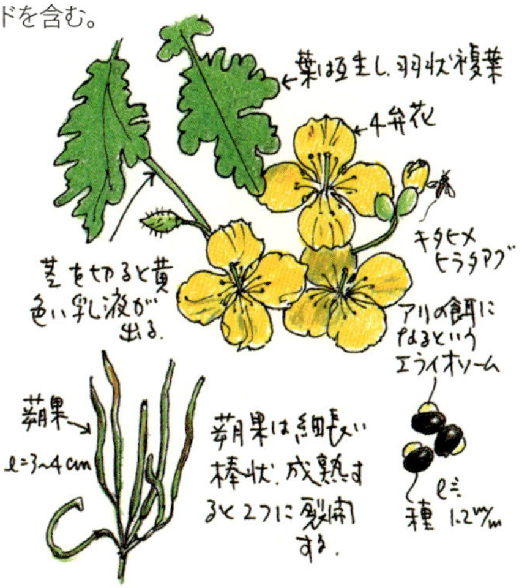

←葉は互生し、羽状複葉
←4弁花
キタヒメヒラタアブ
茎を切ると黄色い乳液が出る。
アリの餌になるというエライオソーム
蒴果→
l=3～4cm
蒴果は細長い棒状。成熟すると2つに裂開する。
l=1.2m/m
種

キケマン［黄華鬘］

ケシ科／越年草／Corydalis heterocarpa var. japonica／3～6月／ヤブケマン(藪華鬘)

もともとインドでは花輪であったものが華鬘《けまん》という金属製の仏堂における荘厳具になった。この華鬘という飾りに似ているところから黄色のケマンの名があるという。中国・朝鮮半島を原産地とし、室町時代に渡来した。

総状花序の花は
l=1.5～2.0cm
華鬘《けまん》(中尊寺)
葉は3～4回羽状複葉
1.5m/m
エライオソーム
種子

❹ 松の芝生～天守台周辺

江戸城のシンボルであった天守は明暦の大火（1657）で焼失しましたが、その後すぐに天守台ができました。残念ながら天守は再建されませんでしたが、立派な石積みは今でも十分迫力があります。台の上に登ると東側にわずかですがスカイツリーも見えます。またここから見た南側の場所ほとんどが江戸城の本丸で埋まっていたことは想像しにくいかもしれませんので天守台にある説明板の手を借りて下さい。

植物ではなんといっても43種類もの桜が見ものでこれほどの種類が1カ所で見られるところはあまりありません。春は毎日変化する花模様を十分楽しんで下さい。また春先には富士見多聞櫓《たもんやぐら》のすぐ近くでカタクリの花が可憐に顔を見せます。

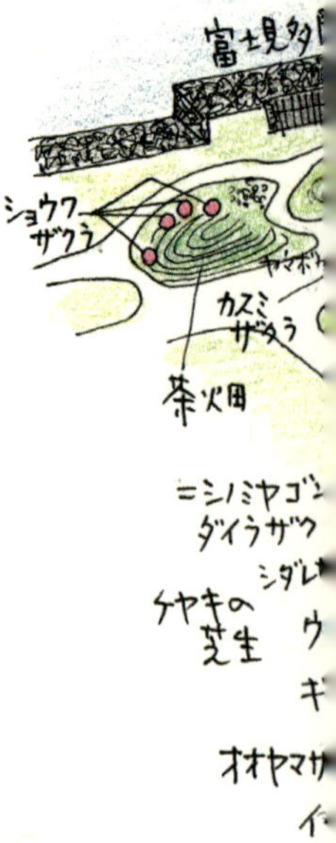

〈天守台〉明暦の大火で寛永度天守は焼失した。その後、加賀前田家によって天守台が作られたが天守そのものは再建されることはなかった。手前の小天守台にあるのは金名水といわれる井戸

金の雛人形は京風の並び。「天子南面す」

〈楽部〉日本の最も古い伝統芸能である雅楽を継承して伝えている。昭和12年に完成している。雅楽は抽選で見ることができる。

〈桃華楽堂〉昭和41年に完成。設計は今井兼次。主に洋楽を演奏する音楽堂。香淳皇后のご還暦を記念して建てられた。

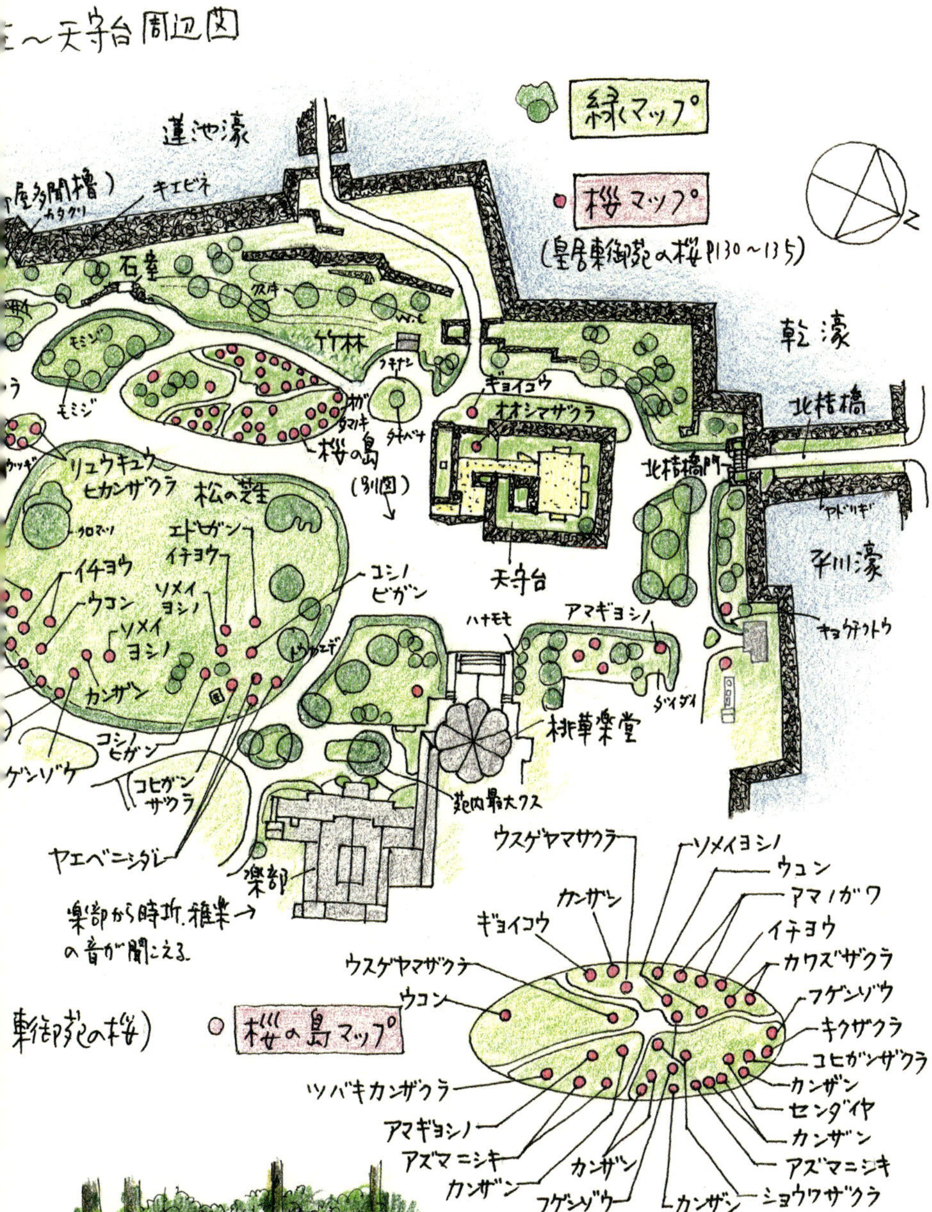

〈石室〉御宝蔵の跡といわれる。
6月頃には上からホタルブクロが垂れる。
この辺りは大奥へ行く、御鈴廊下の近く。

タチバナ [橘]

ミカン科／常緑低木／Citrus tachibana／5〜6月／ヤマトタチバナ(大和橘)

橘は平安時代の京都御所紫宸殿において、南階段下西側に「右近の橘」として植えられここから南に右近衛府《えふ》の官人が陣列したという由緒のある樹であった。東はもちろん「左近の桜」。皇居東御苑の現在の橘はかつて大芝生付近にあった呉竹寮の庭にあったものが移植されたという。橘はミカン類では我が国唯一の自生種。絶滅危惧II類指定。

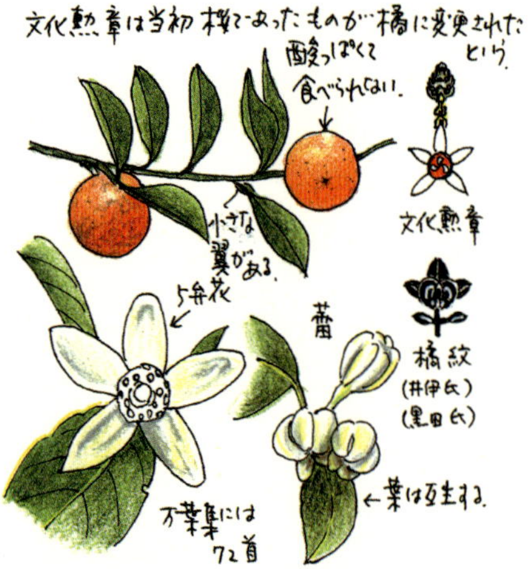

文化勲章は当初桜であったものが橘に変更されたという。
酸っぱくて食べられない。
文化勲章
小さな翼がある。
5弁花
蕾
橘紋
(井伊氏)
(黒田氏)
←葉は互生する。
万葉集には72首

クチナシ [梔子、巵子、支子]

アカネ科／常緑低木／Gardenia jasminoides／6〜7月／センプク(薝蔔)

名は実が熟しても開裂しないので「口無」という。江戸時代の文政年間には人気が高まり『草本錦葉集』に41品種の図が掲載されている。果実は「山梔子《さんしし》」といい、打撲や腰痛の漢方薬。

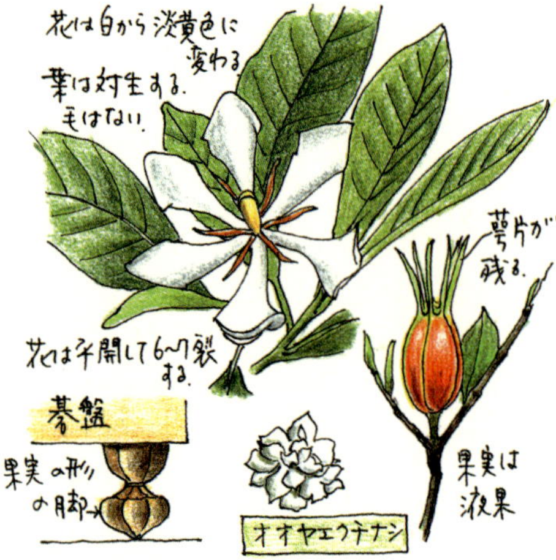

花は白から淡黄色に変わる
葉は対生する。毛はない。
萼片が残る。
花は平開して6〜7裂する。
碁盤
果実の形の脚→
オオヤエクチナシ
果実は液果

キンカン [金柑]

ミカン科／常緑低木／Citrus japonica／7〜9月／キンキツ

名前の由来は単純で、熟した果実が金色の柑橘だからという。中国原産で鎌倉から室町にかけて渡来したキンカンはミカンの種類と考えられていたが、その固有性から現在はキンカン属に分類されている。

←葉は互生する。
花弁は5個
葉は革質
葉柄に翼はない。
果実は2〜3cmΦ
刺はあってもごく短い。
果肉は酸っぱいが果皮には甘味と香気があり、食べられる。

リョウブ [令法]

リョウブ科／落葉高木／Clethra barbinervis／7〜9月／ハタツモリ(旗積り、畑積り)

漢名の令法《りょうぼう》の転訛。属名はハンノキの古代ギリシャ語に由来し、葉形が似ることから。種小名は葉脈にひげがあることによる。木材としては木肌に特徴があるため床材に使われる。若葉は食用になるが蒸して乾燥させると保存がきく。

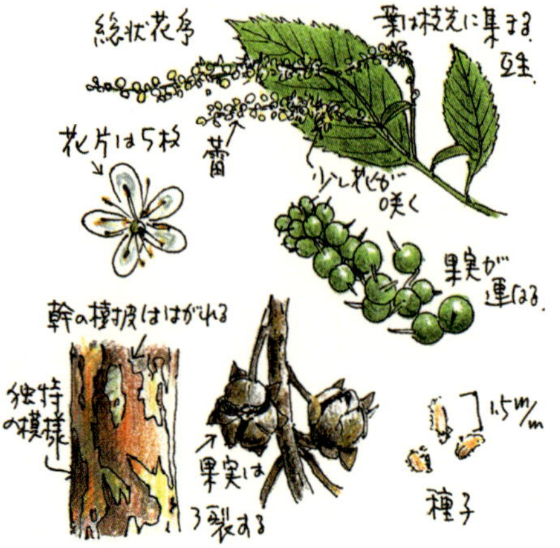

総状花序
葉は枝先に集まる。互生。
花片は5枚
蕾
少し花が咲く
果実が連なる。
幹の樹皮ははがれる
独特の模様
果実は3裂する
1.5m/m
種子

チャノキ［茶の木］

ツバキ科／常緑低木／Camellia sinensis／10〜11月／チャ（茶）

建久2年（1191）に臨済宗の僧栄西が中国から持ち帰り緑茶用に各地で栽培されている。煎茶は江戸時代に僧隠元が黄檗宗《おうばくしゅう》とともに伝えた。東御苑の茶畑は遠州のイメージでヤブキタ系という。茶は花が咲くようでは葉のためにならないとされる。

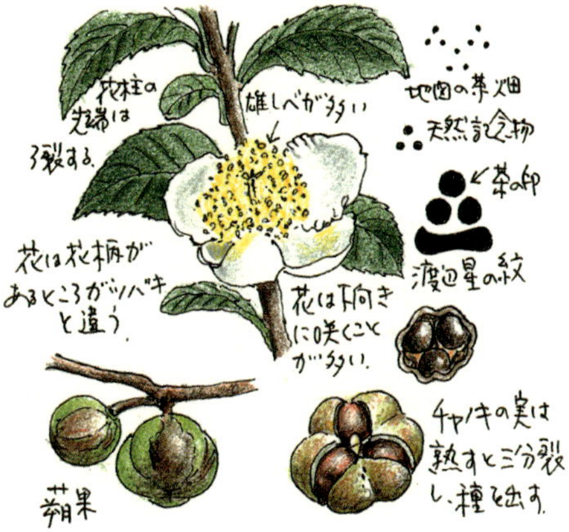
花柱の先端は3裂する。
雄しべが多い
地図の茶畑
天然記念物
茶の印
渡辺星の紋
花は花柄があるところがツバキと違う。
花は下向きに咲くことが多い。
蒴果
チャノキの実は熟すと三分裂し、種を出す。

ハナモモ［花桃］

バラ科／落葉低木〜小高木／Amygdalus persica／3〜4月／モモ（桃）、ケモモ（毛桃）

花が美しいモモで、そのモモの名は実が多くなることからモモ（百百）。実に毛があることからモモ（毛毛）、あるいはマミ（真美）の転。ハナモモは観賞用品種の総称。つぼみや種子は漢方薬、葉は入浴剤、樹皮は染料に使われる。香淳皇后のお印の花。

照手花桃《てるてはなもも》
照手紅
照手桃
照手白
がある。
色は、赤、桃色
白、紅白咲き分け等。
樹形は細く立上る（東御苑）
ほうき立ち性という。
ハナモモの果実 5〜6cmφ

サラサドウダン［更紗灯台］

ツツジ科／落葉低木／Enkianthuscampanulatus／5〜6月／フウリンツツジ（風鈴躑躅）

サラサ（更紗、更沙）は人物、鳥獣、草花などの模様を種々の色で染めた綿布でインドやペルシャ、シャム等から渡来したもの。花期はドウダンツツジより1カ月ほど遅く葉が完全に展開した後に花が開く。本種は火山性の土壌で生育する。

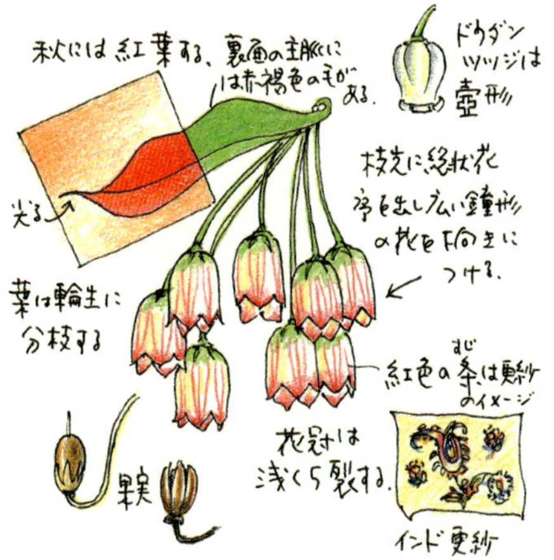
秋には紅葉する、裏面の主脈には赤褐色の毛がある。
ドウダンツツジは壺形
尖る
枝先に総状花序を出し広い鐘形の花を下向きにつける。
葉は輪生に分枝する
紅色の条《すじ》は更紗のイメージ
花冠は浅く5裂する。
果実
インド更紗

トウゴクミツバツツジ［東国三葉躑躅］

ツツジ科／落葉低木／Rhododendron wadanum／4〜6月／イワヤマツツジ（岩山躑躅）

トウゴクは関東の山地に多いことから。代表種のミツバツツジとは違い雄しべが10本（ミツバツツジは5本）あり、花期も遅い。また標高1000m以上の高い場所に多く見られる。

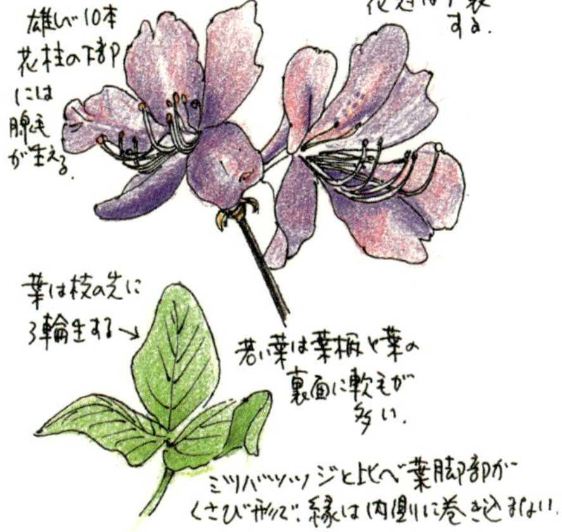
雄しべ10本
花柱の下部には腺毛が生える。
花冠は5裂する。
葉は枝の先に3輪生する→
若い葉は葉柄と葉の裏面に軟毛が多い。
ミツバツツジと比べ葉脚部がくさび形で、縁は内側に巻き込まない。

マンサク［満作］

マンサク科／落葉小高木／Hamamelis japonica／2～3月／ネソ（練麻）、カタソゲ

名は黄色の花がいっぱい咲くので「豊年満作」の説と「まず咲く」といった説がある。中部地方では「練《ね》り麻《そ》」でネソという。その強靭な樹皮で五箇山や白川の合掌造りの梁を締める。「おおかたの枯葉は枝に残りつつ今まんさくの花一つさく」皇后陛下御歌。

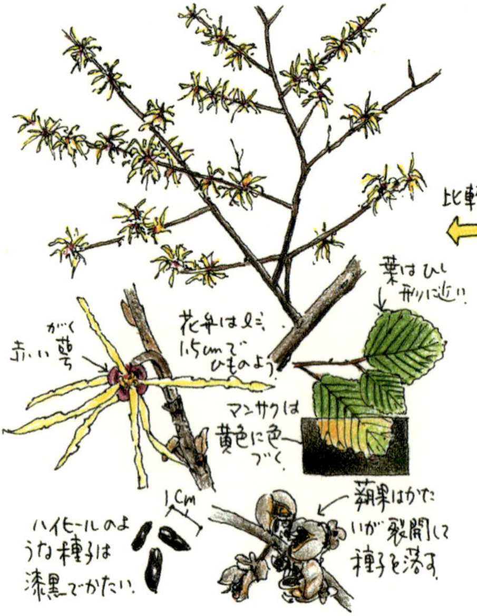
葉はひし形に近い。
花弁は長さ1.5cmでひものよう。
赤い萼《がく》
マンサクは黄色に色づく。
1cm
ハイヒールのような種子は漆黒でかたい。
蒴果はかたいが裂開して種子を落す。

シナマンサク［支那満作］

マンサク科／落葉小高木／Hamamelis mollis／1～3月／キンロウバイ（金楼梅）

中国原産で日本のマンサクよりも1カ月程先に咲く。しかしマンサクとの一番の違いは枯れ葉が花の時期まで残ること。また花は一まわり大きく黄色も濃い。若枝は綿毛が多いが中雀門下よりも野草の島のシナマンサクの方が葉裏の毛が多い。

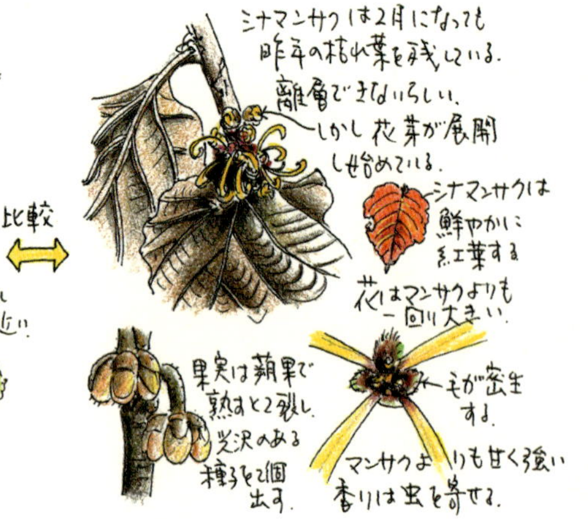
比較
シナマンサクは2月になっても昨年の枯れ葉を残している。
離層できないらしい。
しかし花芽が展開し始めている。
シナマンサクは鮮やかに紅葉する
花はマンサクよりも一回り大きい。
果実は蒴果で熟すと2裂し光沢のある種子を2個出す。
毛が密生する。
マンサクよりも甘く強い香りは虫を寄せる。

ベニガク［紅萼、紅額］

ユキノシタ科／落葉低木／Hydrangea macrophylla f. rosalba／5～7月

ヤマアジサイの園芸品種、または変異したものと言われる。花は初めのうちは白で、次に淡紅、最後に紅色に変化する。枝の先は湾曲し地について根を出す。葉はアジサイの中でも大きく高さも1m以上になる。

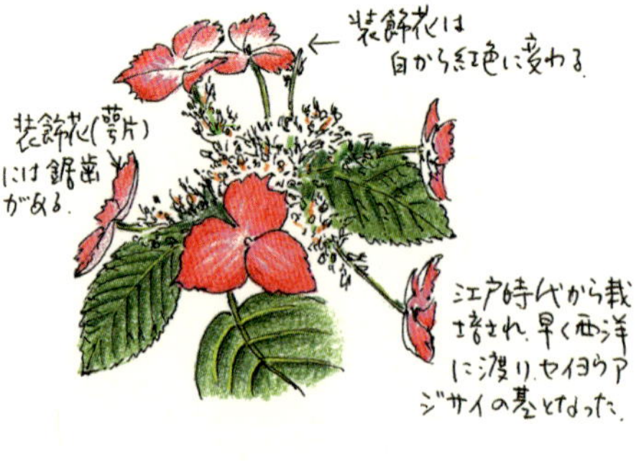
装飾花は白から紅色に変わる。
装飾花（萼片）には鋸歯がある。
江戸時代から栽培され、早く西洋に渡り、セイヨウアジサイの基となった。

ナツメ［棗］

クロウメモドキ科／落葉高木／Zizyphus jujuba／4～5月／タイソウ（大棗）

原産地は中国から西アジアにかけてであり、日本への渡来は奈良時代以前とされる。ナツメヤシは単子葉植物で遠縁の別種だが、果実の形が似るところから。台湾では緑のままで果物として食べる。味は梨のようだという。棗はタイソウともいう。

夏に入って芽が出ることから「夏芽」の由来がある。
花弁、雄しべ、萼片ともに5個
雄しべ
雌しべ
花被
若い実
果実は核果→ 長さ2～3cm
棗《なつめ》はお茶を入れる器で
←ナツメの果実の形から名付いた。

ハイビャクシン［這柏槇］

ヒノキ科／常緑低木／Juniperus chinensis var. procumbens／4〜5月／ソナレ（磯馴）

名は地を這うビャクシンの意でビャクシンは漢名柏槇の音読み。別名のソナレは磯馴れの意で磯に生えて海風に従って育つことによる。この仲間は香りがよいものが多く世界中で神事や祭事に使われている。沼津市大瀬崎のビャクシンは天然記念物。

ナンテン［南天］

メギ科／常緑低木／Nandina domestica／5〜6月／ナルテン（成天）、ナンテンショク（南天燭）

熟した実は赤く、「難を転ずる」として祝事用に使われたことから転訛してナンテンとなったといわれる。中国では新年に寺や廟などに飾った。幹の趣もあって床柱にも使われているが特に金閣寺のものは有名。漢方では乾燥させた熟果が南天実《なんてんじつ》と呼ばれる。

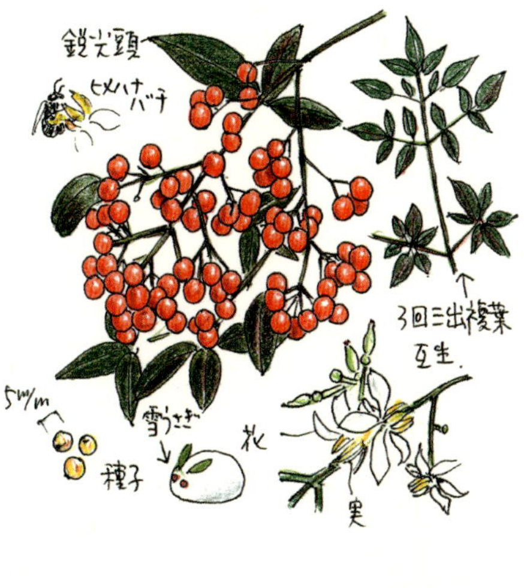

キョウチクトウ［夾竹桃］

キョウチクトウ科／常緑低木／Nerium indicum／6〜10月／半年紅

葉が竹のように細く、花が桃に似ることによる。花には芳香があるが、枝葉には猛毒があり、一説には青酸カリよりも強いともいう。日本軍が南方で枝を箸の代用で使って亡くなり、アレクサンダー大王やナポレオンの軍隊も同じような目にあっているという。インド原産で中国を経て渡来した。

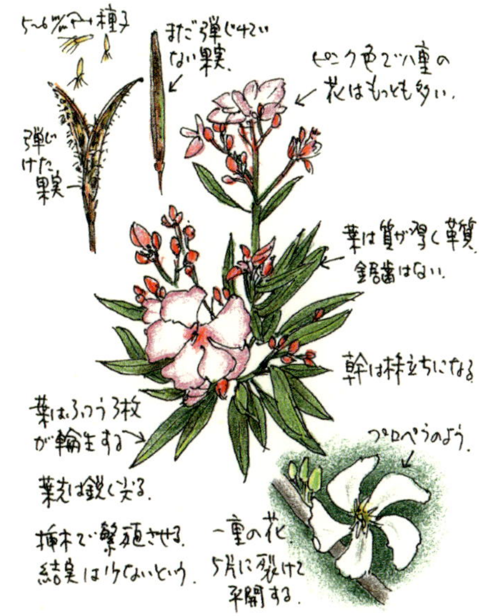

ヤドリギ［寄生木、宿木］

ヤドリギ科／常緑小低木／Viscum album var. coloratum／2〜3月／トビヅタ（飛び蔦）

エノキ、ケヤキ、ブナ、ミズナラ、クリ、サクラなど落葉樹の大木に寄生し、宿主の幹にくい込んだ寄生根から養分や水分を吸いとる。属名はこの木のラテン語名。種小名は白の意味で果実の色が白いことから。漢方では「桑寄生《そうきせい》」の名で利用される。

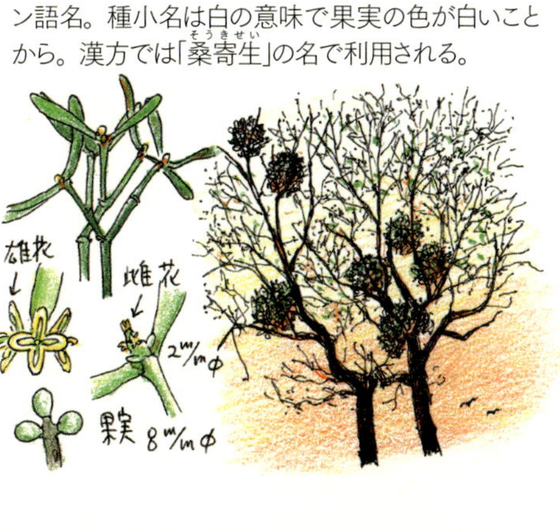

バラ園

天皇陛下のお考えから平成8年(1996)に整備されました。大半のバラは、昭和天皇が献上をお受けになって、お育てになっていたものを吹上御苑から移植したものです。またフローレンス・ナイチンゲールは、フローレンスナイチンゲール国際基金発足75周年を記念してつくられたバラで、平成21年(2009)9月に贈られ天皇・皇后両陛下がお手植になられました。

バラ園は、昭和天皇が献上を受けて吹上御苑で育てていたバラの移植で現在15種類がある。皇后のお好みになっているものもいくつかある。

バラは世界に100属、約3,000種がある。花は放射状で花弁は通常5個。

(案内板を参考に作成)

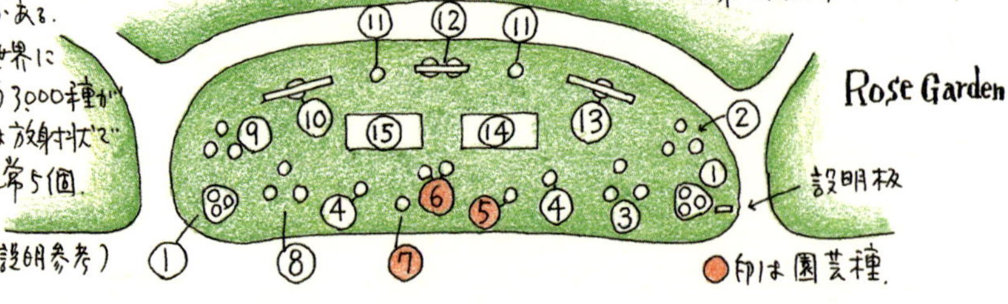

(以下案内板説明参考)

① Rosa wichuraiana テリハノイバラ(照葉野薔薇)

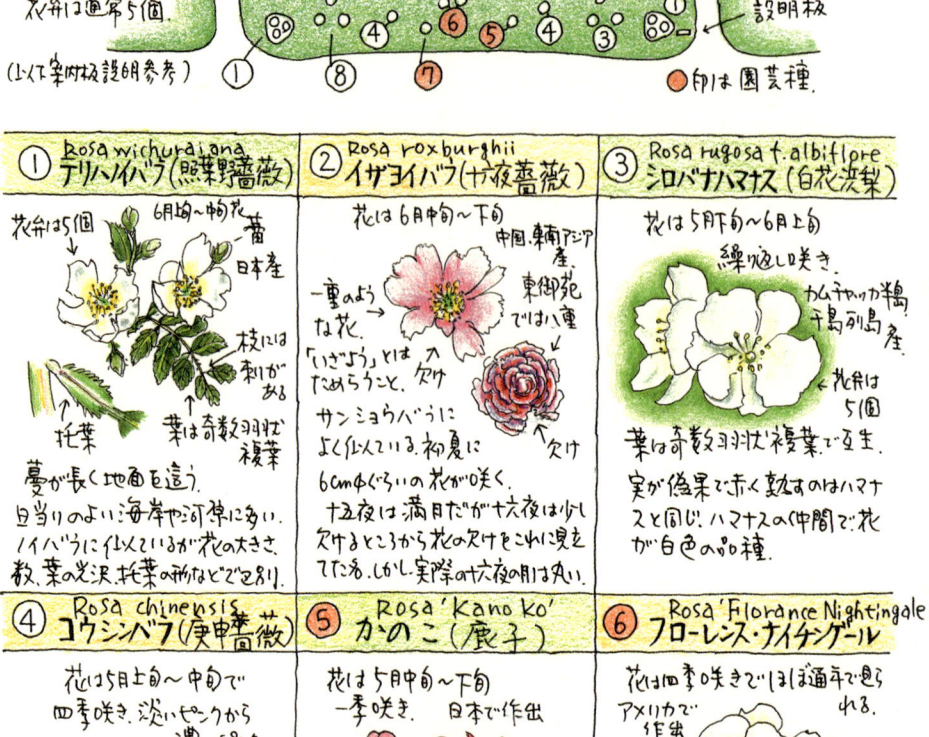

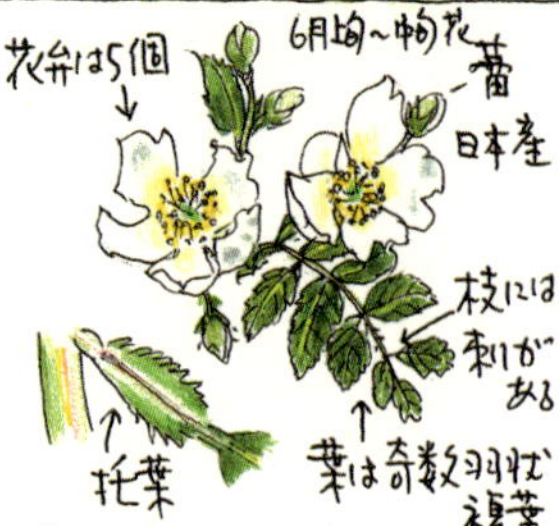

蔓が長く地面を這う。
日当りのよい海岸や河原に多い。
ノイバラに似ているが花の大きさ、数、葉の光沢、托葉の形などで区別。

② Rosa roxburghii イザヨイバラ(十六夜薔薇)

花は6月中旬～下旬

サンショウバラによく似ている。初夏に6cmφぐらいの花が咲く。
十五夜は満月だが十六夜は少し欠けるところから花の欠けをこれに見立てた名。しかし実際の十六夜の月は丸い。

③ Rosa rugosa f. albiflore シロバナハマナス(白花浜梨)

花は5月下旬～6月上旬

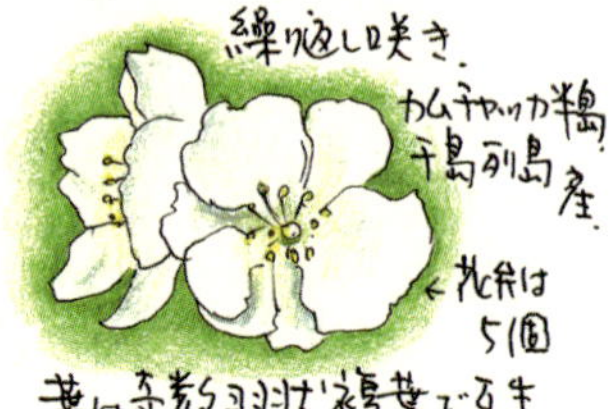

葉は奇数羽状複葉で互生。
実が偽果で赤く熟すのはハマナスと同じ。ハマナスの仲間で花が白色の品種。

④ Rosa chinensis コウシンバラ(庚申薔薇)

花は5月上旬～中旬で四季咲き、淡いピンクから濃いピンク。

中国原産のバラで今の四季咲きバラの原種。名は、庚申祭が60日毎にあるように2ヶ月毎ぐらいに花をつけることから。日本には平安時代に渡来した。

⑤ Rosa 'Kano ko' かのこ(鹿子)

花は5月中旬～下旬
一季咲き　日本で作出

花弁は最初色が濃く、次第に薄くなる。
東御苑のものは、花序が8～12個ぐらいずつひとかたまりになって咲く。この姿はまるで鹿の子模様。

⑥ Rosa 'Florance Nightingale フローレンス・ナイチンゲール

花は四季咲きでほぼ通年で見られる。

やさしく暖かい花の色は、クリミア戦争で傷病兵の看護に尽力し、「白衣の天使」といわれる看護師の祖、フローレンス・ナイチンゲールの献身的な姿を連想させる。

⑦ Rosa 'Nozomi' のぞみ

花は5月下旬～6月上旬

一季咲き。

約3cmφ

日本で作出

国産つるバラの代表。

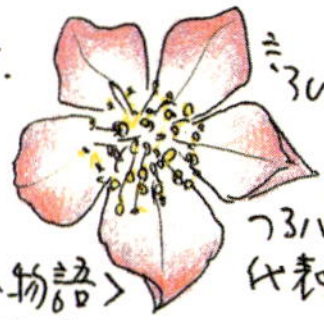

〈のぞみの物語〉

太平洋戦争後、祖母と母とも死別して、大陸から引き上げ途中で息絶えた「のぞみ」という4歳の女の子。品川の駅で待っていた父親とアマ育種家の叔父。叔父の小野寺透氏は二つの骨壺と女の子の亡骸を目にして不戦の思いを託して「のぞみ」という名のバラを作出した。

⑧ Rosa rugosa ハマナス（浜梨）

花は5月上旬～6月上旬

繰り返し咲き。

原産地日本

花弁5個

実は食可

H=1～1.5m

皇太子妃、雅子様のお印。

海岸に生え、地下茎を伸ばしてふえる。花には強い芳香がある。（香水の原料）

浜茄子とも書く。名は果実をナシにたとえたもので、ハマナシ→ハマナス

⑨ Rosa maikai マイカイ（玫瑰）

花は5月中旬～下旬

一季咲き。

原産地中国といわれている。

花弁は超複雑

ハマナスに似ていて、その八重のようだが違う。はっきりしないが、ハマナスの交雑種から八重咲きのものを選抜した園芸種であろうともいう。

⑩ Rosa uchiyamana サクラバラ（桜薔薇）

花は5月上旬～下旬

一季咲き。

原産地日本

中国の四川省や雲南省に分布するコウシンバラとノイバラの自然交雑種と推定されている。高いものは3mにもなる。別名をカイドウバラ（海棠薔薇）ともいい、海棠の花に似ていることから。

⑪ Rosa hirtula サンショウバラ（山椒薔薇）

花は5月中旬～8月上旬

一季咲き

5～6cmφ

名は葉や刺がサンショウに似ていることから。

小葉5～19枚

約2cmφ

別名のハコネバラは富士箱根にあるから、似ている

果実は刺だらけ

⑫ Rosa laevigata ナニワイバラ（難波薔薇）

花は5月上旬～中旬

一季咲き

中国原産

和歌山南部、四国、九州で野生化し、枝にはカギ形の太い刺がある。

伊藤若冲の絵（金毘羅宮）にある。

⑬ Rosa multifora var. adenochaeta ツクシイバラ（筑紫薔薇）

花は5月上旬～中旬。

一季咲き。

絶滅危惧種II類

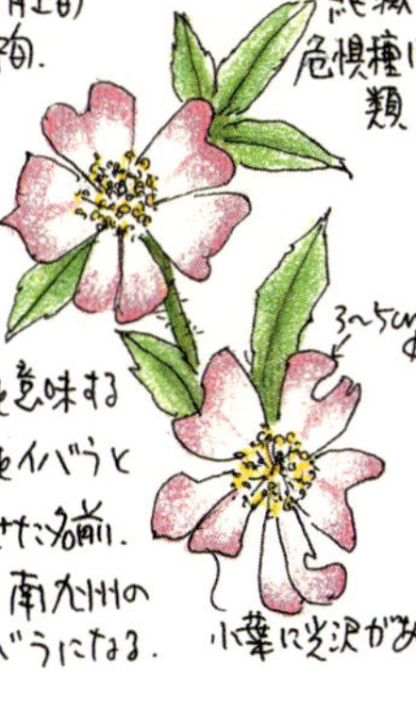

3～5cmφ

九州を意味する筑紫をイバラと合わせた名前。つまり南九州のノイバラになる。

小葉に光沢がある。

⑭ Rosa banksiae Lutea キモッコウバラ（黄木香薔薇）

花は4月下旬～5月上旬

一季咲き。

中国原産

2～3cmφ

病気に強い。

純黄色または黄色で10輪前後の花が房状に咲く。

樹は常緑で大きくなり、香りがよく、刺がない曼性。

秋篠宮眞子内親王のお印。

⑮ Rosa banksiae モッコウバラ（木香薔薇）

中国原産。

2～3cmφ

一季咲き

花は4月下旬～5月上旬

一重咲きのものと八重咲きのものがある。白い花は香りがよいが黄色いものはあまり香りがしない。名の由来も「木香」からきている。バラには珍しく刺がない。結実しない。

お印

天皇、皇后両陛下の銀婚式での引手物のボンボニエール。「桜紋」に「栄」が浮き彫りになっている。

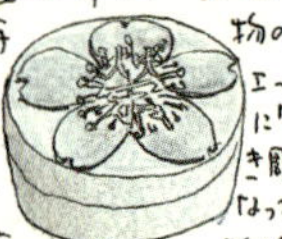

蓋裏には皇后陛下の「白樺」が線刻されている。銀製。

皇室では天皇の即位、立太子、誕生、着袴の儀、成年式、結婚など、様々なご慶事の記念品として用いられてきた。東御苑の中には、お印である植物もいくつかある。

皇族の一人一人にある記名代わりの固有の印で、植物などをデザイン化し日用品等に印す。ヨーロッパでは子供の誕生祝いや結婚式等で幸福を祈念して金属、七宝、木製漆塗、陶磁器、竹製などの各々の品物に合った工芸で印される。家紋の個人版ともいえる。特にボンボニエール（仏語でボンボンを入れる小箱のこと）はご慶事の引手物として添えられる。その意匠化された用品には皇室独特な貴賓と様式美が表現される。これは皇室が西欧の習慣を柔軟にとり入れていることの一つといえる。

お印について 起源は一般には江戸時代後期、光格天皇の子供達が用いたものとされているが、宮内庁書陵部によると「内々のしきたりで、記録も残されていない。正直いってわからない」とのことである。明治時代以降宮廷内で広く用いられるようになった。皇室典範などで法令上の明確な規定はなく、慣例として行われた制度である。親王、内親王、女王の場合は命名の儀において、内親王と女王をのぞく親王妃、王妃の場合は皇族男子との結婚時に定められる。圧倒的に植物にまつわるものが多いがそうでない場合もある。また親兄弟と関連性を持たせたお印も多く、大正天皇の4皇子は全員「若○」の形式であり、三笠宮崇仁親王の子は全員「木へん」が共通している。名前も全員「ウ冠《かんむり》」が共通である。

天皇と皇族のお印（皇族の身分を離れた人も一部含む）（※印は故人で2012年7月時点とする）

名・身位・敬称は「皇統譜」を参考とし、皇族は皇位継承順位□を参考にしている。○印は現在の天皇・皇族

※明治天皇陛下（睦仁《むつひと》）－永《えい》（文字で名声高い地位を示す） ※昭憲皇太后《しょうけんこうたいごう》（美子《はるこ》）－若葉《わかば》

※大正天皇陛下（嘉仁《よしひと》）－壽《じゅ》（長生、名声、高い地位を示す） ※貞明《ていめい》皇后（節子《さだこ》）－藤（別図）

※昭和天皇陛下（裕仁《ひろひと》）－若竹（名声、高い地位を示す） ※香淳《こうじゅん》皇后（良子《ながこ》）－桃（別図 花桃）

● 今上天皇陛下（明仁《あきひと》）－榮《えい》（桐の別称、名声高い地位を示す） ○皇后陛下（美智子《みちこ》）－白樺《しらかば》（別図）

明治天皇、大正天皇と同じで生まれながらに皇太子であったことを表している。

白樺の白い幹が山間地等に群生する姿は気品が感じられ、人々に親しまれている。

[1] ● 皇太子殿下（徳仁《なるひと》）－梓（あずさ）

Betula grossa
別名ミズメ
ヨグソミネバリ

○ 皇太子妃殿下（雅子《まさこ》）－浜梨（別図）

○ 内親王殿下（愛子《あいこ》）－五葉躑躅《ごようつつじ》（白八汐《しろやしお》）

Rhododendron quinquefolium

記念してつくられた園芸種
プリンセス・アイコ、2001

葉は枝先に輪生状に5枚つく。

白い美しい花は漏斗状で3〜4cmで5裂する。
別名マツハダともいう。
ツツジ科、落葉低木

※東久邇《ひがしくに》 成子《しげこ》（皇籍離脱）－紅梅
（内親王殿下－昭和天皇）

※鷹司《たかつかさ》 和子《かずこ》（皇籍離脱）－白菊
（内親王殿下－昭和天皇）

池田《いけだ》 厚子《あつこ》（皇籍離脱）－菊桜
（内親王殿下－昭和天皇）

島津《しまづ》 貴子《たかこ》（皇籍離脱）－橘《たちばな》（別図）
（内親王殿下－昭和天皇）

黒田《くろだ》 清子《さやこ》（皇籍離脱）－未草《ひつじぐさ》（別図）
（内親王殿下－今上天皇）

2 ● 秋篠宮親王殿下(文仁《ふみひと》)ー 栂(つが)

Tsuga sieboldii
常緑高木. マツ科
トガ. オンツガ. トガマツ
日本固有種で. モミとともに神社では「当て木」として植栽される.

○ 親王妃殿下(紀子《きこ》)ー 檜扇菖蒲(ひおうぎあやめ)

Iris setosa

アヤメ科
中部地方以北の高冷寒冷地の湿原に自生する.
根元から伸びた葉のとがった様子を, 昔の貴族が使った檜扇に見立ててこの名がついた.

○ 内親王殿下(眞子《まこ》)ー 木香茨(もっこうばら)

モッコウバラは中国中南部原産で江戸時代中期に日本に渡来し, 宮園に植えられた.(別図)

○ 内親王殿下(佳子《かこ》)ー 若《ゆう》紵《な》(オオハマボウ)

Hibiscus tiliaceus.L
別名にヤマアサ. ユウナもある.
花色は黄色で. 夕方になると赤くなる1日花. 樹皮からとる繊維は, 綱, 帆, むろの材料となる.

ゆうなは沖縄の方言

○ 親王殿下(悠仁《ひさひと》)ー 高野槇(コウヤマキ)

Sciadopitys verticillata
スギ科. ホンマキともいう.
古来. 高野山で霊木として保護された. その美しさから, ヒマラヤシーダー. チリーマツとともに世界三大庭園樹とされ, 日本でも木曽五木の一つとされる.

3 ● 常陸宮親王殿下(正仁《まさひと》)ー 黄心樹《おがたまのき》(別図)

○ 親王妃殿下(華子《はなこ》)ー 石南花《しゃくなげ》(別図アカボシシャクナゲ)

Rhododendoron spp.
ツツジ科. 常緑低木
日本では10数種の野生種が自生し. 深山幽谷の精ともいわれる. 新葉がのびた姿は思わず息をのむほどの美しさ.

○ 親王妃殿下(信子《のぶこ》)ー 花桃《はなもも》(別図)

○ 女王殿下(彬子《あきこ》)ー 雪

○ 女王殿下(瑶《よう》子)ー 星

4 ● 三笠宮親王殿下(崇仁《たかひと》)ー 若杉《わかすぎ》

Cryptomeria japonica
スギ科. 常緑高木
寿命が長く1000年以上のものもある.
名前はスクスクと. スグ(直)な樹. スナオギ(直木)の転訛の説がある.

○ 親王妃殿下(百合子《ゆりこ》)ー 桐(別図)Paulownia tomentosa

※ 三笠宮親王殿下(寛仁《ともひと》)ー 柏(かしわ)

Quercus dentate Thunb (ex Murray)
ブナ科. 落葉高木
柏の葉は縄文土器の底に敷いてご飯などを蒸すのに利用された. 餅を包んで柏餅を作る.

近衛甯子《やすこ》(皇籍離脱)ー 楠《くすのき》(別図)
(内親王殿下 三笠宮崇仁殿下)

5 ● 桂宮親王殿下(宜仁《よしひと》)ー 桂(かつら)

黄葉が美しい.
甘いカラメルの香りがする.
マッコノキ. マッコ. コーノキの別名.

葉は対生

香木

Cercidiphyllum japonicum
カツラ科. 落葉高木

千《せん》容子《まさこ》(皇籍離脱)ー 楓《かえで》(別図)
(内親王殿下 三笠宮崇仁殿下)

※ 高円宮親王殿下(憲仁《のりひと》)ー 柊《ひいらぎ》(別図)

○ 親王妃殿下(久子《ひさこ》)ー 扇(おうぎ)

○ 女王殿下(承子《つぐこ》)ー 萩(はぎ)(別図)

○ 女王殿下(典子《のりこ》)ー 蘭(らん)

○ 女王殿下(絢《あや》子)ー 葛(くず)(別図)

竹林
Bamboo Garden

この竹林は天皇陛下のお考えから、平成8年(1996)に整備されました。昭和天皇がそのお印であった「若竹」にちなみ、喜寿の記念等に宮内庁職員から贈られ、吹上御苑にお植えになっていたものを、こちらに移したものです。日本と中国の竹・笹類13種類が植えられています。

本丸の竹林に生える竹はすべて吹上御苑から移植されたもの。
現在の竹林近くには昔呉竹菜があった。

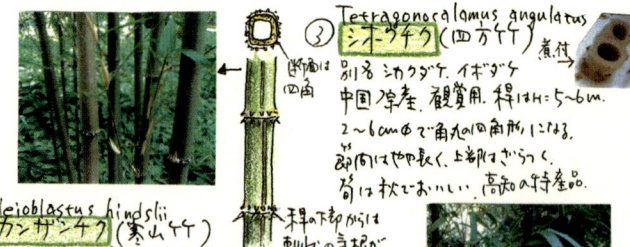

Tetragonocalamus angulatus
③ シホウチク(四方竹)

別名 シカクダケ、イボダケ
中国原産。観賞用。稈はH=5~6m。
2~6cmΦで角丸の四角形になる。
節《ふし》間はやや長く、上部はざらつく。
筍は秋でおいしい。高知の特産品。

葉は狭披針形で細い

Hibanobambusa tranquillans
① インヨウチク(陰陽竹)
島根県比婆山特産で、葉はクマザサのように大きく緑色。

↑タケとササの中間
島根県の天然記念物

Pleioblastus hindsii
② カンザンチク(寒山竹)
関東以西の暖地に植栽される
稈はH=3~6m。1~4cmΦで株立
節《ふし》間20~30cmで無毛。筍は5~8月食べられる。枝は節から3~5個で上向き。
庭木、釣竿、ほうき

鹿児島県ではダイミョウチク(デミョウ)と言う。
コサン、カラ、モリ」(カラダケ)

Phyllostachys banbusoides
④ コンシマダケ(紺縞竹)
マダケの変種で葉に濃紺色の縞模様がある。

Pseudosasa japonica cv. Tsutsumiana
⑤ ラッキョウヤダケ(辣韮矢竹)
ヤダケの変わりもので、1934年に水戸市の堤寿朗宅の庭園にあるものを柳田由蔵が発見した。原産地不明。地下茎の節間が著しく短縮してふくれ、数珠状になる。下部の節間がラッキョウのようにふくらむ。箸置き、鉢植え。

Bambusaは暖い地域のもの。

Bambusa multiplex 'Variegata'
⑥ ホウショウチク(蓬翔竹)
ホウライチクの変種で稈と葉には白い縦筋が入る。→

※バンブー系は株立ち、地下茎は発達しない。

⑥⑦⑧はBambusa →

Bambusa multiplex form. alphonso-karii
⑦ スホウチク(蘇枋竹)
別名 シュチク、キンシチク、クジャクザサ。
バンブーの仲間で、観賞用。地下茎は短く、稈は叢生し、H＝1〜4m、1〜2cmφ。稈に細毛。冬から春にかけて黄色と緑の縦縞で、夏から冬は紅色になり美しい。筍も紅色

Bambusa multiplex
⑧ ホウライチク(蓬莱竹)
熱帯性のタケ。バンブーの仲間。
地下茎は発達しない。稈は密に束生してH＝3〜5m。2〜3φ
稈は肉厚。水に沈むので沈竹という。筍は夏から秋。鞘は早落。

チンチク(沈竹)ともいう
水に沈む。

コウコウチク(孝行竹) ドヨウチク(土用竹)

バンブーは熱帯のタケのこと。
(Banbusa) タケのこは夏から秋。

Phyllostachys bambusoides 'Holochrysa'
⑨ オウゴンチク(黄金竹)
マダケの変種で稈は黄金色。

Phyllostachys bambusoides 'Castillonis'
⑩ キンメイチク(金明竹) 錦明竹とも
マダケの栽培品種。稈、枝は黄色を帯び緑条が入る。竹の皮は黄色。
別名 シマダケ、ヒョンチク、アオキタケ
キンギンチク。

マダケの仲間は稈に「ヘコミ」がある。

地根がない。根が走らない。

Phyllostachys bambus 'Castilloni-inversa'
⑪ ギンメイチク
(銀明竹)
マダケの変種で、稈は緑色に黄色の縦縞。
※マダケ系は二節

芽の溝部に黄色の縦縞がある。

珍らしい竹で大阪豊野町にある。

Phyllostachys heterocycia 'Heterocycia'
⑫ キッコウチク(亀甲竹)
モウソウチクの園芸種。下部の節間が交互にふくれて亀状になる。
別名、ブツメンチク(仏面竹)

水戸黄門の枝はこのタケだという?
京都では
ヘンチク(変竹)
↓
ヘンチクリン

Phyllostachysheterocycla 'Nabesimana'
⑬ キンメイモウソウチク
(金明孟宗竹)
モウソウチクの園芸種。稈に黄色の縞があって美しい。大形の竹でH＝5〜10mになる。
※モウソウチク系は一節

モウソウチクの仲間は稈に「ヘコミ」がない。また根の元から生える。節は1節

〈竹と笹の違い〉

タケ 竹 ― イネ科、タケ亜科植物のうち大形の稈《かん》を持つものの総称。稈とは茎のこと。稈鞘《かんしょう》(筍の皮、竹の皮)が長く残って稈を包むものをタケ(竹)という。

※稈鞘―葉鞘ともいう。

竹は中国で笹は日本ともいわれる。

ササ 笹 ― イネ科のタケ属で小形のものの総称。タケに対して稈がのびきるまで稈鞘が落ちないものをいう。

竹と笹は枝の出方でも区別されることがある。

竹は数本の枝

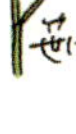
笹は1本だけ

(案内板の説明参考)

マダケ［真竹］

イネ科／多年生常緑竹／Phyllostachys bambusoides／6〜7月(年による)／オダケ(雄竹)

中国大陸原産といわれるが日本自生説もある。筍は5～6月に出るが「苦竹」の名があるぐらいでエグ味が強い。建築材料としては四つ目垣、建仁寺垣などに使われるが戦前の鉄が不足の時に京都の陸上競技場では竹が鉄筋の強度の半分として認められ使われたという。これは竹筋コンクリートという。

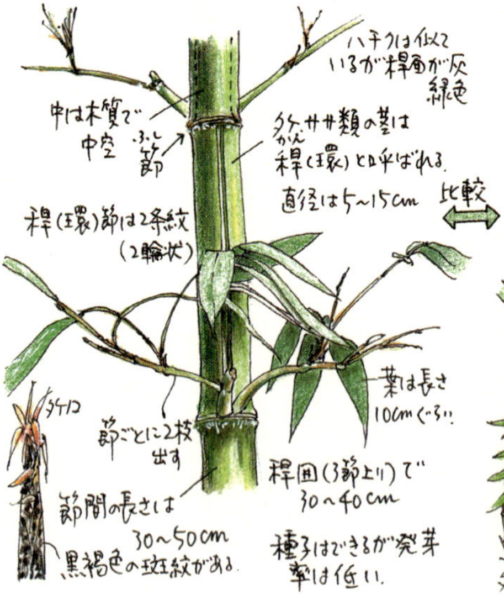
ハチクは似ているが稈面が灰緑色
中は木質で中空
節《ふし》
タケ・ササ類の茎は稈《かん》(環)と呼ばれる。
直径は5~15cm
比較
稈(環)節は2条紋(2輪状)
葉は長さ10cmぐらい
タケノコ
節ごとに2枝出す
稈囲(3節上り)で30~40cm
節間の長さは30~50cm
黒褐色の斑紋がある。
種子はできるが発芽率は低い。

モウソウチク［孟宗竹］

イネ科／多年生常緑竹／Phyllostachyscycla f. pubescens／5月と9月(年による)／コウナンチク(江南竹)、ボクチク(茅竹)

モウソウ(孟宗)は人名で中国の二十四孝の一人。孝行の徳により寒中に筍を得て母に供したということが名の由来。日本には江戸時代に薩摩藩に渡来したという。京都には竹葉植物園がある。

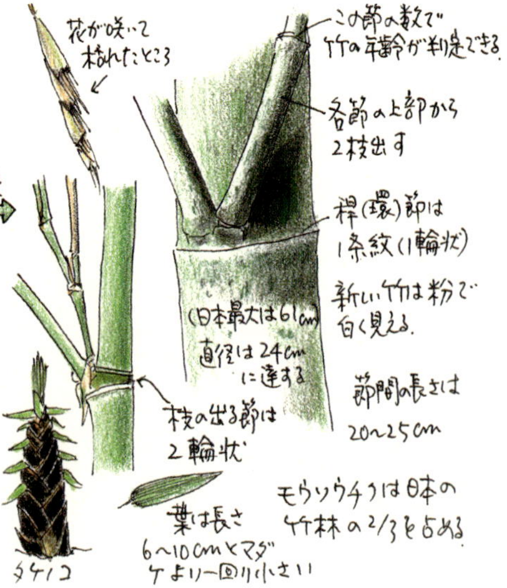
花が咲いて枯れたところ
この節の数で竹の年齢が判定できる。
各節の上部から2枝出す
稈(環)節は1条紋(1輪状)
新しい竹は粉で白く見える。
(日本最大は61cm)
直径は24cmに達する
節間の長さは20~25cm
枝の出る節は2輪状
モウソウチクは日本の竹林の2/3を占める。
葉は長さ6~10cmとマダケより一回り小さい
タケノコ

クマザサ［隈笹］

イネ科／多年生常緑笹／Sasa veitchii／年中(年による)／ヘトリザサ(縁取笹)

冬になると多くの葉の縁が白く枯れる。これが歌舞伎の隈《くま》取りを思い起こさせるところからの名前である。粽《ちまき》に使われる笹である。ミヤコグサも「隈」があるが、葉が軟らかでヒグマが近づいても葉ずれの音がしないのでこちらは「熊笹」と地元で呼ばれるという。

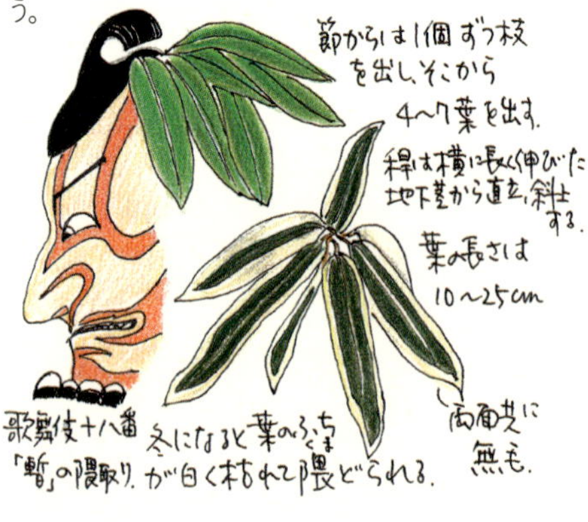
節からは1個ずつ枝を出し、そこから4~7葉を出す。
稈は横に長く伸びた地下茎から直立、斜上する。
葉の長さは10~25cm
両面共に無毛。
歌舞伎十八番「暫」の隈取り。
冬になると葉のふち《くま》が白く枯れて隈どられる。

オカメザサ［阿亀笹］

イネ科／多年生常緑竹／Shibataea kumasaca／2〜5月(年による)／ブンゴザサ(豊後笹)

名は浅草の酉《とり》の市でこのタケに阿亀《おかめ》の面をつけて売ったことによる。日本特産の竹で西日本に野生があるといわれる。

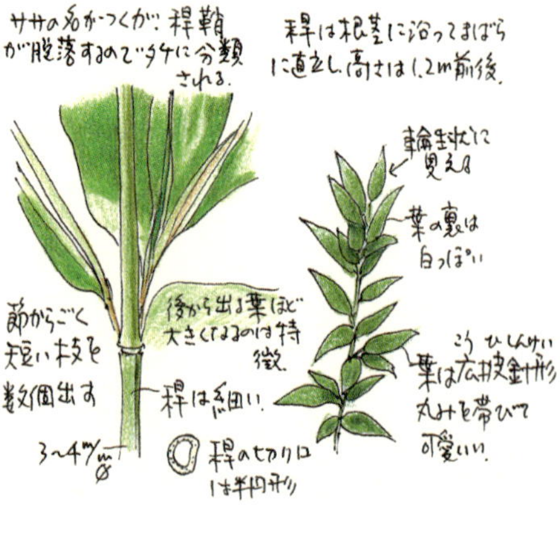
ササの名がつくが、稈鞘が脱落するのでタケに分類される。
稈は根茎に沿ってまばらに直立し高さは1.2m前後。
輪生状に見える
葉の裏は白っぽい
節からごく短い枝を数個出す
後から出る葉ほど大きくなるのは特徴。
稈は細い。
3~4mmΦ
稈の切り口は半円形
葉は広《こう》披針形《ひしんけい》丸みを帯びて可愛いい。

ウスギモクセイ［薄黄木犀］

モクセイ科／常緑小高木／Osmanthus fragrans／9月／シキザキモクセイ(四季咲木犀)

中国、インド原産。花はキンモクセイによく似ているが黄白色で少し小さい。花は秋だけでなく春も咲くのでシキザキモクセイの名もある。モクセイ科は世界に27属600種、日本には6属23種ある。

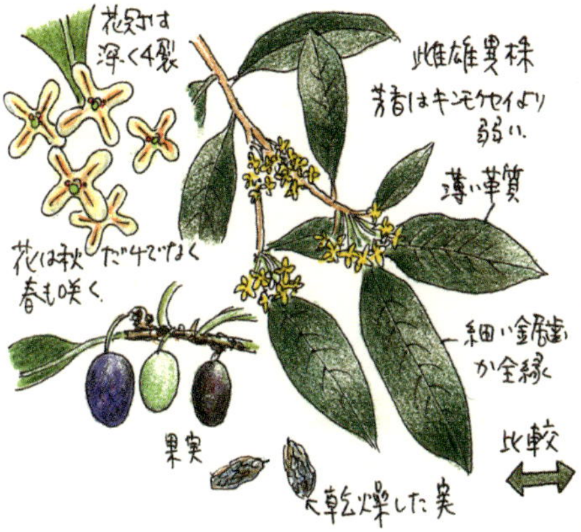
花冠は浅く4裂
雌雄異株
芳香はキンモクセイより弱い。
薄い革質
花は秋だけでなく春も咲く。
細い鋸歯か全縁
果実
乾燥した実
比較

ヒイラギモクセイ［柊木犀］

モクセイ科／常緑小高木／Osmanthus × fortunei／9〜10月

ギンモクセイとヒイラギの交雑種で庭などに植える。雌雄異株だが雄株だけが知られている。10月頃には香りよい花が咲く。普通モクセイといえばギンモクセイをいい、材が堅く犀の皮に似ることからの名。

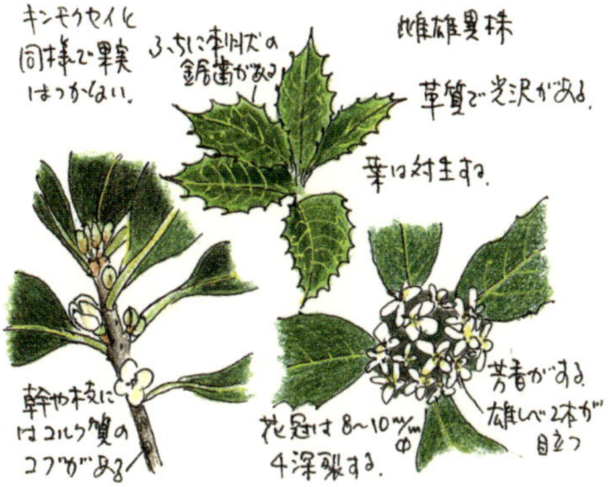
キンモクセイと同様で果実はつかない。
ふちに刺状の鋸歯がある
雌雄異株
革質で光沢がある。
葉は対生する。
幹や枝にはコルク質のコブがある
花冠は8〜10mm 4深裂する。
芳香がする。
雄しべ2本が目立つ

タイサンボク［泰山木、大山木］

モクレン科／常緑高木／Magnolia grandiflora／5〜7月／ハクレンボク(白蓮木)

北アメリカ原産で明治時代に渡来。明治22年(1879)、南北戦争で勇名をとどろかせたグラント将軍が日本に訪れた時、上野公園に明治天皇が案内をした際将軍夫妻が記念に植えた。この時の花はグラントギョクランと呼んだという。和名は花や葉が大きいところから賞賛してつけたとか。

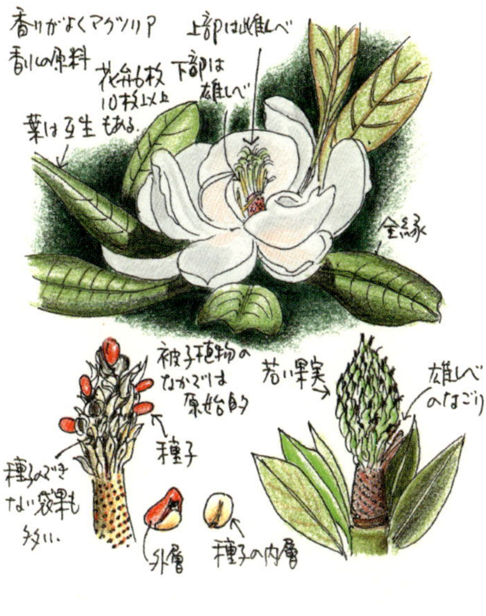
香りがよくマグノリア
香りの原料
上部は雌しべ
下部は雄しべ
花弁6枚
10枚以上もある。
葉は互生
全縁
被子植物のなかでは原始的
種子
若い果実
雄しべのなごり
種子のできない袋果も多い。
外層
種子の内層

オガタマノキ［黄心樹、招霊木］

モクレン科／常緑高木／Michelia compressa／2〜4月／トウオガタマ(唐招霊木)、バナナツリー

オギタマ(招霊)の転訛。この枝を神前に供えて招き奉ることから(小香玉)、オガミタマ(拝玉)の転訛などの説がある。天宇受売命《あめのうずめのみこと》が天の岩戸の前で踊った時に持っていたとされる古今伝授三木の一つ。鈴に似た実をたくさん結ぶことから神楽鈴の起源ともされる。霊を招く白い花。

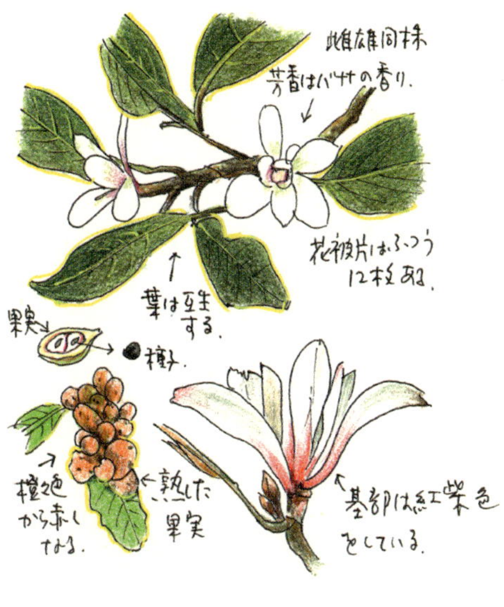
雌雄同株
芳香はバナナの香り。
花被片はふつう12枚ある。
葉は互生する。
果実
種子
橙色から赤くなる。
熟した果実
基部は紅紫色をしている。

ダルマギク［達磨菊］

キク科／多年草／Aster spathulifolius／8〜11月／ダルマソウ(達磨草)

ダルマは盆栽状の草姿によるが、特に丸い葉をダルマにたとえたともいわれる。西日本の日本海側の海岸岩場に生える。『公益地錦抄《こうえきちきんしょう》』(1719)に「近年さつまより　たねきたるよしにて　さつまきくといふを近比《ちかごろ》は達磨キクといふ」とある。

ノコンギクよりも大きそう.
(2.5cmφ)
花径は3〜4cm.
すこしベタベタする.
全体に密に長軟毛と腺毛がある.
海岸の岩場などに風に耐えるようにく生えてはえる
ロゼット状の根生葉の上にずんぐりした花をつける.

カモメギク［鷗菊］

キク科／多年草／Chrysanthemum seticuspe cv.／10〜11月／オランダギク

皇居で栽培されている大変珍しい菊。昭和51年に道灌濠新道に植えられていたが同61年に採集してカモメギクであることが確認された。ロシアの植物学者マクシモヴィッチが江戸で栽培されていたものの標本に基づいて明治5年に新種として発表した植物。アワコガネギクの近縁種という。

茎が多数で群がって直立して上方で分枝する.
舌状花は疎につく
花は15m/mφぐらい.
↑葉は普通のキクより細かく裂ける
草丈は80cmほど

ハマギク［浜菊］

キク科／亜低木／Chrysanthemum nipponicum／9〜11月／クリサンセマム、ニッポンデージー

名は海岸や砂丘などに生えるところから。キク科では珍しく亜低木。花が大きくて美しいので江戸時代から観賞用に栽培されている。茨城県から青森県の太平洋岸の岩場に自生する。花言葉は「逆境に立ち向かう」で東日本大震災のシンボルとなって植えたり、贈られたりしている。

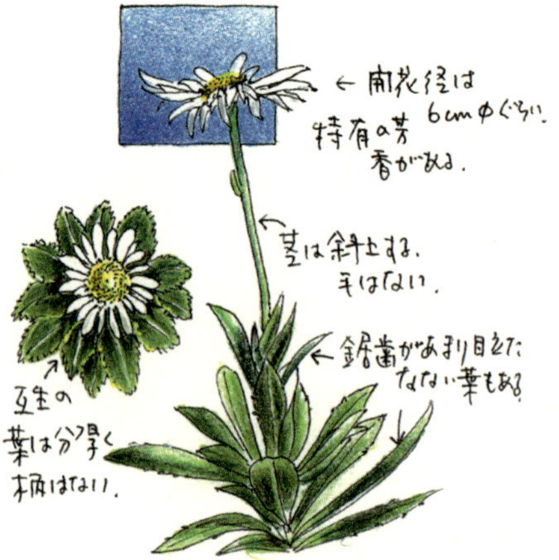
← 頭花径は6cmφぐらい.
特有の芳香がある.
茎は斜上する.
毛はない.
鋸歯があまり目立たない葉もある
互生の
葉は分厚く
柄はない.

モトタカサブロウ［元高三郎］

キク科／多年草／Eclipta thermalis Bunge／7〜11月／タカサブロウ(高三郎)

名の由来は高三郎という人が、この草の茎を使って文字を書いたという説と、古名のタタラビソウが転訛したものという説とがあり、はっきりはしない。アメリカタカサブロウとの分類がはっきりしなかった頃はタカサブロウと呼ばれていたが最近は頭に「モト」がつくようになった。

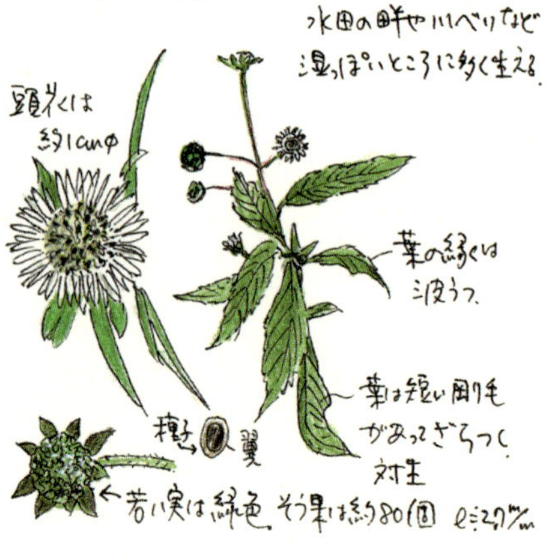
水田の畔や川べりなど湿っぽいところに多く生える.
頭花は約1cmφ
葉の縁は波うつ.
葉は短い剛毛があってざらつく.
対生
種子
翼
← 若い実は緑色. そう果は約80個

ハハコグサ［母子草］

キク科／越年草／Gnaphalium affine／4〜6月／ホーコ、ホーコーバナ、ホーコーヨモギ

仁明帝母子の御《み》形《かたち》から御形（春の七草の一つでオギョウまたはゴギョウという）の別名がある。古くは3月3日の祝いの餅に入れてつなぎとしたというが後にヨモギに替った。花の部分がほうけだつことから「ほおこぐさ」と呼ばれここから「ハハコグサ」になった説もある。

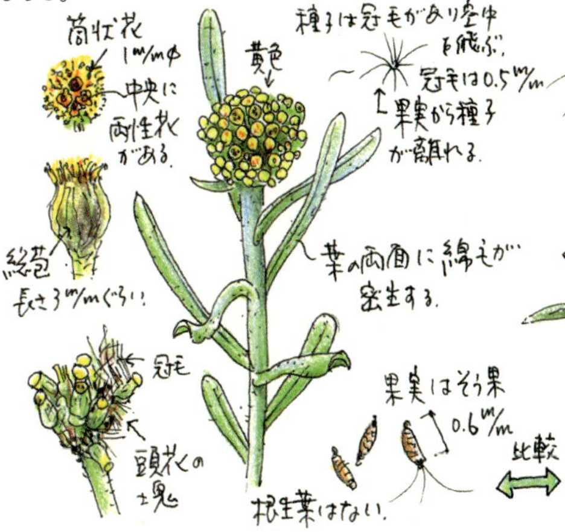

筒状花
1mmφ
中央に両性花がある
黄色
種子は冠毛があり空中を飛ぶ
冠毛は0.5mm
果実から種子が離れる
総苞
長さ3mmぐらい
葉の両面に綿毛が密生する
冠毛
頭花の塊
果実はそう果
0.6mm
根生葉はない
比較

チチコグサ［父子草］

キク科／多年草／Gnaphalium japonicum／5〜10月／キャットフット

ハハコグサと似ていることからこの名が付いた。ハハコグサに比べると花は暗褐色で地味。最近はチチコグサモドキという帰化植物が幅をきかせているが、これは茎の先端だけでなくかなり下部の葉のつけ根にも花をつける。チチはハハより地味！

黄緑色
ハハコグサと違って茎の上部で2〜3に分枝する
もっと真直ぐ上に伸びるのはタチチコグサ、これもか？
冠毛
果実
冠は外れやすい
綿毛はびっしり茎、葉に生える、ただ葉表にはほとんどない
総苞片
葉の裏はより多くの綿毛で白い
花の時期にもロゼット状の根生葉がある
ふくし
匐子を出して増える

ジシバリ［地縛り］

キク科／多年草／Ixeris stolonifera／4〜7月／イワニガナ（岩苦菜）

細長い枝を出して子株が次々にできる。地面を覆い尽くす様が地面を縛っているように見えることから名がついた。別名のイワニガナはニガナと同じように葉や茎を傷つけると苦い味の白い粘液を出すことから。

花片の先端は5裂する
2〜2.5cmφ
舌状花の数は少ない
筒状花はない
葉は薄く卵形
匍匐枝は根を張り大株になっていく
ロゼットで越冬する

オオイヌノフグリ［大犬の陰嚢］

オオバコ科／越年草／Veronica persica／2〜6月／ルリカラクサ（瑠璃唐草）

多くの本では果実の形が犬のフグリに似ていることを名の由来としている。それだけであればイヌノフグリでよいと思われるが、この名は別種の小形のピンクの花の咲くものがあるため。原産地のヨーロッパではキャッツアイ（猫の目）またはバーズアイ（鳥の目）と呼ぶ。エライチガイヤナイカ！

葉はほぼ円形
花径5mmφ
花弁は4枚
雄しべ2本
雌しべ1本
同花受粉
花片の一つは小さい
1〜2日花
果実は扁平で2室
果実の断面
犬の陰のうに似ているか？
種子

カラスウリ［烏瓜］

ウリ科／つる性多年草／Trichosanthes cucumeroides／8〜9月／カラスノマクラ（烏の枕）

実際には名と違ってカラスだけでなく他の鳥も食べる様子はないようである。烏ではなく唐朱《からす》と呼ばれる楕円形をした朱墨《しゅずみ》が本当の語源ではないかとの説がある。若葉は和え物煮物にして食用可。まだ青い可愛い実は塩漬などにして食べる。

キカラスウリ［黄烏瓜］

ウリ科／多年生つる草／Trichosanthes kirilowii var. japonica／8〜9月／ヤマウリカズラ（山瓜葛）

名はカラスウリに対して実が黄色であることによる。較べると花弁が短いため普通のカラスウリのようにレース状に広がらないことや、実が本種の方が一回り大きいことなどの違いがある。

雌雄異株
夏場の日中は蕾の状態
レースのような花
レースは花被片の先端や脇から出る
夜になると花開く。早朝にはしぼんでしまうが秋になると朝9時過ぎ頃まで咲いている。
雄花の中心部
雄しべがある
雌花の中心部は3つの柱頭がある
光沢なし
比較
光沢あり
葉の大きさは
大
小
葉はツルッとしている
葉は毛がありザラザラしている。
若い果実
縞あり
熟した果実は5〜7cm
カラスウリの種子
玉章 たまずさ
8〜9m/m
カマキリのアタマのよう
レースのような花は主に花被片の先端から出る。
花弁の先が二ヌに分かれる。
夜になって花開くが昼間でも咲いていることがある。
キカラスウリの種子
6〜7m/m
乾燥すると甘くなり鳥がよく食べる。
カラスウリのようにレース部分は広がらない。
熟した果実は8〜9cm
しわがある。
熟した果実
果実の種子はカラスウリよりも多い。

タカサゴユリ［高砂百合］

ユリ科／多年草／Lilium formosanum／7〜9月／タイワンユリ（台湾百合）

台湾原産で大正時代に導入された。名は台湾の地名で高砂国《こく》の由来。観賞用に栽培される。ちなみにユリの花などが白色に見える理由は花弁の中にある沢山の小さい気泡に光が反射するからであり、試しに指で気泡をつぶすと無色透明になる。つまり白い色素ではないことがわかる。

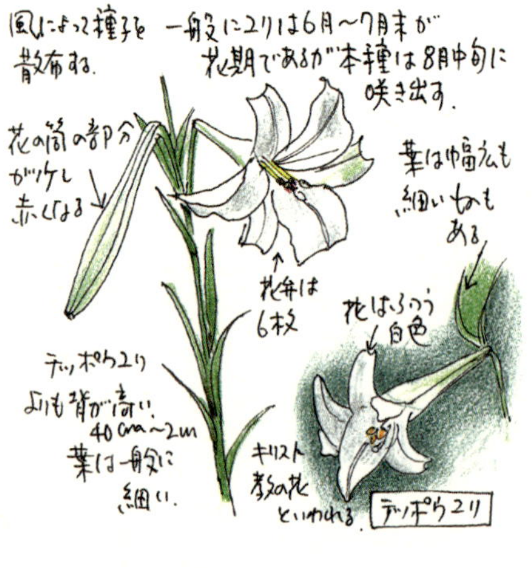

風によって種子を散布する。
一般にユリは6月〜7月末が花期であるが本種は8月中旬に咲き出す。
花の筒の部分がツケし赤くなる
葉は幅広も細いものもある
花弁は6枚
花はふつう白色
テッポウユリよりも背が高い。40cm〜2m
葉は一般に細い。
キリスト教の花といわれる。
テッポウユリ

ワルナスビ［悪茄子］

ナス科／多年草／Solanum carolinense／6〜10月／オニナスビ（鬼茄子）

北米原産の帰化植物で明治初年に牧草種子とともに渡来した。花がナスに似るが実は食べられない。畑の雑草としてはやっかいな存在である。茎や葉には鋭い刺があるために「悪」や「鬼」が名につく。東御苑の本種は千葉県三里塚の御料牧場から種子が運ばれた可能性があるという。

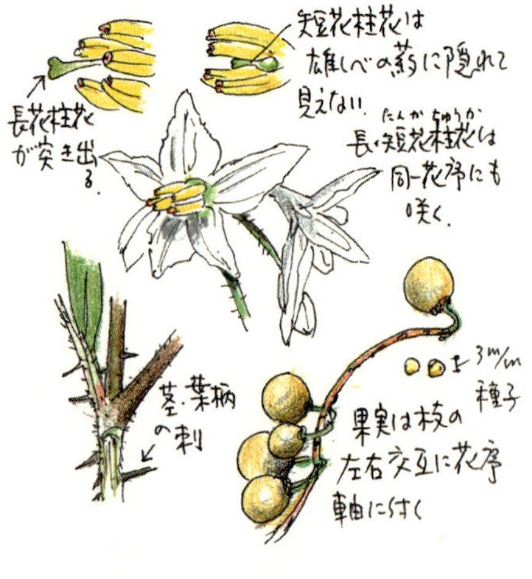

長花柱花が突き出る。
短花柱花は雄しべの葯に隠れて見えない。
長・短花《たんか》柱花《ちゅうか》は同一花序にも咲く。
茎・葉柄の刺
3m/m
種子
果実は枝の左右交互に花序軸に付く

ヒメクグ［姫莎草］

カヤツリグサ科／多年草／Cyperus brevifolius var. leiolepis／7～10月

名は全体がイヌクグ（別名クグ）に似ているがより小形であることによる。因みにクグとはカヤツリグサ科の古名。小穂の鱗片にちいさな塊がある。牧草になり、根茎は感冒、痛み止めなどの漢方で利用される。茎を折ると甘い香りがする。

ナキリスゲ［菜切菅］

カヤツリグサ科／多年草／Carex lenta／8～10月

名は葉がざらついていて硬く鋸歯が鋭く菜も切れるところから。だが実際はそれほどでもない。スゲ属の仲間は茎の断面が三角形のことが多いが本種は円形である。またスゲ類では大部分が春から初夏に花をつけるが本種は花期が秋である。

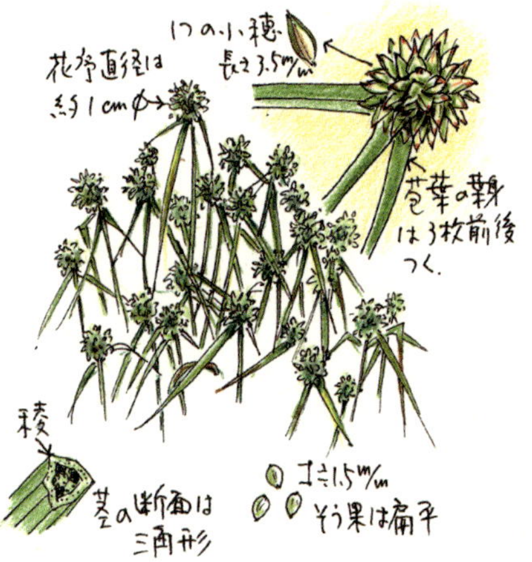

ヤマモミジ［山紅葉］

カエデ科／落葉高木／Acer amoenum var. matsumurae／4～5月

母種のイロハモミジによく似ているが葉の直径が5～10cm。イロハモミジの4～7cmと掌状5～7裂に比べると一回り大きく掌状裂も7～9中裂と多い。東御苑のものは江戸時代から知られる品種で古名をムサシノ（武蔵野）という。ショウジョウ（猩々）とも似る。

ハコベ［繁縷］

ナデシコ科／2年草／Stellaria media／3～9月／コハコベ（小繁縷）、ハコベラ（繁縷）

『皇居の植物』ではミドリハコベの名がある。小鳥やヒヨコの餌にもなりヒヨコグサという名もある。英名はchick weed。小さな葉も茎も柔らかく灰汁も少ないのでおひたしや和え物で食べる。歯切れもよく案外おいしい。

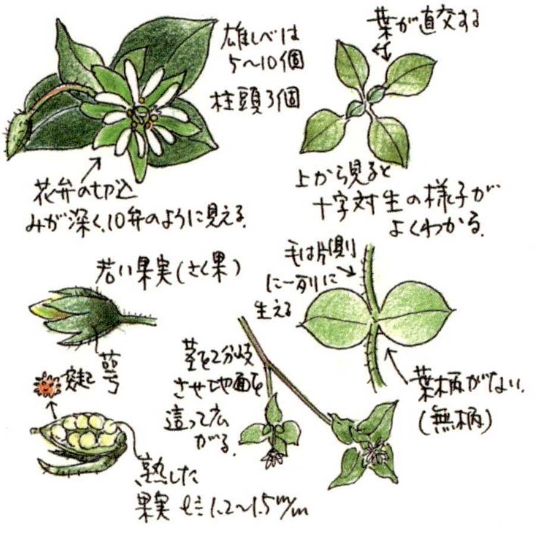

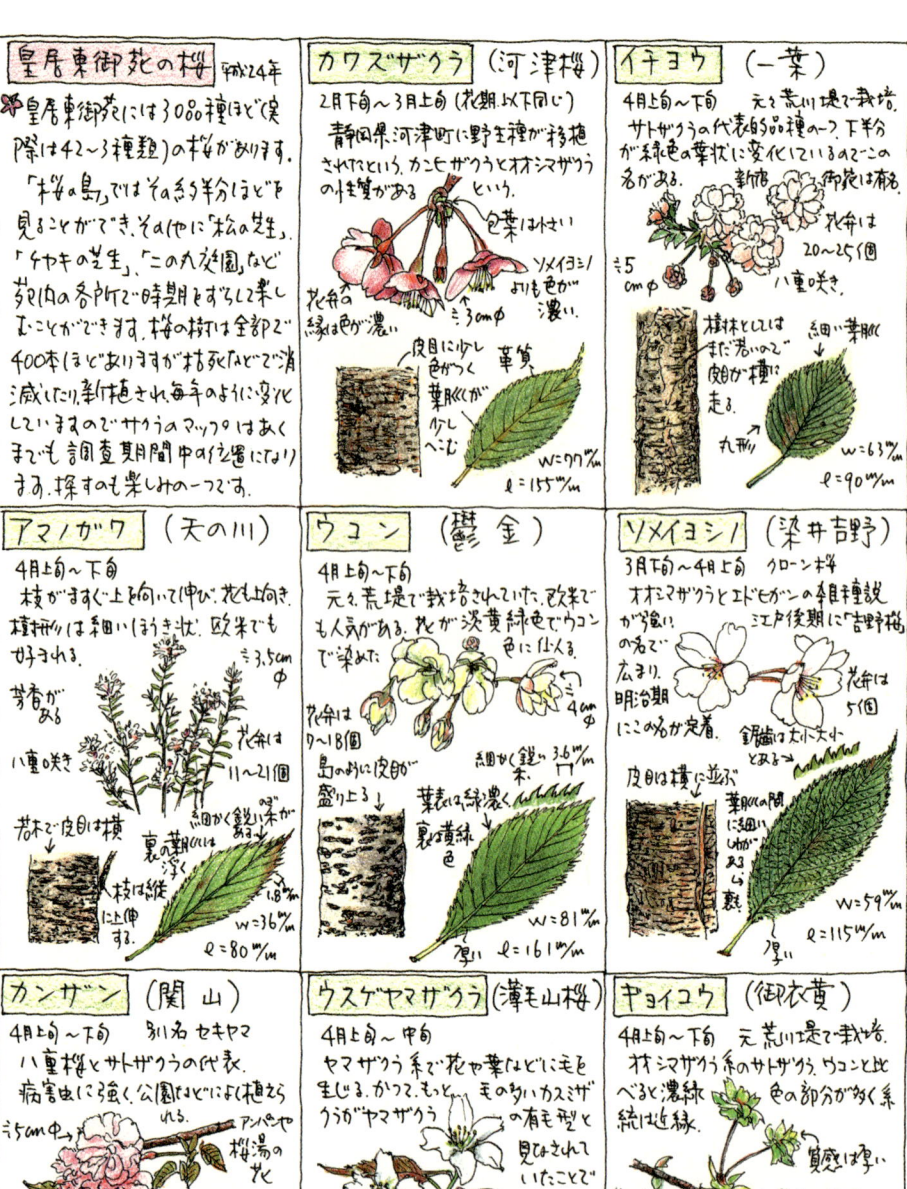

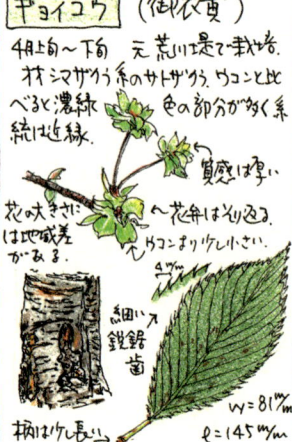

皇居東御苑の桜 平成24年

皇居東御苑には30品種ほど（実際は42〜3種類）の桜があります。

「桜の島」ではその約半分ほどを見ることができ、その他に「松の芝生」、「ケヤキの芝生」、「二の丸庭園」など苑内の各所で時期をずらして楽しむことができます。桜の樹は全部で400本ほどありますが枯死などで消滅したり、新植され、毎年のように変化していますのでサクラのマップはあくまでも調査期間中の位置になります。探すのも楽しみの一つです。

カワズザクラ（河津桜）

2月下旬〜3月上旬（花期、以下同じ）

静岡県河津町に野生種が移植されたという。カンヒザクラとオオシマザクラの性質があるという。

イチヨウ（一葉）

4月上旬〜下旬　元々荒川堤で栽培。

サトザクラの代表的品種の一つ。下半分が緑色の葉状に変化しているのでこの名がある。新宿御苑は有名。

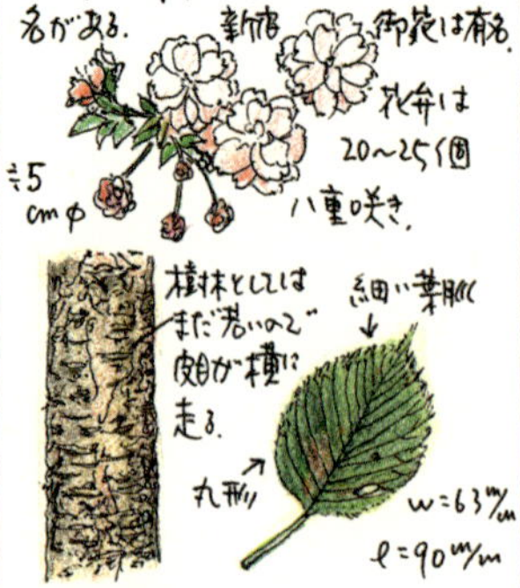

アマノガワ（天の川）

4月上旬〜下旬

枝がますぐ上を向いて伸び、花も上向き。樹形は細いほうき状。欧米でも好まれる。

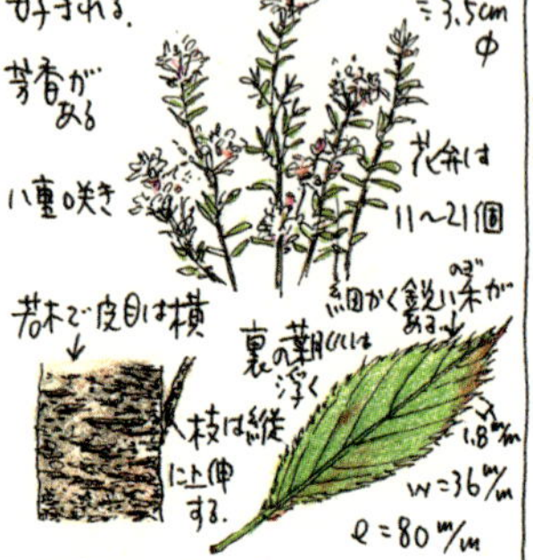

ウコン（鬱金）

4月上旬〜下旬

元々荒堤で栽培されていた。欧米でも人気がある。花が淡黄緑色でウコンで染めた色に似る。

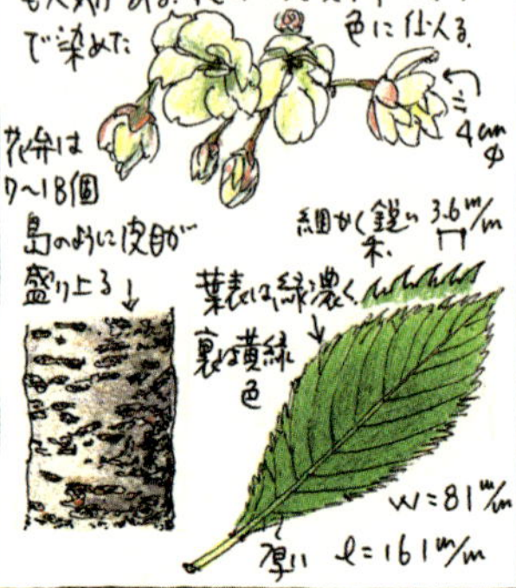

ソメイヨシノ（染井吉野）

3月下旬〜4月上旬　クローン桜

オオシマザクラとエドヒガンの雑種説が強い。江戸後期に「吉野桜」の名で広まり、明治期にこの名が定着。

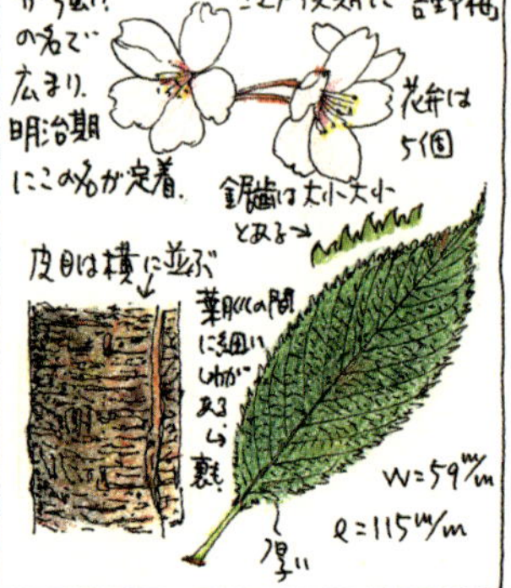

カンザン（関山）

4月上旬〜下旬　別名 セキヤマ

八重桜とサトザクラの代表。病害虫に強く、公園などによく植えられる。

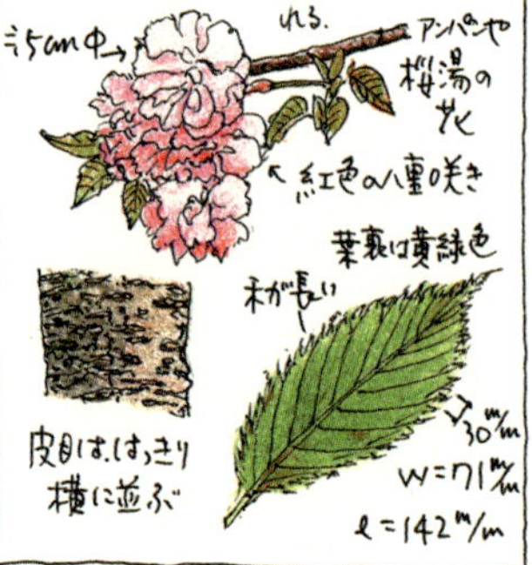

ウスゲヤマザクラ（薄毛山桜）

4月上旬〜中旬

ヤマザクラ系で花や葉などに毛を生じる。かつて、もっと毛の多いカスミザクラがヤマザクラの有毛型と見なされていたことで「ウスゲ」とついた。

ギョイコウ（御衣黄）

4月上旬〜下旬　元荒川堤で栽培。

オオシマザクラ系のサトザクラ。ウコンと比べると濃緑色の部分が多く系統は近縁。

ウスゲオオシマザクラ（薄毛大島桜）
4月上旬
オオシマザクラとソメイヨシノの自然雑種ともいわれる。
≒3.6cmφ
花は白が多いが、微淡色を帯びる。
やや半開
皮目は横向き
オオシマザクラに較べて葉脈が細い。また葉形も上下逆のよう→
皮の裂け目は縦にヒビが入る
W=68m/m
l=133m/m
アマギヨシノ（天城吉野）
3月中旬～4月上旬
オオシマザクラとエドヒガンの作出種。
枝は横に広がってのびる。白色、のちに淡紅色になる。
散房花序で4花。
花弁は円形で≒4cmφ
葉脈は直線的で明るい。
葉は皮のように厚い。
W=71m/m
l=137m/m
ツバキカンザクラ（椿寒桜）
2月下旬～3月中旬 別名ハツビジン（初美人）
カンヒザクラとカラミザクラの雑種との説の他に後者がシナミザクラやカンザクラの説もある。
一見すると雄しべが長いこともあって八重に見えるが一重
しなやかな葉脈→
鋭い歯→
皮目は細い輪で幹を一周ぐるりと廻る。
W=71m/m
l=120m/m
アズマニシキ（東錦）
4月上旬～下旬
花弁は10～20個
大きな花の塊。
荒川堤で栽培されたというがはっきりしない。「江戸」によく似ている。
2m/m 細かく鋭い歯
色は濃い→
葉裏は灰白緑
W=63m/m
l=105m/m
ショウワザクラ（昭和桜）
3月下旬～4月中旬
伊豆大島の公園に栽培されていた実生のソメイヨシノから選別したもの。
昭和に生まれたのでこの名がついた。
ソメイヨシノに比べると枝が細く上向きに伸びる。
≒2～3cmφの花
二つずつある重鋸歯
はっきりしない方向性のヒビがある
W=73m/m
l=144m/m
フゲンゾウ（普賢象）
4月中旬～下旬 別名フゲンドウ（普賢堂）
室町時代からあった桜といわれている。普賢象は普賢菩薩の乗っている象のことで葉化した雌しべがこの象の鼻や牙に似ていることから名がついたといわれる。
雌しべ→2本
サトザクラの栽培品
葉脈の間隔が大きい
4m/m
W=79m/m
l=160m/m
センダイヤ（仙台屋）
4月上旬～中旬
ヤマザクラ系。原木が高知の仙台屋という店にあったという。
牧野富太郎が名付けたという。
花弁は5個。11個のものもある。
≒4cmφ
急に先端が細くなる→
美しい皮目ははっきりしている。
W=65m/m
l=123m/m
コヒガンザクラ（小彼岸桜）
3月下旬～4月上旬 別名ヒガンザクラ（彼岸桜）
エドヒガンとマメザクラの雑種と推定される。変異性が大きく多型。
萼筒は壺形
花は散房状で2～3花
花弁は5個 2.6～4.2cmφ
2m/m
葉の表面はザラッとしている。
所々、縦に裂ける
W=29m/m
l=75m/m
キクザクラ（菊桜）
4月中旬～下旬
二段咲きで中心部分の色が濃い。
菊咲き。
≒5cmφ
東御苑では最後に咲く。
花弁はなんと100～180個
萼片は広く少数の鋸歯がある。
歯は長い
色は明るい緑→
W=47m/m
l=87m/m

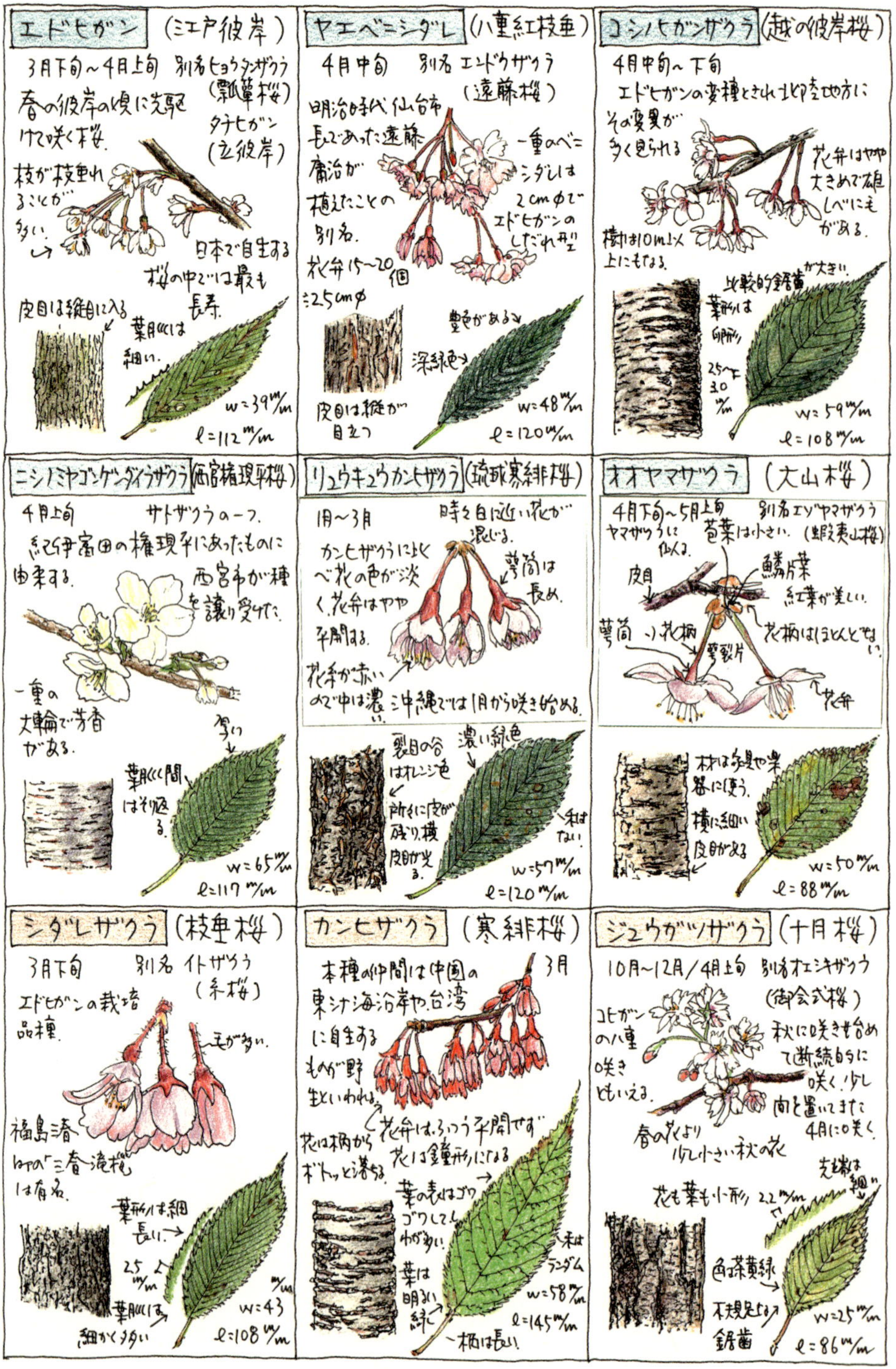
エドヒガン (江戸彼岸)
3月下旬～4月上旬
別名ヒョウタンザクラ (瓢箪桜)
タチヒガン (立彼岸)
春の彼岸の頃に先駆けて咲く桜.
枝が枝垂れることが多い.
日本で自生する桜の中では最も長寿.
皮目は縦目に入る
葉脈は細い.
w=39m/m
l=112m/m
ヤエベニシダレ (八重紅枝垂)
4月中旬
別名 エンドウザクラ (遠藤桜)
明治時代 仙台市長であった遠藤庸治が植えたことの別名.
花弁15～20個
≒2.5cmφ
一重のベニシダレは2cmφでエドヒガンのしだれ型
艶がある
深緑色
皮目は縦が目立つ
w=48m/m
l=120m/m
コシノヒガンザクラ (越の彼岸桜)
4月中旬～下旬
エドヒガンの変種とされ北陸地方にその変異が多く見られる
花弁はやや大きめで雄しべにもがある.
樹高は10m以上にもなる.
比較的鋸歯が大きい.
葉形は卵形
2.5～3.0m/m
w=59m/m
l=108m/m
ニシノミヤゴンゲンダイラザクラ (西宮権現平桜)
4月上旬
サトザクラの一つ.
紀伊富田の権現平にあったものに由来する.
西宮市が種を譲り受けた.
一重の大輪で芳香がある.
鋭い
葉脈の間はそり返る.
w=65m/m
l=117m/m
リュウキュウカンヒザクラ (琉球寒緋桜)
1月～3月
時々白に近い花が混じる.
カンヒザクラに比べ花の色が淡く、花弁はやや平開する.
萼筒は長め.
花弁が赤いので中は濃い.
沖縄では1月から咲き始める.
裂目の谷はオレンジ色
濃い緑色
所々に皮が残り、横皮目が光る.
毛はない.
w=57m/m
l=120m/m
オオヤマザクラ (大山桜)
4月下旬～5月上旬
別名エゾヤマザクラ (蝦夷山桜)
ヤマザクラに似る.
苞葉は小さい.
皮目
鱗片葉
紅葉が美しい.
萼筒
小花柄
萼裂片
花柄はほとんどない.
花弁
材は家具や楽器に使う.
横に細い皮目がある
w=50m/m
l=88m/m
シダレザクラ (枝垂桜)
3月下旬
別名 イトザクラ (糸桜)
エドヒガンの栽培品種.
毛が多い.
福島三春町の「三春滝桜」は有名.
葉形は細長い.
2.5m/m
葉脈は細かく多い
w=43m/m
l=108m/m
カンヒザクラ (寒緋桜)
3月
本種の仲間は中国の東シナ海沿岸や台湾に自生するものが野生といわれる.
花弁はふつう平開せず
花は鐘形になる
花は柄からボトッと落ちる.
葉の表はゴワゴワしてしわが多い.
葉は明るい緑
毛はランダム
柄は長い.
w=58m/m
l=145m/m
ジュウガツザクラ (十月桜)
10月～12月／4月上旬
別名オエシキザクラ (御会式桜)
コヒガンの八重咲きともいえる.
秋に咲き始めて断続的に咲く.
少し間を置いてまた4月に咲く.
春の花より少し小さい秋の花
花も葉も小形
2.2m/m
先端は細い
色は茶黄緑
不規則な鋸歯
w=25m/m
l=86m/m

フユザクラ（冬桜）

10月〜12月・4月上旬〜中旬

マメザクラの近縁

別名コバザクラ（小葉桜）

冬と春に咲く桜で藤岡市桜山の「三波川の冬桜」は国の天然記念物.

カンザクラ（寒桜）

3月中旬

カンザクラというのに寒さに強くない.

カンヒザクラとヤマザクラの種間雑種という牧野富太郎の説が有力.

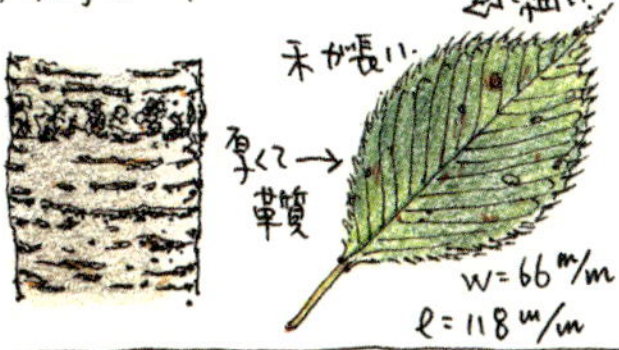

マメザクラ（豆桜）

3月下旬〜5月上旬 別名フジザクラ（富士桜）

箱根や富士山周辺に特に多い.

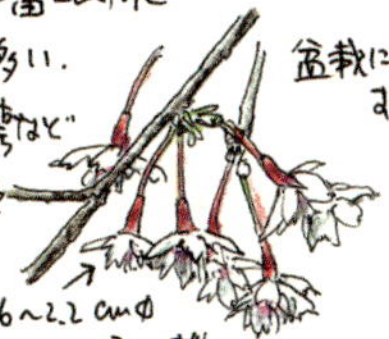

でっ小形の桜.

緑色の品種はミドリザクラ.

シナミザクラ（支那実桜）

3月上旬〜中旬 別名シロバナカラミザクラ（白花唐実桜）

中国の「桜桃」を代表する群で日本では産出しない果実.

食用、酒、薬用にも用いる.

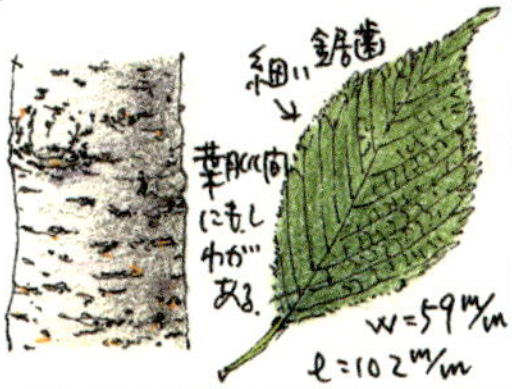

センリコウ（千里香）

4月中旬〜下旬 元、東京の荒川堤で栽培されていた.

花には芳香がある. アリアケ（有明）に近い栽培品種.

タイハク（太白）

4月中旬

サトザクラ系. 花弁は最大級で5.5〜6cmφ

1932年に英国から日本へ逆輸入された.

名は櫻の会の鷹司信輔による.

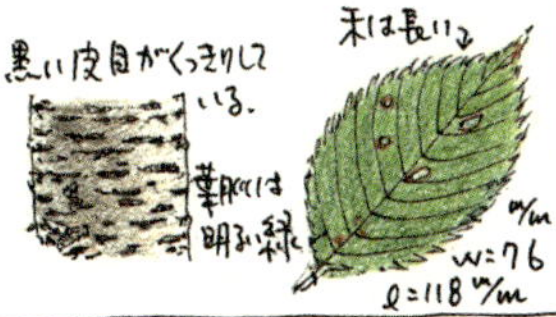

ミドリザクラ（緑桜）

4月上旬

別名ミドリガクザクラ（緑萼桜）

マメザクラの栽培品種.

マメザクラの赤い萼に対して緑色.

2.0〜3.0cmφ

ニワザクラ（庭桜）

3月下旬〜4月

一重咲きもあるが八重咲きのものが広まっている.

色は白または淡紅色.

中国中部に分布する. 中国では「麦李」と表記し、古くから観賞用として栽培されている.

花弁数は5〜50枚

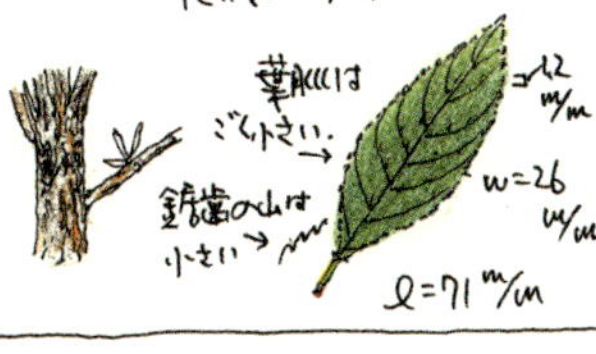

ヤマザクラ（山桜）

4月頃

明治になってソメイヨシノが普及するまではサクラといえばヤマザクラを指した.

古くはエドヒガンより山の上方に生える高木の桜のことを指したという.

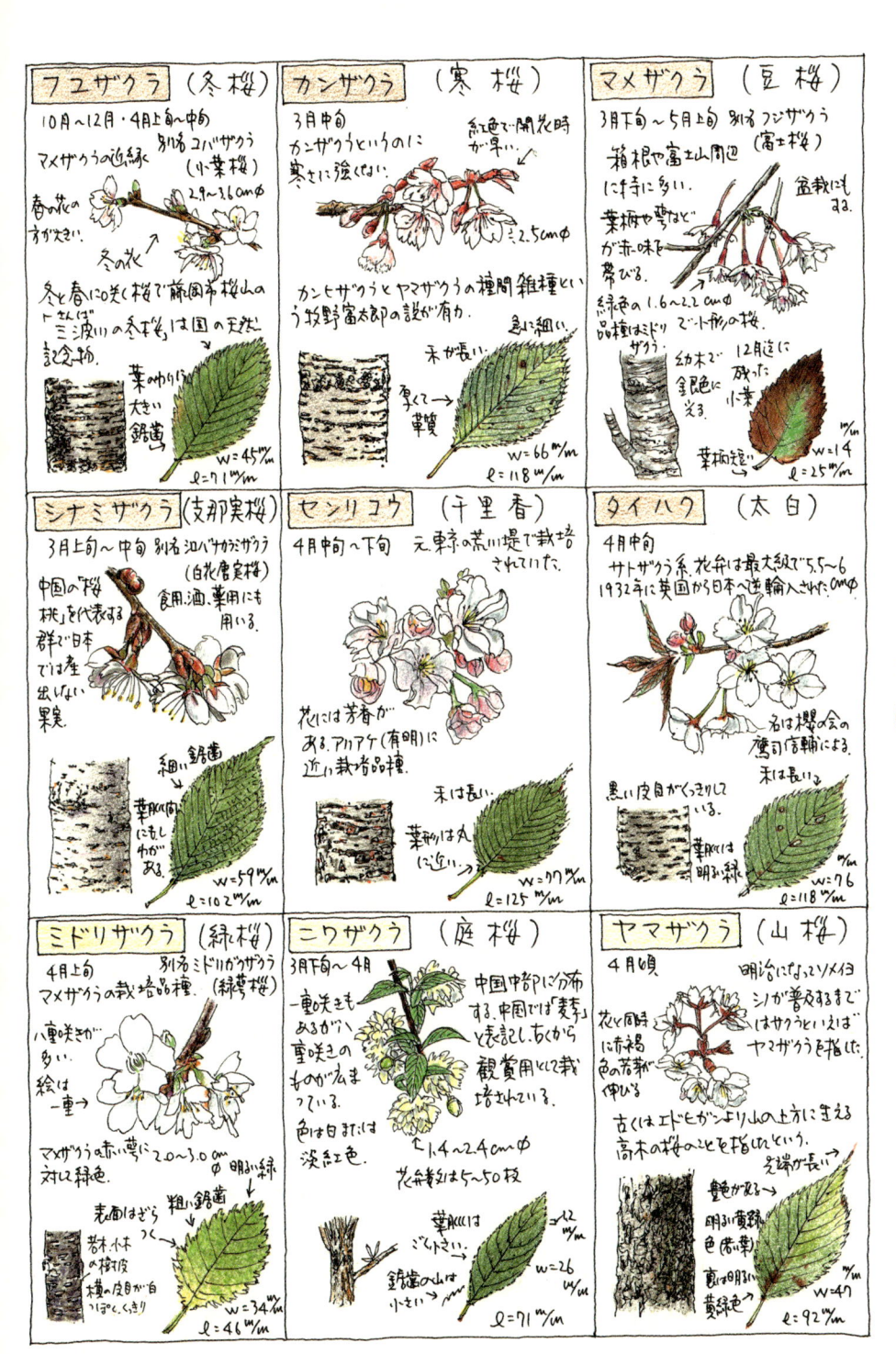

サトウニシキ（佐藤錦）

4月中旬
実は6月中旬～下旬

ナポレオンと黄玉の交雑種。生産量は国内一。セイヨウミザクラの一つで最高品。

大正元年山形県、東根市の佐藤栄助氏の手になるという。

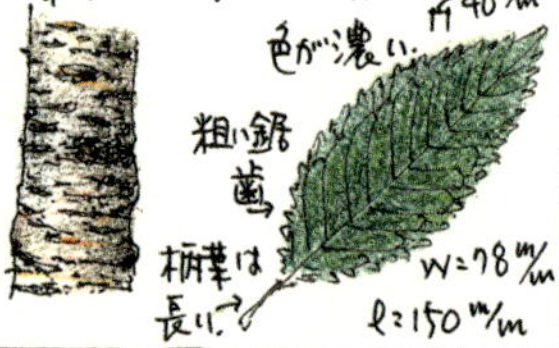

ナンヨウ（南陽）

4月中旬

ナポレオンの交雑種

実は6月中旬～7月中旬

山形県南陽市の特産。

実はナポレオンより一回り大きくハート形を潰したような形。

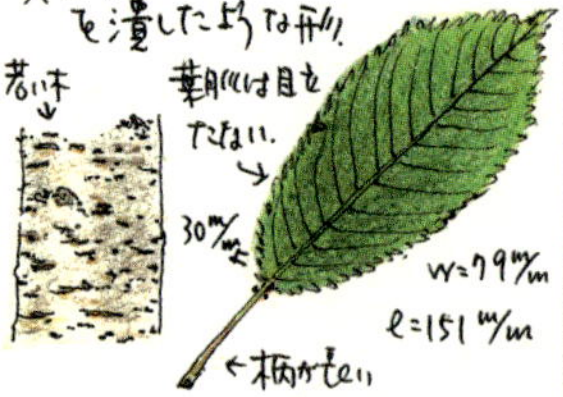

ナポレオン

ヨーロッパで人気のある品種でナポレオン・ビガロ・ロイヤル・アンとも呼ばれる。

4月中旬～下旬

佐藤錦の親で実は6月下旬～7月上旬

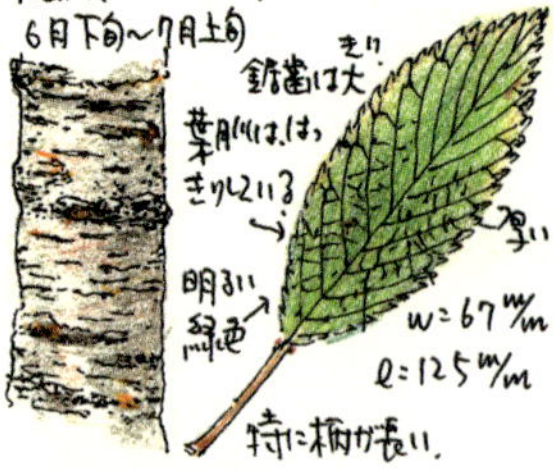

ウワミズザクラ（上溝桜）

4～5月

別名カバザクラ「樺桜」

白い5弁の花は0.8～1.4cmφで密に120ぐらい咲く。

新潟ではつぼみの塩漬は「杏仁香《あんにんご》」という。樹皮は樺細工の材料。

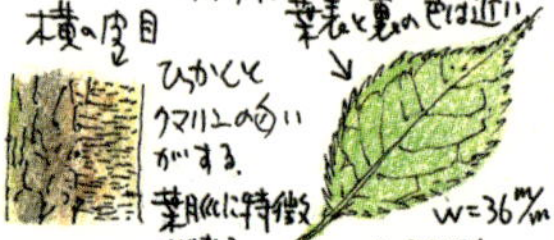

カスミザクラ（霞桜）

4～5月

別名ケヤマザクラ（毛山桜）

高さ20mにもなる。

一見ヤマザクラに似るが葉の裏に白みがなく花期も遅い。紅葉が美しい。

ヤブザクラ（薮桜）

3～5月

花付は少ない。コヒガンザクラより一回り大きい。

マメザクラの変種ともエドヒガンとの雑種ともいう。

小花柄は短かく開出毛がある

オオシマザクラ（大島桜）

3月下旬～4月上旬

サトザクラ類の多くは本種の影響を受けている。

紅葉が美しい。

花は大きく白い。4.0～5.4cmφ

葉にクマリン配糖体を含み、独特の香りをもつ。桜餅につかう。

桜の分類

桜はバラ科に属しますがさらにサクラ亜科の中でスモモ属（Prunus）というモモ属を含めた大きな分類と、細かくサクラ属（Cerasus）として扱う分類があります。ここでは敢て学名を入れないで種名のみの表記とします。日本のサクラは10種類程の野生種があるという。その他に自然交配や人為的交配によりつくられた栽培品種が250～300種もあるようです。交雑も多く品種の特定はとても難しいです。

表の見方

花期については東京としています。

東御苑の樹々には親切に名札がついています。しかし桜についても全てではありませんのでここでは名札のあるものを基本に特定して花や幹、葉などをスケッチしています。苑内には同品種が各所にありますので代表としてその位置を色分けしています。

- 北の丸公園
- 桜の島、
- 松の芝生。
- ケヤキの芝生。
- 本丸休憩所附近。
- 都道府県の木コーナー
- 二の丸庭園

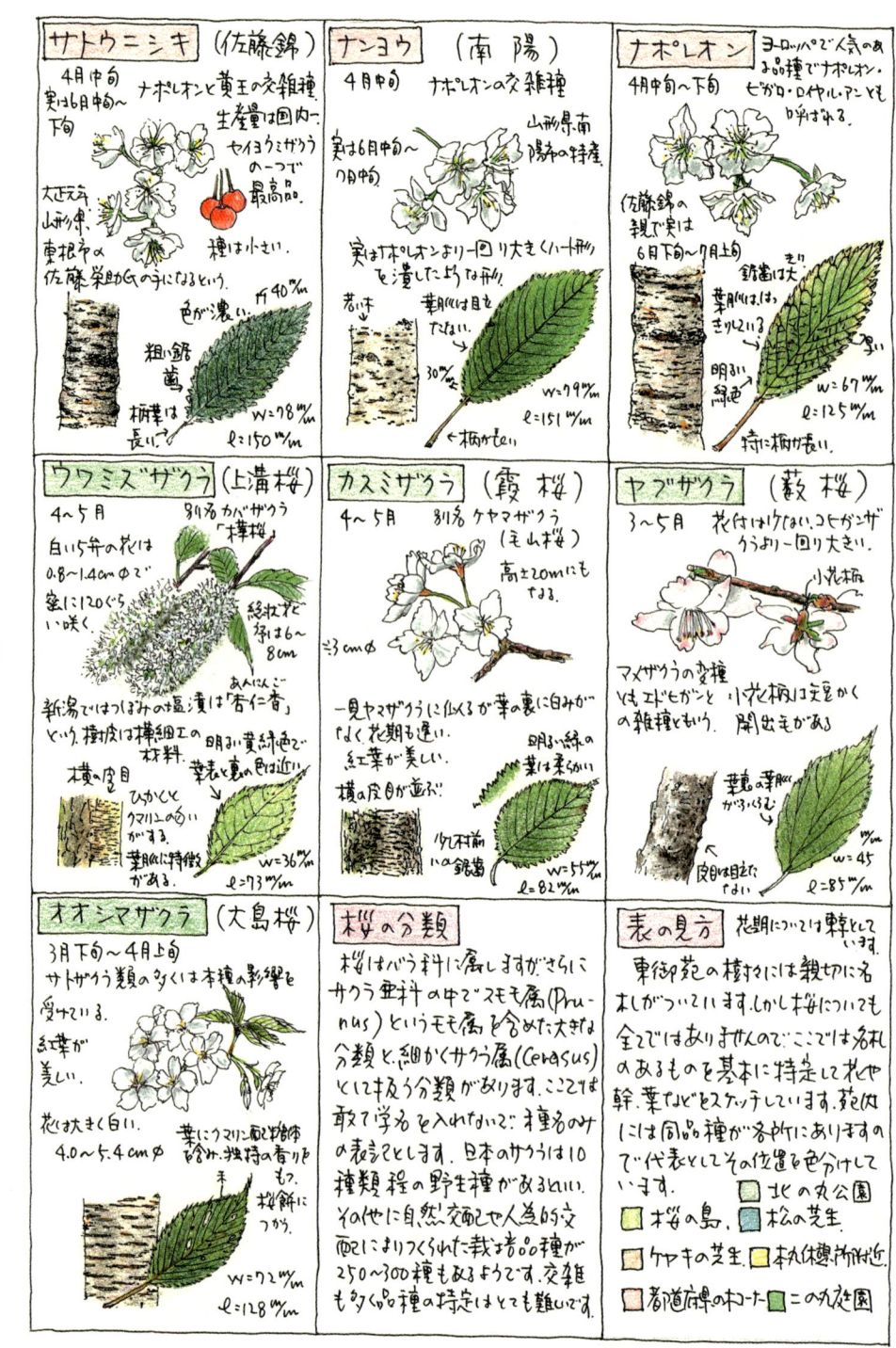

ハタザクラ (旗桜)

4月中旬～下旬 別名ハクサンハタザクラ
サトザクラの栽培品種。(白山旗桜)
文京の白山神社に原木があったものを発表した。1936年
千葉県鋸南町で発見。1949年
花弁は5～10個
3.6～4.4cmΦ

雄しべの先が花弁化した旗弁は旗のよう。

ヤエベニトラノオ (八重紅虎尾)

4月中旬～下旬 昔から京都で栽培されていたという。
「エド」や「アズマニシキ」と酷似する。
枝のまわりに花がまとわり付くように密集する姿が虎の尾状であることからこの名がついた。

花弁は25～30個
八重咲き
約5cmΦ

スルガダイニオイ (駿河台匂)

4月下旬 元荒川堤に栽培されていた。
桜の中では最も香るといわれる。

原木は江戸の駿河台にあったといわれる。
花弁は5個
しばしば旗弁がある。
一重咲き
約3.7cmΦ

フクロクジュ (福禄寿)

4月中旬～下旬 元荒川堤に栽培されていた。ただしこれは「八重曙」という。
花弁はしわ状に波打ち中心部は白くなる。
花は大輪で4.4～5.2cmΦ

厚質でねじれる。
花弁は15～20個

北の丸公園の桜 平成24年

北の丸公園の花木園にも桜の花が100本ほどあります。ここには東御苑では見られない桜のみ示します。

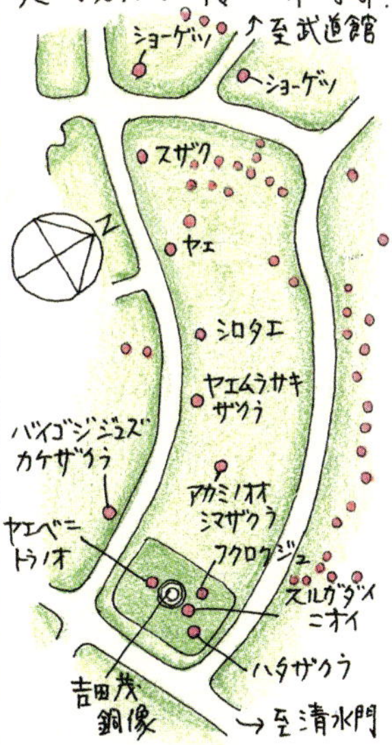

バイゴジジュズカケザクラ (梅護寺数珠掛桜)

4月中旬～下旬 サトザクラの栽培品種
原木は新潟県京ケ瀬村の梅護寺にある。
1927年に天然記念物に指定された。

3.8～4.8cmΦ
花弁は60～90個
親鸞上人が数珠をかけた桜から数珠のような花が咲いたと伝えられる。

アカミオオシマザクラ (赤実大島桜)

4月中旬 伊豆半島で発見された。
花弁5個
果実は約1.3cmΦ

花は約4.5cmΦ
オオシマザクラは普通果実が黒く熟すがこれは紅色になる。

ヤエムラサキザクラ (八重紫桜)

4月中旬 元東京の荒川堤で栽培されていたムラサキザクラの重弁の栽培品種。
雄しべがよく目立つ。

花弁は11～20個
花柄が短いことはオオヤマザクラの形質。
1本の樹の中でもその変化は大きい。

シロタエ (白妙)

4月中旬 元荒川堤で栽培
サトザクラの中では大輪↘
似た仲間でアマヤドリが(雨宿)あるがこちらは下垂する。

5～6cmΦ
花弁数は10～15個

スザク (朱雀)

4月中旬～下旬 元荒川堤で栽培
古くは京都の朱雀にあったのでこの名がある。
小花柄は細くて長い

花は下垂する
花弁は10～12個
3.8～4.6cmΦ
若芽の色は黄緑色。

ショウゲツ (松月)

4月中旬～下旬 元荒川堤で栽培
若芽は黄緑色で花より遅れる。
外はピンクが濃い。

京都の平野神社に栽培されている「ナデシコザクラ」は近似品とのこと。
花弁は
3.8～4.8cmΦ
20～30個
切れ込みがナデシコに似る。

❺ 本丸休憩所～ケヤキの芝生周辺

本丸休憩所を中心に南北に長いこの辺りは一年の中でも花の少ない寒い時期に最も華やかになるところです。ツバキ園が苑路沿いに長く続き、各々優雅な名前のついた個性的なツバキの花を楽しめます。また夏にだけ見られるヒマワリは「はるかのヒマワリ」の哀しい話で涙を誘いますが是非見て下さい。展望台からは白鳥濠越しに大都会の遠望を180°眺められます。また、葉を落して春を待つ樹々の姿は美しい中にも凜々しさを感じます。ここは冬だけでなく春はケヤキの芝生の東側に桜の島とは違う種類の桜が花をつけ、その下でお弁当を食べたり、スケッチを楽しむ人の姿もみられます。夏はクスノキの木陰でほっと一息できるところで、あの暑いビル街とは気温も違うように思います。また本丸休憩所では江戸城の古写真やマツの芝生で行われた大嘗祭《だいじょうさい》の様子が模型や写真で解説されています。

〈ツバキ園〉
ツバキ園に沿う散歩道は冷たい空気の中に冬の陽が暖かく差し込む。

〈ケヤキの大芝生〉正面には天守台が見える。その手前は松の芝生のクロマツ。右の方には本丸休憩所がある。真夏のある一日の風景。いつものように閉苑を知っているカラスが集まってくる。

〈緑の泉〉

〈白鳥濠と汐見坂〉遠くに見えるのは皇居周辺のビル群。右手には二の丸庭園がある。正面は汐見坂濠に写った空の方が高く見える。

〈午砲台〉明治4年から昭和4年まで正午を知らせる大砲を撃っていたという。

ケヤキの芝を含むこの辺りには桜の島にはない種類のサクラで、カンザクラ、フユザクラ、センリコウなどが見られる。また珍らしいミドリザクラもある。

ツバキ園のエリアには ヤブツバキ トウフジウツギなど

本丸休憩所～ケヤキの芝生周辺図

桜マップ

(皇居東御苑の桜 P130～135)

「はるかのひまわり」

「阪神淡路大震災」で亡くなった小学校6年生の加藤はるかさんの家の場所に咲いていた大輪のひまわりを地域の人が「はるかのひまわり」と名づけて大切に育てていたもので、平成17年1月の10周年追悼式典のために神戸を尋ねられた天皇、皇后両陛下に、遺族代表の小学生がその種子を差し上げました。両陛下はその種を御所の庭にお播きになってお育てになり、取れた種子を宮内庁に下さいました。

ハクウンボク［白雲木］

エゴノキ科／落葉高木／Styrax obassia／5〜6月／オオバヂシャ（大葉萵苣）

名は白い花を多数下垂する様が白雲のようであることからついた。原産は朝鮮半島、中国の清朝では宮中に植えられた木であった。材は堅く将棋の駒に向く。盆栽では「玉鈴花」の名がある。

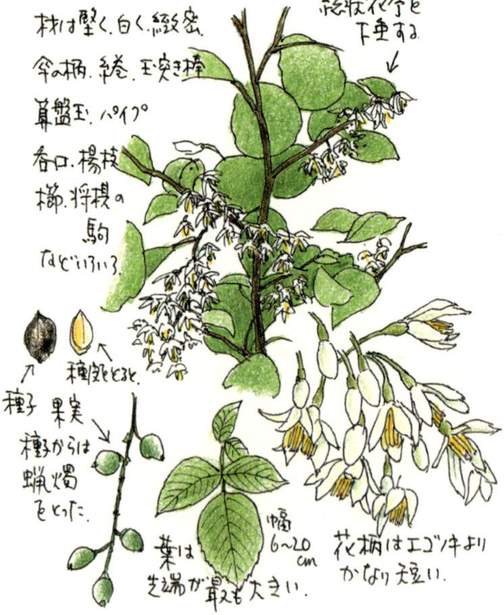
材は堅く、白く、緻密
傘の柄、糸巻、玉突き棒
算盤玉、パイプ
香口、楊枝
櫛、将棋の
駒
などいろいろ。
総状花序を
下垂する
種子
種皮をとると
果実
種子からは
蝋燭
をとった。
葉は
先端が最も大きい。
幅
6〜20
cm
花柄はエゴノキより
かなり短い。

モクゲンジ［木槵子］

ムクロジ科／落葉高木／Koelreuteria paniculata Laxm.／6月／センダンバノボダイジュ

面白い名の元は誤記されたムクロジ（漢書で「木槵子」）の音読み。6月頃、黄金色の小さな花をつけるので英語ではゴールデンレインツリーという。花から袋状の種子まで短期間で姿を変えるので気をつけないと見逃してしまう。種子で数珠をつくるせいか寺院によく植えられる。別名は栴檀葉の菩提樹。

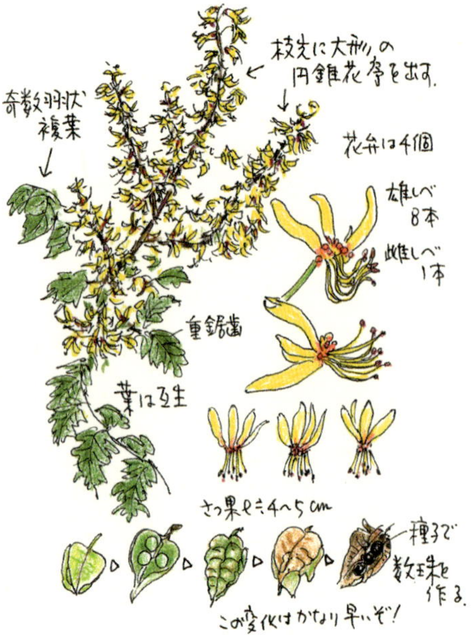
枝先に大形の
円錐花序を出す。
奇数羽状
複葉
花弁は4個
雄しべ
8本
雌しべ
1本
重鋸歯
葉は互生
さつ果長さ4〜5cm
種子で
数珠を
作る。
この変化はかなり早いぞ！

ハアザミ［葉薊］

キツネノマゴ科／多年草／Acanthus mollis／5〜7月／アカンサス

一般にアカンサスといわれるが和名はハアザミで葉がアザミに似る。ギリシア時代には生命力を象徴する植物としてナツメヤシに代わって用いられた。建築装飾としてはルネッサンスの頃まで使われた。建築家のカリマコスは通りかかったコリントの墓地で陶板の周りのアカンサスの葉が曲がっているのを見て閃いたという。花言葉も「強い生命力」「技巧」。原産地は地中海で日本には明治時代に渡来した。

植物であるアカンサス
（ハアザミ）文様
ギリシアのコリント式
建築の柱頭装飾
に用いたのが始ま
りとされる。
アカンサス文様の様式は、葉先
が鋭くとがったギリシア風のアカ
ンサス・スピノサスと、葉先がやや
丸味を帯びたローマ風のアカ
ンサス・モリスの二様がある。

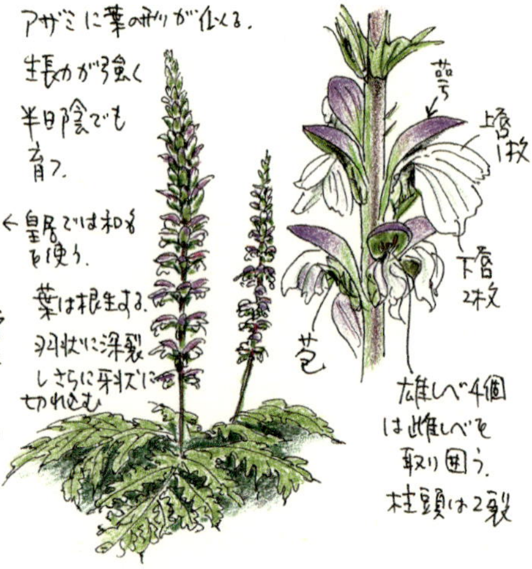
アザミに葉の形が似る。
生長力が強く
半日陰でも
育つ。
皇居では和名
を使う。
葉は根生する。
羽状に深裂
しさらに羽状に
切れ込む
東御苑のハア
ザミはモリス。
萼
上唇
1枚
下唇
2枚
苞
雄しべ4個
は雌しべを
取り囲う。
柱頭は2裂

ヨウシュヤマゴボウ［洋種山牛蒡］

ヤマゴボウ科／多年草／Phytolacca americana／6～9月／アメリカヤマゴボウ(亜米利加山牛蒡)

別名をアメリカヤマゴボウといい、根がゴボウに似る。北アメリカ原産で明治初期に渡来。ベタシアニン色素を含んだ赤紫色の果実が熟して垂れ下がる。子供の頃これを潰してその汁を「インク」と呼んで遊んだ。米語はインクベリーという。漬物のヤマゴボウなどにするのはモリアザミ(森薊)のこと。

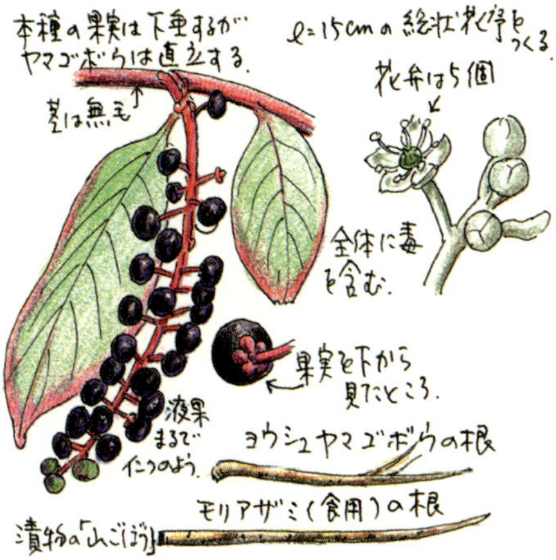

アブラチャン［油瀝青］

クスノキ科／落葉低木～小高木／Lindera praecox／3～4月／ムラダチ(群立)

名前のアブラチャンは瀝青《れきせい》のことで天然アスファルトの一種。種子や樹皮に油を多く含み昔は灯油を採取した。また、生木のままでもよく燃えるという。エゴノキとは根本から幹を出して株立ちするところの共通点があり蕾のままの枝を茶花チャガラという。

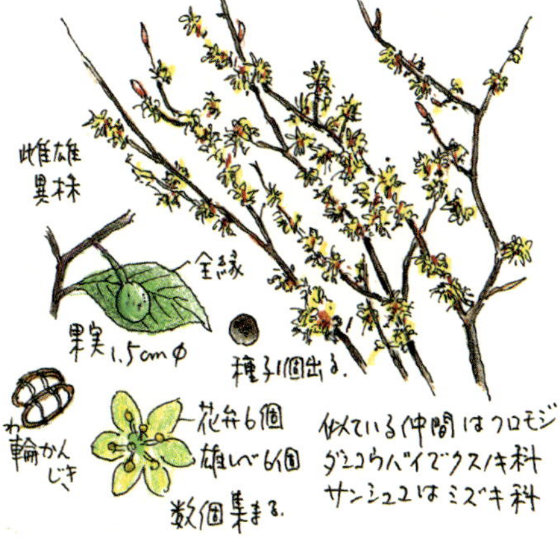

ヒトツバタゴ［一葉たご］

モクセイ科／落葉高木／Chionanthus retusus／5月／ナンジャモンジャ

ギンモクセイとヒイラギの交雑種で庭などに植える。変わった名であるがタゴはトネリコの別名でタゴノキのこと。トネリコのように複葉ではなく単葉なので一つ葉タゴ。日本では愛知、長野、岐阜、対馬にだけ自生する珍木。昔、明治神宮外苑にあった大木が有名で名前がわからず「ナンジャモンジャ」と呼ばれていた。ちなみに一葉タゴの名は19世紀に尾張の本草学者水谷豊文が名付けた。

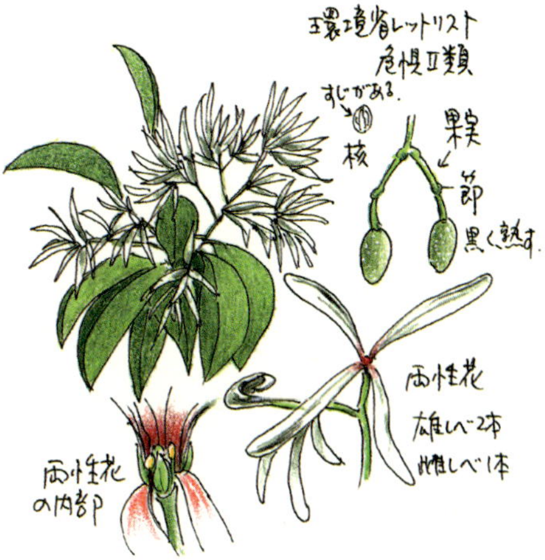

タブノキ［椨］

クスノキ科／常緑高木／Machilus thunbergii／4～6月／イヌグス(犬楠)、タブ(椨)

朝鮮語で丸木舟を tong-bai といい転訛してタブになり丸木舟を作る木の意からタブノキになった説がある。耐潮性にすぐれた照葉樹林の主要構成種。樹皮にねばりがあって線香の材料にもする。また八丈島では樹皮を黄八丈《きはちじょう》の染料とする。

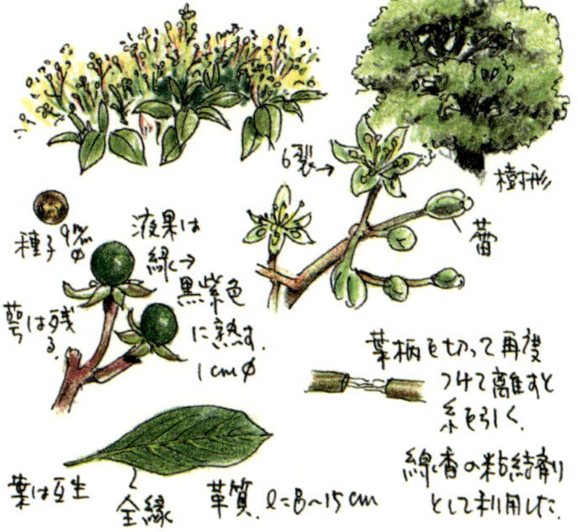

ヒイラギナンテン［柊南天］

メギ科／常緑低木／Mahonia japonica／3～4月／トウナンテン(唐南天)

照りのある小葉の刺がヒイラギの葉に似て複葉の様子がナンテンに似ることから名がある。またヒイラギについてはヒビラクよりヒヒラグになり、柊《ひいら》ぐとは葉の刺で触れるとヒリヒリ痛むことに由来する。中国原産の樹で天和～貞享年間に渡来したといわれる。

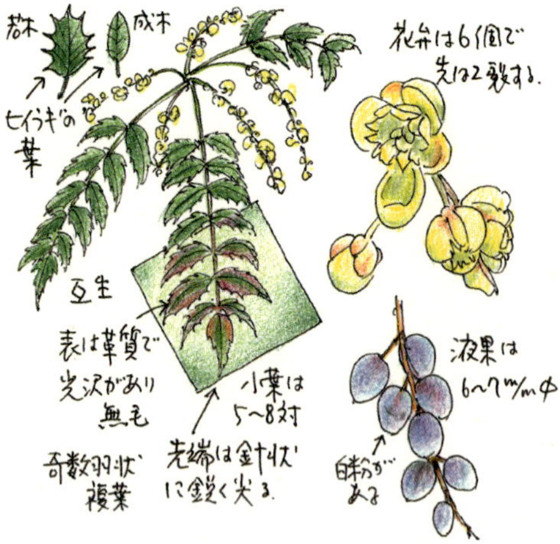

ドウダンツツジ［満天星躑躅］

ツツジ科／落葉低木／Enkianthus perulatus／4～5月／ドウダン(灯台、満天星)

ドウダンは灯台の転訛で枝が分岐していることから。属名は花の形に由来し、「ふくらんだ花」の意味。また、種小名は鱗片《りんぺん》があることを意味し、鱗片葉《りんぺんよう》は冬芽を包んでいる。これを芽鱗《がりん》という。山地の特に蛇紋岩《じゃもんがん》地帯に自生する。

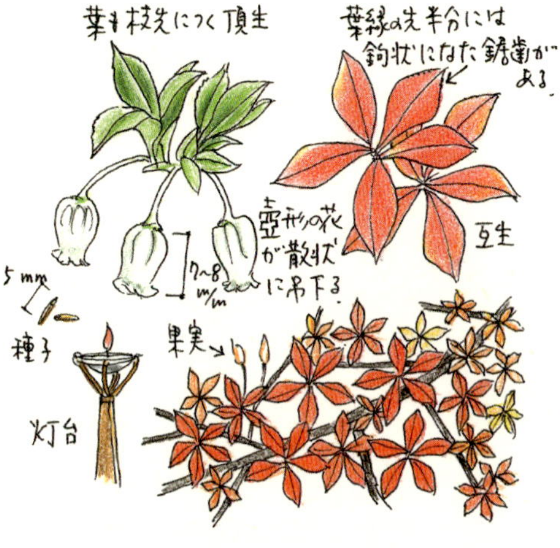

アカボシシャクナゲ［赤星石楠花］

ツツジ科／常緑低木／Rhododendron hyperythrum／4～6月

「石楠花」はオオカナメモチを指す漢名を誤用して音読みしたとされ約600以上ある種の総称。一般にシャクナゲは「深窓の令嬢」と形容されるがロードトキシンという有毒物質を含んでいる。シャクナゲツツジ属では落葉しない部類に入る。

カルミア

ツツジ科／常緑低木／Kalmia latifolia／5～6月／アメリカシャクナゲ(亜米利加石楠花)

北アメリカ原産で日本には1915年に渡来した。原産地では高さ10mにもなるという。強健だが水分を好み乾燥地では生育が悪い。東京市長がアメリカにサクラを寄贈したお礼としてハナミズキ等と共に贈られてきたのが最初。花笠石楠花《はながさしゃくなげ》ともいう。

フサフジウツギ［房藤空木］

フジウツギ科／落葉低木／Buddleja davidii Franch.／7〜10月／ニシキフジウツギ(錦藤空木)

名はフサ(房)＋フジウツギ(藤空木)で穂状に密生して咲く花の様子がフジに似ることによる。フジウツギの花はもっと小径。ブッドレアの名が一般には流布している。英名はバタフライブッシュで意味は蝶の蜜源植物。中国原産で明治中期に渡来し、多くの園芸品種がある。

トウフジウツギ［唐藤空木］

フジウツギ科／落葉低木／Buddleja lindleyana／6〜10月／リュウキュウフジウツギ(琉球藤空木)

中国原産。日本でも沖縄で古くから栽培されていてリュウキュウフジウツギの別名がある。属名はイギリスの博物学者バドル(A. Buddle)から。リンドレイアナはイギリスの植物学者リンドレー(J. Lindley)から。

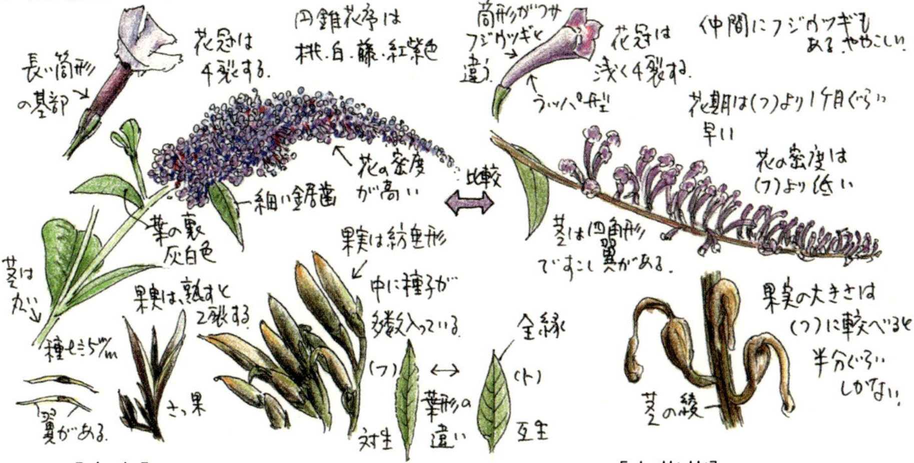

アオキ［青木］

ミズキ科／常緑低木／Aucuba japonica／3〜5月／アオキバ(青木葉)

名は四季を通して葉が緑色であることによる。18世紀に日本から欧州に導入された。ただし雌木のみ。開国してから植物ハンターのフォーチューンが雄木を移出し、欧州でも結実した。ニホンジカはアオキが大好きという。

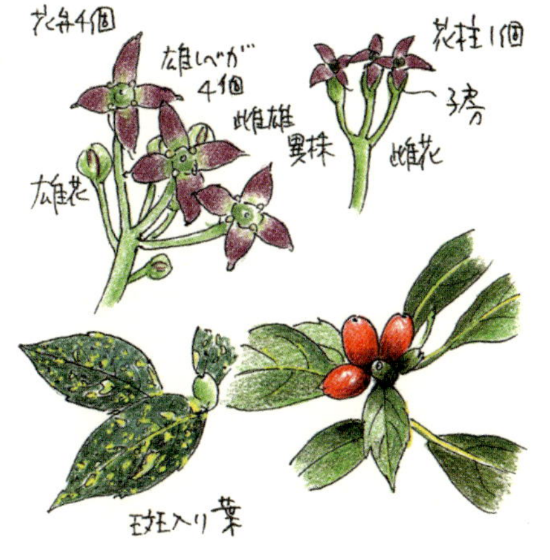

サンシュユ［山茱萸］

ミズキ科／落葉小高木／Cornus officinalis／3〜4月／ハルコガネバナ(春黄金花)

名は漢名の山茱萸の音訳。別名のアキサンゴ(秋珊瑚)は花色や果実の色による。和名の茱萸はグミのことで8月頃には真っ赤な実を付ける。中国浙江省の原産で享保7年に薬用植物として朝鮮から渡来して駒場薬園に植えられた。早春の花木。

ユキヤナギ［雪柳］

バラ科／落葉低木／Spiraea thunbergii／4月／ココゴメバナ(小米花)

名は葉がヤナギに似て多数の花が雪を思わせることによる。属名はギリシア語の「Speird」(らせん、輪)に由来し、果実にはらせん状の種がある。種小名は日本の植物研究をしたC. P. ツンベリーの名にちなむ。関東以西の岩場などに生える。

コデマリ［小手毬］

バラ科／落葉低木／Spiraea cantoniensis／4～5月／テマリバナ(手毬花)

手まり状に枝の上に並ぶ小さな花の集まりが名の由来。別名のスズカケ(鈴掛)は連続した花序の形による。中国原産で日本へは江戸初期に渡来した。漢名は繍線菊《しゅうせんぎく》丈夫で育てやすく庭木として広まり、生け花の花材としてもよく用いられてきた。

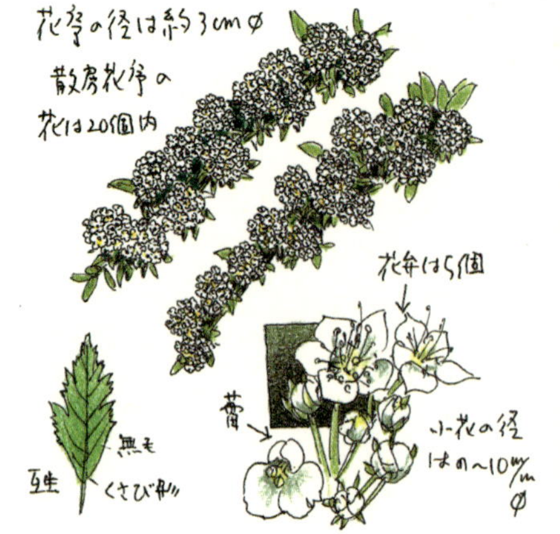

ニワウメ［庭梅］

バラ科／落葉低木／Pru n us japonica／3～4月／リンショウバイ(林生梅)

中国から古い時代に渡来した。食べると甘酸っぱくておいしい。名は花が梅に似ていて庭木としてよく植えたことから。属名のプラナスは plum (すもも)が語源。万葉集では「はねず」があり、ニワウメの古名とされる。

バクチノキ［博打の木］

バラ科／常緑高木／Prunus zippeliana／9～10月／ビランジュ(毘蘭樹)、ハダカノキ(裸の木)

名は樹皮がたえずはげ落ちて赤い肌を現わすことで、これを博打に負けて裸になったことにたとえたもの。葉を蒸留したものを「バクチの水」といい鎮咳薬《ちんがいやく》に用いる。東御苑では博打に負けたのか石室の北辺りにひっそりと控えめに生えている。

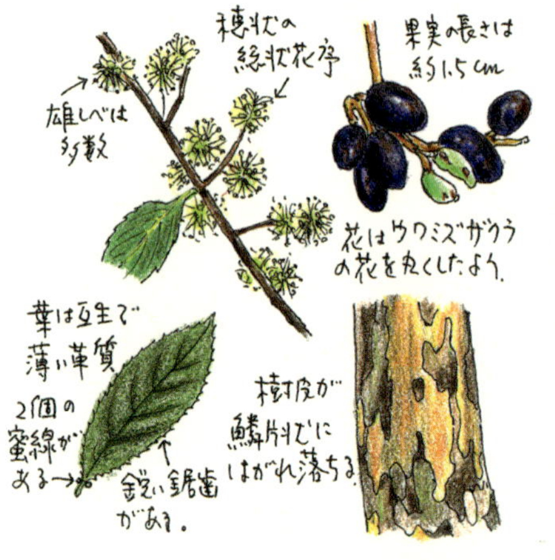

シジミバナ［蜆花］

バラ科／落葉低木／Spiraea prunifolia／4月／ハゼバナ（爆ぜ花）、ココメバナ（小米花）

少しむくんで膨らんだ花弁が何重にも重なり合っている様子は名前のようにしじみのむき身を思い出させる。花は仲間のユキヤナギのように長い枝を突き出して垂れた前年枝に無柄の散形花序をつける。ユキヤナギと同じココメバナという別名を持つ。

葉腋から多数の散形花序を出す。
花弁が反るように膨らむ
花は八重咲き
8~10m/mの花が柄にいっぱいつき総状にも見える。
基部を除いて細い鋸歯がある。
葉は互生する。
雄しべや雌しべは退化しているので種子はできない。

モッコク［木斛］

ツバキ科／常緑高木／Ternstroemia gymnanthera／6～7月／アカミノキ（赤実の木）

岩に着生するラン科セッコク（石斛）の花や淡い芳香に似ることから木斛とされた。葉の下になる赤い実からなのか奄美大島ではアカモモという。琉球では材が首里城の建築に使われたが庶民の伐採は禁じられた。また紀伊半島南部では門松代わりに使うという。

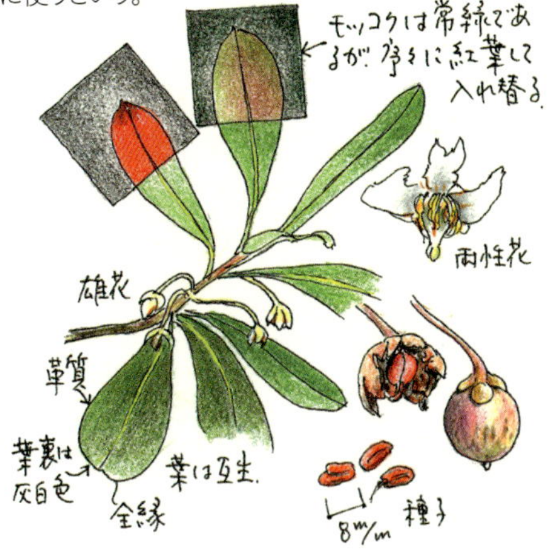
モッコクは常緑であるが、序々に紅葉して入れ替る。
両性花
雄花
革質
葉裏は灰白色
全縁
葉は互生。
8m/m
種子

ヤブツバキ［藪椿］

ツバキ科／常緑高木／Camellia japonica L.／2～4月／ヤマツバキ（山椿）、ツバキ（椿）

本種はワビスケなどの栽培種の基本種となっている。青森県東津軽郡平内《ひらない》町の椿山の群落は天然記念物に指定されている。花色によって紅椿や白椿があるがツバキ類は花期以外は区別がより難しい。

花は合着しているので花弁は散らずそのままの形で落ちる。
果実は4~5cmΦ
花弁5~6個
熟すと3つに開裂する。
雄しべも基部が合着
葉は互生
葉はロウ質のクチクラが発達
冬芽
細い鋸歯がある。
種子は3つが多いが8個もある。
15m/m

ヒメシャラ［姫沙羅］

ツバキ科／落葉高木／Stewartia monadelpha／5～6月／コナツツバキ（小夏椿）

シャラはナツツバキの別名であるが本種はこれより葉も花も小さいことによる。属名は植物学者の後援者でイギリスの首相であったスチュアートにちなむ。樹皮は赤褐色で薄くはがれるが表面が堅くヤスリの代わりに使われる。

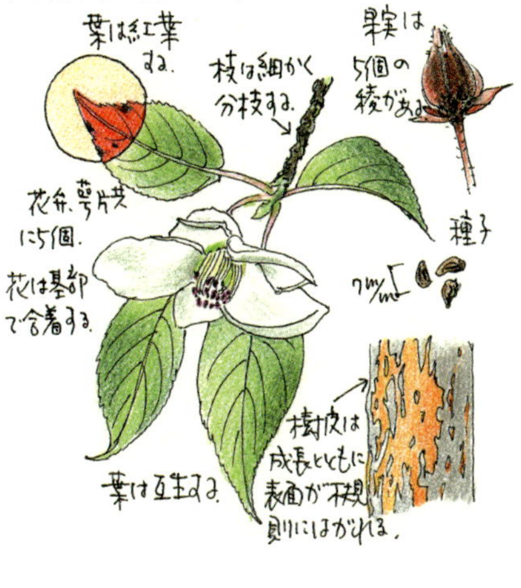
葉は紅葉する。
枝は細かく分枝する。
果実は5個の稜がある
花弁、萼片は5個。
種子
花は基部で合着する。
7m/m
樹皮は成長とともに表面が不規則にはがれる。
葉は互生する。

ホオズキ［鬼灯、酸漿］

ナス科／多年草／Physalis alkekengi var. franchetii／6〜7月／カガチ（輝血）

名前は赤い萼が人の頬の紅色と顔つきから「頬つき」や、ホオという害虫がつくのでホオズキという説もある。属名はギリシア語のphysa（ふくれたもの）に由来し、これは花後に膨らんで嚢《のう》状《じょう》果《か》となった宿存萼《しゅくそんがく》にちなむ。江戸時代には七夕の供物とされ今でも浅草のホオズキ市は7月9、10日に催される。

イヌホオズキ［犬酸漿、竜葵］

ナス科／1年草／Solanum nigrum／7〜10月／バカナス（馬鹿茄子）

日本には古い時代に畑の雑草として入ったという。バカナスとも呼ばれホオズキに似ているが役に立たないことから名付けられた。仲間にアメリカイヌホオズキやオオイヌホオズキなどがある。ネットでホオズキをホウズキで調べると魚類のことになる。

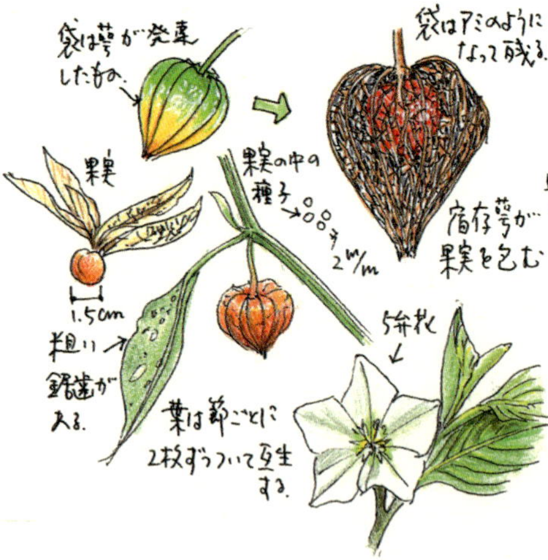
袋は萼が発達したもの。
袋はアミのようになって残る。
果実
果実の中の種子
2m/m
宿存萼が果実を包む
1.5cm
粗い
鋸歯が入る。
5弁花
葉は節ごとに2枚ずつついて互生する。

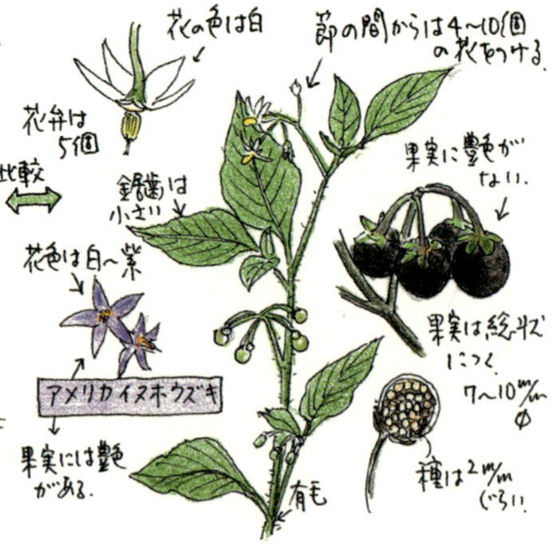
比較
花の色は白
節の間からは4〜10個の花をつける。
花弁は5個
鋸歯は小さい
果実に艶がない。
花色は白〜紫
アメリカイヌホウズキ
果実には艶がある。
果実は総状につく。
7〜10m/m φ
種は2m/mぐらい。
有毛

ヒヨドリジョウゴ［鵯上戸］

ナス科／つる性多年草／Solanum lyratum／8〜9月／ホロシ、ツヅラゴ

ヒヨドリが赤い実を好んで食べることからこの名がある。花弁がそり返るのが面白い。北の丸公園や桜田濠でも見られる。佐藤春夫の秋の七草は「からすうり、ひよどり上戸、あかまんま、かがり（ヒガンバナ）、つりがね、のぎく、みずひき」。

カラタネオガタマ［唐種招霊］

モクレン科／常緑小高木／Michelia figo／5〜6月／トウオガタマ（唐招霊）

江戸時代中期に渡来し、暖地の神社境内によく植えられる。オガタマは「招霊《おきたま》」のことばに由来する。バナナのような香りの花が咲く。日本のオガタマノキに比べて低木で羽状葉には柄がなく、花弁の縁が赤い。

花冠は5裂
茎や葉にはもが多い。
果実は液果で種子多数
種子
約2.5m/m
葉が3裂5裂等いろいろある
葉は互生する。
果実は約9m/mφ

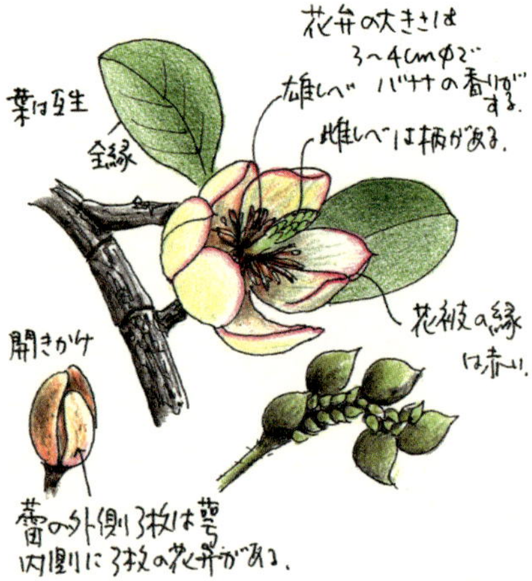
花弁の大きさは3〜4cmφで
雄しべ
バナナの香りがする。
雌しべは柄がある。
葉は互生
全縁
花被の縁は赤い。
開きかけ
蕾の外側3枚は萼
内側に3枚の花弁がある。

トサミズキ［土佐水木］

マンサク科／落葉低木／Corylopsis spicata Sieb. Et. Zucc.／3〜4月

高知県の蛇紋岩地帯や石灰岩地帯などに自生する。葉がミズキ（水木）の葉に似ていることから名付けられた。本種は日本だけでなく外国でも高く評価され1863年にイギリスに導入されヨーロッパに広まった。絶滅危惧II類指定。

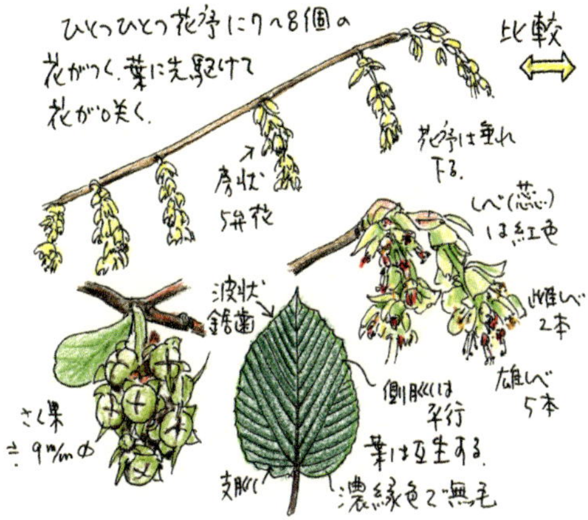

ヒュウガミズキ［日向水木］

マンサク科／落葉低木／Corylopsis pauciflora／3〜4月／イヨミズキ（伊予水木）

「日向」とあるが宮崎県の自生は後年の発見でつじつまが合わない。最初に発見された丹後、そのすぐ南は丹波、そしてここを治めていたのが明智日向守光秀という名にやっとたどり着く。シーボルトの弟子の二宮敬作と共に見出したと伝わる。

ハナゾノツクバネウツギ［花園衝羽根空木］

スイカズラ科／常緑〜半落葉低木／Abelia × grandiflora Rehder／5〜11月／アベリア

中国原産のシナツクバネウツギとユニフローラの交配種で、大正末期に渡来した。和名は花の落ちたあとの萼片の形状に由来する。属名はイギリスの植物学者エイブルを記念して名付けられた。一般にはアベリアで通る。

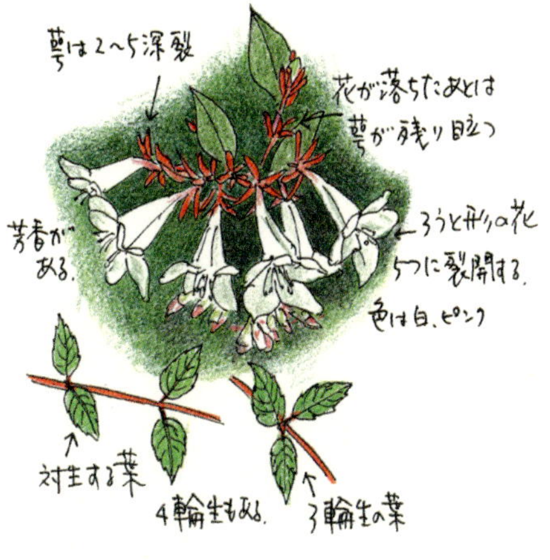

ヒメヒオウギズイセン［姫檜扇水仙］

アヤメ科／多年草／Crocosmia x crocosmiiflora／5〜7月／モントブレチア、クロコスミア

南アフリカ原産で1880年にフランスで交配された。盆花としても利用されていることから日本原産と思われがちだが明治時代にヨーロッパから渡来した園芸種が野生化し、日本各地に広がった。葉の付き方が檜扇に似る。乾燥させ湯に浸すとサフランの香りがする。

ツバキ園 Camellia Garden

このツバキ園には20品以上のツバキがあり、10月から5月まで花を楽しむことができます。ツバキは日本各地に自生しており、江戸時代から多くの園芸品種が作り出され、多くの人々に花が愛されてきました。（案内板の説明より。以下図等も説明板を参考に作成）

ツバキ科は世界に約30属、500種ある。日本には果実が裂開するツバキの仲間（ツバキ属、ナツツバキ属、ヒメツバキ属）と、果実が裂開しないモッコクの仲間（モッコク属、サカキ属、ヒサカキ属）を中心に7属、約20種が野生している。

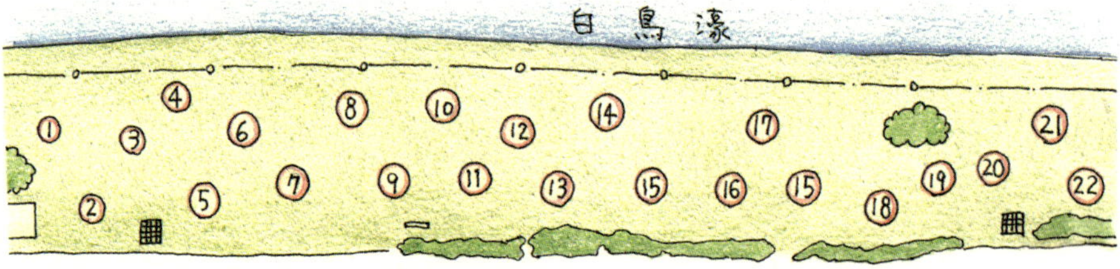

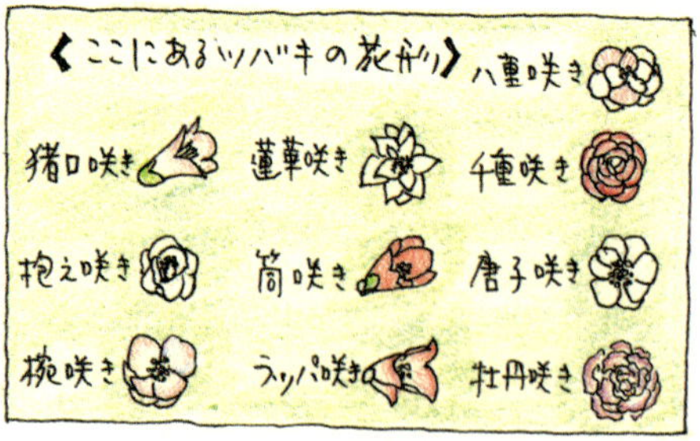

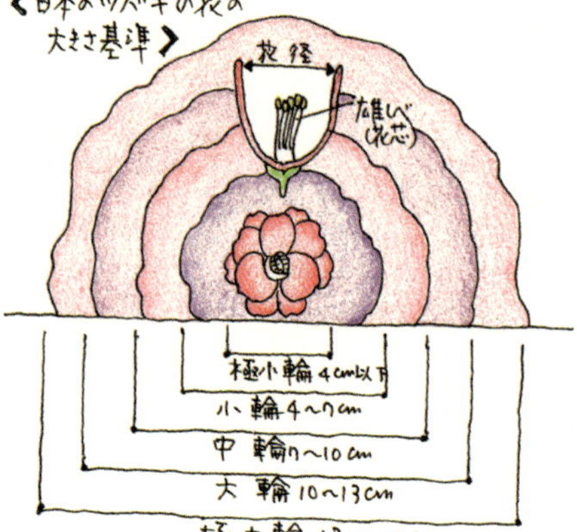

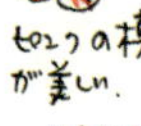

セロコの模様が美しい。

Camellia japonica 'Ezonishiki'
① エゾニシキ（蝦夷錦）
花期 3月～4月
花容 白～淡桃地に濃紅の縦～小絞り、八重咲き、筒しべ 中輪

※調査時にはこの品種はありません。

Camellia japonica 'Rōran'
② ロウラン（楼蘭）
花期 10月～3月
花容 桃地に底白、一重 椀咲き、中輪、筒しべ

←ピンクのぼかしが美しい。

ロウランはピンクから白のボカシがとても美しい品種であるが、残念ながらここにはない。

Camellia japonica 'Hishikaraito'
③ ヒシカライト（菱唐糸）
花期 3月～4月
花容 濃桃色、八重 唐子咲き、中輪

江戸期からの古品種で「関西の名花」といわれる。

←中央の唐子弁は白く花弁とのコントラストの美。

Camellia japonica 'Otome'

④ オトメツバキ（乙女椿）

花期 12月～4月
花容 淡桃色、千重咲き、中輪
江戸時代から栽培されていて、品種は膨大。日本産だけでも2000種を越すという。

重なる花弁の妙

Camellia japonica 'Kujaku'

⑤ クジャクツバキ（孔雀椿）

花期 3月～4月。
花容 紅地に白斑、八重咲き、
蓮華咲き、中輪～大輪

花は下を向く
孔雀の尾のようでもある。

Camellia japonica 'Goshiki'

⑥ ゴシキツバキ（五色椿）

花期 11月～4月
花容 白地に紅縦絞り、桃色に白覆輪と縦絞り、白、紅など五色。
一重筒咲き、小輪。

五色より多い

Camellia japonica 'Satsuma-kurenai'

⑦ サツマクレナイ（薩摩紅）

花期 3月～4月
花容 濃紅色、八重～千重咲き
中大輪
鹿児島では大隅直（オオスミアタイ）という。

中央のみだとバラのよう

Camellia japonica 'Miura-otome'

⑧ ミウラオトメ（三浦乙女）

花期 4月
花容 淡桃色、千重～八重咲き
中～大輪、散り性。
神奈川県三浦半島の栽培品。

秩父宮の御命名といわれる。

Camellia japonica 'Tama-no-ura'

⑨ タマノウラ（玉の浦）

花期 1月～4月。
花容 濃桃色に白覆輪、一重
筒～ラッパ咲き、中輪
筒しべ
五島列島の玉の浦で発見されたという。

覆輪という

Camellia japonica 'Aka-seiôbo'

⑩ アカセイオウボ（赤西王母）

花期 11月～4月
花容 鮮紅色、一重
～ラッパ咲き、中輪
筒しべ
石川県の西王母の自然実生。

ぼかしの一重

Camellia japonica 'Otohime'

⑪ オトヒメ（乙姫）

花期 12月～3月
花容 濃桃色に白斑、一輪
猪口咲き、極小輪、侘芯
孔雀が羽を広げたような細い花弁が広がる。三河で発見されたという。

三河数寄屋の白斑入り

Camellia japonica 'Hagoromo'

⑫ ハゴロモ（羽衣）

花期 3月～4月
花容 淡桃地で弁基部は濃淡桃、八重、蓮華咲き、
中～大輪、筒しべ。
江戸時代からの古品種。

花弁と花弁の間が透いていて立体的

Camellia japonica 'Eiraku'

⑬ エイラク（永楽）

花期 3月～4月。
花容 暗紅色、一重、筒咲き
小～中輪、筒しべで花糸が赤い。
黒わびすけの別名があり。
茶花に利用する。

端正な筒咲き

Camellia japonica'Goshikiyae-chiritsubaki

⑭ ゴシキヤエチリツバキ(五色八重散椿)

花期　4月～5月、花弁が1枚ずつ散る。

花容　白地に紅の縦絞りが基本色、白、紅、桃地白覆輪などに咲き分ける。抱性、八重咲き、中～大輪、散性、筒～割しべ

Camellia japonica'Kô-otome'

⑲ コウオトメ(紅乙女)

花期　12月～4月。

花容　濃紅色、八重～千重咲き
中輪　1859年の「椿伊呂波名寄色付」という書物に載る古い品種。

Camellia japonica'Hikarugenji'

⑮ ヒカルゲンジ(光源氏)

花期　3月～4月

花容　淡紅地に紅の縦絞りや白覆輪、牡丹咲き、大輪散しべ。江戸時代の「椿伊呂波名寄色付」に載る。

Camellia japonica'Tama-ikari

⑳ タマイカリ(珠錨)

花期　2月～4月

花容　桃地に花心薄淡ぼかし
一重、椀咲き、中輪
筒しべ

匂い椿として知られる。

Camellia japonica'Renjô-no-tama'

⑯ レンジョウノタマ(蓮上の玉)

花期　3月～4月

花容　白色、八重、抱え咲き。
大輪、割しべ。
名は「和紙の壁」(蓮上の玉)が由来。

Camellia japonica'Iwane-shibori'

㉑ イワネシボリ(岩根絞)

花期　3月～4月、花色が変化する

花容　濃紅地に白斑、八重咲き
大輪、筒しべ

花色が変化する珍らしい椿、まるで歌舞伎の舞台のよう。

Camellia japonica'Momoji-no-higurashi'

⑰ モモジノヒグラシ(百路の日暮)

花期　2月～4月

花容　桃地に紅の縦絞り
八重咲き、中輪

名は「一日中眺めていても飽きない花」の意味。

Camellia japonica'Sode-kakusi'

㉒ ソデカクシ(袖隠し)

花期　4月～5月

花容　白色、八重、抱え咲き
太い筒しべ、極大輪

名の意味は袖に隠くして持ち帰りたいほど見事な椿という。

Camellia japonica' Ikkyuu'

⑱ イッキュウ(一休)

花期　2月～4月、日本産のヤブツバキ系。

花容　白色、一重、筒咲き。
小輪、筒しべはやや先細り。

<椿の歴史>

日本人とツバキの歴史は5000年という。福井県の鳥浜貝塚から出土した赤い漆器塗りの髪櫛《ぐし》にヤブツバキの材が使われていた。これらは椿の別名、カタシ、カタイシの名の由来につながる。

江戸時代の寛永に流行した椿は選抜された品種が多くの文献に残り約700種あるといわれる。明治12年の「椿花集」には120種記録され、このうち約120種は「江戸椿」として現存する。

トウダイグサ［燈台草］

トウダイグサ科／2年草／Euphorbia helioscopia／4～6月／スズフリバナ(鈴振り花)

和名の燈台草は姿が昔の油皿を置いた燈台に似ていることによる。別名のスズフリバナの名前の由来は花が咲き進むと、杯状花序から丸い子房が垂れ下がる。この子房の姿が鈴の形に似て振られているようなことから。

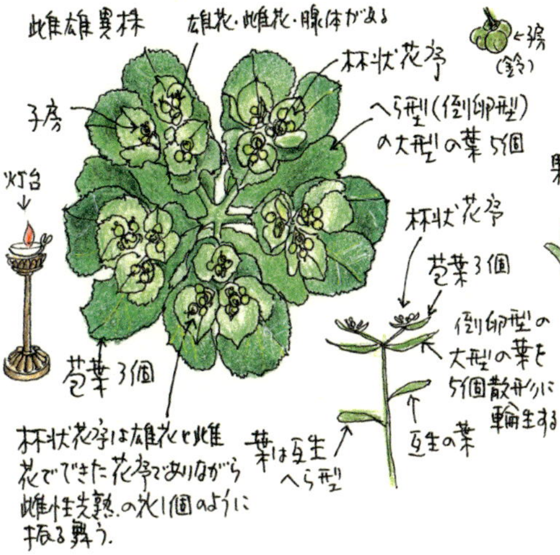

コニシキソウ［小錦草］

トウダイグサ科／1年草／Euphorbia supina／6～9月／チチクサ(乳草)、ヒデリグサ(日照草)

明治年間に北アメリカから渡来した帰化植物。小さい花に蜜を持ちアリを集めて花粉の移動を託している。小さい草だが、小錦といえば日本に帰化したあのデカイ大関小錦が浮かぶ。それがどうした！……

ユズリハ［楪、交譲木、譲葉］

トウダイグサ科／常緑高木／Daphniphyllum macropodum／5～6月／オヤコグサ(親子草)

若葉が伸びてから古い葉が落ちる。新旧の交代がわかりやすく、このことから名がある。この世代交代にたとえて正月飾りにされたという。『枕草子』の中には大みそかに亡き人への供物の敷物にしたり正月の歯固めの食物にも敷いたという話がある。

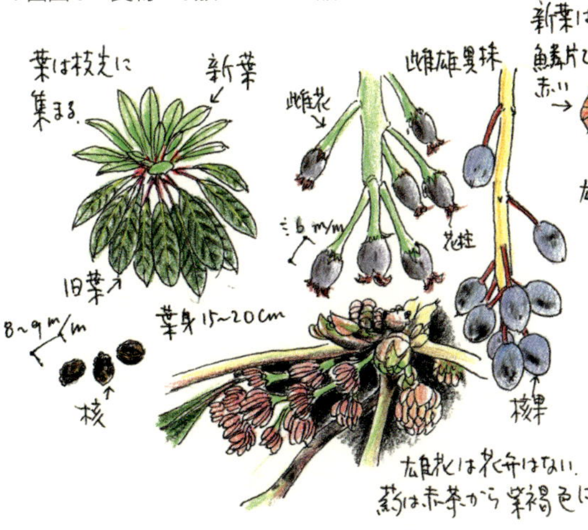

アカメガシワ［赤芽槲、赤芽柏］

トウダイグサ科／落葉高木／Mallotus japonicus／6～7月／メシモリナ(飯盛菜)

名のアカメガシワは新芽が紅赤色で、カシワと同様に食物を載せるために葉を利用したことによる。サイモリバ(菜盛葉)、ゴサイバ(五菜葉)とも言い、大きな葉に飯を盛ったからといわれる。

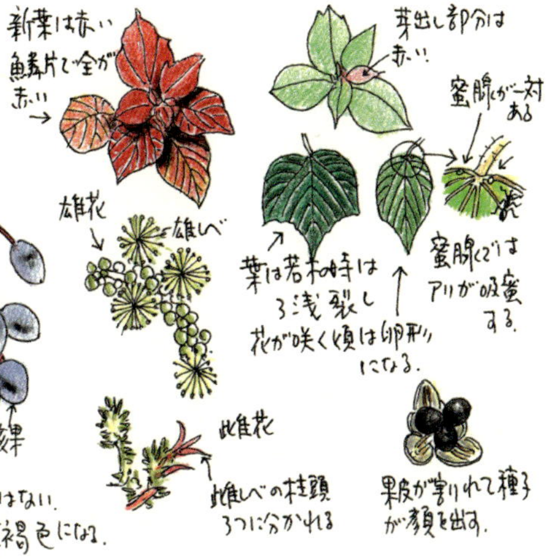

トウカエデ [唐楓]

カエデ科／落葉高木／Acer buergerianum／4～5月／サンカクカエデ(三角楓)

原産は中国東南部と台湾で日本へは18世紀初頭に渡来した。これが名の由来となる。紅葉が美しく樹勢が強いので街路樹に多い。トウカエデの「花散里《はなちるさと》」という種類は『源氏物語』で光源氏が愛した女性の名からか。また、浜離宮には吉宗お手植があるという。

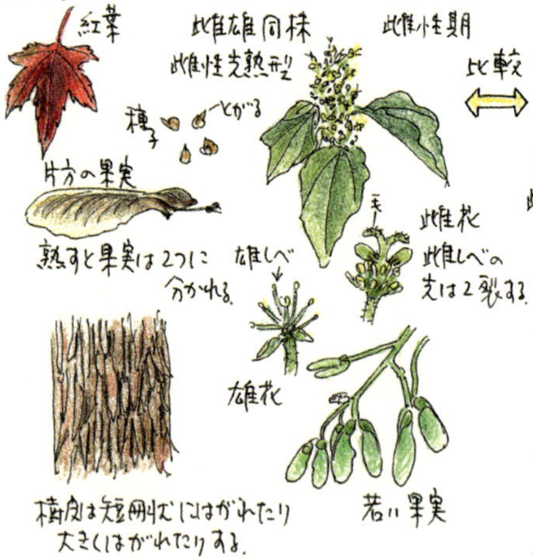

イタヤカエデ [板屋楓]

カエデ科／落葉高木／Acer pictum／4～5月／トキワカエデ(常盤楓)

日本の代表的な落葉樹林であるブナ林の主要な構成樹木。葉がよく茂って重なり、板葺きの屋根のようになるためこの名がある。カエデの仲間では最も大きくなり雨宿りもできる。奥会津ではハナノキというところがある。

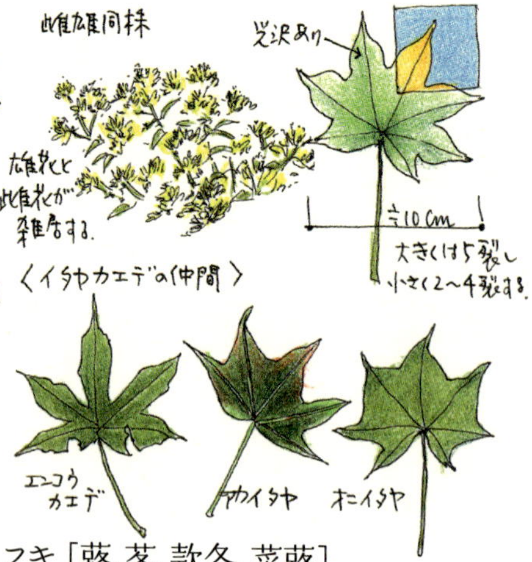

ヒマワリ [向日葵]

キク科／1年草／Helianthus annuus／7～9月／ニチリンソウ(日輪草)、ヒグルマ(日車)

別名をニチリンソウともいうが花が太陽の姿を追ってまわるというのは俗説で重過ぎて「日回り」できない。しかし、朝日の方向を知っているので広い所では東向きが多い。また若い蕾の頃は太陽を追い夜には向きを東に戻すという。東御苑のものは「はるかのひまわり」としてその名の説明板がある。

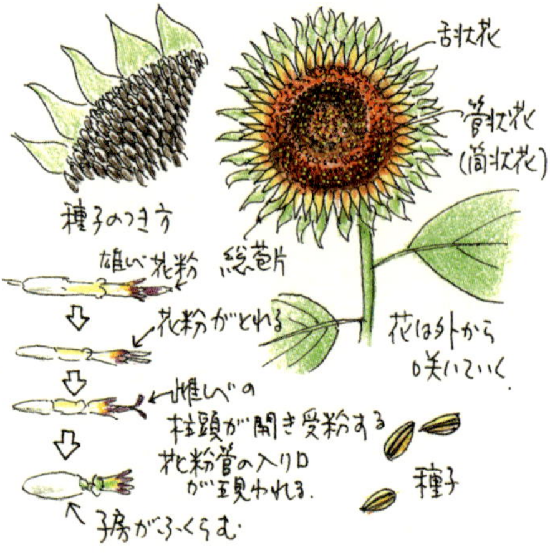

フキ [蕗、苳、款冬、菜蕗]

キク科／多年草／Petasites japonicus／3～5月／ヤマブキ(山蕗)

名はフユキ(冬黄)からの転訛や葉をフク(葺く)からの説がある。また葉が大きいので落し紙に用いたことでフキ(拭き)の語源もある。フキノトウはフキの花で「フキノトウ香りはほろ苦春の味」という詩があり、冬眠から覚めたヒグマが食べるという。薹《とう》が立つとは食べ頃が過ぎることで、フキの薹はこれにあたる。葉は北国ほど大きいという。

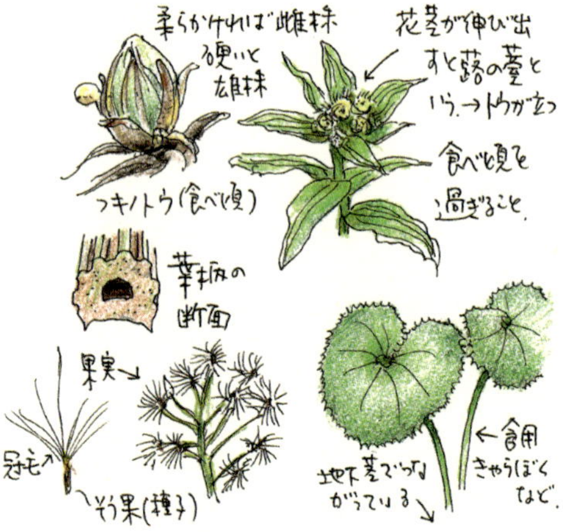

オニユリ［鬼百合］

ユリ科／多年草／Lilium lancifolium／7〜8月／テンガイユリ（天蓋百合）

対馬や九州西部の海岸に原種の2倍体が自生する。3倍体は交配（受粉）によって種ができないため、クローンとなる。『農業全書』（1697）には飢餓を救う食料としてあげられている。

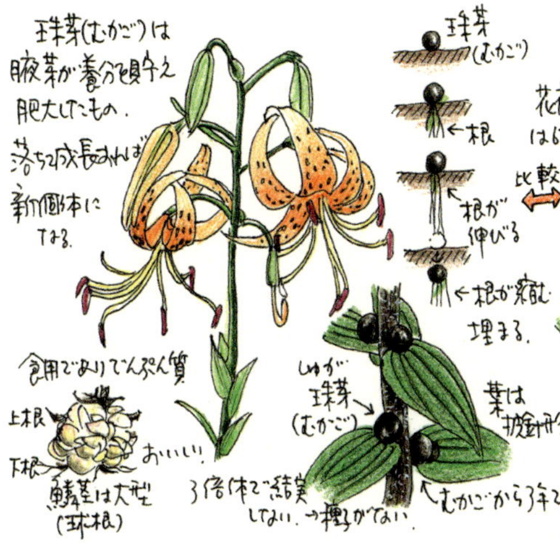
珠芽(むかご)は
腋芽が養分を貯え
肥大したもの。
落ちて成長すれば
新個体に
なる。
珠芽
(むかご)
←根
根が
伸びる
←根が縮む
埋まる。
食用でありでんぷん質
上根
下根
おいしい
鱗茎は大型
(球根)
3倍体で結実
しない。→種がない。
しゅが
珠芽
(むかご)
葉は
披針形
むかごから3年で開花

コオニユリ［小鬼百合］

ユリ科／多年草／Lilium leichtlinii var. tigrinum／7〜9月／スゲユリ（萱百合）

本種はオニユリのように珠芽《むかご》はつかないで種子を作る。花の数もオニユリより少なく形も小さい。オニユリが平地や山地で見られるのに対し、本種は山地の草原や低地の湿原に生息する。

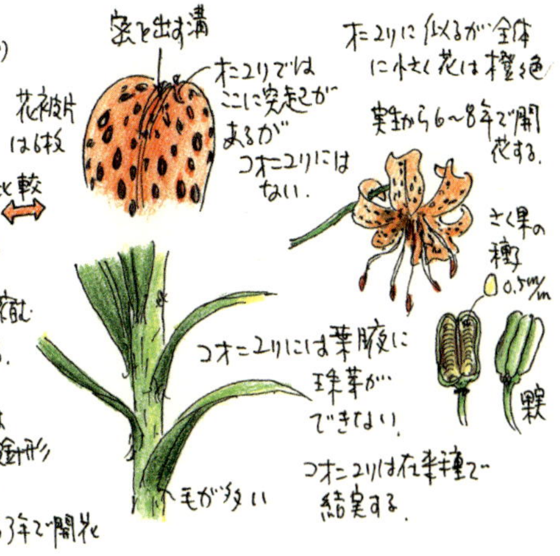
比較
花被片
は6枚
蜜を出す溝
オニユリでは
ここに突起が
あるが
コオニユリには
ない。
オニユリに似るが全体
に小さく花は橙色
実生から6〜8年で開
花する。
さく果の
種子
0.5mm
果実
コオニユリには葉腋に
珠芽が
できない。
毛が多い
コオニユリは在来種で
結実する。

ヤマユリ［山百合］

ユリ科／多年草／Lilium auratum／6〜8月／カントウユリ（関東百合）、ハコネユリ（箱根百合）

日本特産のユリで花は大輪、芳香がある。明治6年（1873）オーストリアの万博に展示された折にヨーロッパで熱望された。大正始めには2000万球の球根が輸出された。しかし、欧米では斑点が好まれずカノコユリとヤマユリの交雑種「カサブランカ」が人気。

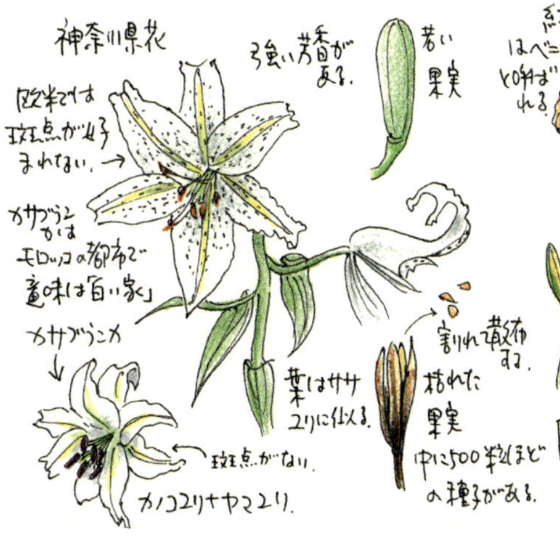
神奈川県花
強い芳香が
ある。
若い
果実
欧米では
斑点が好
まれない。
カサブランカ
とは
モロッコの都市で
意味は「白い家」
カサブランカ
葉はササ
ユリに似る。
割れて散布
する。
枯れた
果実
中に500粒ほど
の種子がある。
斑点がない。
カノコユリ＋ヤマユリ。

ヤブカンゾウ［藪萱草］

ユリ科／多年草／Hemerocallis fulva var. kwanso／7〜8月／ワスレグサ（忘れ草）

有史以前に中国から帰化したといわれている。原産地中国でのカンゾウ（萱草）は花が一重。万葉集の中で5首詠まれていて、「忘れ草」はカンゾウとされる。この草を着物の紐など、身につけておくと憂いを忘れさせるという。本種は八重咲きで結実しない。冬も葉が残るのがノカンゾウとの違い。

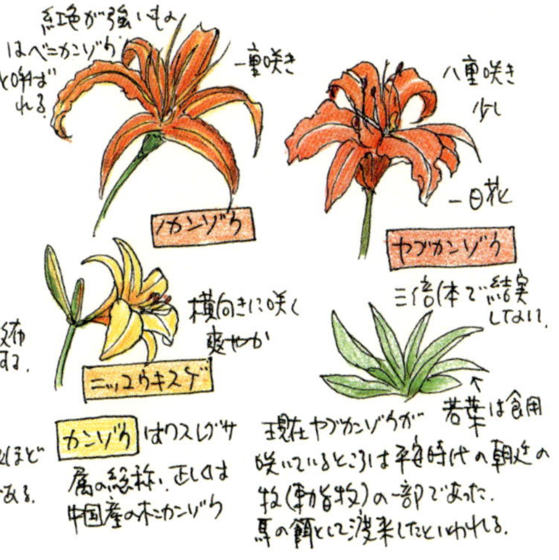
紅色が強いもの
はベニカンゾウ
と呼ばれる
一重咲き
八重咲き
少し
一日花
ノカンゾウ
ヤブカンゾウ
横向きに咲く
爽やか
ニッコウキスゲ
三倍体で結実
しない。
カンゾウはワスレグサ
属の総称。正しくは
中国産のホンカンゾウ
若葉は食用
現在ヤブカンゾウが
咲いているところは平安時代の朝廷の
牧(勅旨牧)の一部であった。
馬の飼料として渡来したといわれる。

スイバ［蓚、酸い葉］

タデ科／多年草／Rumex acetosa／5〜8月／スカンポ、スカンポ、ソレル

茎や葉に蓚酸《しゅうさん》カリウムを約1%含み、すっぱいところから名前がついている。葉を使って10円玉を磨くと光ってくる。別名のスカンポはイタドリの別名でもある。欧州ではソレルと呼び野菜として料理に使う。日本では酸味を生かして酢みそ和えや辛し和えで食べる。

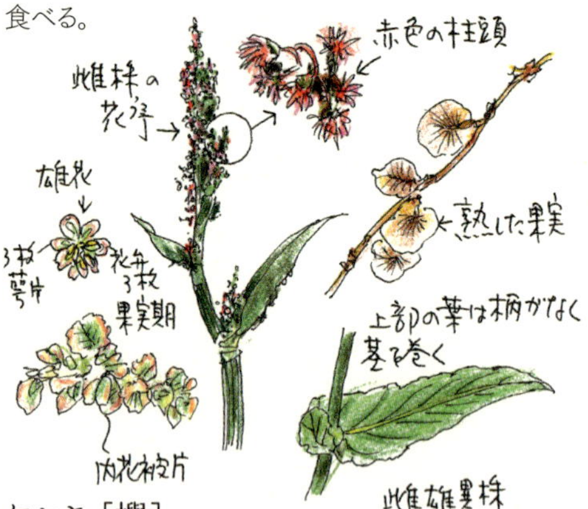

カシワバアジサイ［柏葉紫陽花］

アジサイ科／落葉低木／Hydrangea quercifolia／6〜7月／ピラミッドアジサイ

北米原産でアジサイの園芸品種。大きく切れ込んだ20cm以上もある大型の葉の姿が独特で面白く、カシワ（柏）の葉に似ているということで名がある。増殖は挿木による。本種は花の形状などで主にスノークウィーン、スノーフレーク、ハーモニーの3種類ほどがある。

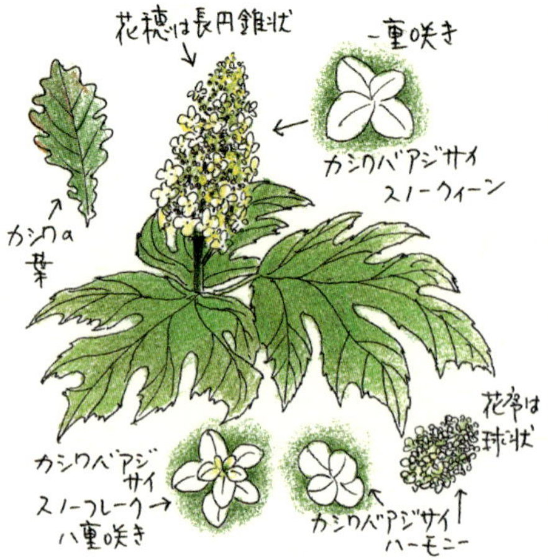

ケヤキ［欅］

ニレ科／落葉高木／Zelkova serrata／4〜5月／ツキ（槻）、ツキノキ（槻の木）

木目が美しいところからケヤケキキ（際だった木）で、ケヤケキやケヤケシの言葉には「尊い」、または「秀でた」の意もある。名の由来は他にキメアヤギ（木目綾木）、カヨキ（香木）の転訛など諸説ある。種小名は鋸歯がある葉の様子を表わしている。古名のツキ（槻）は穀物を貢ぐツキ（調）に由来。またケヤキは「饌舎木《けやき》」で穀倉の御饌殿《みけでん》の目印に植えられる（新嘗《にいなめ》祭の前植栽）。

日本の代表的な広葉樹で寿命も長い木なので天然記念物に指定されているものも多い。美しい木目で建築材料としても広く使われる。槻弓の名が記紀にあり、古代にはケヤキで作られた弓が梓弓、真弓などと並んで用いられた。街路樹には箒状の樹形をした「むさしの1号」がよく植栽される。

センダン [栴檀]

センダン科／落葉高木／Melia azedarach／5～6月／オウチ(楝)、センダマ(千珠)

名はセンダマ(千珠)の意味で実のつき方が数珠を連ねたように見えることによる。「双葉より芳し」のセンダンはビャクダン(白檀)のことでインド原産のビャクダン科の半寄生の常緑高木。本種には芳香はない。唱歌「夏は来ぬ」の四番「楝《おうち》ちる川べの宿の…」のオウチ(楝)は本種の古名。昔、邪気を祓う霊があるとしてこの木を獄門に使ったともいう。

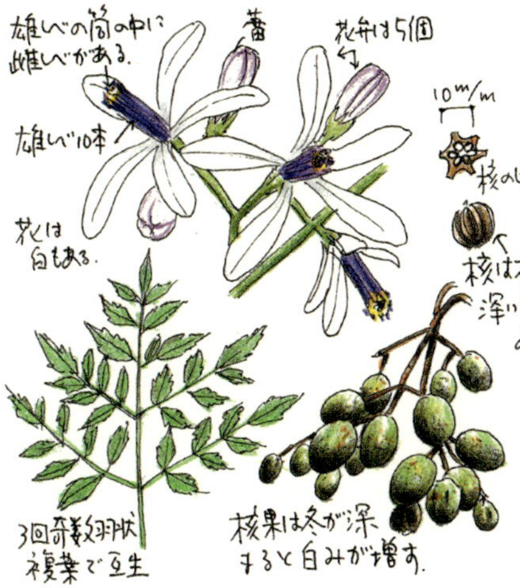

ユズ [柚子]

ミカン科／常緑小高木／Citrus junos／4～5月／ホンユ(本柚)、ユノス(柚子)

名はすっぱい果実のユズ(柚酸)、イヤウルフスミ(彌潤酸実)、ヨス(彌酸)などいずれも果実から酢がとれることから。中国揚子江(長江)上流が原産とされイーチャンパペダとマンダリンの交雑種と推定される。日本では平安時代に栽培の記録がある。

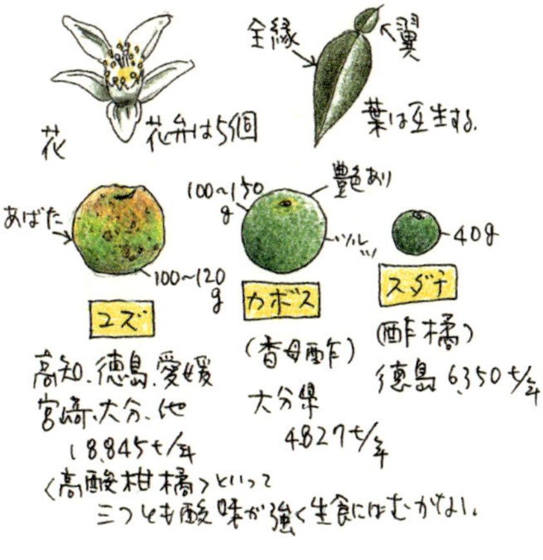

ヤハズソウ [矢筈草]

マメ科／1年草／Kummerowia striata／8～10月／ハサミグサ(鋏草)

矢筈とは矢の弦にかける部分(矢羽)で、この草の葉を摘んで引きちぎると矢羽のように切れるから。普通はハギ属に含めるが、羽状複葉でなく羽軸がない掌状複葉であるなどの違いがあるため特にヤハズソウ属になる場合がある。

ジンチョウゲ [沈丁花]

ジンチョウゲ科／常緑低木／Daphne odora／3～4月／センリコウ(千里香)、チョウジグサ(丁字草)

属名のダフネはギリシア語のゲッケイジュ(月桂樹)で香り高く葉形が似ることから。種小名のオドラは「香りある」という意味。和名は花の香りをジンコウ(沈香)とチョウジ(丁字)にたとえたもの。三大芳花は本種とクチナシ、キンモクセイ。以上香りだらけの話。中国原産で日本には雄株のみで結実しない。

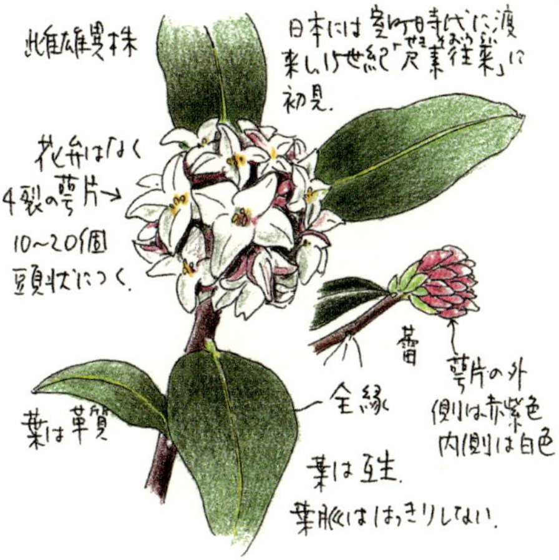

⑥ 野草の島周辺

この辺りは東御苑の中でも比較的大木が多く樹の陰が濃いところです。隅の一角には明暦の大火で焼失した天守に代わって長い間江戸城のシンボルになっていた富士見三重櫓《やぐら》があります。都内ではほとんど見られなくなってしまった富士山がこの三層目からは見えるかもしれません。またこの辺りは太田道灌ゆかりの「静勝軒」があったところだともいわれています。少し北へ歩くと松の大廊下跡の碑があり赤穂事件の発端となった刃傷《にんじょう》の場を体感してみるのもよいと思います。

植物は名前の通り野草も多くキチジョウソウ、カンアオイ、ヤブコウジ、フッキソウなどがあり、樹木ではハナイカダ、ムラサキシキブ、カクレミノなどの馴染みのあるものからトチノキ、ホオノキのような昔から人と関わりがある樹も見られます。果樹古品種園の可愛い実も楽しめます。

〈富士見櫓〉江戸城本丸では最も古い遺構といわれる。関東大震災で倒壊したが、主要部材を再利用して復旧させた。八方正面といわれるが各面が微妙に違う

〈松の大廊下跡〉左側に小さな石で松の大廊下跡、と刻んだ碑がある。この苑路は江戸時代の大廊下とほぼ同じで5.5m。事件のあった元禄の頃は正面が白書院の方へ向い。左は大廊下上・下の部屋があって浜松に千鳥の絵があった。

〈富士見多聞櫓（数寄屋多聞櫓、御休息所前多聞櫓）〉名前がいくつもあって困るが、江戸時代では将軍がいた御休息所が最も近く。名としてはこれが妥当かもしれない。数多くあった多聞櫓のうち本丸では唯一の遺構。

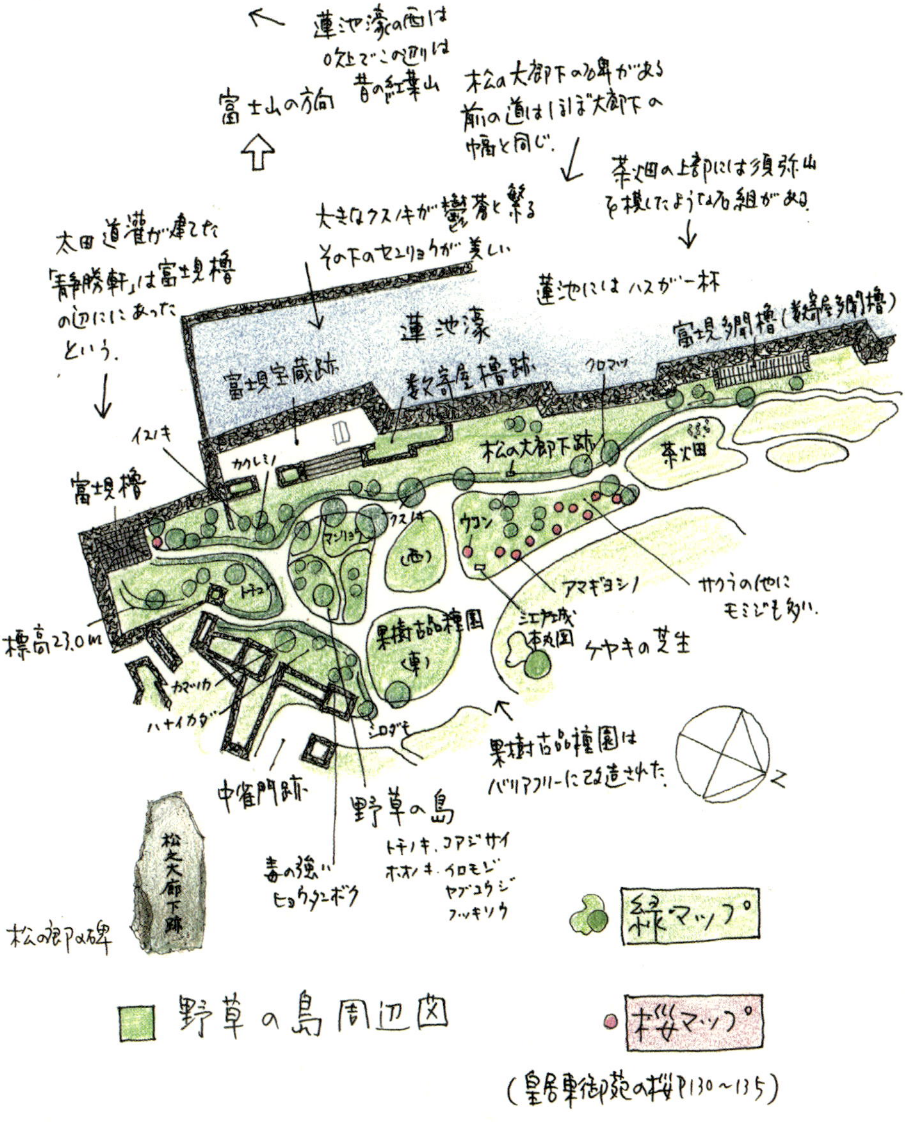

蓮池濠の西は
吹上でこの辺りは
昔の紅葉山
富士山の方向
松の大廊下の碑がある
前の道はほぼ大廊下の
幅と同じ.
茶畑の上部には須弥山
を模したような石組がある.
大きなクスノキが鬱蒼と繁る
その下のセンリョウが美しい
太田道灌が建てた
「静勝軒」は富士見櫓
の辺りにあった
という.
蓮池にはハスが一杯
蓮池濠
富士見多聞櫓（数寄屋多聞櫓）
富士見宝蔵跡
数寄屋櫓跡
クロマツ
松の大廊下跡
茶畑
イスノキ
カクレミノ
富士見櫓
マンリョウ
クスノキ
(西)
ウコン
トチュウ
アマギヨシノ
サクラの他に
モミジも多い.
江戸城
本丸図
果樹古品種園
(東)
ケヤキの芝生
標高23.0m
カマツカ
ハナイカダ
シロダモ
果樹古品種園は
バリアフリーに改造された.
N
中雀門跡
野草の島
トチノキ、コアジサイ
ホオノキ、イロモミジ
ヤブコウジ
フッキソウ
毒の強い
ヒョウタンボク
松之大廊下跡
松の廊下の碑
緑マップ
野草の島周辺図
桜マップ
(皇居東御苑の桜P130〜135)

ホオノキ [朴の木]

モクレン科／落葉高木／Magnolia hypoleuco／5～6月／ホオガシワ(朴柏)

名の「朴」は「ほほむ」「ほほまる」からで蕾のまま長い冬を越すことから「ホホガシワ」の別名もある。葉と花は日本の落葉樹の中では最大級でバナナにも似た強い芳香が辺り一面に漂う。材は狂いが少なく用途も広く版木として年賀状などにも使う。

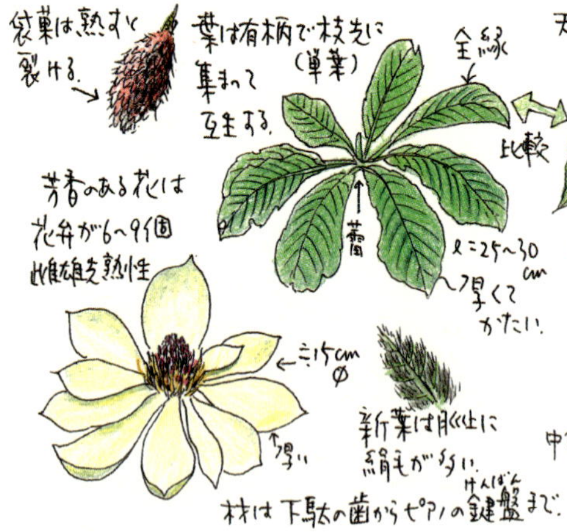
袋果は熟すと裂ける。
葉は有柄で枝先に集まって互生する。
(単葉)
全縁
比較
蕾
l=25～30cm
厚くてかたい。
芳香のある花は花弁が6～9個
雌雄先熟性
≒15cm φ
厚い
新葉は脈上に絹毛が多い。
材は下駄の歯からピアノの鍵盤《けんばん》まで。

トチノキ [栃、橡、杤の木]

トチノキ科／落葉高木／Aesculus turbinata／5～6月／シチヨウジュ(七葉樹)

トチノキの「ト」は十の意で実が多いこと。種子はサポニン、タンニンを含んでいて苦いが十分に精製すればデンプンがとれるのでトチ餅などにして食べる。葉は有柄のホオノキと似て大きいが本種は掌状複葉で柄はない。フランス名はマロニエだがこれはセイヨウトチノキのこと。

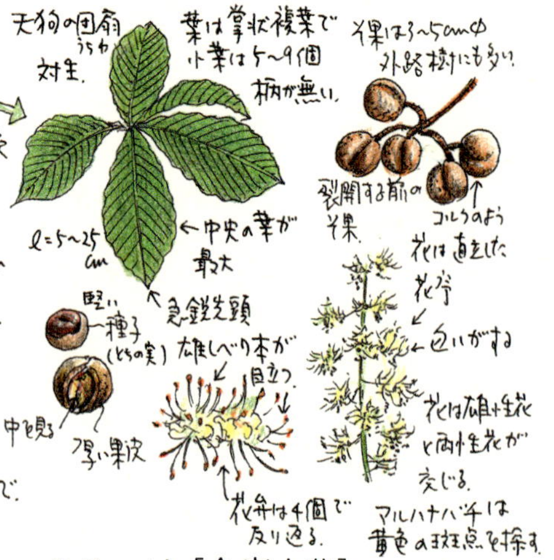
天狗の団扇《うちわ》
対生。
葉は掌状複葉で小葉は5～9個
柄が無い。
l=5～25cm
中央の葉が最大
急鋭先頭
堅い
種子
(とちの実)
中を見る
厚い果皮
雄しべ7本が目立つ。
花弁は4個で反り返る。
そ果は3～5cmφ
街路樹にも多い。
裂開する前のそ果。
コルクのよう
花は直立した花序
匂いがする
花は雄性花と両性花が交じる。
マルハナバチは黄色の斑点を探す。

オドリコソウ [踊子草]

シソ科／多年草／Lamium barbatum／4～6月／オドリバナ(踊花)、コムソウバナ(虚無僧花)

花弁が少し下に下がって咲く姿が踊子の笠に見えることから名が付いた。スイスイグサという別名は子供がこの花の蜜を吸って遊んだことから。ヨーロッパ原産の帰化植物で明治の中期に渡来した。上から見ると葉っぱが重ならないように全て見える。つまり光がなるべく多く当るようになっている。

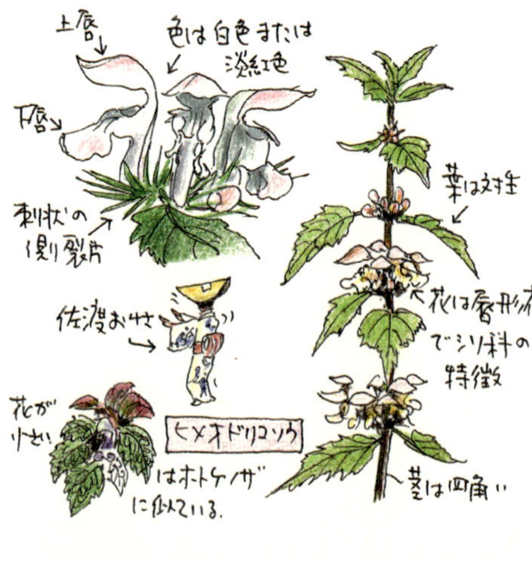
上唇
色は白色または淡紅色
下唇
刺状の側裂片
葉は対生
佐渡おけさ
花は唇形花でシソ科の特徴
花が小さい!
ヒメオドリコソウ
はホトケノザに似ている。
茎は四角い

キランソウ [金瘡小草]

シソ科／多年草／Ajuga decumbens／3～5月／ジゴクノカマノフタ(地獄の釜の蓋)

名は花の色が紫であることから「紫藍草」という字が当てられ、さらに紫を古語で「キ」と読んだことからとの説があるがはっきりしない。またよく墓地に本種が生えていて、「先祖を地面に閉じ込めておく」という意味と根生葉が地面に張り付くように広がることからジゴクノカマノフタともいう。

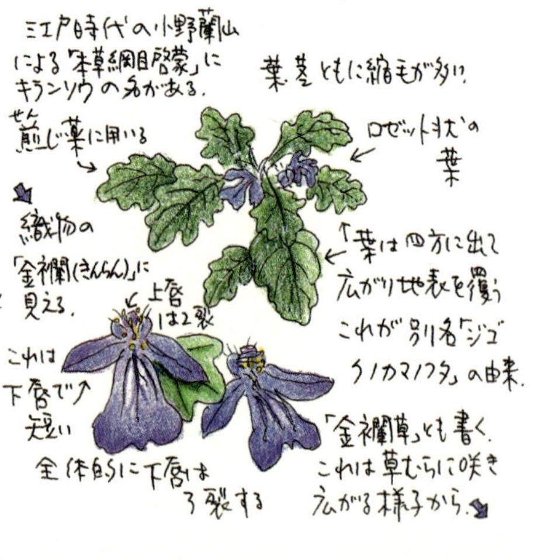
江戸時代の小野蘭山による「本草綱目啓蒙」にキランソウの名がある。
葉.茎ともに縮毛が多い。
煎《せん》じ薬に用いる
ロゼット状の葉
織物の「金襴(きんらん)」に見える。
上唇は2裂
これは下唇で短い
「葉は四方に出て広がり地表を覆う これが別名「ジゴクノカマノフタ」の由来。
全体的に下唇は3裂する
「金襴草」とも書く。これは草むらに咲き広がる様子から。

マンリョウ [万両]

ヤブコウジ科／常緑小低木／Ardisia crenata Sims／7〜8月／ヤブタチバナ(藪橘)

名は江戸時代後半からあり、センリョウより美しいことからついた。実はセンリョウより大きく葉の下につく。センリョウは葉の頂部に実をつけるので区別がつけやすい。果実の白いものはシロミノマンリョウという。

センリョウ [仙蓼、千両]

センリョウ科／常緑低木／Chloranthus glaber／6〜7月／クササンゴ(草珊瑚)

名は中国の古い植物名に百両金というのがあり、これがカラタチバナとされ、これより形が大きいので千両と言ったという。果実が黄色の品種をキミノセンリョウと言う。正月の祝い花として生け花に使う。海外では珍しい植物で一時ワシントン条約の対象に指定されたほど。

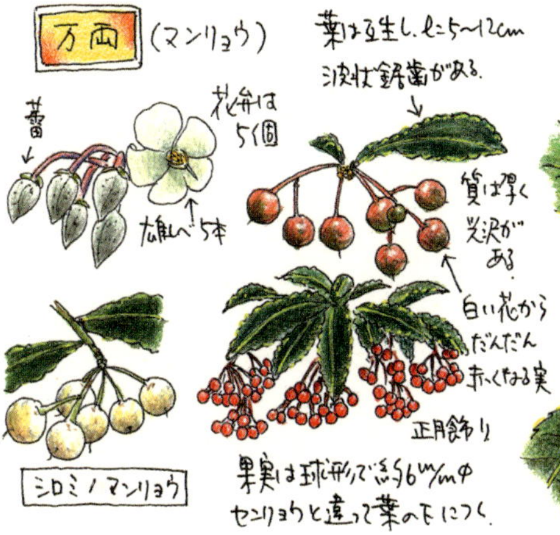

万両
(マンリョウ)
蕾
花弁は5個
雄しべ5本
葉は互生し、l=5~12cm
波状鋸歯がある。
質は厚く光沢がある。
白い花からだんだん赤くなる実
正月飾り
シロミノマンリョウ
果実は球形で約6m/mφ
センリョウと違って葉の下につく。

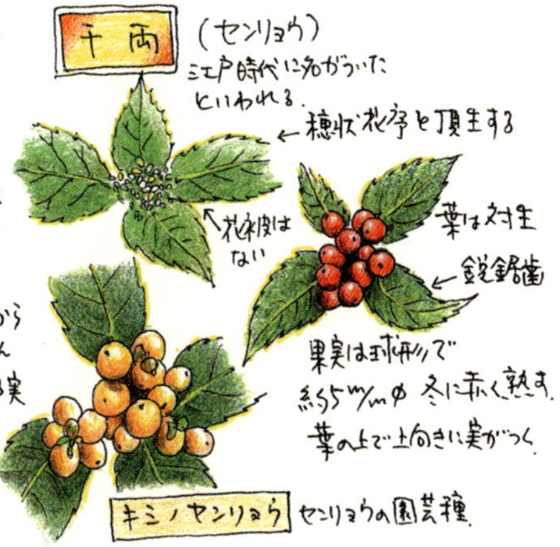

千両
(センリョウ)
江戸時代に名がついたといわれる。
←穂状花序を頂生する
花被はない
葉は対生
鋭鋸歯
果実は球形で約5m/mφ 冬に赤く熟す。
葉の上で上向きに実がつく。
キミノセンリョウ
センリョウの園芸種。

ヤブコウジ [藪柑子]

ヤブコウジ科／常緑小低木／Ardisia japonica／7〜8月／ジュウリョウ(十両)

ヤブコウジの名は古くは『源氏物語』などでヤマタチバナ(山橘)の名で良く知られた。赤い果実を山のミカンに見立てたが、それがヤブコウジになったという。タチバナはコウジミカン(柑子の古名)。照葉樹林の下で生きるため茎を水平に這わせて、差し込む光を探す。

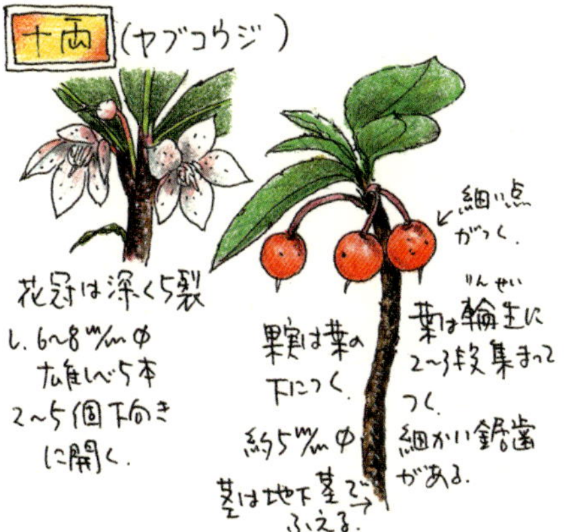

十両
(ヤブコウジ)
花冠は深く5裂
l. 6~8m/mφ
雄しべ5本
2~5個下向きに開く。
細い点がつく。
果実は葉の下につく。
約5m/mφ
葉は輪生《りんせい》に2~3枚集まってつく。
細かい鋸歯がある。
茎は地下茎でふえる。

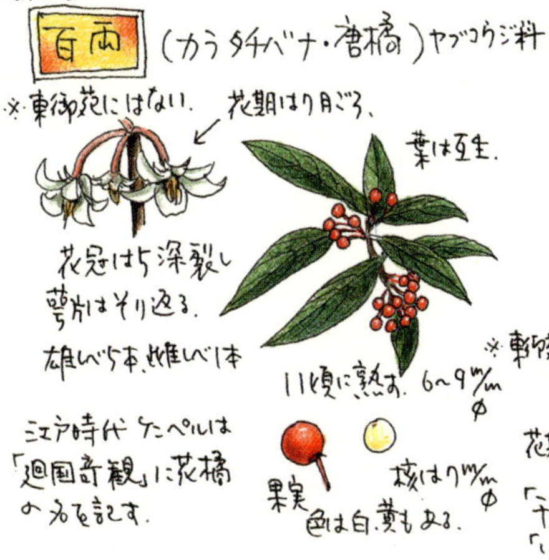

百両
(カラタチバナ・唐橘)ヤブコウジ科
※東御苑にはない。
花期は7月ごろ、
葉は互生。
花冠は5深裂し
萼片はそり返る。
雄しべ5本、雌しべ1本
11月頃に熟す。6~9m/mφ
江戸時代ケンペルは「廻国奇観」に花橘の名を記す。
果実
色は白、黄もある。
核は7m/mφ

一両
(アリドオシ・蟻通し) アカネ科
※東御苑にはない。
花期5月
4弁花を2個つける。
葉は水平に広がる。
刺
実は5m/mφ
「千両、万両、アリドオシ」という。
「いつもお金がアリドオシ」とも。
刺が細長くアリでも刺し貫くこと、アリのような小さい虫でないということからの2説。

「アジサイは七変化」

一般にアジサイとはアジサイ属の総称でガクアジサイ(原種)を母種とする園芸種。ガクサジサイの両性花がすべて装飾花に変わったもので古くから栽培されている。主に挿《さ》し木で増やす。雄しべと雌しべはあるが退化して結実しない(中性花)。花(萼)の色はアントシアニンという色素でその一種デルフィジン及び補助色素とアルミニウムのイオンが加わると青色の花となる。例えば土壌が酸性の場合はアルミニウムが溶け出して、それが吸収されて■となる。また土壌にカリウム分が多くても■となる。土壌がアルカリ性またはカリウムが少ない、あるいは肥料の窒素分が多いと■なる。窒素分が少ないと■となる。ただし始めは葉緑素のため■となりその後変化して日が経つと有機酸が蓄積されて青色の花も赤くくすんだ■となるがこれは老化現象。日本では酸性土壌が多く青色が多いがヨーロッパではアルカリ性土壌が多く赤色が多い。

漢名は繡球《しゅうきゅう》。別名に七変化、八仙花など多数ある。本来の紫陽花は別花で千年の誤用、語源のアジサイは「あつさい」「あつさあい」が訛ったものという説など多数。学名はヒドランジアまたはハイドランジアというがこれは水のことでマクロフィラは大きい(葉が、容器が)という意味。英語ではハイドランジアという。尚、アジサイの仲間は青酸性の物質を含んでいるので食べると中毒になるという。そういえば虫喰い葉は少ない。

コアジサイ［小紫陽花］

ユキノシタ科／落葉低木／Hydrangea hirta／5〜6月／シバアジサイ(柴紫陽花)

新エングラー体系では、ユキノシタ科アジサイ属になっているが、クロンキスト体系ではユキノシタ科の木本類をアジサイ科として分離独立させている。

散房《さんぼう》花序は小形
両性花のみで装飾花はない
果実
3.5m/m
花の大きさは約4m/mφ
大形の鋸歯
葉は有柄で対生

ガクアジサイ［額紫陽花］

ユキノシタ科／落葉低木／Hydrangea macrophylla f. normalis／6〜7月／ガク(萼、額)、ガクバナ(額花)、ガクソウ(額草)

アジサイの母種で日本では古くから園芸化されている。野生種は関東南部、伊豆半島等の海岸近くに多くハマアジサイの別名もある。奈良時代の万葉集に2首詠まれていて「安知佐為」、「味狭藍」とある。ヤマアジサイは本種の改良種。

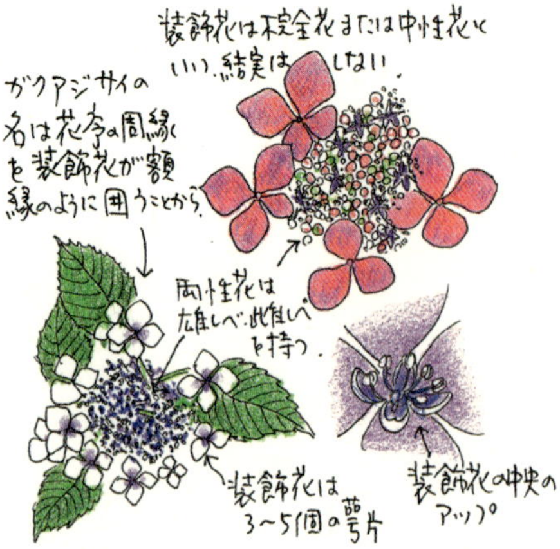
装飾花は不完全花または中性花という。結実はしない。
ガクアジサイの名は花序の周縁を装飾花が額縁のように囲うことから。
両性花は雄しべ、雌しべを持つ。
装飾花は3〜5個の萼片
装飾花の中央のアップ

《アジサイ(アジサイ属の総称)の分類》

色付枠■は東御苑にあるもの

- ■ ガクアジサイ ー ガクアジサイの項参照。
  - ○ アジサイ ー ガクアジサイの両性花がほとんど装飾花になっているもの。総称のアジサイと区別するためにホンアジサイとも。ヒメアジサイも。
  - ○ セイヨウアジサイ ー 様々なアジサイが西洋で改良されたもの。葉に艶があるものが多い。ガクアジサイは母種。
  - ○ ガクソウ ー 額縁型の装飾花に鋸歯がわずかにあり、紅色に染まるもの。いわばガクアジサイ系のベニガク。
- ■ ヤマアジサイ ー 日本の山に自生するアジサイ。変異が多いが基本的には額縁型。葉は薄くて光沢がなく少し細長い。日本的。
  - ○ ベニガク ー ひし状円形の装飾花の縁に鋸歯を生じ、白から紅色に染まる。
  - ○ アマチャ ー この種だけでなくヤマアジサイの中で葉に甘みのあるものの総称
- ■ コアジサイ ー 花はすべて両性花。別図参照。
- ■ タマアジサイ ー ツボミが球形。別図参照。

ヒメアジサイ［姫紫陽花］

ユキノシタ科／落葉低木／Hydrangea serrata var. yesoensis f. cuspidata／5〜7月／マキノヒメアジサイ(牧野姫紫陽花)

牧野富太郎によって「ヒメアジサイ」と名付けられた。個体の挿木増殖によるものが高知県の牧野植物園にある。鎌倉の名月院にあるアジサイはこれである。アジサイとの差はあまりないが光沢が少なく質が薄く寒さ、乾燥に弱い。

本種はエゾアジサイとホンアジサイの自然交雑種とされている。
エゾアジサイ
日本海側の山地に生える。
ヒメアジサイ
装飾花の形状は一重で花房はテマリ咲き。
花球はアジサイより小さい。
ホンアジサイに似ているが葉に光沢がなく質も薄い。

タマアジサイ［玉紫陽花］

ユキノシタ科／落葉低木／Hydrangea involucrata／6〜9月／ヤマタバコ(山煙草)

蕾が球形であるところからこの名がある。はじめの球形の花序はやがて総苞が落ち両性花多数を装飾花がとりまく。アジサイの中では最も遅く咲く。

葉は対生。
縁に細い鋸歯がある。
葉の両面に粗い毛が密生してざらつく
蕾
花期は長い。
装飾花（萼片）
両性花
散房状に花をつける。
若い花序は総苞葉に丸く包まれて球形（3〜3.5cmφ）をしている。名前のもと。

ヒメウツギ［姫空木］

ユキノシタ科／落葉低木／Deutzia gracilis／4〜5月／ウノハナ(卯の花)

ウツギと比較して葉や花は大きくは変わらないが背丈が低く葉も細く長いのでこの名が付いた。地表に触れると発根するので急な法面《のりめん》や土羽《どは》、法肩《のりかた》に植えると地被効果が高い。

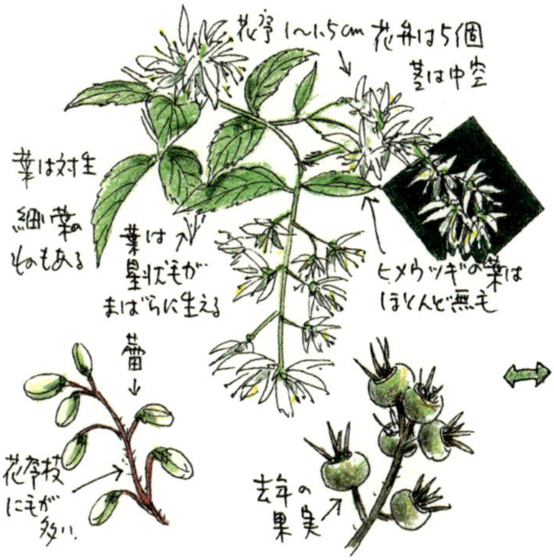
花冠 1〜1.5cm
花弁は5個
茎は中空
葉は対生
細い葉のものもある
葉は星状毛がまばらに生える
ヒメウツギの葉はほとんど無毛
蕾
花序枝に毛が多い。
去年の果実

バイカウツギ［梅花空木］

ユキノシタ科／落葉低木／Philadelphus satsumi／6〜7月／サツマウツギ(薩摩空木)

名はウメを思わせる花の姿による。花は香水の材料として採取される。また葉を飲み物に入れるとキュウリの匂いがするがその匂いで酩酊するような気分になる人もいるという。

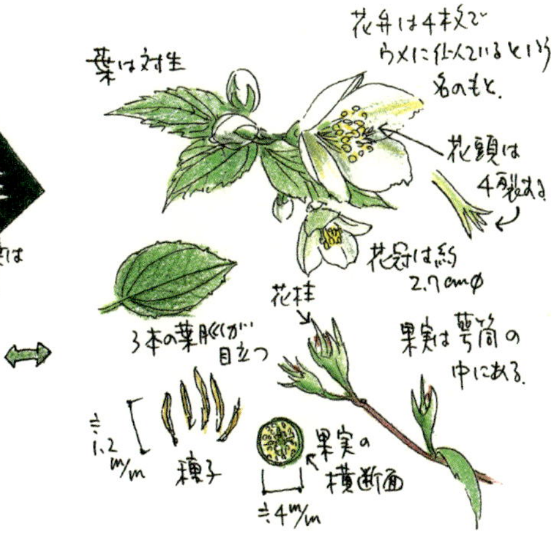
葉は対生
花弁は4枚でウメに似ているという名のもと。
花頭は4裂する
花冠は約2.7cmφ
花柱
3本の葉脈が目立つ
果実は萼筒の中にある。
≒1.2m/m
種子
果実の横断面
≒4m/m

バイモ［貝母］

ユリ科／多年草／Fritillaria verticillata var. thunbergii／4～5月／アミガサユリ(編笠百合)

別名のアミガサユリは花の内側に紫色の網目紋があるから。属名のフリティラリアは東南アジア原産のヨウラクユリでクロユリもこの仲間。本種は中国原産で花の観賞のほか鱗茎(球根)を解熱などの漢方薬にする。

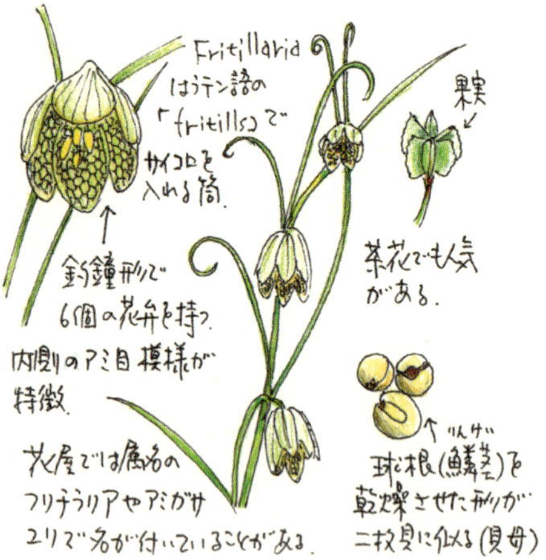

Fritillaria
はラテン語の
「fritillus」で
サイコロを
入れる筒。
釣鐘形で
6個の花弁を持つ。
内側のアミ目模様が
特徴。
花屋では属名の
フリチラリアやアミガサ
ユリで名が付いていることがある。
果実
茶花でも人気
がある。
球根(鱗茎《りんけい》)を
乾燥させた形が
二枚貝に似る(貝母)

キチジョウソウ［吉祥草］

ユリ科／多年草／Reineckea carnea／9～10月／カンノンソウ(観音草)、キチジョウラン(吉祥蘭)

本種が植えてある家に吉事があると花が咲いたり、あるいは咲くとよいことがあるなどの言い伝えから名が付いた。ヤブランや蛇の鬚(ジャノヒゲ)に近いが、それらの種子が裸出するのに対して、白い数個の種子は赤い液果の中に収まっている。

蕾
花弁は6個
花被片は
そりかえる。
果実は液
果で、動物
が食べて広
がる。
中から種子
5m/m
花は下から上
へと咲き上る。
葉は線形で
根元から束になって
いる。これを根生葉
というが集中している
姿をロゼットという。

オオバギボウシ［大葉擬宝珠］

ユリ科／多年草／Hosta montana／7～8月／トウギボウシ(唐擬宝珠)

蕾が橋の欄干の「擬宝珠」に似ることからこの名がある。日本では約20種あるが多くは昼咲きの一日花。本種は山地の草原に生え、高さは1mにもなる。日比谷公園には多い。山菜では「ウルイ」または「ウリッパ菜」という。単に「ギボウシ」はユリ科の別品種。

やや湿り気がある
草原などに
生える。
蕾が
擬宝珠に
似るという。
苞
茎先に総状花序を
出し、下から順に開
花する。≒4～5
cm
似てるかな？
葉は大きく
20～30
cm.
擬宝珠《ぎぼし》
果実
l≒3cm
葉脈が
美しく目立つ。
葉は根際から生え
柄がある。バイケイソウに葉が
似るが、アルカロイドはないので食可。
若い芽の葉は
巻く。

コバギボウシ［小葉擬宝珠］

ユリ科／多年草／Hosta sieboldii／7～8月／ミズギボウシ(水擬宝珠)

北アメリカ原産で明治時代に渡来。明治22年(1889)。オオバギボウシと違って全体に小さく、特に葉は小さく湿地に生える。多くは昼咲きの一日花で斑《ふ》入りの栽培品種もある。新葉はおひたし、天ぷら、味噌汁にするとおいしい。

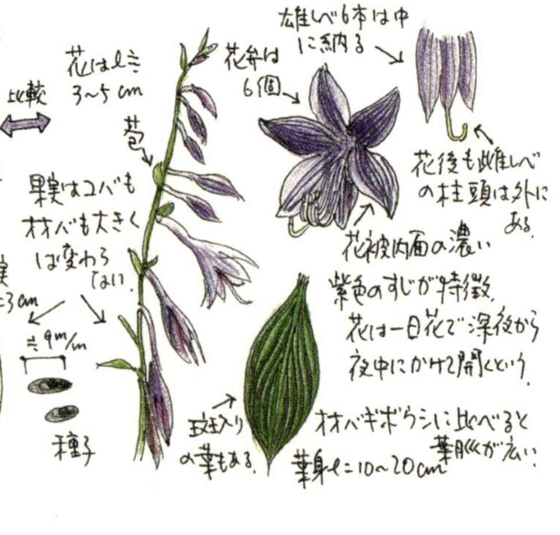

比較
花はl≒
3～5 cm
苞
果実はコバも
オオバも大きく
は変わら
ない。
≒9m/m
種子
花弁は
6個
雄しべ6本は中
に納る
花後も雌しべ
の柱頭は外に
ある。
花被内面の濃い
紫色のすじが特徴。
花は一日花で深夜から
夜中にかけて開くという。
斑入り
の葉もある。
オオバギボウシに比べると
葉脈が広い。
葉身l≒10～20cm

ハラン [葉蘭]

ユリ科／常緑多年草／Aspidistra elatior／5月／バラン(葉蘭)、ヒトツバ(一葉)

蘭の名がつくがユリ科である。常緑で大きい葉は芳香があるので古くから日本料理の飾りや仕切りに用いられ、多くは関西で利用される。関東ではササの葉が多い。根茎を乾燥させたものは利尿、強心、去痰、強壮薬などとして服用される。ちなみにビニール製のものは「バラン」と呼ばれる。

花粉は蝸牛媒花《かぎゅうばいか》でカタツムリやナメクジ
で媒介される.また、ニホンオカトビムシも媒介
すると
言われる.
若葉は
奉書のように
巻いている
中に種子
3個ぐらい.
果実
4〜5cmφ
葉鞘
花は根茎から咲く.
根茎の節から
葉が出る
花が
咲いた
8裂する.
3〜4cm
φ
根茎

ホトトギス [杜鵑草]

ユリ科／多年草／Tricyrtis hirta／8〜9月／ユテンソウ(油点草)

ホトトギスの仲間は日本のものも含めて、花被片にある斑点をホトトギス(鳥)の胸にある斑点になぞらえてこの名がある。属名のトルキルティスはギリシャ語のtreis (3) とkyrtos (突出した) に由来しているが、これは3個の萼片の基部に腺体があることから。

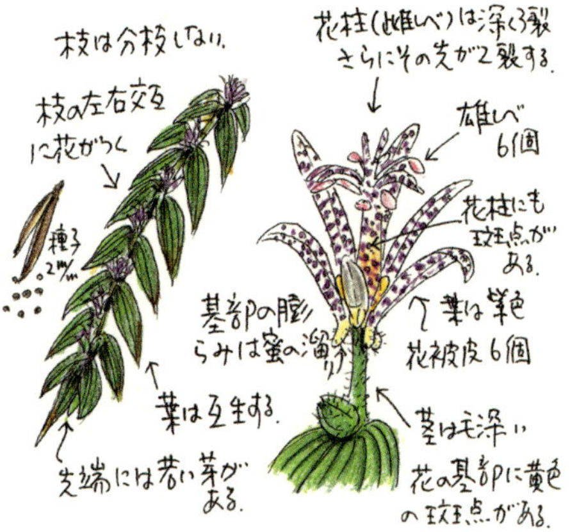

枝は分枝しない.
枝の左右交互
に花がつく
種子
2㎜
葉は互生する.
先端には若い芽が
ある.
花柱(雌しべ)は深く3裂
さらにその先が2裂する.
雄しべ
6個
花柱にも
斑点が
ある.
基部の膨
らみは蜜の溜り
葉は紫色
花被皮6個
茎は毛深い
花の基部に黄色
の斑点がある.

ヤマホトトギス [山杜鵑草]

ユリ科／多年草／Tricyrtis macropoda／7〜9月

山地の林下などに生える。よく似たヤマジノホトトギスは単頂花序であるが本種は散房花序である。共に若芽や茎を食用とする。野草のホトトギスは「杜鵑」で野鳥は「不如帰」の漢字をあてることが多い。

花は散房花序型.
ヤマホトトギスの
花柱には斑点が
ほとんどないが
まれにある.
雌しべの先端には
斑点がある.
雄しべ
花被片は
反り返る
6花被片
比較
花が咲く頃には
葉の油点が消える.
単頂花序型
花柱《かちゅう》に
斑点ない.
花被片は水平に開く.
花は
葉腋《えき》に
つく
ヤマジノホトトギス
斑点のないタイプ
もある.

タイワンホトトギス [台湾杜鵑草]

ユリ科／多年草／Tricyrtis formosana／7〜8月／ホソバホトトギス(細葉杜鵑草)

日本のホトトギスよりも花茎がよく分枝して花数が多く、葉は丸みを帯びた長卵形。花は整然とした並びではなく少しバラける。絶滅危惧ⅠA類指定。

花被片は斜めに
立上る.
花は3cm
茎の上部に
枝分かれして付く.
漢字が多い
不如帰
杜鵑
時鳥
斑点
葉は互生
葉の付け根は茎を抱く
大手休憩所近くに
見られる.
笹の葉
のよう.

カタクリ［片栗］

ユリ科／多年草／Erythronium japonicum／3～5月／カタカゴ(堅香子)

かつて鱗茎から片栗粉を採ったことからこの名がある。戦時中には代用食品であった。北国では雪解けとともに芽を出し、いち早く花を咲かせる。梢が緑に覆われる頃には実を結び姿を消す。実《じつ》に一年の内10カ月間は地中で眠る。スプリングエフェメラル(春の儚《はかな》きもの)といわれる。ギフチョウ(岐阜蝶)が好んで蜜を吸う。

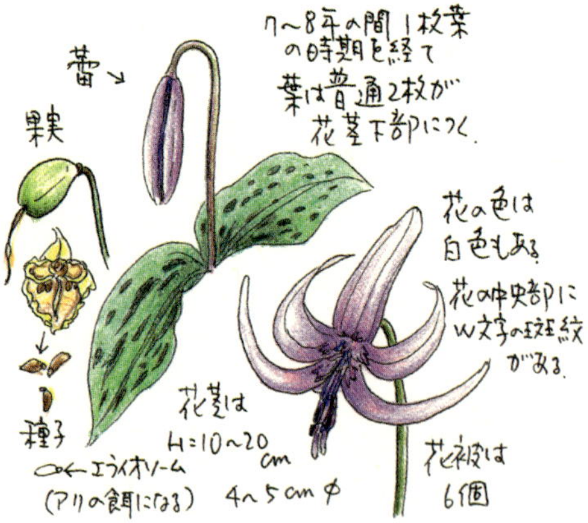

オオニソガラム［大甘菜］

ユリ科／多年草／Ornithogalum／4～5月／オオアマナ(大甘菜)、コダカラソウ(子宝草)

オオニソガラム・シルソイデスは南アフリカ原産で寒さに弱い。別名「ベツレヘムの星」。しかし西アジア原産のオオニソガウム・ウンベラタム（和名オオアマナ＝大甘菜）は耐寒性がある。ちなみにornithoは鳥。galは乳の意味。

ハナニラ［花韮］

ユリ科／多年草／Ipheion uniflorum／3～4月／セイヨウアマナ(西洋甘菜)、イフェイオン

名はネギとニラのような臭いがあるところから付いた。英名はスプリングスターフラワーで姿から春の里花。花色が濃い「ヴィオラケア」や紫青色の「ウィズレーブルー」などの色がある。

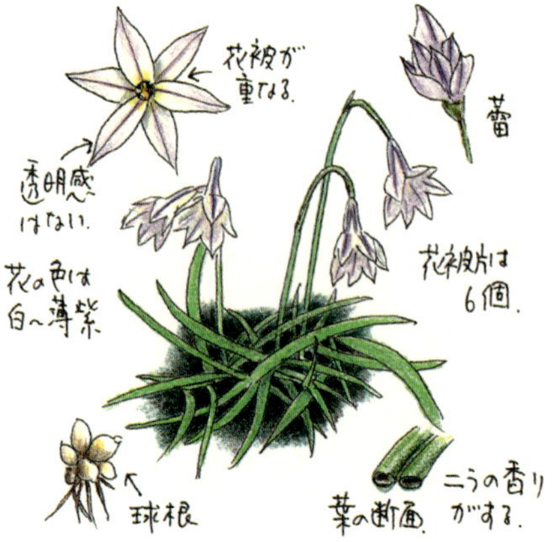

シュンラン［春蘭］

ラン科／多年草／Cymbidium goeringii／3～4月／ホクロ、ハクリ、エクリ、ホックリ、ジジババ

シュンランには多くの別名があるが、その多くは花の唇弁に濃い赤紫色の斑紋があることによる。斑紋がないものは「素心系」という。古くから庭植えや鉢植えにし、生け花にも用いられた。花を塩漬けにして熱湯を注ぎめでたい席の茶にする。

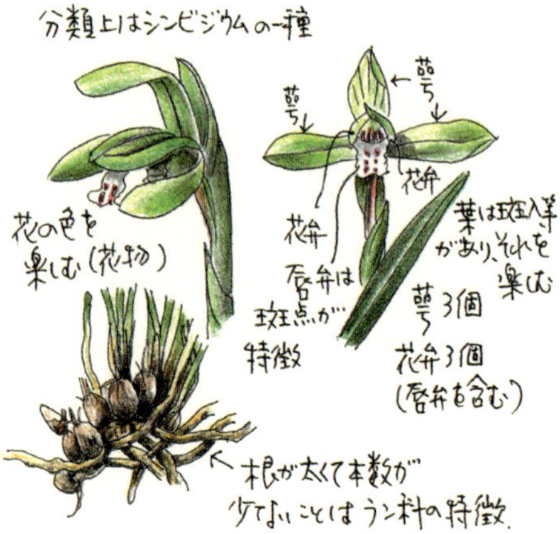

フクジュソウ [福寿草]

キンポウゲ科／多年草／Adonis ramosa／1〜3月／ガンタンソウ（元旦草）、ガショウソウ（賀正草）

花期が早いので江戸時代の元禄過ぎから縁起物として珍重された。花は中央が凹んでいて凹面鏡の形をしている。これは太陽の光を集めて花の内部を虫のために温めるだけでなく雄しべも温めて生理反応を高めているという。フキノトウと間違いやすい。

果実
花弁多数
有毒注意!!
花径は3〜5cm
光沢あり
人参の葉に似る。
細裂した3回羽状複葉で互生する。

ミスミソウ [三角草]

キンポウゲ科／多年草／Hepatica nobilis var. japonica／3〜4月／ユキワリソウ（雪割草）

名は3つある葉の形によるが、細かく分類すると尖っているものがミスミソウ、丸いものはスハマソウ（州浜草）。大形のものはオオミスミソウという。ユキワリソウともいうがセツブンソウ（節分草）の別名と同じ。日本海側の積雪地の山に分布する。絶滅危惧II類指定。

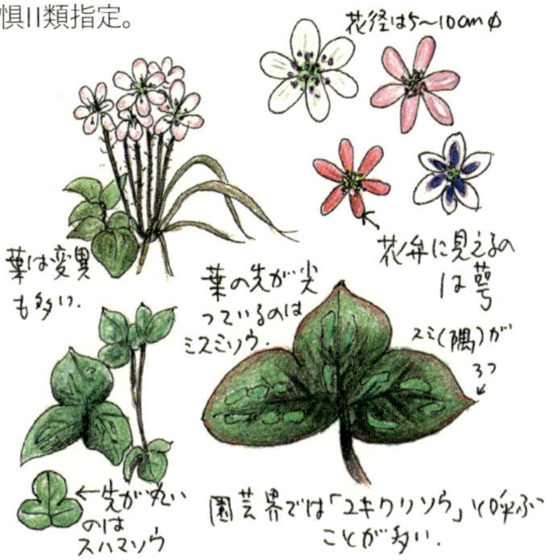

花径は5〜10cmΦ
葉は変異も多い。
花弁に見えるのは萼
葉の先が尖っているのはミスミソウ。
スミ（隅）が3つ
←先が丸いのはスハマソウ
園芸界では「ユキワリソウ」と呼ぶことが多い。

シュウメイギク [秋明菊]

キンポウゲ科／多年草／Anemone hupehensis var. japonica／8〜10月／キブネギク（貴船菊）

明治22年（1889）中国からの渡来。茎の先に菊状の花をつける。秋咲きのアネモネだがキクに似ることで英名はジャパニーズアネモネ。中国では「秋牡丹」という。キブネギク（貴船菊）は京都北部の貴船山に多く見られることから。

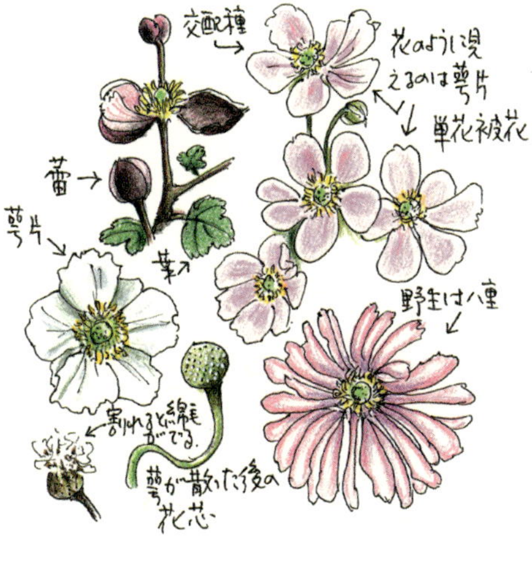

交配種
花のように見えるのは萼片
単花被花
蕾
萼片
葉
野生は八重
割れると綿毛がでる。
萼が散った後の花芯

ミズヒキ [水引]

タデ科／多年草／Polygonum filiforme／8〜10月／ミズヒキソウ（水引草）

上から見ると赤、下から見ると白に見える花穂を紅白の水引に見立てて名がついた。茶花によく利用される楚々とした花。白だけのものはギンミズヒキという。また1つの株に紅や白の花を咲かせるゴショミズヒキ（御所水引）というのもある。黄色いキンミズヒキはバラ科。

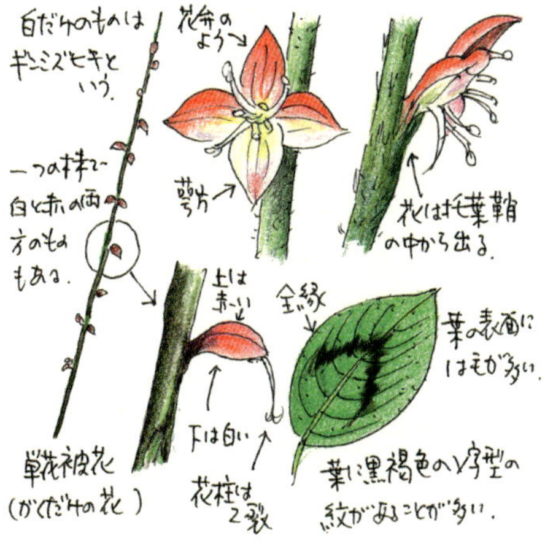

白だけのものはギンミズヒキという。
花弁のよう
一つの株で白と赤の両方のものもある。
萼片
花は托葉鞘の中から出る。
上は赤い
全縁
葉の表面には毛が多い。
下は白い
単花被花（かくだけの花）
花柱は2裂
葉に黒褐色のV字型の紋があることが多い。

果樹古品種園(東)(西)

East Orchard、West Orchard

ここには、かつて食用として栽培されていた古い品種の果樹が植えられています。江戸城の跡に江戸時代の果樹の品種を植え入園者が楽しめるようにとの天皇陛下のお考えから古い品種の果樹園をつくることになりました。

皇居東御苑「江戸の人味ひしならむ果物の苗木植ゑけり江戸城跡に」平成20年御製

西側にはワリンゴ3品種、カキ5品種が植えられています。◎印は天皇皇后両陛下が平成21年3月にお手植になりました。

東側にはカンキツ5品種、ニホンナシ5品種、モモ・スモモ4品種が植えられています。そのうち●印は天皇陛下が、○印は皇后陛下が平成20年4月にお手植になりました。

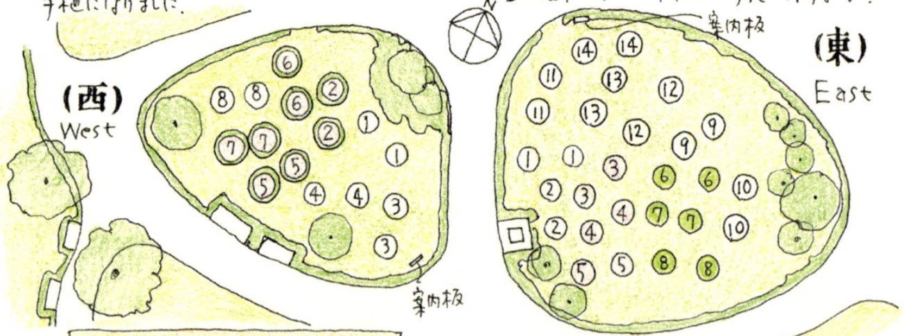

(西) カキ(柿) カキノキ科

Diospytos Kaki 'Gionbō'

① ギオンボウ(祇園坊)

原産地、広島県。(11月上旬)
実、橙黄色、縦長、縦断面くさび形、
横断面方形、側面に溝
味、完全渋柿、古くから干柿に利用

Diospytos kaki 'Yotumizo'

② ヨツミゾ(四溝)

原産地、静岡県東部、(11月中旬)
実、橙色、縦長、縦断面くさび形、
横断面方形、側面に溝。
味、完全渋柿、炭酸ガスで渋を抜いて食用可。甘味が強い。干

Diospytos Kaki 'Zenjimaru'

③ ゼンジマル(禅寺丸)

原産地、神奈川県　(11月下旬)
実、紅橙色、縦横断面ともに円形
味、不完全甘柿、種子周りに褐斑が生じ、渋みが無くなる。現存する最も古い甘柿の一つ。
川崎市柿生の王禅寺の山中にあったという、450年の原木がある。

小田急線「柿生」

Diospytos Kaki 'Dōjōhachiya'

④ ドウジョウハチヤ(堂上蜂屋)

原産地、岐阜県　(11月上旬)
実、橙黄色、縦長、横断面方円形。
味、完全渋柿、古くから干柿に利用

( )内は収穫期

Diospytos Kaki 'Toyoka'

⑤ トヨカ(豊岡)

原産地、京都府南部 (11月中旬)
実、橙色、縦長、縦断面卵形、
横断面方円形　甘味が強い。
味、不完全甘柿、種子周りに褐斑が生じ渋みが無くなる。

東大寺近く

(西) ワリンゴ(和林檎) バラ科

Malus asiatica 'Rinki'

⑥ リンキ(林檎)

原産地、中国。(9月)
実、赤色、扁円形
味、甘酸っぱい、渋みあり。
リンキはりんごの古語の一つ。

Malus asiatica 'Kōsaka'

⑦ コウサカリンゴ(高坂リンゴ)

原産地、中国　(9月)
実、赤色、扁円形
味、甘酸っぱい、渋みあり。

Malus asiatica 'Kagahan-zairai'

⑧ カガハンザイライ(加賀藩在来)

原産地、石川県 (9月)
実、赤色、扁円形
味、甘酸っぱい、渋みあり。

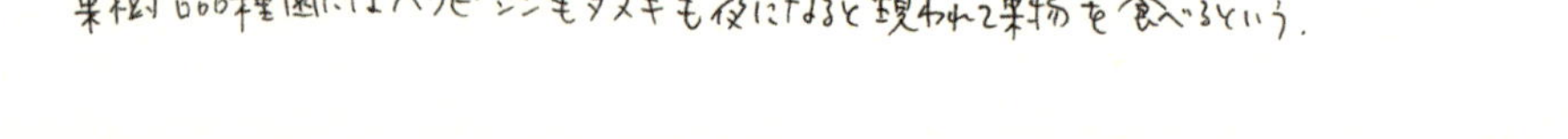

果樹古品種園にはハクビシンもタヌキも夜になると現われて果物を食べるという。

(東)ニホンナシ(日本梨)バラ科

Pyrus pyrifolia var. culta 'Rokugatsu'
① ロクガツナシ(六月梨)
原産地、関東地方(群馬県)
実、黄褐色、円形
味 甘味、酸味とも少 (8月上旬)

3月

Pyrus pyrifolia var. culta 'Imamura-aki'
② イマムラアキ(今村秋)
原産地、高知県、 (8月上旬)
実、黄褐色、円卵形
味、甘味あり、酸味が強
一年結果枝

Pyrus pyrifolia var. culta 'Ruisan'
③ ルイサンナシ(類産梨)
原産地、新潟県 (10月下旬)
実、黄褐色、紡錘形。
味、甘味少、酸味かなり強

3月

Pyrus pyrifolia var. culta 'Ō-koga'
④ オオコガ(大古河)
原産地、岐阜県(美濃)(10月下旬)
実、黄褐色、紡錘形。
味 甘味少、酸味かなり強

3月

3月

Pyrus pyritolia var. culta 'Awayuki'
⑤ アワユキ(淡雪)
原産地、新潟県中部(9月上旬)
実、黄褐色、扁円形。
味、甘さ中程度、酸味は少

(東)カンキツ(柑橘)ミカン科

Citrus kinokuni
⑥ キシュウミカン(紀州密柑)
原産地、中国 (12月)
実、橙色、扁球形
味、甘味多、美味

紀伊国屋文左衛門の頃、紀州が産地、今は葉付で橙の代用

Citrus x nobilis
⑦ クネンボ(九年母)
原産地、インドシナ半島(2月前後)
実、橙色、扁球形
味、酸味やや強、甘味多、美味
鹿児島県喜界島に種がある。温州《うんしゅう》ミカンの先祖

温州ミカン

カラタチの木に接木して温州ミカンをつくる。
↑種がない。

3月

Citrus sulcata
⑧ サンボウカン(三宝柑)
原産地、和歌山県 (3月〜4月)
実、黄橙色、短倒卵形
味、さわやかな味わい
紀州公の和歌山城の名果で殿様がお好きで三方に載せ献上。

Citrus aurantium
⑨ カブス(臭橙)
原産地、インドヒマラヤ地方 (1月)
実、赤橙色、球形
味、酸味強、爽やかな香り

3月

Citrus maxima 'Egami-buntan'
⑩ エガミブンタン(江上ブンタン)
原産地、長崎県 (12月〜1月)
実、黄色、扁球形
味、甘酸っぱく、さっぱり、わずかに苦味

(東)モモ・スモモ(桃・酸桃)バラ科

Pruns persia 'Yakan'
⑪ ヤカン(薬缶)
原産地、北陸地方(7月下旬)
実、地色緑で赤く着色、果肉白、円形
味、甘味中程度、酸味強。

Pruns persia 'Ohatsu-momo'
⑫ オハツモモ
原産地、長野県下伊那地方
実、緑で陽光面が赤く着色、果肉緑白
扁円形
味、くさみなし、野生桃にしては美味、甘味少

Pruns persia 'Yone-momo'
⑬ ヨネモモ(米桃)
原産地、鹿児島県、(8月中旬)
実、地色淡緑で赤紫に着色。
味 甘味少、淡泊

3月

Pruns persia 'Manzaemon'
⑭ マンザエモン(万左衛門)
原産地、鹿児島県(8月上旬)
実、地色は緑で赤紫に着色。
果肉濃赤色、扁円形
味、酸味強。

天皇陛下が幼い頃見た絵本の桃は天津(中国)の桃で
もっと とがっていたらしい。

(案内板の説明板を参考に作成)

カラスは賢くて閉苑時間が近づくと地上に降りてくる。

カマツカ［鎌柄］

バラ科／落葉低木〜小高木／Pourthiaea villosa var. laevis／4〜5月／ウシコロシ（牛殺し）

名は材が堅く折れにくいので金槌や鎌の柄に用いられたことから。別名のウシコロシは牛の鼻輪を通すときの孔あけに用いたことによる。また薪炭やシイタケ栽培のほた木にも利用されている。ネットでカマツカを見るとコイ科の魚がある。

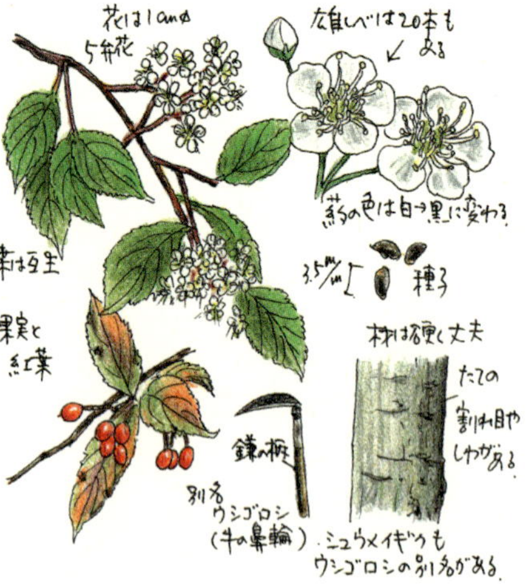

シモツケ［下野］

バラ科／落葉低木／Spiraea japonica／5〜8月／キシモツケ（木下野）

名は下野国《しもつけのくに》（栃木県）に産し、発見されたことに由来するという。変異が多くコシモツケ、シロバナシモツケ等がある。昔は茎葉を染料に利用したという。北の地では若い葉を食用にする。同じバラ科によく似た草本のシモツケソウ（下野草）がある。

シキミ［樒、梻］

シキミ科／常緑小高木〜高木／Illicium anisatum／3〜4月／コウゲ（香花）、ハナノキ（花の木）

名は果実が重なってつくことから（重実）。果実に毒があることでアシキミ（悪実）、クサキミ（臭実）の転訛など。寺や墓地によく栽培され、お盆には墓に供す。サカキが神事に多く用いられ、本種は仏事や葬儀に使われる。抹香や線香の原料にもなる。

ミヤマシキミ［深山樒］

ミカン科／常緑低木／Skimmia japonica／4〜5月／オクリョウ（億両）

シキミはシキミ科であるが本種はミカン科で他人の空似。葉を傷つけるとよい香りがする。出雲風土記に、につつじ「茵芋」があり、これだといわれる。本丸休憩所付近にある。

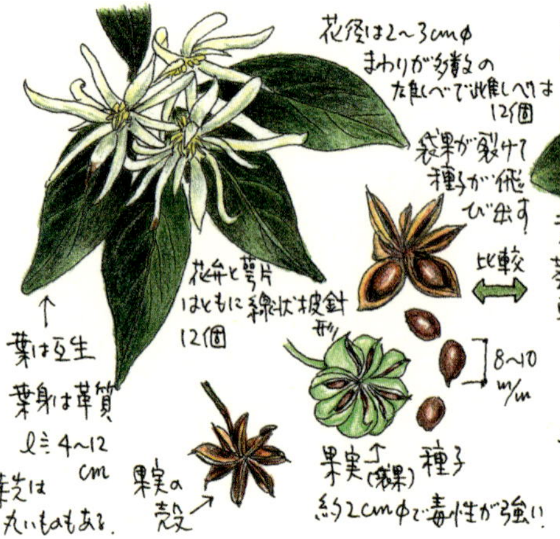

カクレミノ［隠蓑］

ウコギ科／常緑高木／Dendropanax trifidus／7〜8月／ミツデ（三つ手）、ミツナガシワ（三菜柏）

名は葉の形を、着ると身を隠すことのできる蓑にたとえたもの。特に3裂した葉の姿がそれらしい。しかし、1本の樹で葉裂は3種類あり、グー、チョキ、パーの形をしている。黄褐色の樹液は黄漆といい古い時代には塗料にした。

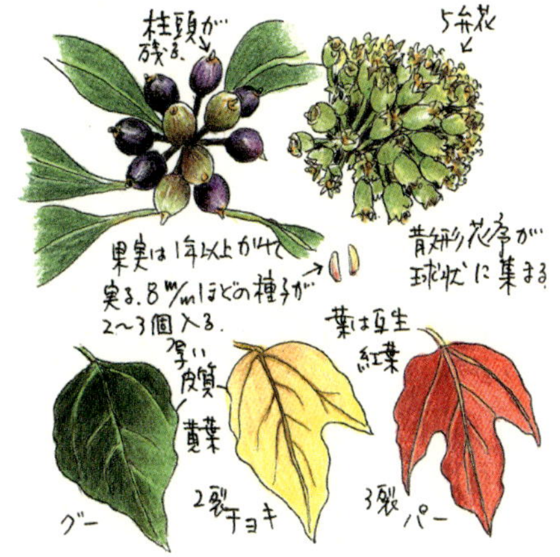

ナンキンハゼ［南京櫨・南京黄櫨］

トウダイグサ科／落葉高木／Sapium sebiferum／6〜7月／トウハゼ（唐黄櫨）、カンテラギ

名は中国原産のハゼの意味。芳香のある黄色の花をつける。白いロウ質に包まれた有毒の種子からは臘や油をとる。漢方では根皮の乾燥物を烏臼という。葉は染料にする。

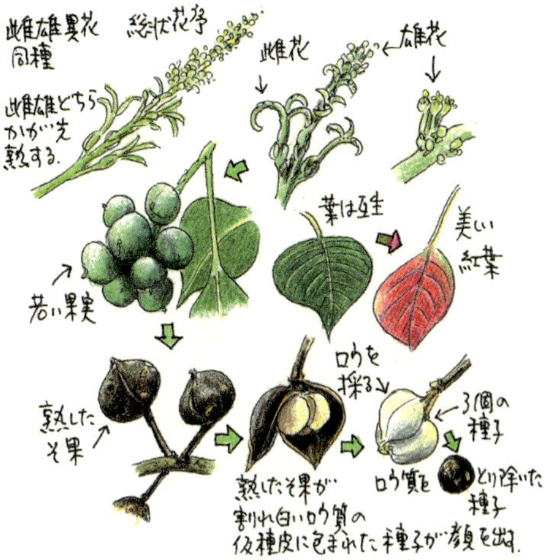

トチュウ［杜仲］

トチュウ科／落葉高木／Eucommia ulmoides／4月／モクメン（木綿）、シセン（思仙）

漢名の杜仲の音読み。属名はギリシャ語の eu（よい）＋ kommi（ゴム）由来で含まれるゴム状の汁液にちなむ。葉は茶飲料や薬用酒などに利用されている。中国固有の一科一属一種の植物。

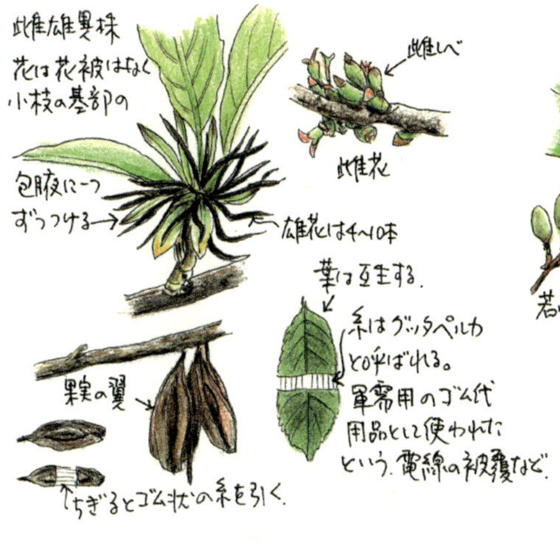

イスノキ［柞、蚊母樹］

マンサク科／常緑高木／Distylium racemosum／3〜4月／ヒョンノキ、ユスノキ

柞の木と書いてイスノキと読む。柞はハハソとも読みクヌギ、コナラなどの総称。別名のヒョンノキは虫えいを笛にして吹くと「ヒョウヒョウ」と鳴ることによるといわれている。虫えいとは虫癭と書き虫瘤のことで寄生した虫によって異常発育した瘤などをいう。

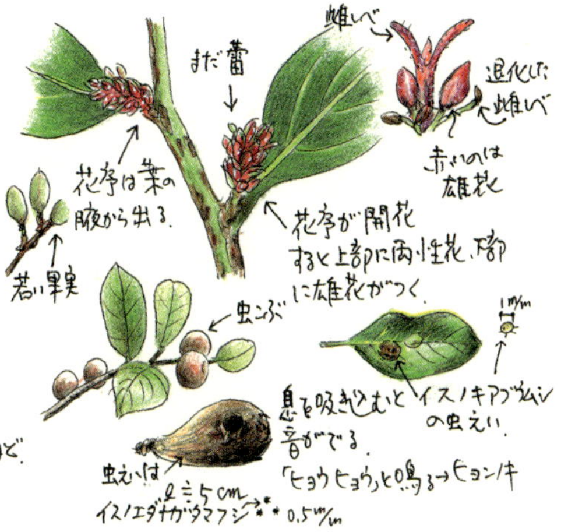

モクレン [木蓮、木蘭]

モクレン科／落葉小高木／Magnolia quinquepeta／4〜5月／シモクレン(紫木蓮)、タウチザクラ(田打ち桜)

本種の仲間のうち普通にモクレンと呼ばれるのはシモクレン(紫木蓮)のことで、白い花のものはハクモクレン(白木蓮)というらしい。そしてこれらの系統の園芸種などが「木蓮」または「マグノリア」と呼ばれる。植物は馴染みのものでも名前がややこしい。

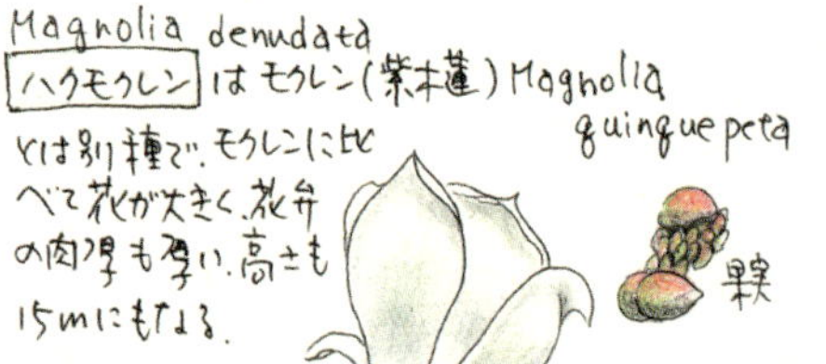

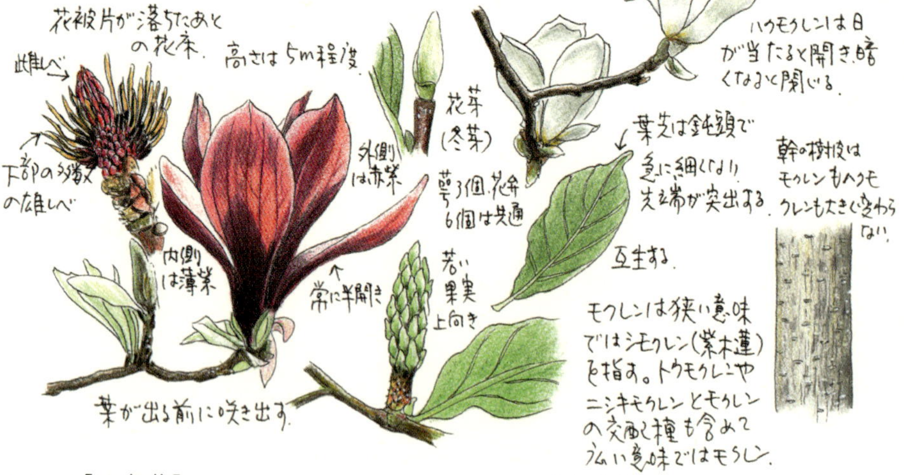

タムシバ [田虫葉]

モクレン科／落葉小高木／Magnolia salicifolia／4〜5月／サトウシバ(砂糖柴)

名はカムシバの転訛で、花を噛むと甘みがあることから。別にニオイコブシ(匂辛夷)ともいう。花はベンゼノイド系の芳香を含み、コブシより香る。コブシと違って雄しべが赤色で萼が小形の花びらに見える。

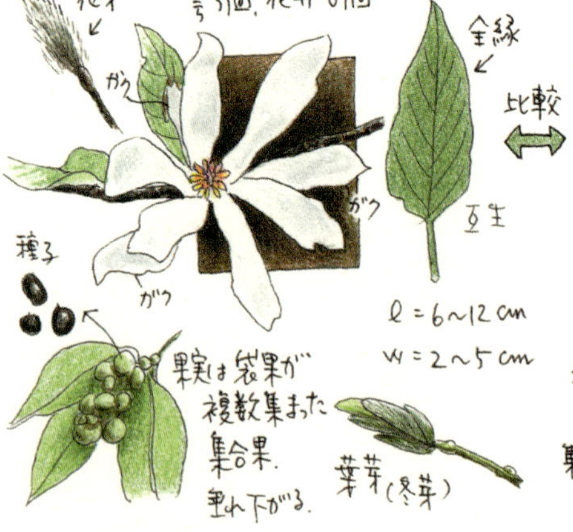

コブシ [辛夷]

モクレン科／落葉高木／Magnolia kobus／3〜5月／コブシハジカミ(辛夷薑)、ヤマアララギ(山蘭)

コブシの名は拳の意味で集合果の形態が握りこぶしに似ていることによる。属名はフランスの植物学者マグノルにちなむ。早春、葉に先立って香りのあるモクレンに似た白い花を枝一面に咲かせる。東北では田打ち桜、種まき桜とよび田畑の作業の目安とした。

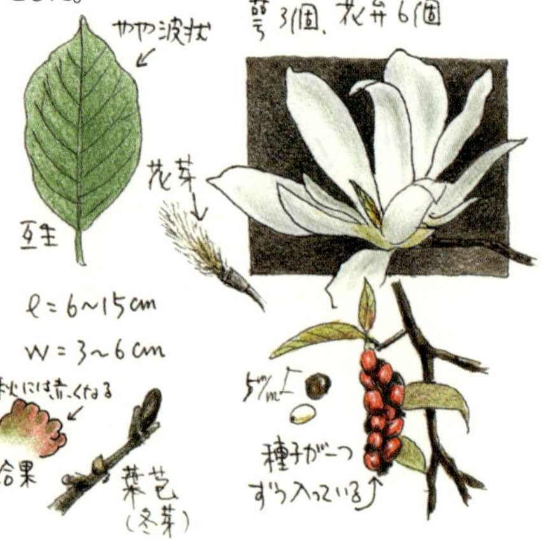

アカモノ［赤物］

ツツジ科／常緑小低木／Gaultheria adenothrix／5〜7月／イワハゼ（岩黄櫨）

名は赤い実からアカモモ（赤桃）と呼ばれこれが訛って付けられたという。小さな偽果《ぎか》は甘くて食べられる。白い実をつけるシラタマノキはシロモノとも呼ばれる。

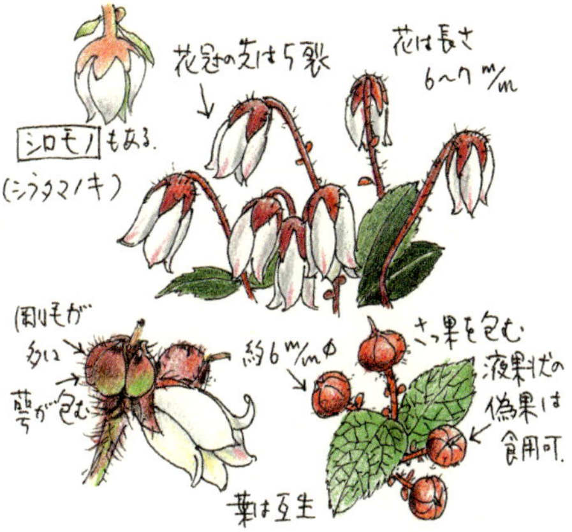

ネジキ［捩木］

ツツジ科／落葉低木／Lyonia ovalifolia var. elliptica／5〜6月／カシオシミ

幹の皮が捩れるのでついた名。東御苑のネジキは上から見て左廻りになっている。材は緻密で堅く櫛や傘の柄などに使われる。木炭は漆器を磨くのに使う。

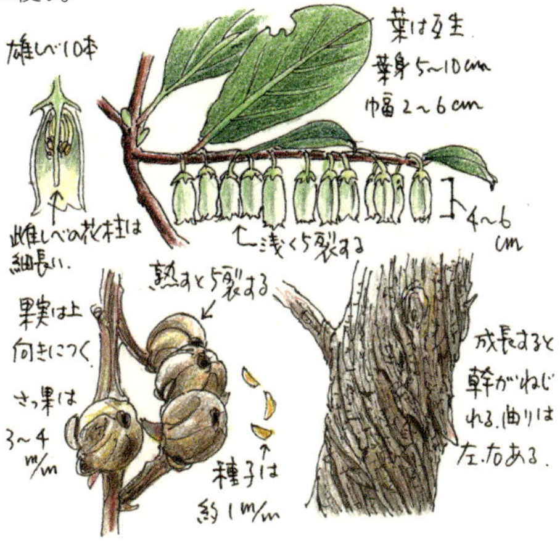

ナツハゼ［夏櫨］

ツツジ科／落葉低木／Vaccinium oldhamii／5〜6月／ヤマナスビ（山茄子）、ゴンスケ（権助）

名はヤマウルシの古名である「はじ」からという。またハジはハニ（埴）からでこれは黄紅色の粘土のこと。この粘土の色と黄葉が名前の元となった。16世紀に南方から渡来している。西国では蠟を採るために栽培した。

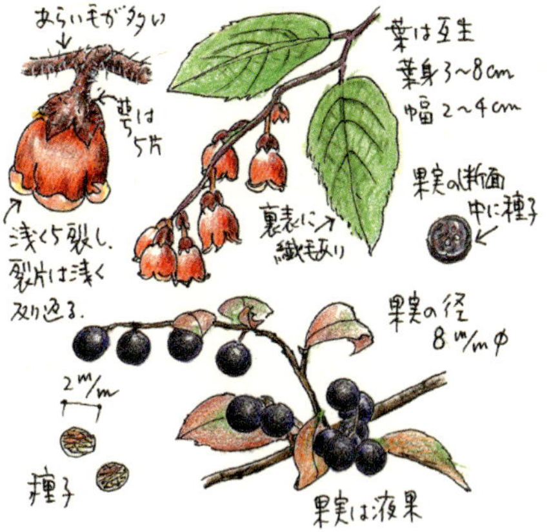

ムラサキケマン［紫華鬘］

ケシ科／越年草／Corydalis incisa／4〜6月／ヤブケマン（藪華鬘）

華鬘《けまん》とは仏具の一つで荘厳具として梁などにかける団扇《うちわ》状のものであるがもともとインドでは生花を糸でつづった花輪であった。日本や中国ではそれを金属・木材に彫刻したものとなった。本種は全体が柔らかく悪臭がする。

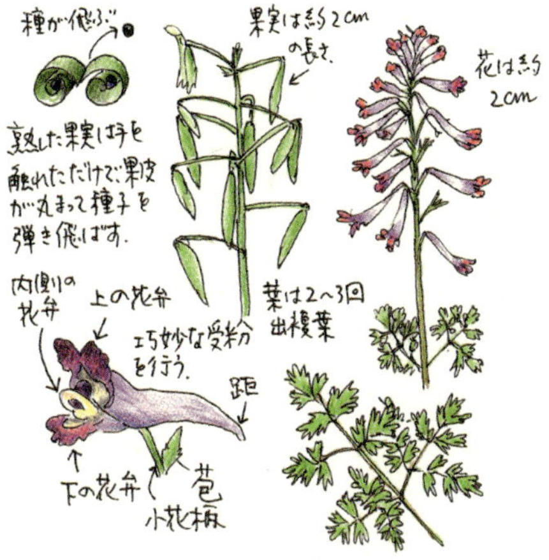

ムラサキシキブ［紫式部］

クマツヅラ科／落葉低木／Callicarpa japonica／6〜8月／ミムラサキ（実紫）

名はムラサキシキミの転訛でシキミは「重実」の意味。その姿を紫式部の名で美化したものともいう。江戸時代初期の名には「実むらさき、玉むらさき、山むらさき」とあるらしい。本種の名で市販しているものにはコムラサキが多いという。実の白いものはシロシキブという。

花冠は長さ3〜5m/mの筒状で4裂。
雌しべ1個
雄しべ4個
葉腋のすぐ上から花序柄がでる。
花序柄→
ムラサキシキブは山野の林に自生する。
核果
核は3〜4個
2m/m
約3m/m
葉
葉

コムラサキに比べ実は疎らにつく。
実は約3m/mφ
果実の回りに萼は残らない。
鋸歯は全葉にある。
ムラサキシキブは枝垂れしない。
葉の長さ6〜13 m/m
幅2.5〜6cm
葉は対生し、表にわずかな毛がある。
枝や花序は無毛
幹はまっすぐ強い
シロシキブは実の付き方などむしろコムラサキに似る。正式にはシロミノコムラサキということ。
シロシキブはこの丸、梅林坂にある。

コムラサキ［小紫］

クマツヅラ科／落葉低木／Callicarpa dichotoma／7〜8月／コシキブ（小式部）

漢名は小紫式部。ムラサキシキブより暖かい地方のもので福島以南に多い。ムラサキシキブに比べると実はすべて葉の上にあり、枝上に少しずつかたまってあり、大きさも小さい。

ヤブムラサキ［藪紫］

クマツヅラ科／落葉低木／Callicarpa mollis／6〜7月

ムラサキシキブに似るが全体的に毛深くビロードのよう。この姿が「藪」の名の元になったともいう。果実の白いものもまれにある。主に日本と朝鮮に分布する。

花冠は長さ約3m/mでムラサキシキブより小さい。
葉身3〜7cm
幅1.5〜3cm
低木が多い。
比較
コムラサキの実はかたまるようにつく。
葉腋から少し離れたところに花序柄がでる。
対生
上半分の縁に粗い鋸歯がある。
実は小さめ。

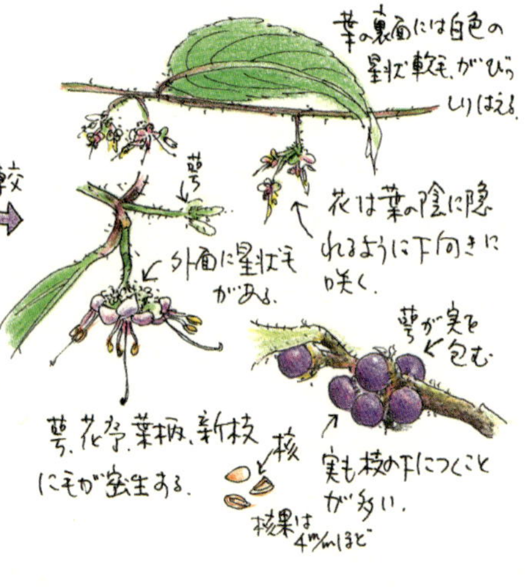

葉の裏面には白色の星状軟毛がびっしりはえる。
萼
花は葉の陰に隠れるように下向きに咲く。
外面に星状毛がある。
萼が実を包む
萼、花序、葉柄、新枝にも毛が密生する。
核
実も枝の下につくことが多い。
核果は4m/mほど

マルバアオダモ［丸葉青梻］

モクセイ科／落葉高木／Fraxinus sieboldiana／4～5月／ホソバアオダモ（細葉青梻）

幼木の葉は丸みがあるが成長すると細長くなる。むしろアオダモのほうが葉は丸い。どうも鋸歯がわずかの波でこのことがマルバの由来らしい。植物の名は単純ではない。

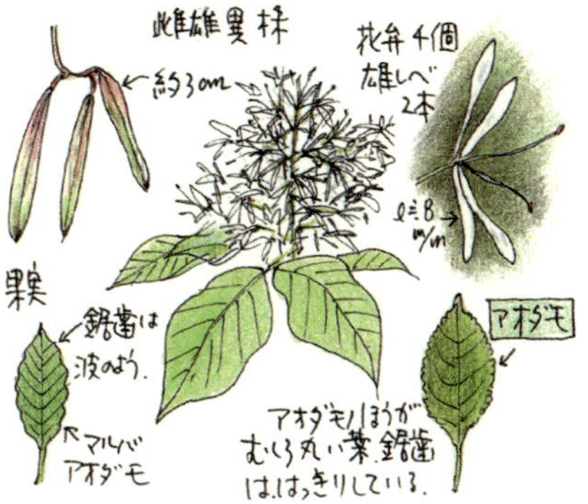

雌雄異株
約3cm
花弁4個
雄しべ2本
ℓ≒8m/m
果実
鋸歯は波のよう.
マルバアオダモ
アオダモ
アオダモのほうがむしろ丸い葉.鋸歯ははっきりしている.

ヤマボウシ［山法師､山帽子］

ミズキ科／落葉小高木～高木／Cornus kousa／5～6月／ヤマグワ（山桑）

名は丸い蕾の集まりを坊主頭に､白い総苞をその頭巾に見たてたことによる。球形の果実は甘くておいしい。皇后陛下はこれでジャムを作られたという。万葉集の「柘（つみ）」はヤマグワとされるが「やまぐは」の古名がある本種の説もある。

全体に棚のように花(総苞)が横に広がりそれを受けるように葉がある.
山法師のずきんのようかな?
葉が受け並ぶ
花より葉が先につく.
対生
4枚の花弁のように見えるのは総苞
波をうつ.
中心部分にあるのが花.
雄しべ4本
花柱1個
花弁4個は脱落しやすい.
5角形と6角形の亀甲模様の果実
4m/m
核 中に種子2個ずつ.
サッカーボールと同じ模様
1.5cmφ

クマノミズキ［熊野水木］

ミズキ科／落葉高木／Cornus macrophylla／6～7月／サワミズキ（沢水木）

切ると水が垂れる水木で､熊野地方に多く､発見された場所でもあり､その名がついた。花はミズキより1カ月程遅い。花の時期には白い花が新幹線からでもよく見えるというが見つけるのは難しそう。

果実散布の期間はミズキよりも長い.
花弁4個でミズキによく似る.
花期 ミズキと変りない.
対生
オシベ4本
花盤には蜜がある.
果実の先端に凸が残る
緑と黒色が混ざる.
長さ6～16cm
ミズキに比べて全体に細長い.
ミズキ
長さ6～15cm
幅3～8cm
互生
果実は熟すと黒紫色一色になる.
6～7m/mφ

ハナイカダ［花筏］

ミズキ科／落葉低木／Helwingia japonica／5～6月／ママッコ（飯子）､ヨメノナミダ（嫁涙）

葉の上の実をイカダを操る船頭さんに見立てて名付けられた。しかしこれは花柄が葉の表面の葉脈に癒着したもの。黒く熟した果実は甘みがある。若葉は山菜としても利用され油いため､煮物､ゴマ辛し和えなどがおいしい。

雌花
花は通1個.2～3個つくこともある.
花弁は3～4個
中にはもある.
雄花
花は数個が束状につく.花弁は3～4枚
雄しべも3～4個
葉が小さい頃は主脈の下の方にあるが成長と共に葉の中央になるつまり葉の下部が大きくなる.
花弁や雄しべ.雌しべと連動して果実がつく.7～9m/mφ
花は花柄が葉の主脈に癒合したもの
雌雄異株.
鋸歯の先は芒状になる

スイカズラ [吸葛]

スイカズラ科／つる性半落葉低木／Lonicera japonica／5〜6月／ニンドウ(忍冬)

花の蜜を吸うと甘い。水をよく吸うカズラで(水葛)、また毒を吸い取る作用があるので(吸葛)、あるいは常緑で冬を忍ぶシヌイカズラ(忍蔓)などの説がある。別名のニンドウは装飾模様の忍冬紋で知られるがこれは切れ目がないのが特徴。金銀花《きんぎんか》とも。

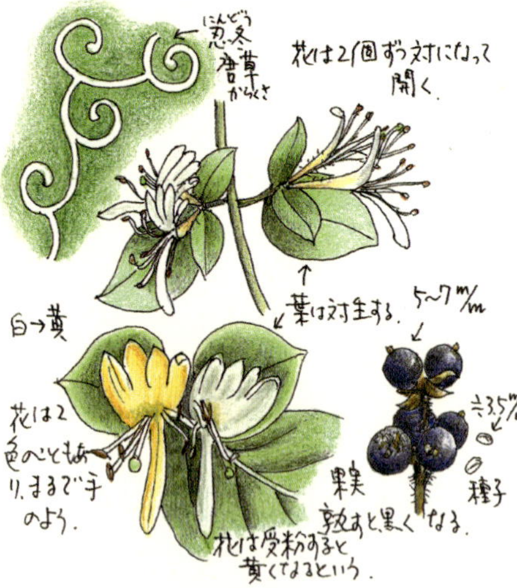
忍冬《にんどう》
唐草《からくさ》
花は2個ずつ対になって
開く。
葉は対生する。
5〜7m/m
白→黄
花は2
色のこともあ
り、まるで手
のよう。
果実
熟すと黒くなる。
≒3.5m/m
種子
花は受粉すると
黄くなるという。

ヒョウタンボク [瓢箪木]

スイカズラ科／落葉高木／Lonicera morrowii／4〜6月／キンギンボク(金銀木)

実が2個合着して瓢箪形になることからこの名がついた。花は初め白色でのちに黄色になる。これが同時に見られることからキンギンボクとも呼ぶ。美しくも可愛くもあるが実《み》は猛毒でヨメコロシ(嫁殺し)の別名もある。

枝の上部に2個ずつ
花をつける。
実はヒョウタンのように
重っている。
花の色は初めは
白く、後に黄色に変わ
ることからキンギンボク
と呼ばれる。
とてもおいしそう、しかし毒がある。

ニワトコ [庭常、接骨木]

スイカズラ科／落葉低木／Sambucus racemosa subsp. sieboldiana／4〜5月／セッコツボク(接骨木)

早春、他の樹木に先立って展開する。羽状複葉が対生しているので「迎え」の枕詞とされる。別名をセッコツボクともいい、枝や幹の黒焼きは骨折、打ち身の薬とされる。コッセツ→セッコツ、面白い！

果実→
円錐花序《えんすいかじょ》 10cmφ
花冠は
5裂。
3〜5m/mφ
葉は落葉樹にし
ては厚い。
茎には髄《ずい》がある。
太くなると表面に
コルク層を発達させる。
シュート
葉は対生
縦の割れ目が目立つ

ムシカリ [虫狩]

スイカズラ科／落葉低木／Viburnum furcatum／4〜6月／オオカメノキ(大亀の木)

名は虫が花を好んで狩る「虫狩」や「虫喰われ」が訛ってついた「ムシカリ」が正式名だが亀の甲羅のような形をしたちりめん状の葉からオオカメノキ(大亀の木)の別名もある。

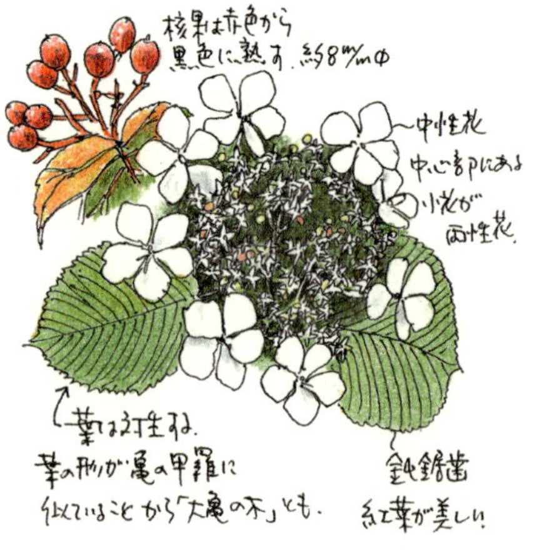
核果は赤色から
黒色に熟す。約8m/mφ
中性花
中心部にある
小花が
両性花。
葉は対生する。
葉の形が亀の甲羅に
似ていることから「大亀の木」とも。
鈍鋸歯
紅葉が美しい！

タニウツギ［谷空木］

スイカズラ科／落葉低木／Weigela hortensis／5～6月／ベニウツギ（紅空木）

谷間に多く生えるウツギの意味だがウツギとは科が違う。日本海側の多雪地帯に生え、北海道の高速道路沿いにも見られる。昔から人とのかかわりが深く100を超える地方名がある。骨拾いの箸や黄泉の国に旅立つ死者の杖に使われるともいう。

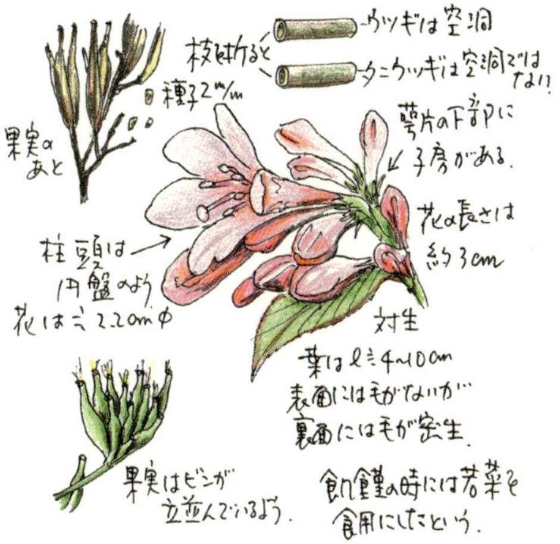

枝を折ると
ウツギは空洞
タニウツギは空洞ではない
種子2mm
果実のあと
萼片の下部に子房がある。
花の長さは約3cm
柱頭は円盤のよう
対生
葉は長さ4～10cm
表面には毛がないが
裏面には毛が密生
果実はビンが立並んでいるよう。
飢饉の時には若葉を食用にしたという。

タチツボスミレ［立坪菫］

スミレ科／多年草／Viola grypoceras／4～5月／ツボスミレ（坪菫）、ヤブスミレ（藪菫）

東御苑内ではどこでもよく見られる。日本では最も普通のスミレ。スミレの名は大工道具の墨入れに花の形が似ることから付けられた。スミレの仲間には花期と果期とで葉の形が全く異なる場合が多く同定が難しい。

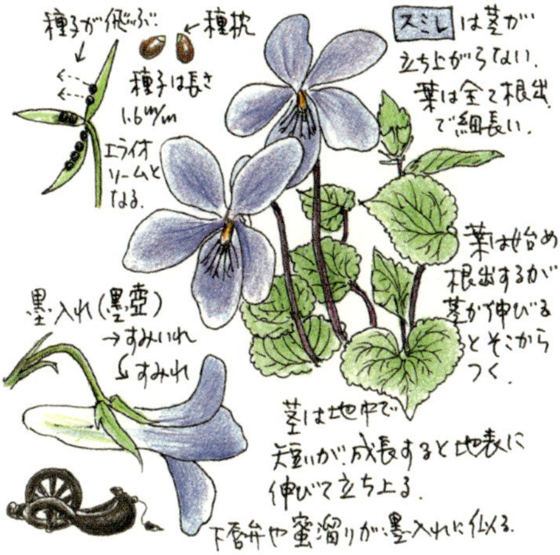

種子が飛ぶ
種枕
種子は長さ1.6mm
エライオソームとなる。
スミレは茎が立ち上がらない。
葉は全て根出で細長い。
葉は始め根出するが茎が伸びるとそこからつく。
墨入れ（墨壺）
→すみいれ
→すみれ
茎は地中で短いが、成長すると地表に伸びて立ち上る。
下唇弁や蜜溜りが墨入れに似る。

ヘラオオバコ［篦大葉子］

オオバコ科／多年草・1年草／Plantago lanceolata／6～8月／イギリスオオバコ（英国大葉子）

名は葉が「ヘラ」に似ることと、長く大きいために付いた。ヨーロッパ原産の帰化植物で日本には幕末頃に渡来したといわれる。北海道には特に多い。オオバコは岩手一関《いちのせき》藩主田村家の家紋に使われた。

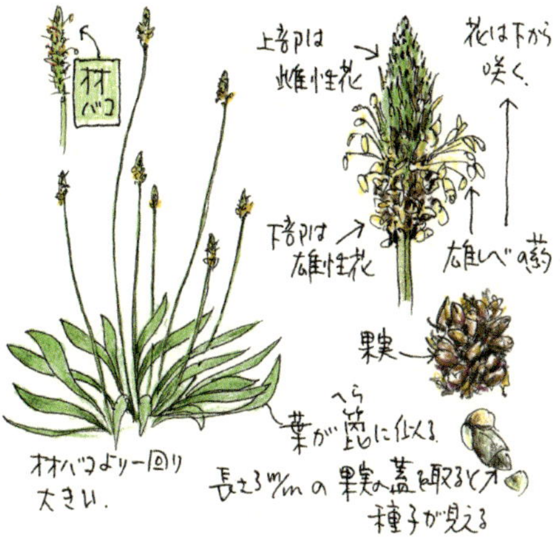

オオバコ
上部は雌性花
花は下から咲く。
下部は雄性花
雄しべの葯
果実
葉が箆《へら》に似る
オオバコより一回り大きい。
長さ3mmの果実の蓋を取ると種子が見える

フッキソウ［富貴草］

ツゲ科／常緑亜低木／Pachysandra terminalis／5～6月／キチジソウ（吉字草）

名は常緑の葉が残る様子を繁栄の意味からとったもの。ボタン（牡丹）の異名もある。またキチジョウソウの別名もあるがユリ科のキチジョウソウもある。

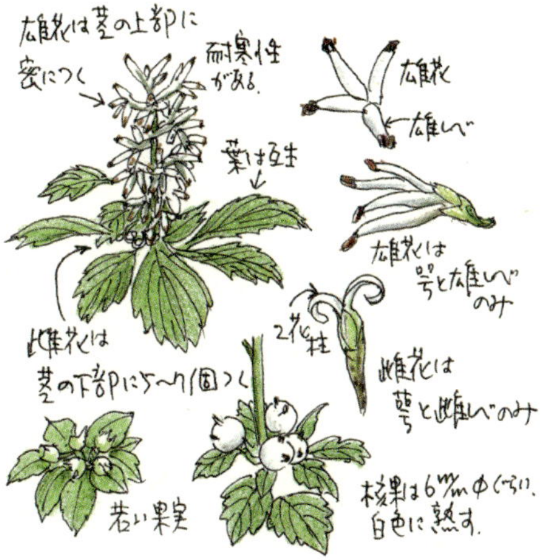

雄花は茎の上部に密につく
耐寒性がある。
葉は互生
雄花
雄しべ
雄花は萼と雄しべのみ
2花柱
雌花は茎の下部に5～7個つく
雌花は萼と雌しべのみ
若い果実
核果は6mmφくらい。白色に熟す。

カンアオイ［寒葵］

ウマノスズクサ科／多年草／Asarum kooyanum var. nipponicum／10〜2月／カントウカンアオイ（関東寒葵）

冬にも枯れないことから寒葵の名がある。属名のアサルムはギリシア語の a（無）と sarom（小枝）に由来し、小枝がないことによる。カントウカンアオイともいう。本種とフタバアオイにはギフチョウ（岐阜蝶）が集まることがある。

萼1枚を取り出してみると.
3萼の中央の穴の中にある花.
柱頭 拡大の絵
葉は互生する.
花
萼は基部で癒着して萼筒を形成する.
蕾
花のように見えるのは花弁ではなく3枚の萼 まれに花弁をつけるが退化してごく小さいという.
匍匐《ほふく》枝《し》
江戸時代に園芸植物化された「細辛」の原種はこのカンアオイ（カントウアオイ）が多いと言われる.

ツワブキ［石蕗、艶蕗］

キク科／多年草／Farfugium japonicum／10〜12月／イシブキ（石蕗）

葉がフキに似ていて表面にツヤがあるところから名が付いたという。江戸時代初期から茶室の庭に植えられて、現在でもよく利用される。若い葉柄は佃煮である伽羅蕗《きゃらぶき》や漬物などにして食べられる。

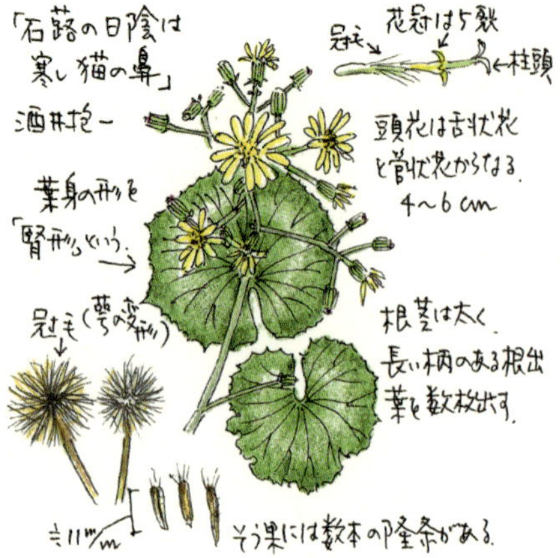
「石蕗の日陰は寒し猫の鼻」
酒井抱一
冠毛
花冠は5裂
←柱頭
頭花は舌状花と管状花からなる.
4〜6 cm
葉身の形を「腎形」という.
冠毛（萼の変形）
根茎は太く.
長い柄のある根出葉を数枚出す.
≒11 m/m
そう果には数本の隆条がある.

ヒヨドリバナ［鵯花］

キク科／多年草／Eupatorium chinense／8〜10月／サンラン（山蘭）

花後の冠毛とヒヨドリの冠毛がよく似ていることからこの名がある。ちなみにヒヨドリは稗を食べることからヒエドリ（稗鳥）ともいう。昔は花殻の綿毛を乾かして火熾《ひおこ》しの材料とした。

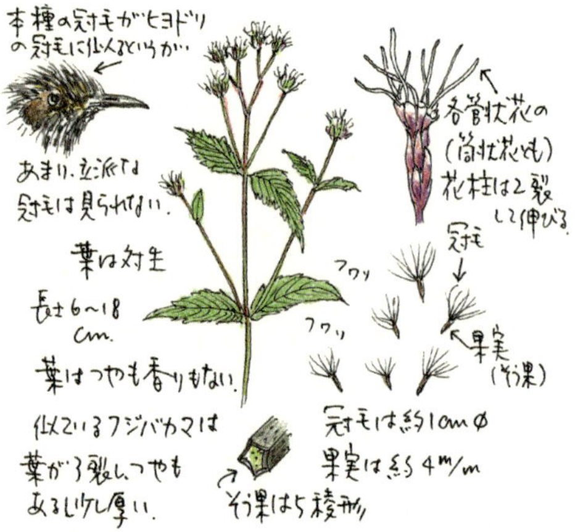
本種の冠毛がヒヨドリの冠毛に似ているというが
あまり立派な冠毛は見られない.
葉は対生
長さ6〜18 cm.
葉はつやも香りもない.
似ているフジバカマは葉が3裂し、つやもあるし少し厚い.
各管状花の（筒状花とも）花柱は2裂して伸びる.
冠毛
フワッ
フワッ
果実（そう果）
冠毛は約1cm φ
果実は約4 m/m
そう果は5稜形

ヨモギ［蓬］

キク科／多年草／Artemisia princeps／9〜10月／モチグサ（餅草）、モグサ（艾）

名の由来は「よく燃える」、「よく萌える」など多数ある。端午の節句ではショウブとともに、軒先などに吊るして邪気を祓う植物とされる。よもぎ餅、灸のもぐさの材料、また食用や薬用等人の生活との関係が深い。

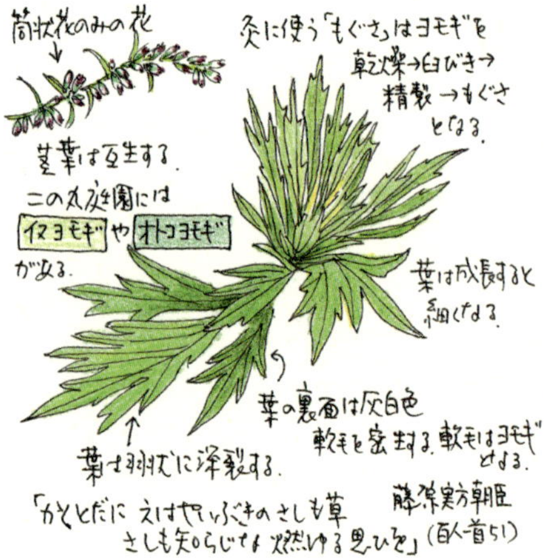
筒状花のみの花
灸に使う「もぐさ」はヨモギを乾燥→臼びき→精製→もぐさとなる.
茎葉は互生する.
この丸庭園にはイヌヨモギやオトコヨモギがある.
葉は成長すると細くなる.
葉の裏面は灰白色 軟毛を密生する. 軟毛はヨモギとなる.
葉は羽状に深裂する.
「かくとだに えやはいぶきのさしも草 さしも知らじな燃ゆる思ひを」
藤原実方朝臣 (百人一首51)

フヨウ［芙蓉］

アオイ科／落葉低木／Hibiscus mutabilis／7〜10月／モクフヨウ（木芙蓉）

芙蓉の名は古代中国では美しさからハスの花につけられていた。フヨウはハスの花に匹敵する美しさから漢名では「木芙蓉《もくふよう》」と呼ばれ、和名はこの音読みの転略。種小名は変化しやすい様子を意味する。

ムクゲ［木槿］

アオイ科／落葉低木／Hibiscus syriacus／7〜10月／ハチス、ムグンファ（無窮花）

中国名の木槿（モクキン）の転訛、あるいは韓国名の無窮花（ムグンファ）の音読み転訛。花は「槿花《きんか》」の名がありこの世の中の栄華ははかないという意味。中国原産で平安時代に渡来。韓国の国花。

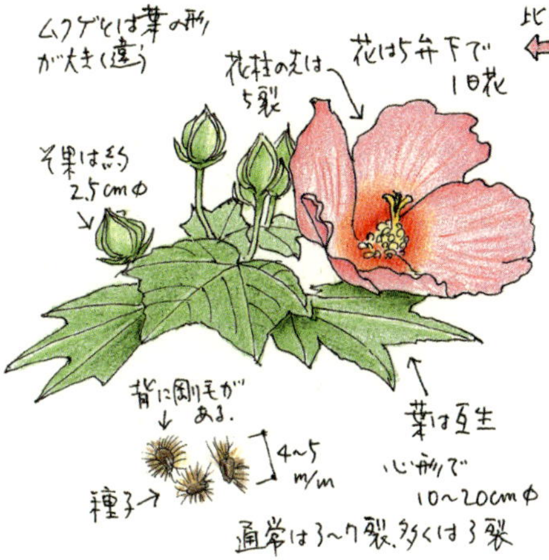

ムクゲとは葉の形が大きく違う
花柱の先は5裂
花は5弁下で1日花
比較
さく果は約2.5cmφ
背に剛毛がある。
種子
4〜5m/m
葉は互生
心形で10〜20cmφ
通常は3〜7裂、多くは3裂

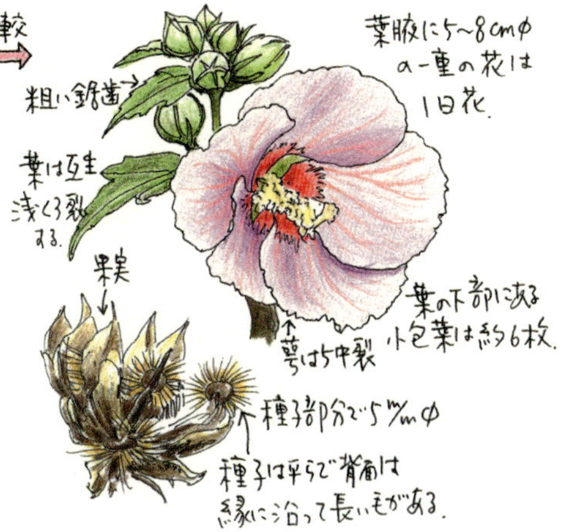

粗い鋸歯
葉腋に5〜8cmφの一重の花は1日花。
葉は互生浅く3裂する。
果実
葉の下部にある小包葉は約6枚。
萼は5中裂
種子部分で5m/mφ
種子は平らで背面は縁に沿って長い毛がある。

ハゼノキ［櫨の木、黄櫨の木］

ウルシ科／落葉高木／Rhus succedanea／5〜6月／ロウノキ（蠟の木）

名は古語「ハジ」の転訛。別名は昔琉球から伝来し、実から蠟を作り、手ロウソクの原料としたことから。現在ロウソクはパラフィンとなり櫨蠟は和ロウソクに細々と使われる。愛媛県内子町は有名。

マツムシソウ［松虫草］

マツムシソウ科／越年草／Scabiosa japonica／8〜10月／スカビオーサ

昔はスズムシのことをマツムシと呼んだことから、この虫が鳴く頃に咲くとの説や大阪住吉に残る松虫塚の由来説、また六部《ろくぶ》（巡礼）の持つ松虫鉦《がね》が花のあとの頭花に似ていることなどがある。園芸種はスカビオーサという。

紅葉
鋸歯がない
葉は長さ20〜30cm
奇数羽状複葉
小葉は4〜8対
l≒5〜12cm
ヤマハゼより少し細い
固いロウ
果実の皮をはぐ。
果皮にロウ分あり。
葉の付け根は対生のようでも少しずれる。
雌雄異株
花弁5個
雄しべ5本
雌しべ1本
果実
約1cmφ
一般に木蝋《もくろう》といえば100%ハゼ蝋
ススが出にくい!
灯芯は和紙の上にイ草の随巻き。

中央は筒状花で先端は5裂
花冠の大きさはφ4cm前後
蕾
外側の裂片は大きく発達している。
周辺の裂片は3裂。
茎はコスモスのように細長い。
舌状花
葉
花のあとは花床がふくれてイガグリ坊主のようになる。

クスノキ [樟、楠]

クスノキ科/常緑高木/Cinnamomum camphora/5〜6月/クス(楠)、ホングス(楠)

中国名は樟《しょう》で、鮮やかな章《あや》(木目)から。クシキキ(奇木)やクスリの木(薬木)が名の由来。またその香りからクスノキ(薫木)もある。種小名の camphora は樟脳《しょうのう》のアラビア語。樟脳から蒸留精製したものがカンフル(camphor)で強心剤や防腐剤に使われた。落葉を揉むと懐かしい香りがする。昔はセルロイドやフィルムの可塑剤《かそざい》には欠かせなかった。樟脳は昔専売公社の塩脳部で取扱われたという。明治神宮に多く当初植えられた若木は9000本にも及んだ。東御苑での本種は大正時代のもの。日本では飛鳥時代の法隆寺の百済観音像や四天王像等、多くの仏像に使われた。また日本の巨樹、巨木の80%はクスノキで今でも都内の街路樹として増えている。鹿児島県蒲生《がもう》の八幡神社のクスノキは幹回りは目通りで24.2m超で日本一である。

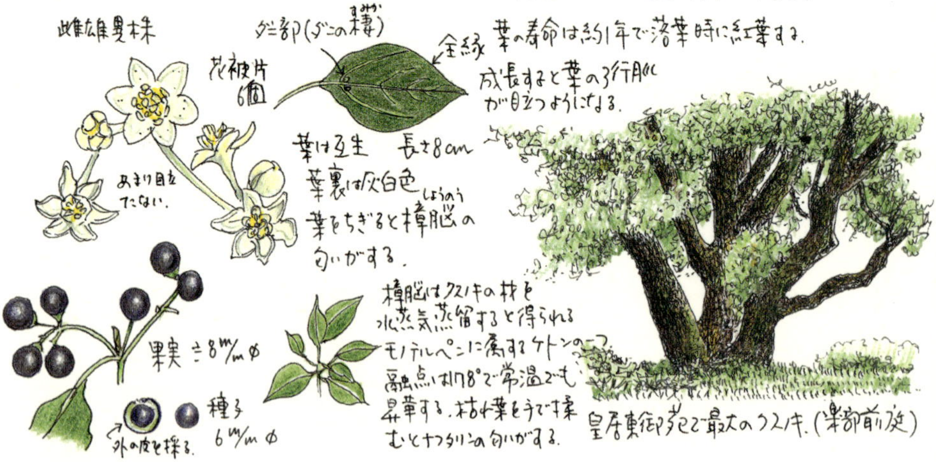

クロモジ [黒文字]

クスノキ科/落葉低木/Lindera umbellata/3〜4月/チョウショウ(釣樟)

樹皮に黒斑があってそれが文字に見えるところからこの名が付いた。芳香があり枝を削って楊枝《ようじ》にする。「クロモジ」とは楊枝の宮中詞《ことば》。葉や種子からは香油が採れるが昔は伊豆半島各地に採油所があったという。

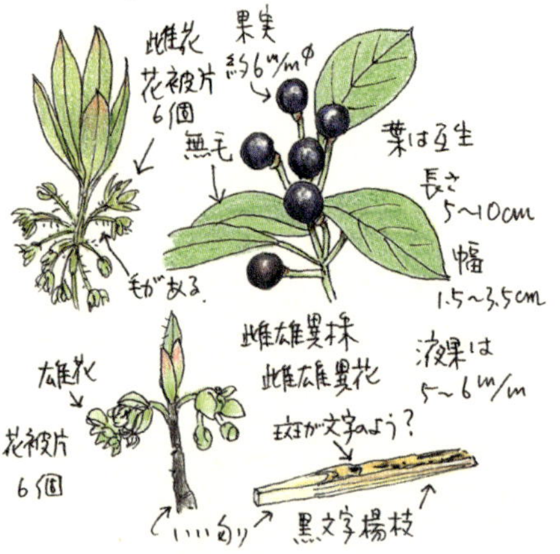

タラヨウ [多羅葉]

モチノキ科/常緑高木/Ilex latifolia/4〜5月/モンツキシバ(紋付き柴)、ハガキノキ(葉書の木)

葉の裏に傷をつけて文字が書けるので郵便の木ともいわれる。実際に定形外120円で使えるという。インドではバイタラジュ(貝多羅樹)の葉であるバイタラヨウ(貝多羅葉)が写経に使われ、江戸時代にはこの葉が写経材料として輸入されていたという。名はこれにあてはめられて付いた。

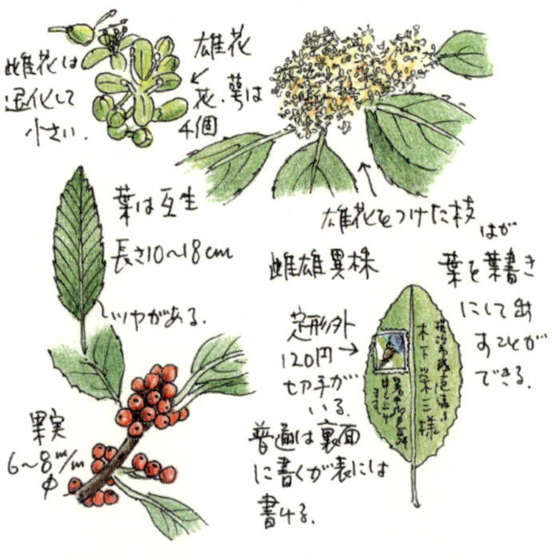

カキノキ [柿の木]

カキノキ科／落葉高木／Diospyros kaki／5〜6月／カキ(柿)

カキにあたる朝鮮語 kam からの転訛の説や赤い実がなることからアカキ(赤木)の略などの説がある。英名はカキフルーツ。人里にも多く俗に「柿の木は窯の煙に当たるところを好む」という。心材は黒檀並みに堅くゴルフクラブのヘッドにも使う。

雌花は萼が大きい
子房が膨らむと花弁は抜け落ちる。
子房が実になる。
雄花は萼が小さい。
8つの胚珠
萼4個
花4個
実らなかった種
カキ(実)の断面
果実
紅葉
柿の実の熟れたる汁にぬれそぼつ指の先より冬は来にけり
谷崎潤一郎

イヌエンジュ [犬槐]

マメ科／落葉高木／Maackia amurensis／7〜8月／オオエンジュ(大槐)

名は古名「えにす(槐)」が転訛したものとされるが、エニスとはもともと日本の山地に自生しているイヌエンジュであったと考えられている。エンジュの乾燥した花を漢方で「槐花《かいか》」といい止血剤とすることから渡来したと思われている。日本に自生する本種は薬用にはならない。

総状花
5〜15cm
3〜7個
出る。
豆果は
裂開
しない。
長さ20〜30cm
葉は互生する。
奇数羽状複葉
蝶形花(旗弁)
長さ4〜5mm
花は萼を含んで約7mm
萼は毛が密生し。
上部の萼片は丸みがある。
以前は本州西南部に分布するものをハネミイヌエンジュとしていたが現在はイヌエンジュとまとめられる。

シラカバ [白樺]

カバノキ科／落葉高木／Betula platyphylla var. japonica／4月／シラカンバ(白樺)、ウォーターツリー

樹皮が白いカバの意でカバはカンバの略。樹液は飲用可で、アイヌは発酵させて酒をつくったという。また、これを化粧品のローションにも使う研究がされている。欧州産のシラカバからはガムのキシリトールを作る。

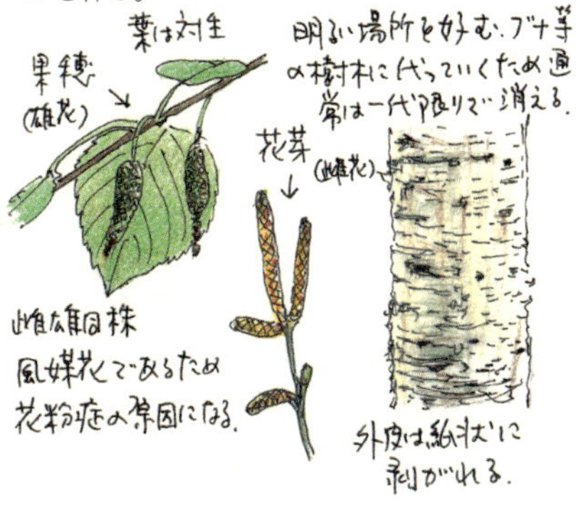

葉は対生
果穂
(雄花)
明るい場所を好む。ブナ等の樹木に代っていくため通常は一代限りで消える。
花芽
(雌花)
雌雄同株
風媒花であるため
花粉症の原因になる。
外皮は紙状に
剥がれる。

ヨーロッパアカマツ [欧州赤松]

マツ科／常緑高木／Pinus sylvestris／5〜6月／スコッチパイン

平成21年(2009)3月、天皇、皇后両陛下がお手植になった。スペイン国王ファン・カルロス1世陛下と王妃ソフィア陛下が国賓として同20年(2008) 11月に御来日のおり、両陛下に贈られたもの。アカマツに比べると葉が短く、枝は直線的。

2本ずつの束
突起の先端には棘がある。
東御苑のものはまだ4年ぐらい。
スウェーデンには700年以上のものがあるという。
アカマツに較べると葉が短く、枝は直線的で、主幹は太い。エストニアにはHに45mで密集している場所があるという。
樹形

皇居の野鳥

皇居に来る冬の渡り鳥を情報のあった範囲で絵でメモをしてみれた日本産鳥類リストによると、550種類程度の鳥が記録されているがおおよそ山野鳥280種、水鳥270種あり、皇居ではそのうち各々30種、20種が数えられるといいます。

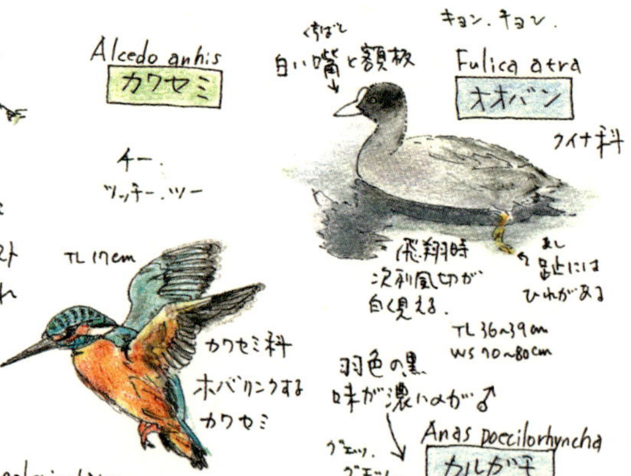

Streptopelia orientalis
キジバト
ハト科
ドバトとほぼ同じ大きさ。
デデッ。ポーポー。クウッ。ウー。プウー
TL32~35cm
WS53~60cm
Aythya fuligula
♂
キンクロハジロ
カモ科
主に冬鳥として日本に渡来する。
クルルル。クルルル。
TL40~47cm
WS67~73cm
Anas crecca
♂
コガモ
カモ科
♂ピリッ。ピリッ。
♀グェー。グェッ。グェッ
TL34~38cm
WS58~64cm
ギィーッ。ギィーッ。ギィー
キッキッキッ
スズメぐらい。
♂
後頭の両脇に赤い斑があるが見えないことが多い。
Dendrocopos kizuki
コゲラ
キツツキ科
TL 16cm
バァウー。バァウー
Cygnus olor
コブハクチョウ
カモ科
皇居では代表的な水鳥
TL125~160cm
WS200~238cm
ツツピー。ツツピピピ
Parus major
シジュウカラ
スズメくらい。全国的に留鳥
♂
シジュウカラ科
TL14~15cm
Coccothraustes
シメ
coccothraustes
スズメよりずっと大きい。
ツツツ。ツイチヒー
ツッツッ。チューピッピー
アトリ科
♂
カエデやシデ等の種を食べる。
TL 18cm
ヒッ。ヒッ。カッ。
クワッ。クワッ
スズメより大きい。
ツグミ科
Phoenicurus auroreus
ジョウビタキ
冬鳥として渡来する。
TL 14cm
チュン。チュッチュン
Passer montanus
スズメ
ホオジロより小さい。
ハタオリドリ科
TL 14~15cm
phalacrocorax carbo
カワウ
ウ科
ペリカン目
グワッ。クワッ。グワー
九州以北で繁殖
留鳥、ときに漂鳥
TL80~101cm
WS130~160cm
セキレイ科
セキレイの仲間には、キセキレイの他、ツメナガセキレイ、キタツメナガセキレイ等がいる。
モズより小さくスズメより大きい。
ピッコロロ
ピョイチィー
ツクック
Ficedula narcissina
キビタキ
雌は上面がオリーブ色、尾は茶色。夏鳥は九州以北に渡来。

Hypsipetes amaurotis
ヒヨドリ
ピーヨ ピーヨ
ピーヒャラ ピヨヒヨ.
ヒー ヒー
日本全土に留鳥として分布する.
ハトより小さい.
TL 27~28.5cm
雄ーフイ.リーク.フイ.リーク
雌ークワッ.クワッ
Bucephala clangula
ホオジロガモ
カモ科 TL 42~50cm
WS 65~80cm
♂
冬鳥として渡来.
クルルル.クルルル
クルッ クルッ
Aythya ferina
ホシハジロ
カモ科
♂
大部分は冬鳥
TL 42~49cm. WS 72~82cm
Anas plat
マガモ カモ科
TL 50~65cm WS 75~100cm
♂
グァー.クワックワッ.グェ.グェ
Mergus albellus
ミコアイサ
カモ科
日本では北海道で少数が繁殖し,主に冬鳥として渡来し,九州以北で越冬する
♂
雄ーエルルル.エルルル.エルルル.ウクー
雌ークワッ.クワッ
TL 38~44cm
WS 55~69cm
キュル.キュル
ギーッ.
チッチッ.
バーバー
ムクドリ科
Sturnus cineraceus
ムクドリ
冬季北海道では少なくなる.
沖縄では冬鳥
TL 24cm
Zosterops japonicus
メジロ
TL 12cm
メジロ科
スズメより小さい.
さえずりはチーチュル チロルルチュルチー
聞きなしは「長兵衛,忠兵衛,長忠兵衛」
地鳴きは チープ.チー.チー.チュ
ギィー.ギィー
ギューッ
ギューッ
TL 37~43cm
WS 94~110cm
Larus ridibundus
ユリカモメ
カモメ科
「冬羽は頭が白い.
さえずりは
ゆったりした
ツーピッピッ.
ツーピッピッ
地鳴きは
ツッ.ツッ.ニーニー
Parus varius
ヤマガラ
シジュウカラ科
スズメくらい
日本では留鳥
TL 14~15cm
Anas falcata
ヨシガモ
カモ科 雌は全身が褐色.
ホーイ.ホーイ
TL 46~54cm
WS 78~82cm

Larus argentatus
セグロカモメ
嘴の先端がふくらむ
クワーッ、アオッ。
カモメ科
TL 55~67cm WS 135~150cm
チチー ジョイ、ジュイ
Motacilla grandis
セグロセキレイ
♂
セキレイ科
冬羽は背が灰色。
TL18~21cm
スズメより大きい。
ゴアーッ
ダイサギは冬鳥
チュウサギは夏鳥
TL80~104cm
WS140~170cm
Egretta alba
ダイサギ
サギ科
Turdus naumanni
ツグミ
キーキッキッ、キョッ、キョッ、チリー
ムクドリよりもやや大きい。
♂
TL 24cm
ツグミ科
Columba livia
カワラバト(ドバト)
TL 33cm
ハト科
外来種
ピーエー
トビより小さい。
♀53~60cm
TL ♂50~53cm
WS122~137cm
冬鳥として渡来する。
Buteo buteo
ノスリ
タカ科
Motacilla alba
ハクセキレイ
ツツッ、ツツッ、ヅイヅィ
チチン、チチン
♂
セキレイ科
スズメより大きい。
TL 21cm
冬鳥として渡来する。
クウェ、クウェ。
Anas clypeata
ハシビロガモ
カモ科
大部分は冬鳥として全国で越冬する。
TL 43~56cm
WS 70~85cm
カララ、カララ
ガー、ガー
Corvus corone
ハシボソガラス
カラス科
TL 50cm
ハシブトガラスはハシボソガラスより大きい。
♂
Anas penelope
ヒドリガモ
日本には冬鳥として渡来する。
カモ科
TL 45~51cm
WS 75~86cm
雄ービュウィー、ビュウィー
雌ーグワー、グワー

皇居の毒草

東御苑の草や木は人々に目や香を楽しませ、時には夏の日差しを木陰でやわらげ、また時には冷たい風を防いでくれる等、人々のために幸せや癒しを与えてくれています。しかし、その平和な植物の姿は一面であり、別な観点からは毒草も多く、知らずにそれらに触れたり、口にしたりすると大変な事故が起きる危険も含んでいます。日本の歴史においても植物の持っている「毒」と「薬」の対極とも言うべきものを、まさにその匙加減が草本学であったとも言えます。日頃、身近である皇居東御苑の植物で毒草の基本を確認していきます

天然と人工の分類
- 自然界に存在する天然の毒 ― トキシン
- 人工の毒 ― ポイズン

物質的分類
- 無機毒 ― ヒ素、重金属等
- 有機毒 ― 動物毒 ― トキシン等 (TOXIN)
  - 植物毒

植物毒 ― アルカロイド《Alkaloid》等(生理作用、薬性作用)　〈以下『身近にある毒草100種の見分け方』(金園社)を参考に作成〉

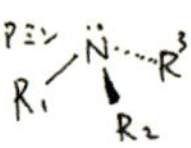

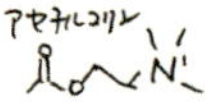

配糖体グリコシド《glycocide》

サポニン《Saponin》 ― 発泡作用を示す。

その他　物質の総称(ステロイドを含む)

アルカロイド ― 植物毒の代表でアルカリ(塩基)とオイド(類するもの)、これは一般に植物塩基といわれ、窒素原子を含んだ塩基性分子で医薬品として研究されてきた。

人体と毒の関係 ― 本来動物は動く筋肉を有していて、それらの運動神経をコントロールするのに神経ホルモンが司っている。そして、その多くがアミンや、アセチルコリンという猛毒分子でアルカロイドに含まれる原子と同質の分子である。つまり、動物には元々アルカロイドを含む物質が体内に備わっている。人間本来の体内ではこれがうまくコントロールされているのであるが、ここに突然、外部から同質のアルカロイドがここに入ってくると、それらに似た本来のアミンやアセチルコリンなどの神経ホルモンと競合して、その活動を量によっては一瞬にして狂わせることになり、手足のけいれんや心臓マヒを起こさせる。これが毒として表現されるものである。もし量が適量であれば医薬品として成立する。

(ケシ)
モルヒネはアヘンから分離抽出したもの。

コカ
(コカノキ)

毒草の歴史 ― 人類と毒草との歴史は、食糧を得るための動物を得ること等の関連で、旧石器時代からあるともいわれている。また、地域によっても異り、トリカブトをはじめとして、クラーレ、タンギン、エゼール、イポー矢毒などは有名、さらに悪用されたものとしては、さばきのカラバルマメ、ソクラテスが飲んだ毒はドクニンジン、暗殺薬としてはナス科の有毒植物、ベラドンナ、ダツラ、ヒヨス、マンドレイク等で猛毒、またリシンは化学兵器として戦争に使われたヒマ(トウゴマ)の種子から作ったもの。一方でアルカロイドはアヘン、モルヒネ、コカ、ビンロー、毒キノコ、タバコなどがある。そして、ジギタリスは心臓の特効薬、イヌサフランから採れるコルヒチンは痛風薬や種なしスイカ等に利用されている。インド蛇木から採れるレセルピンは精神病患者に使われるなど今日も医薬の世界で大きく貢献している。　※世界四大矢毒はトリカブト・イポー、ストロファンツス、クラーレ。

トリカブト

クラーレ(マチン科)

タンギン(ミフクラギ)

エーゼル
(カラバル豆)

コルヒチン (イヌサフラン)

ドクニンジン

ベラドンナ

ヒヨス

マンドレイク

ヒマ

(トウゴマ)

ビンロー

皇居東御苑の有毒植物

植物分類で有毒植物が多い科としてはキンポウゲ科（フクジュソウ、キンポウゲ、オキナグサ、アキカラマツ）、ケシ科（クサノオウ、タケニグサ）、ナス科（ホオズキ、ヒヨドリジョウゴ、ワルナスビ、クコ）、その他ヒガンバナ科（ヒガンバナ、キツネノカミソリ）、マチン科、マメ科、ユリ科等、案外多いのに驚いてしまう。

（以下アイウエオ順）

皇居の植物は基本的に葉や実を採ることや食べることは禁止されているので事故は起きないと思われるが最近ではヒュウガミズキが、ベンチのすぐ脇から垣根に囲まれた奥に移動されている。

アキカラマツ　キンポウゲ科

生薬名－高遠草（タカトウソウ）は長野県高遠町では古くから健胃薬として用いられている。牛嫌草（ウシイヤグサ）

成分－キンポウゲ科は要注意‼ マグノフロリン、タカトニンを含んで一度に多飲すると神経マヒや血圧下降の作用がある。毒素は弱く薬草として親しまれている。薬用－民間薬としてはセンブリの代用。健胃、腹痛、下痢止め等に活用。類似－カラマツ、コカラマツ、ミヤマカラマツ。

アセビ　ツツジ科

全株、葉、樹皮、茎、花に毒成分がある。成分－苦味質のアセボトキシンや、グラヤノトキシンⅢは誤食すると腹痛、嘔吐、下痢、神経マヒ、呼吸困難、量によっては死に至る。

ツツジの名を聞いたら「有毒」と覚えておいてもよいほど。漢名は「羊躑躅」で羊がよろめく意味。薬用－殺虫、ケジラミ、疥癬の外用薬。類似－レンゲツツジ、ホツツジ。

イチハツ　アヤメ科

生薬名－鳶尾根（エンビコン）

成分－イチハツの根茎にはテクトリジン、花にはエンビニン、といった配糖体を含む。

多量使用は腹痛を起こす。

薬用－催吐や緩下作用がある。また、健胃剤としてのむきもあるが食用不可。類似－アヤメの仲間。

イチョウ　イチョウ科

ギンナンの果肉はかぶれを起こすことはよく知られている。

成分－外種皮にはギンコール酸やビロボールといったフェノール性皮ふ炎を起こす物質がある。堅い殻の中には仁《にん》があり、食用にするのはこの部分で、デンプンやタンパク質、脂肪、ミネラル、ヒスチジンを含む。多食すると嘔吐や下痢を起こし、呼吸困難を起こし死亡することもあるという。葉にもフラボノイドを含有し、血管拡張作用があり、高血圧症の治療にも有効といわれる。また、生の実を擂りつぶして皮ふ病やヒビ、アカギレ、ハレモノに利用される。

イヌホオズキ　ナス科

生薬名－竜葵（リュウキ）、成分－ナス科の有毒植物が持つアルカロイドで、アトロピンという。子供が果実をつぶして液が目に入る事故は多い。薬用－民間薬としてははれもの、解熱にも利用。

ソラニンは嘔吐、下痢、運動中枢、呼吸中枢をマヒさせる。

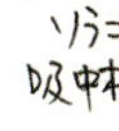

ウメ　バラ科

成分－葉や未熟果や核の中の種子にはアミグダリンという青酸配糖体が含まれ、恐ろしい毒で青酸カリと同じ。

それ自体に毒はないが、人体の消化器に入ると胃の中で分解して青酸を出す。

青酸は発酵を抑制し、消化器での腐敗を防止する。これが吸収されると中枢神経を刺激し、呼吸や心臓のマヒが生じ死亡する。植物界では発芽能力のない時期に自己防衛をする。

類似のアンズ、モモ、サクラ、ビワ等の未熟なものの種子には注意！ 一方ウメ酒や煮ると毒は消える。

エゴノキ　エゴノキ科

果皮に著しい苦味があり、のどを刺激する。成分－果皮に10%という多量のサポニンを含む。誤食は咽喉を強く刺激する。

果実をたたいて水の中に入れると小さなアワが立つ。これは昔から石けんの代用とした。薬用－サポニンは去痰作用がある。昔から魚毒として使用したという。サポニンが鰓（エラ）について、魚が呼吸できなくなる漁法であるが現在は禁止されている。

オニドコロ　ヤマノイモ科

生薬名－山萆薢（サンヒカイ）

成分－ジオスコリン、ジオスシン、ジオスコレアサポトキシン

薬用－リュウマチ、腰痛、風邪、利尿

類似－ニガカシュウ、ヒメドコロ、タチドコロ、ヤマノイモは最も似ている。

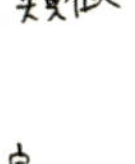

カクレミノ　ウコギ科

ウルシのように樹皮に傷をつけると、汁液が出る。それを肌に付けると皮ふ炎を起こしてかぶれる。白汁を集めて黄漆をつくる。

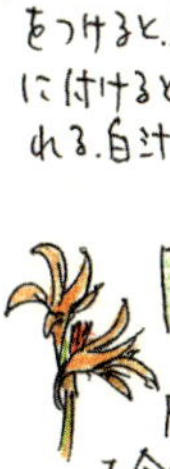

キツネノカミソリ

ヒガンバナ科

成分－リコリン、ガランタミンを含み、強い吐き気作用出る。

薬用はない。食用不可。

類似－ヒガンバナ、ノビルの地下茎。

キョウチクトウ

キョウチクトウ科

成分ー全体に乳液のオドロサイド配糖体を含む。また枝にオレアンドリンの強心配糖を含む。誤食すると吐き気、心臓マヒを起こす。

毒性は非常に強く、燃やした灰や腐葉土になっても毒があるという。箸や串に使ったりすることは自殺行為ともいえる。薬用ー葉に強心、利尿作用があるが、素人療法は危険。外部用として、打ち身などに葉の煎じ汁で洗う。類似ーニチニチソウ、キバナキョウチクトウ。

クサノオウ

ケシ科

生薬名ー白屈菜(ハックツサイ)

成分ーケリドニンやサングイナリン等を汁の中に含む。鎮痛作用もあるが、生汁はかぶれを起こす。誤食は胃腸のただれを起こす。多食は眠ってしまう。

薬用ー生の茎葉のしぼり汁でタムシやイボ取りに利用する。食用不可。類似ータケニグサ、ヤマブキソウ、ケマン。

シキミ

シキミ科

生薬名ー莽草実(モウソウジツ)

成分ーオオカミが嫌ったほどの毒性が強い木で全体が有毒。全株にアニザチン、デイオキシアニザニンなどを含み、けいれん毒といわれる。呼吸困難や血圧上昇をきたし、死亡する。薬用ー葉や実は線香の薫香料。民間薬として葉の粉末を足の痛むところに酢や酒で練って貼る。樹皮には血液凝固促進作用のあるフラボノイドのウェルチン配糖体を含む。類似ーツルシキミ、ミヤマシキミなど、ミカン科の仲間。

シャクナゲ

ツツジ科

成分ー葉にはロードトキシンという、けいれん毒が含まれていて多量に誤飲すると吐き気、下痢、呼吸困難が生じる。また強精の効力ありと多飲する人もあるが、その効果ははっきりしない。薬用ー利尿の効果があるとされるが、多量は避けるべき。強精、強壮も同じ。類似ーシャクナゲの仲間は有毒。

シュウメイギク

キンポウゲ科

昔から田舎では家畜の中毒事故が多く、嫌われもの。

成分ーキンポウゲの仲間のプロトアネモニンなどを含む。人の事故はほとんど聞かないが牛草に混じって発生するため別名のウシゴロシの名があるように家畜に害が出ている。

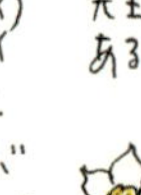

スイセン

ヒガンバナ科

成分ー園芸種も全て有毒。地下の球根にリコリンを含む。胃腸炎や頭痛、下痢、吐き気を生ずる。薬用ー民間薬では擂りつぶしてはれものや肩こり。花は食用となる。類似ースイセンの仲間、ヒガンバナ、ニラ等

スギナ

トクサ科

薬用植物で、利尿薬にも使われる。多飲は血尿を起こす。アルカロイドはわずか。硅酸は多量に含む。

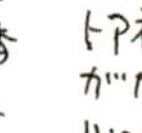

センニンソウ

キンポウゲ科

成分ー茎葉の汁液にはプロトアネモニンという配糖体を含む。これがかぶれを起こし痕が残り、治りにくい。誤食すると胃腸の粘膜がただれ、ひどい血便が出る。薬用ー扁桃炎に昔から利用されるがかぶれがひどいので、肌の弱い人は使えない。もちろん外用のみ。類似ーボタンヅル、ハンショウヅル。

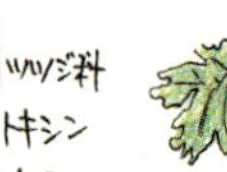

タケニグサ

ケシ科

生薬名ー博落廻(ハクラクカイ)

成分ー茎を折ると黄汁が出る。衣類につくと落ちない。全草有毒でプロトピン、サンギナリン、ヘレリトリンを含む。誤食は嘔吐、血圧低下、呼吸マヒを起こして死亡する。食用不可。薬用ー汁をたむし等に塗る。類似ークサノオウ、ヤマブキソウ、ケマン。

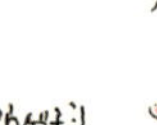

ツリフネソウ

ツリフネソウ科

成分ー誤食すると苦味が強く、吐き出す。多食は胃腸をやられる。ヘリナル酸を多く含む。

薬用、食用はない。

類似ーツリフネソウの仲間、園芸栽培種のホウセンカ。

テイカカズラ

キョウチクトウ科

成分ー全体に毒成分を含む。茎葉には配糖体のトラヘロサイドを含む。症状は不詳であるがキョウチクトウに似るという。

薬用ー民間薬として強壮薬の他、解熱、関節痛に利用されたが現在では副作用が強くて使わない。

類似ー有毛であるケテイカカズラ、リュウキュウテイカカズラ、トウテイカカズラ。

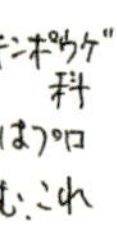

トウダイグサ

トウダイグサ科

成分ー全体が有毒。特に根、茎葉に刺激毒を有す。白色の乳液は皮ふにつくと強い刺激で痛み水泡となる。これはアルカロイド毒のユーフォルビン。誤食すると口中や胃腸の粘膜がただれ、腹痛、下痢、時にケイレンを起こす。

薬用ー中国では下剤として利用。日本では使わないが一部イボ取りに白い汁を使う。根は狼毒として墓場に使った。類似ーナツトウダイ、ノウルシ。

トウフジウツギ　フジウツギ科

成分－昔から、この樹の汁が池などに入ると魚が死ぬことで知られる。フジウツギも同じ。全体にサポニンを含む。しかし確実には未詳。酔魚草は別名で魚毒に使った意味。薬用、食用ともに不可。

類似－フジウツギ

トチノキ　トチノキ科

生薬名－天師栗（テンシグリ）

成分－毒草というより薬草または山菜。種子には多くのサポニンを含む。そのまま食すとアクが強く胃腸障害を起こす。薬用－民間薬としては樹皮の煎じ汁をじんましんに使ったり、果肉をすりつぶして外用薬にする。

ナンテン　メギ科

成分－チアン水素という猛毒を発生するがこれを利用して赤飯などの上に載せる。つまり葉に含まれるナンジニンという毒素は熱い赤飯の上で熱と水分により分解される。そして変化したチアン水素は腐敗防止の効果があるという。昔から便所のそばにナンテンがあるのはこれを毒見した者がトイレに走り、葉をかみながら飲みこみ、解毒と嘔吐により難を逃れるためだといわれる。全体にドメスチンというアルカロイドを含む。これは鎮咳作用があるが多飲は知覚や運動神経のマヒを起こし呼吸を止める。またナンジニンには大脳、呼吸中枢を興奮させた後にマヒさせる。咳止めの生薬名は南天実という。その他船酔止め、防腐等がある。

ニシキギ　ニシキギ科

生薬名－衛矛（エイボウ）。成分－種子の脂肪油には吐気や下痢、腹痛を起こす。成分は未詳。薬用－民間薬としてはシラミ取りや刺抜きに利用。コルク質は黒焼きにして御飯つぶで練って患部に貼る。食用不可。類似－マユミ

ニリンソウ　キンポウゲ科

成分－有毒植物としては山菜として有名。プロトアネモニンを含む。多食すると胃や腸のただれ。アネモニンによるかぶれで水泡ができる。

類似－キンポウゲ科の仲間。若葉はトリカブトに似る。ヨモギ、ゲンノショウコ。

ネジキ　ツツジ科

ツツジ科というと要注意。かつて食料難の時に混生するリョウブの新芽と間違って事故を起こした例がある。成分－葉にアンドロメドトキシン、特に若芽にはリオニアトキシンを含み、誤食すると嘔吐や運動マヒを起こす。薬用－昔から駆虫としてウジ殺しに便槽に若葉を直接入れて用いた。

ノウゼンカズラ　ノウゼンカズラ科

子供が庭先の花を摘んでこの汁を目に入れた事故がある。炎症を起こし、まぶたが腫れ上がる。硼酸水（ホウサンスイ）があれば治療できる。全株、特に花にアレルギー物質が含まれる。薬用－昔は花を乾燥させて、利尿や通経に利用されていたが副作用が強く今は利用されない。

類似－アメリカノウゼンカズラ

バイモ（アミガサユリ　ユリ科

生薬名－貝母（バイモ）鱗茎が漢方薬として使われる。

成分－食用になるユリの仲間では例外で有毒。フリチリン、フリチラリン、ベルチオリンを含む。

薬用－呼吸、脈搏を緩和、せき止め、痰切り。また、漢方の処法としては排膿、催乳、解熱。

類似－ユリの根。　食用不可。

バクチノキ　バラ科

成分－昔からセキ止めとして知られている。葉には青酸配糖体のプルナミンが含まれていて、使用量によっては運動マヒやケイレンを起こすといわれ家庭で利用できない。

薬用－鎮咳薬の製薬原料として知られている。民間薬として葉を煎じてその汁をあせもに使用する。

類似はセイヨウバクチノキ。

ハゼノキ　ウルシノキ科

成分－ハゼノキもウルシノキも全株にウルシオールなどを含む。いずれもアレルギー物質。薬用－木蠟から軟膏の基剤が作られる。その他に、ポマードの原料や織物の艶出し、ウツシ墨などに利用。民間薬としての利用はない。類似－ヤマウルシ、ツタウルシ。

ヒガンバナ　ヒガンバナ科

生薬名－石蒜（セキサン）

成分－リコリンを含む。鱗茎には、多量に含む。吐き気、下痢、よだれ、中枢神経マヒや、死亡することもある。

薬用－去痰薬やアメーバー赤痢治療薬に使われたことがある。リコリンには下熱作用がある。救荒食で死亡した例多数。ノリはデンプンとして食した。防虫の糊はネズミ対策。類似－ハマユウ、アサツキ、キツネノカミソリ、ナツズイセン、ノビル、ショウキラン、タマスダレ。

ヒョウタンボク　スイカズラ科

生薬名－白英（ハクエイ）

成分－スイカズラ科のニンドウが果実酒に利用されることから誤飲の事故がある。劇毒といわれる割には成分や、中毒症状がはっきり解明されていない。薬用－使用しない。

食用不可。

類似－ウグイスカグラの仲間。

ヒヨドリジョウゴ

生薬名－白英　ナス科

成分－全草有毒。特に液果にはソラニンというステロイド．アルカロイド配糖体を含有している。ソラニンはバレイショの新芽に多量に含む。誤食すると吐き気．下痢．腹痛．さらに呼吸中枢のマヒ．多食だと死亡する。薬用－民間薬としてヘルパスに実の全草を切って酢漬にして．患部外用とする。類似－ハシリドコロ．ベラドンナ．ハダカホウズキ．

フクジュソウ

キンポウゲ科

成分－劇毒植物．葉がニンジンに似ることから山菜に間違いやすい．キンポウゲの仲間でも．トリカブトに並んで気を付けたい植物．全草に強心配糖体のシマリンやアドニトキシンを含み．激しい薬理作用がある．

誤食すると嘔吐．呼吸困難．やがて心臓マヒを起こして死亡する．薬用－ジキタリスの代用として強心薬として利用する．

類似－トリカブト．アネモネ（赤いフクジュソウ）

ヘクソカズラ

アカネ科

成分－臭いはペレロシド（硫黄化合物）が分解してメタルカプタンを生じるから．インドール．アルデヒド、アルプチンも含む．

薬用－民間薬ではしもやけの薬として利用される．肌あれ防止の化粧水や薬用クリームもある．鳥も有毒を知っていて口にしない．特に実が有毒．

食用はまったく不可．

ホオズキ

ナス科

成分－多産の家で昔子供を抑制するために使ったというホオズキに含まれる成分．ヒストニンは酸漿根にある．ヒストニンは自然堕胎（流産）するための緊縮作用がある．

薬用－昔から風邪やセキ．タンに服用される．妊娠中は要注意．

解熱、冷え症等にも全草を干して煎、服する．　食用－若葉はおひたし．熟果も生食する．

マユミ

ニシキギ科

成分－種子の脂肪油の作用により．激しい吐き気．下痢．腹痛．多量で運動マヒを起こす．

薬用－民間薬としては種をつぶして水油で練ってシラミ取りに使った．

食用には菜めし、新芽はあえもの．おひたし、天ぷら．類似はニシキギ．

ミツマタ

ジンチョウゲ科

全体に毒成分を有する．香りが良いが．花を食すことは不可．毒成分はよく解っていないが．腹痛、血便、体のこわばりを起こすといわれている．

薬用－民間薬では．昔．ミズムシ．タムシに外用薬として利用された．

類似－ジンチョウゲの仲間でオニシバリ（夏坊主）は生薬名－白瑞香皮（ビャクズイコウヒ）といい．メゼリンを含み悪質の癰（ヨウ）の吸い出しに外用するが有毒．

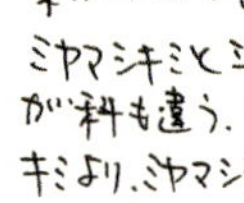

ミヤマシキミ

ミカン科

別名．ツルシキミ．又は近似．

成分－アルカロイドのシキミアニンを含む．ケイレン毒で果実にある．鳥も知っていて真赤な実は残る．

薬用はない．食用不可．

ミヤマシキミとシキミとは葉が似ているが科も違う．また．近似のツルシキミより．ミヤマシキの方が毒性が強い．

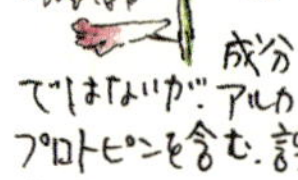

ムラサキケマン

ケシ科

成分－中毒症状は強烈ではないが．アルカロイドのケイレン毒でプロトピンを含む．誤食すると．吐き気．体温と脈の低下．呼吸や心臓マヒを起こす．葉の形がニンジンに似る．

薬用－中国では全草を外用皮ふ病に用いる．類似－黄色ケマン．ミヤマキケマン．ヤマキケマン．

ワラビ

コバノイシカグマ科

ゼンマイと並ぶ食用のシダ．

発がん物質が含まれていることが発表され人気がなくなった．

成分－ワラビにはビタミンB_1を破壊するアノイリナーゼという酵素が含まれている．このビタミンBグループのシアミンを分解するというフラボノールの類は熱に弱いのでゆでてアク抜きすると殆んど無害になるという．

薬用－全草を干してはれものや利尿に使う．プタキロサイトも有毒物質．

ヤツデ

ウコギ科

成分－昔から民間では去痰薬として葉の乾燥したものを煎、服するが．多飲して中毒した例がある．葉にファトシンというサポニン配糖体を含む．誤食すると、嘔吐、下痢、腹痛を起こす．

薬用－古くから浴場に使われ．神経痛、リウマチに有効とされている．捕魚に葉のくだき汁を使ったが．今は禁止されている．

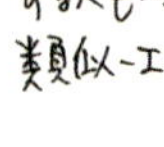

ユズリハ

ユズリハ科

成分－樹皮や葉にアルカロイドのダフマリンを含む．誤食するとマヒが生じるという．また．殺菌作用もあるという．薬用－民間薬としてぜんそく、痰切り、最近は制がんで煎服する人もいるというが薬効不詳．

類似－エゾユズリハ．ヒメユズリハ．

ヨウシュヤマゴボウ

生薬名－商陸《ショウリク》　ヤマゴボウ科

アザミの若根を加工したもので商品名が「ヤマゴボウ」で誤食される．成分－葉や根に硝酸カリやサポニンの一種、フェトラッカを含む．

薬用－薬草として日本に入ったもので．利尿に利用されたとある．食用はしない方がよいが．ジンマ疹．吐気、下痢．血圧降下、心臓マヒまである．フランスでは赤ブドウ酒の着色に利用した．

草木索引 [五十音順]

〔太い数字はその植物が見出し語として単独で紹介されているページ、その他は関連植物としてスケッチなどで触れられているページを示す〕

あ

アオイガタ[葵形]……52
アオイノウエ[葵の上]……52
アオキ[青木]……**141**
アオダモ[青梻]……171
アオハダ[青膚]……**88**
アカガシ[赤樫]……**91**,82
アカカタバミ[赤傍食]……70
アカシデ[赤四手、赤垂、赤幣]……**83**
アカセイオウボ[赤西王母]……147
アカツメクサ[赤詰草]……36,59
アカネ[茜]……**63**
アカボシシャクナゲ[赤星石楠花]……**140**
アカマツ[赤松]……**79**,104
アカミオオシマザクラ[赤実大島桜]……135
アカメガシワ[赤芽槲、赤芽柏]……**149**
アカモノ[赤物]……**169**
アキイチバン[秋一番]……70
アキカラマツ[秋唐松]……**35**,183
アキタスギ[秋田杉]……102
アキノエノコログサ[秋狗尾草]……98
アキノタムラソウ[秋田村草]……**66**
アキノノゲシ[秋の野芥子]……47
アケビ[木通、通草]……**82**
アサカ[安積]……52
アサザ[浅沙]……**48**
アジサイ[紫陽花]……158
アズサ[梓]……120
アズマエラビ[東撰]……52
アズマニシキ[東錦]……131
アセビ[馬酔木]……**21**,183
アブラチャン[油瀝青]……**139**,80
アマギヨシノ[天城吉野]……131
アマドコロ[甘野老]……**65**
アマノガワ[天の川]……130
アメリカザイフリボク[亜米利加采振木]……**23**
アメリカデイゴ[亜米利加梯梧]……**38**
アヤメ[菖蒲、文目]……57
アラカシ[粗樫]……82,91
アリドオシ[蟻通し]……157
アレチノギク[荒地野菊]……45
アワセンニョ[淡仙女]……55
アワユキ[淡雪]……165

い

イイギリ[飯桐]……**80**
イカリソウ[碇草、錨草]……**95**
イサミジシ[勇獅子]……53
イザヨイバラ[十六夜薔薇]……118
イスノキ[柞、蚊母樹]……**167**
イズミガワ[泉川]……53
イソチドリ[磯千鳥]……53
イタドリ[虎杖、痛取]……**81**
イタヤカエデ[板屋楓]……**150**
イチイ[一位]……103
イチハツ[一八、鳶尾]……57,183
イチョウ[銀杏、公孫樹]……**101**,103,183
イチヨウ[一葉]……130
イチリョウ[一両]……157
イッキュウ[一休]……148
イヌエンジュ[犬槐]……**177**
イヌコウジュ[犬香需]……**67**
イヌザンショウ[犬山椒]……90
イヌシデ[犬四手、犬垂、犬幣]……**83**
イヌタデ[犬蓼]……**81**
イヌツゲ[犬柘植、犬黄楊]……**88**
イヌビエ[犬稗]……**97**
イヌビワ[犬枇杷]……20
イヌホオズキ[犬酸漿、竜葵]……**144**,183
イヌマキ[犬槇]……**91**,102
イヌムギ[犬麦]……**97**
イヌヨモギ[犬蓬]……174
イヌワラビ[犬蕨]……41
イノコズチ[猪子槌、豕槌]……**94**
イノモトソウ[井の許草]……41
イボタノキ[水蠟樹、疣取木]……**89**
イマムラアキ[今村秋]……165
イロハモミジ[いろは紅葉]……**30**
イワガネソウ[岩ヶ根草]……41
イワネシボリ[岩根絞]……148
インヨウチク[陰陽竹]……122

う

ウグイスカグラ[鶯神楽]……**69**,68
ウゴノソラ[雨後の空]……53
ウコン[鬱金]……130
ウスギモクセイ[薄黄木犀]……**125**
ウスゲオオシマザクラ[薄毛大島桜]……131
ウスゲヤマザクラ[薄毛山桜]……130
ウツギ[空木]……**100**
ウツクシマツ[美松]……79
ウド[独活]……**62**,59
ウバメガシ[姥目樫]……**92**,103
ウメ[梅]……**108**,68,102,183
ウメモドキ[梅擬]……**88**
ウラヤスノマイ[浦安の舞]……53
ウワミズザクラ[上溝桜]……134

え

エイ[永]……120
エイ[栄]……120

エイラク［永楽］……147
エガミブンタン［江上ブンタン］……165
エゴノキ［斉墩果］……**87**,59,183
エゾアジサイ［蝦夷紫陽花］……159
エゾニシキ［蝦夷錦］……146
エゾマツ［蝦夷松］……102
エドジマン［江戸自慢］……53
エドヒガン［江戸彼岸］……132
エノキ［榎］……**109**
エノコログサ［狗尾草］……**98**
エビヅル［蝦蔓］……**78**
エビネ［海老根］……**72**
エンコウソウ［猿猴草］……**49**
エンユウノソラ［煙夕の空］……53

お

オウギ［扇］……121
オウゴンチク［黄金竹］……123
オオアレチノギク［大荒地野菊］……45
オオイヌノフグリ［大犬の陰嚢］……**127**
オオカナダモ［大カナダ藻］……**49**
オオコガ［大古河］……165
オオサカズキ［大盃］……53
オオジシバリ［大地縛り］……**47**
オオシマザクラ［大島桜］……134
オオトリゲ［大鳥毛］……53
オオナルミ［大鳴海］……53
オオニソガラム［大甘菜］……**162**
オオバギボウシ［大葉擬宝珠］……**160**
オオムラサキ（ツツジ）［大紫］……**61**
オオムラサキ（ショウブ）［大紫］……53
オオモミジ［大紅葉］……**30**
オオヤエクチナシ［大八重梔子］……114
オオヤマザクラ［大山桜］……132
オガタマノキ［黄心樹、招霊木］……**125**,121
オカトラノオ［丘虎の尾］……**74**
オカメザサ［阿亀笹］……**124**
オキツシラナミ［沖津白波］……53
オクアオイガタ［奥葵形］……53
オクバンリ［奥万里］……53
オトコエシ［男郎花］……**34**
オトコヨウゾメ［男ようぞめ］……**68**
オトコヨモギ［男蓬］……174
オトヒメ［乙姫］……147
オトメツバキ［乙女椿］……147
オドリコソウ［踊子草］……**156**,59
オニガシマ［鬼ヶ島］……53
オニシバリ［鬼縛り］……**67**
オニタビラコ［鬼田平子］……47
オニドコロ［鬼野老］……**89**,183
オニノゲシ［鬼野芥子］……46
オニユリ［鬼百合］……**151**
オハツモモ……165
オミナエシ［女郎花］……**32**
オリーブ……104

か

カイコウズ［海紅豆］……104
カエデ［楓］……103,121
カガハンザイライ［加賀藩在来］……164
カキ［柿］……164
カキツバタ［杜若］……57
カキノキ［柿の木］……**177**,68
ガクアジサイ［額紫陽花］……**158**
カクジャクロウ［鶴鵲楼］……53
カクレミノ［隠蓑］……**167**
カジイチゴ［梶苺］……**77**
カシワ［柏、槲］……**92**,121
カシワバアジサイ［柏葉紫陽花］……**152**
カシワバハグマ［柏葉白熊］……**86**
カスマグサ［かす間草］……**39**
カスミザクラ［霞桜］……134
カタクリ［片栗］……**162**,59
カタバミ［傍食、酢漿草］……**70**
カツラ［桂］……121
カニツリグサ［蟹釣草］……**98**
カノコ［かのこ、鹿子］……118
カブス［臭橙］……165
ガマズミ［莢蒾］……**68**,59
カマタニシキ［鎌田錦］……53
カマツカ［鎌柄］……**166**
カミヨノムカシ［神代の昔］……53
カモガヤ［鴨茅］……**96**
カモガワ［加茂川］……53
カモマツリ［賀茂祭］……54
カモメギク［鷗菊］……**126**
カヤ［榧］……**25**
カヤツリグサ［蚊帳吊草］……**99**
カラスウリ［烏瓜］……**128**,59
カラスノエンドウ［烏野豌豆］……**39**,59
カラスノゴマ［烏の胡麻］……**95**
カラタチバナ［唐橘］……157
カラタネオガタマ［唐種招霊］……**144**
カラムシ［苧］……**19**
カリガネソウ［雁草、雁金草］……**95**
カリン［花梨］……**23**,68
カルミア……**140**
カワズザクラ［河津桜］……130
カンアオイ［寒葵］……**174**
カンキツ［柑橘］……165
カンサイタンポポ［関西蒲公英］……43
カンザクラ［寒桜］……133
カンザン［関山］……130
カンザンチク［寒山竹］……122
カンツバキ［寒椿］……**18**
カントウタンポポ［関東蒲公英］……**43**
カンヒザクラ［寒緋桜］……132

き

キエビネ[黄蝦根]……**72**
ギオンボウ[祇園坊]……164
キカラスウリ[黄烏瓜]……**128**
キキョウ[桔梗]……**32**
キキョウソウ[桔梗草]……**19**
キクザクラ[菊桜]……120,131
キクタニギク[菊渓菊]……**85**
キケマン[黄華鬘]……**111**
キシュウミカン[紀州蜜柑]……165
キショウブ[黄菖蒲]……**58**
キタヤマスギ[北山杉]……103
キチジョウソウ[吉祥草]……**160**
キッコウチク[亀甲竹]……123
キツネノカミソリ[狐の剃刀]……**31**,183
キツネノマゴ[狐孫]……**21**
キヌタソウ[砧草]……**63**
キバナアキギリ[黄花秋桐]……**66**,59
キブシ[木五倍子]……**87**
キミノセンリョウ[黄実の千両]……157
キモッコウバラ[黄木香薔薇]……119
ギョイコウ[御衣黄]……130
キョウダイサン[鏡台山]……54
キョウチクトウ[夾竹桃]……**117**,184
キランソウ[金瘡小草]……**156**
キリ[桐]……121
キリシマ[霧島]……**60**
キリンカク[麒麟閣]……54
キンカン[金柑]……**114**,68
キンシバイ[金糸梅]……**110**
キンポウゲ[金鳳花]……**35**
キンミズヒキ[金水引]……**75**
キンメイチク[金明竹]……123
ギンメイチク[銀明竹]……123
キンメイモウソウチク[金明孟宗竹]……123
キンモクセイ[金木犀]……**25**
キンラン[金蘭]……**72**
ギンラン[銀蘭]……**72**

く

クコ[枸杞]……**111**,68
クサイチゴ[草苺]……**77**
クサノオウ[草黄、草王]……**111**,184
クサボケ[草木瓜]……23
クジャクツバキ[孔雀椿]……147
クズ[葛]……**33**,121
クスノキ[樟、楠]……**176**,103,104,121
クチナシ[梔子、巵子、支子]……**114**
クヌギ[櫟、橡、椚]……**92**
クネンボ[九年母]……165
クマザサ[隈笹]……**124**
クマシデ[熊四手、熊垂、熊幣]……**83**
クマノミズキ[熊野水木]……**171**
クマフンジン[熊奮迅]……54
クリ[日本栗]……**93**
クリハラン[栗葉蘭]……42
クルメツツジ[久留米躑躅]……104
クロガネモチ[黒鉄黐]……**19**
クロクモ[黒雲]……54
クロバイ[黒灰]……**83**
クロマツ[黒松]……**79**,102,104
クロモジ[黒文字]……**176**
クロヤナギ[黒柳]……**110**
グンザンノユキ[群山の雪]……54

け

ケヤキ[欅]……**152**,102
ゲンノショウコ[現の証拠]……**35**

こ

コアジサイ[小紫陽花]……**158**
コウオトメ[紅乙女]……148
コウサカリンゴ[高坂リンゴ]……164
コウシンバラ[庚申薔薇]……118
コウゾ[楮]……**20**
ゴウソ[郷麻]……**27**
コウバイ[紅梅]……120
コウホネ[河骨]……**48**
コウヤボウキ[高野箒]……**86**
コウヤマキ[高野槇]……91,121
コオニユリ[小鬼百合]……**151**
コキノイロ[古希の色]……54
ゴコアソビ[五湖遊]……54
コゴメウツギ[小米空木]……**76**
ゴシキツバキ[五色椿]……147
ゴシキヤエチリツバキ[五色八重散椿]……148
コシノヒガンザクラ[越の彼岸桜]……132
ゴショアソビ[御所遊]……54
コショウ[虎嘯]……54
コスイノイロ[湖水の色]……54
コスズメガヤ[小雀茅]……97
ゴセチノマイ[五節の舞]……54
コデマリ[小手毬]……**142**
コナラ[小楢]……**92**
コニシキソウ[小錦草]……**149**,59
コハウチワカエデ[小羽団扇楓]……30
コバギボウシ[小葉擬宝珠]……**160**
コバノヒノキシダ[小葉の檜羊歯]……42
コヒガンザクラ[小彼岸桜]……131
コヒルガオ[小昼顔]……**18**
コブシ[辛夷]……**168**
コマチムスメ[小町娘]……54
コムラサキ[小紫]……**170**
ゴヨウツツジ[五葉躑躅]……120
コンシマダケ[紺縞竹]……122
ゴンズイ[権瑞]……**89**

さ

サイハイラン[采配蘭]……**73**
サカキ[榊]……71
サクラガワ[桜川]……54
サクラバラ[桜薔薇]……119
サクランボ[西洋実桜]……102
ザクロ[石榴、柘榴、若榴]……**109**,68
サザンカ[山茶花]……**71**,59
サツキ[皐月]……**60**
サツキバレ[五月晴]……54
サツマクレナイ[薩摩紅]……147
サトウニシキ[佐藤錦]……134
サノノワタシ[佐野渡]……54
サホジ[佐保路]……54
ザマノモリ[座間の森]……54
サラサドウダン[更紗灯台]……**115**
サラシナショウマ[晒菜升麻]……**74**
サルオドリ[猿踊]……54
サルスベリ[百日紅]……**90**
サンゴジュ[珊瑚樹]……**109**
サンシュユ[山茱萸]……**141**
サンショウ[山椒]……**90**
サンショウバラ[山椒薔薇]……119
サンポウカン[三宝柑]……165

し

シオケムリ[汐煙]……54
シガノウラナミ[滋賀の浦波]……55
シキミ[樒、梻]……**166**,184
シシイカリ[獅子怒]……55
ジシバリ[地縛り]……**127**
シジミバナ[蜆花]……**143**
シソ[紫蘇]……**66**,68
シダレザクラ[枝垂桜]……132
シダレヤナギ[枝垂柳]……**18**
シチフクジン[七福人]……55
シッポウ[七宝]……55
シデコブシ[四手辛夷]……**74**
シナマンサク[支那満作]……**116**
シナミザクラ[支那実桜]……133
シナレンギョウ[支那連翹]……**25**
シホウチク[四方竹]……122
シマスズメノヒエ[縞雀稗]……**97**
シモツケ[下野]……**166**
シモバシラ[霜柱]……**66**
シャガ[射干、胡蝶花]……**58**
ジャカゴノナミ[蛇籠波]……55
シャクナゲ[石南花]……121,184
シャクヤク[芍薬]……91
ジャコウウメ[麝香梅]……108
ジャノヒゲ[蛇の鬚]……**26**
シャリンバイ[車輪梅]……23
ジュ[壽]……120
ジュウガツザクラ[十月桜]……132
ジュウニヒトエ[十二単衣]……**67**,55
シュウメイギク[秋明菊]……**163**,184
ジュウリョウ[十両]……157
シュンラン[春蘭]……**162**,59
ショウゲツ[松月]……135
ショウワザクラ[昭和桜]……131
シライトノタキ[白糸の滝]……55
シラカシ[白樫]……**82**,91
シラカバ[白樺]……**177**,103,120
シラギク[白菊]……120
シラヤマギク[白山菊]……**84**
シラン[紫蘭]……**73**
シロカガ[白加賀]……108
シロシキブ[白式部]……170
シロタエ[白妙]……135
シロツメクサ[白詰草]……**36**
シロバナタンポポ[白花蒲公英]……43
シロバナハマナス[白花浜梨]……118
シロミノコムラサキ[白実の小紫]……170
シロミノマンリョウ[白実の万両]……157
シロモノ[白物]……169
シロヤマブキ[白山吹]……75
シロワビスケ[白侘助]……70
ジングウスギ[神宮杉]……103
シンソウノカジン[深窓の佳人]……55
ジンチョウゲ[沈丁花]……**153**
シントウジ[新冬至]……108

す

スイカズラ[吸葛]……**172**,68
スイセン[水仙]……**31**,184
スイバ[蓚、酸い葉]……**152**
スイビジン[酔美人]……55
スイレン[翠蓮]……55
スギ[杉]……103
スギナ[杉菜]……41,184
スキヤ[数寄屋]……70
スザク[朱雀]……135
スズカケノキ[鈴掛の木、篠懸の木]……**19**
ススキ[芒、薄]……**32**
スズメガヤ[雀茅]……**97**
スズメノエンドウ[雀野豌豆]……**39**
スダジイ[須田椎]……**93**
スホウチク[蘇枋竹]……123
スモモ[酸桃]……165
スルガダイニオイ[駿河台匂]……135

せ

セイヨウアジサイ[西洋紫陽花]……158
セイヨウタンポポ[西洋蒲公英]……**43**
セキショウ[石菖]……**99**
ゼンジマル[禅寺丸]……164

センダイヤ[仙台屋]……131
センダン[栴檀]……**153**
センニンソウ[仙人草]……**35**,184
センリコウ[千里香]……133
センリョウ[仙蓼、千両]……**157**

そ

ソシンロウバイ[素心蠟梅]……**31**
ソデカクシ[袖隠]……148
ソメイヨシノ[染井吉野]……130

た

タイアザミ[大薊、痛薊]……**86**
ダイカグラ[大神楽]……55
タイサンボク[泰山木、大山木]……**125**
ダイセンキャラボク[大山伽羅木]……103
ダイダイ[橙]……**111**
タイハク[太白]……133
タイミンタチバナ[大明橘]……**24**
タイワンホトトギス[台湾杜鵑草]……**161**
タカサゴユリ[高砂百合]……**128**
タギョウショウ[多行松]……**79**
タケニグサ[竹似草]……**94**,184
タチカンツバキ[立ち寒椿]……18
タチツボスミレ[立坪菫]……**173,**59
タチバナ[橘]……**114**,120
タツナミソウ[立浪草]……**67**
ダテドウグ[伊達道具]……55
タテヤマスギ[立山杉]……103
タニウツギ[谷空木]……**173**
タブノキ[椨]……**139**
タマアジサイ[玉紫陽花]……**159**,59
タマイカリ[珠錨]……148
タマノウラ[玉の浦]……147
タマノウラ[玉の浦]……147
タマホコ[玉鉾]……55
タマボタン[玉牡丹]……108
タムシバ[田虫葉]……**168**
タラノキ[楤の木]……**62**
タラヨウ[多羅葉]……**176**
ダルマギク[達磨菊]……**126**
タロウカンジャ[太郎冠者]……70
ダンコウバイ[檀香梅]……**80**
ダンドボロギク[段戸襤褸菊]……45

ち

チガヤ[茅萱]……**96**
チカラシバ[力芝]……**98**
チゴユリ[稚児百合]……**64**
チダケサシ[乳茸刺]……**99**
チチコグサ[父子草]……**127**
チャノキ[茶の木]……**115**
チョウセンレンギョウ[朝鮮連翹]……25

つ

ツガ[栂]……121
ツクシイバラ[筑紫薔薇]……119
ツクモガミ[九十九髪]……55
ツゲ[柘植]……88
ツバキ[椿]……71,104
ツバキカンザクラ[椿寒桜]……131
ツユクサ[露草]……**22**,59
ツリガネニンジン[釣鐘人参]……**34**
ツリバナ[吊花]……**69**
ツリフネソウ[釣船草、吊舟草]……184
ツルギノマイ[剣の舞]……55
ツルグミ[蔓茱萸]……**87**
ツルドクダミ[蔓蕺]……**63**
ツルニチニチソウ[蔓日日草]……**24**
ツルノケゴロモ[鶴の毛衣]……55
ツルボ[蔓穂]……**26**
ツルマメ[蔓豆]……**37**
ツルマンネングサ[蔓万年草]……**95**
ツワブキ[石蕗、艶蕗]……**174**

て

テイカカズラ[定家葛]……**24**,184
テリハノイバラ[照葉野薔薇]……118

と

トウカエデ[唐楓]……**150**
トウグミ[唐茱萸]……**87**
トウゴクミツバツツジ[東国三葉躑躅]……**115**
トウジ[冬至]……108
ドウジョウハチヤ[堂上蜂屋]……164
トウダイグサ[燈台草]……**149,**184
ドウダンツツジ[満天星躑躅]……**140**,59
トウフジウツギ[唐藤空木]……**141**,185
トキリマメ[吐切豆]……**37**
トキワツユクサ[常磐露草]……**22**
ドクダミ[蕺草]……**22**
トサミズキ[土佐水木]……**145**
トチノキ[栃、橡、栃の木]……**156**,102,185
トチュウ[杜仲]……**167**
トベラ[扉]……**110**
トヨカ[豊岡]……164

な

ナキリスゲ[菜切菅]……**129**
ナスヒオウギアヤメ[那須檜扇菖蒲]……**58**
ナツグミ[夏茱萸]……87
ナツヅタ[夏蔦、蔦]……**78**
ナツツバキ[夏椿]……**18**

ナツハゼ[夏櫨]……**169**
ナツメ[棗]……**116**,68
ナデシコ[撫子]……**33**
ナナコマチ[七小町]……55
ナニワイバラ[難波薔薇]……119
ナポレオン……134
ナミノリブネ[波乗舟]……55
ナルコユリ[鳴子百合]……**65**
ナワシロイチゴ[苗代苺]……**77**
ナンキンハゼ[南京櫨・南京黄櫨]……**167**
ナンテン[南天]……**117**,185
ナンテンハギ[南天萩]……**39**
ナンブアカマツ[南部赤松]……102
ナンヨウ[南陽]……134

に

ニシキギ[錦木]……**69**,185
ニシキノシトネ[錦の褥]……55
ニジノトモエ[霓の巴]……56
ニシノミヤゴンゲンダイラザクラ[西宮権現平桜]……132
ニホンナシ[日本梨]……165
ニリンソウ[二輪草]……185
ニワウメ[庭梅]……**142**,68
ニワザクラ[庭桜]……133
ニワゼキショウ[庭石菖]……**58**
ニワトコ[庭常、接骨木]……**172**

ぬ

ヌスビトハギ[盗人萩]……**21**
ヌルデ[白膠木]……**82**
ヌレガラス[濡烏]……56

ね

ネジキ[捩木]……**169**,185
ネジバナ[捩花]……**73**,59
ネムノキ[合歓木]……**36**,59

の

ノイバラ[野茨]……**75**,68
ノウゼンカズラ[凌霄花]……**88**,185
ノガリヤス[野刈安]……**96**
ノカンゾウ[野萱草]……**64**
ノキシノブ[軒忍]……41
ノゲシ(ハルノノゲシ)[野芥子]……46
ノコンギク[野紺菊]……**84**
ノササゲ[野大角豆]……**37**
ノシラン[熨斗蘭]……**64**
ノゾミ[のぞみ]……119
ノダケ[野竹]……**81**
ノハナショウブ[野花菖蒲]……57
ノブドウ[野葡萄]……**78**
ノボロギク[野襤褸菊]……46
ノリウツギ[糊空木]……**100**

は

ハアザミ[葉薊]……**138**
バイカウツギ[梅花空木]……**159**
バイゴジジュズカケザクラ[梅護寺数珠掛桜]……135
ハイビャクシン[這柏槇]……**117**
バイモ[貝母]……**160**,185
ハウチワカエデ[羽団扇楓]……**30**
ハエドクソウ[蠅毒草]……**63**
ハギ[萩]……**33**,121
ハキダメギク[掃溜菊]……**85**
ハギノシタツユ[萩の下露]……56
ハクウンボク[白雲木]……**138**
バクチノキ[博打の木]……**142**,185
ハクモクレン[白木蓮]……168
ハコベ[繁縷]……**129**
ハゴロモ[羽衣]……147
ハゼノキ[櫨の木、黄櫨の木]……**175**,185
ハタザクラ[旗桜]……135
ハツガラス[初鴉]……56
ハツカリ[初雁]……70
ハナイカダ[花筏]……**171**
ハナカイドウ[花海棠]……**75**
ハナショウブ[花菖蒲]……57
ハナゾノツクバネウツギ[花園衝羽根空木]……**145**,59
ハナニラ[花韮]……**162**
ハナノキ[花の木]……103
ハナミズキ[花水木]……**101**,68
ハナモモ[花桃]……**115**,121
ハハコグサ[母子草]……**127**
ハマギク[浜菊]……**126**
ハマナス[浜梨、浜茄子]……68,119,120
ハマヒサカキ[浜姫榊]……**71**
ハラン[葉蘭]……**161**
ハリギリ[針桐]……**62**
ハルガヤ[春茅]……**96**
ハルサザンカ[春山茶花]……**71**
ハルジオン[春紫苑]……44
ハンゲショウ[半夏生、半化粧]……**74**
バンリノヒビキ[万里響]……56

ひ

ヒイラギ[柊]……121
ヒイラギナンテン[柊南天]……**140**,59
ヒイラギモクセイ[柊木犀]……**125**
ヒオウギアヤメ[檜扇菖蒲]……121
ヒカゲツツジ[日陰躑躅]……**61**
ヒカルゲンジ[光源氏]……148

ヒガンバナ[彼岸花]……**27**,59,185
ヒサカキ[姫榊]……**71**
ヒシ[菱]……**49**
ヒシカライト[菱唐糸]……146
ヒツジグサ[未草]……**48**,120
ヒトツバタゴ[一葉たご]……**139**
ヒナタイノコヅチ[日向猪子槌]……94
ヒノキアスナロ[翌檜]……103,102
ヒノデヅル[日出鶴]……56
ヒバ[檜葉]……102,104
ヒマワリ[向日葵]……**150**
ヒメアジサイ[姫紫陽花]……**159**
ヒメウズ[姫烏頭]……**26**
ヒメウツギ[姫空木]……**159**
ヒメクグ[姫莎草]……**129**
ヒメコウホネ[姫河骨]……**48**
ヒメシャラ[姫沙羅]……**143**
ヒメジョオン[姫女苑]……44
ヒメヒオウギズイセン[姫檜扇水仙]……**145**
ヒメムカシヨモギ[姫昔蓬]……45
ヒャクリョウ[百両]……157
ヒュウガミズキ[日向水木]……**145**
ヒョウタンボク[瓢箪木]……**172**,185
ビヨウヤナギ[未央柳]……**110**
ヒヨドリジョウゴ[鵯上戸]……**144**,186
ヒヨドリバナ[鵯花]……**174**
ビワ[枇杷]……**20**,68

ふ

フェニックス(カナリーヤシ)……104
フキ[蕗、苳、款冬、菜蕗]……**150**
フクジュソウ[福寿草]……**163**,59,186
フクロクジュ[福禄寿]……135
フゲンゾウ[普賢象]……131
フサフジウツギ[房藤空木]……**141**
フジ[藤]……**38**,120
フジカンゾウ[藤甘草]……**38**
フジバカマ[藤袴]……**33**
フジムスメ[藤娘]……56
フタリシズカ[二人静]……**70**
フッキソウ[富貴草]……**173**
ブナ[山毛欅、橅、椈]……**93**
フユザクラ[冬桜]……133
フユノハナワラビ[冬の花蕨]……42
フヨウ[芙蓉]……**175**
フローレンス・ナイチンゲール……118
ブンゴウメ[豊後梅]……104,108

へ

ヘクソカズラ[屁糞葛]……**26**,186
ベニカエデ[紅楓]……**24**
ベニガク[紅蕚、紅額]……**116**,158
ベニシダ[紅羊歯]……42
ベニチドリ[紅千鳥]……108
ベニトウジ[紅冬至]……108
ベニバナボロギク[紅花襤褸菊]……46
ヘラオオバコ[箆大葉子]……**173**

ほ

ホウオウカン[鳳凰冠]……56
ホウショウチク[蓬翔竹]……122
ホウダイ[鳳台]……56
ホウチャクソウ[宝鐸草]……**65**
ホウライシダ[蓬莱羊歯]……42
ホウライチク[蓬莱竹]……123
ホオズキ[鬼灯、酸漿]……**144**,186
ホオノキ[朴の木]……**156**
ボケ[木瓜]……**23**,68
ホシ[星]……121
ホシダ[穂羊歯]……42
ホソバイヌビワ[細葉犬枇杷]……**20**
ホタルブクロ[蛍袋]……**34**
ボタン[牡丹]……**91**
ホトトギス[杜鵑草]……**161**

ま

マイカイ[玫瑰]……119
マダケ[真竹]……**124**
マツ[松]……103,104
マツバガサネ[松葉重]……56
マツムシソウ[松虫草]……**175**,59
マテバシイ[全手葉椎、馬刀葉椎]……**93**
マナヅル[真鶴]……56
マボケ[真木瓜]……23
マメザクラ[豆桜]……133
マヤラン[摩耶蘭]……**73**
マユミ[真弓、檀]……**69**,186
マルバアオダモ[丸葉青梻]……**171**
マルバウツギ[丸葉空木]……**100**
マルバシャリンバイ[丸葉車輪梅]……**23**
マンザエモン[万左衛門]……165
マンサク[満作]……**116**
マンダイノナミ[萬代の波]……56
マンリョウ[万両]……**157**

み

ミウラオトメ[三浦乙女]……147
ミカイコウ[未開紅]……108
ミカサヤマ[三笠山]……56
ミズキ[水木]……**101**,171
ミズキンバイ[水金梅]……**49**
ミズヒキ[水引]……**163**
ミスミソウ[三角草]……**163**
ミツマタ[三椏、三叉]……**20**,186
ミトセマツカゼ[三歳松風]……56

ミドリザクラ[緑桜]……133
ミドリヒメワラビ[緑姫蕨]……41
ミナヅキ[水無月]……**100**
ミヤギノハギ[宮城野萩]……**21**
ミヤコグサ[都草]……**38**
ミヤコノタツミ[都の巽]……56
ミヤマウグイスカグラ[深山鶯神楽]……69
ミヤマシキミ[深山樒]……**166**,186
ミヤマナルコユリ[深山鳴子百合]……**65**
ミョウガ[茗荷]……**94**

む

ムクゲ[木槿]……**175**,59
ムクノキ[椋の木]……**82**
ムサシガワ[武蔵川]……56
ムシカリ[虫狩]……**172**
ムラサキエノコロ[紫狗尾]……98
ムラサキカタバミ[紫傍食]……70
ムラサキケマン[紫華鬘]……**169**,59,186
ムラサキシキブ[紫式部]……**170**,59
ムラサキツユクサ[紫露草]……**22**

め

メドハギ[蓍萩]……**36**
メヒシバ[雌日芝]……**98**
メヤブマオ[雌藪麻苧]……**80**

も

モウソウチク[孟宗竹]……**124**
モクゲンジ[木槵子]……**138**
モクセイ[木犀]……103
モクレン[木蓮、木蘭]……**168**
モッコウバラ[木香薔薇(茨)]……119,121
モッコク[木斛]……**143**
モトタカサブロウ[元高三郎]……**126**
モミジ[紅葉]……103,104
モミジイチゴ[紅葉苺]……**77**
モモ[桃]……120,165
モモジノヒグラシ[百路の日暮]……148

や

ヤエカンバイ[八重寒梅]……108
ヤエベニシダレ[八重紅枝垂]……132
ヤエベニトラノオ[八重紅虎尾]……135
ヤエムラサキザクラ[八重紫桜]……135
ヤエヤバイ[八重野梅]……108
ヤエヤマブキ[八重山吹]……75
ヤカン[薬缶]……165
ヤクシソウ[薬師草]……47
ヤセウツボ[痩靫]……**89**
ヤツデ[八つ手]……**62**,59,186
ヤドリギ[寄生木、宿木]……**117**
ヤナガワモン[柳川紋]……108
ヤナセスギ[魚梁瀬杉]……104
ヤハズソウ[矢筈草]……**153**
ヤブガラシ[藪枯らし]……**78**
ヤブカンゾウ[藪萱草]……**151**
ヤブコウジ[藪柑子]……**157**
ヤブザクラ[藪桜]……134
ヤブサテツ[藪蘇鉄]……41
ヤブジラミ[藪虱]……**81**
ヤブツバキ[藪椿]……**143**
ヤブデマリ[藪手毬]……**68**
ヤブヘビイチゴ[藪蛇苺]……**76**
ヤブマメ[藪豆]……**37**
ヤブミョウガ[藪茗荷]……**94**
ヤブムラサキ[藪紫]……**170**
ヤブラン[藪蘭]……**64**
ヤブレガサ[破れ傘]……**86**
ヤマアジサイ[山紫陽花]……158
ヤマウグイスカグラ[山鶯神楽]……69
ヤマコウバシ[山香し]……**80**
ヤマザクラ[山桜]……133
ヤマジノホトトギス[山路の杜鵑草]……161
ヤマツツジ[山躑躅]……**61**,59
ヤマブキ[山吹]……**75**
ヤマボウシ[山法師、山帽子]……**171**,68,59
ヤマホタルブクロ[山蛍袋]……**34**
ヤマホトトギス[山杜鵑草]……**161**
ヤマモミジ[山紅葉]……**129**
ヤマモモ[山桃]……**90**,68,104
ヤマユリ[山百合]……**151**,59

ゆ

ユウガギク[柚香菊]……**85**
ユウナ[右納]……121
ユウヒガタ[夕日潟]……56
ユキ[雪]……121
ユキツバキ[雪椿]……70,103
ユキノシタ[雪の下]……**99**
ユキヤナギ[雪柳]……**142**
ユズ[柚子]……**153**
ユズリハ[楪、交譲木、譲葉]……**149**,186

よ

ヨウシュヤマゴボウ[洋種山牛蒡]……**139**,186
ヨーロッパアカマツ[欧州赤松]……**177**
ヨツミゾ[四溝]……164
ヨネモモ[米桃]……165
ヨメナ[嫁菜]……**84**
ヨモギ[蓬]……**174**
ヨモノウミ[四方海]……56

ら

ラカンマキ[羅漢槇]……91
ラッキョウヤダケ[辣韮矢竹]……122
ラン[蘭]……121

り

リュウキュウヒカンザクラ[琉球緋寒桜]……132
リュウキュウマツ[琉球松]……104
リュウノウギク[竜脳菊]……**85**
リョウブ[令法]……**114**
リョウメンシダ[両面羊歯]……42
リンキ[林檎]……164

る

ルイサンナシ[類産梨]……165

れ

レンギョウ[連翹]……**25**
レンジョウノタマ[連城の璧]……56
レンジョウノタマ[蓮上の玉]……148

ろ

ロウバイ[蠟梅]……**31**
ロウラン[楼蘭]……146
ロクガツナシ[六月梨]……165

わ

ワカスギ[若杉]……121
ワカタケ[若竹]……120
ワカバ[若葉]……120
ワライホテイ[笑布袋]……56
ワラビ[蕨]……42,186
ワリンゴ[和林檎]……164
ワルナスビ[悪茄子]……**128**
ワレモコウ[吾亦紅、吾木香]……**76**,59

その他生物索引［五十音順］

あ

アオサギ[蒼鷺]……178
アオスジアゲハ[青条揚羽蝶]……78
アカヤマタケ[赤山茸]……105
アキアカネ[秋茜]……48
アキヤマタケ[秋山茸]……105
アゲハチョウ[揚羽蝶]……59
アサギマダラ[浅黄斑蝶]……33
アシブトハナアブ[脚太花虻]……75
アミスギタケ[網杉茸]……105
アメンボ[水黽]……49
アリ[蟻]……32,149
アワタケ[粟茸]……105
アンズタケ[杏茸]……105

い

イスノエダナガタマフシ[柞枝長玉付子]……167
イスノキアブラムシ[柞油虫]……167
イチモンジセセリ[一文字挵蝶]……59,86
イボタロウカイガラムシ[水蠟樹蠟介殻虫]……89
イヌビワコバチ[犬枇杷小蜂]……20

う

ウキゴリ[浮吾里]……50
ウグイス[鶯]……69
ウスキテングタケ[薄黄天狗茸]……105
ウチワヤンマ[団扇蜻蜓]……48

お

オオクチバス[大口バス]……51
オオスカシバ[大透羽蛾]……59
オオバン[大鷭]……178
オオホウライタケ[大蓬莱茸]……105
オオムラサキ[大紫蝶]……109
オカヨシガモ[丘葦鴨]……178
オシドリ[鴛鴦]……178
オナガガモ[尾長鴨]……178

か

カイツブリ[鳰]……178
カミキリモドキ[擬天牛]……93
カムルチー……50
カラス[烏]……165

カルガモ[軽鴨]……178
カワウ[河鵜]……179
カワセミ[翡翠]……178
カワラバト(ドバト)[河原鳩]……181
カワラヒワ[河原鶸]……178

き

キジバト[雉鳩]……179
キセキレイ[黄鶺鴒]……178
キタテハ[黄蛺蝶]……43
キタヒメヒラタアブ[北姫扁虻]……59,81
キビタキ[黄鶲]……179
ギフチョウ[岐阜蝶]……59
キンクロハジロ[金黒羽白]……179
キンバエ[金蠅]……59
キンブナ[金鮒]……50
ギンブナ[銀鮒]……50

く

クサガメ[草亀]……51
クマバチ[熊蜂]……59
クロアゲハ[黒揚羽蝶]……59
クロノボリリュウタケ[黒昇龍茸]……105
クロヤマアリ[黒山蟻]……59

け

ゲンゴロウブナ[源五郎鮒]……51

こ

コアオハナムグリ[小青花潜]……59
コイ[鯉]……51
コガモ[小鴨]……179
コゲラ[小啄木鳥]……179
コハナバチ[小花蜂]……22
コブハクチョウ[瘤白鳥]……179
コマルハナバチ[小丸花蜂]……59

し

シジュウカラ[四十雀]……179
シメ[鴲]……179
ジュズカケハゼ[数珠掛鯊]……51
ジョウビタキ[尉鶲、常鶲]……179
シロスジナガハナバチ[白条長花蜂]……59
シロヒメホウキタケ[白姫箒茸]……105

す

スジエビ[筋蝦]……50
スズメ[雀]……179
スッポン[鼈]……51

せ

セイヨウミツバチ[西洋蜜蜂]……59,73
セグロカモメ[背黒鷗]……181
セグロセキレイ[背黒鶺鴒]……181

そ

ソウギョ[草魚]……51

た

ダイサギ[大鷺]……181
ダイダイイグチ[橙猪口]……105
タヌキ[狸]……164
タマムシ[吉丁虫]……109
タモロコ[田諸子]……51

つ

ツグミ[鶫]……181
ツチグリ[土栗]……105
ツヤハナバチ[艶花蜂]……34
ツルタケ[鶴茸]……105

て

テナガエビ[手長蝦]……50
テングタケ[天狗茸]……105

と

トウヨシノボリ[橙葦登]……50
ドクベニタケ[毒紅茸]……105
トホシテントウ[十星瓢虫]……59
トラマルハナバチ[虎丸花蜂]……59

な

ナガエノチャワンタケ[長柄茶碗茸]……105
ナマズ[鯰]……50
ナラタケ[楢茸]……105

に

ニッポンヒゲナガハナバチ[日本鬚長花蜂]……59,73
ニホンミツバチ[日本蜜蜂]……59

ぬ

ヌマチチブ[沼知知武]……51
ヌルデシロアブラムシ[白膠木白油虫]……82

ね

ネコアシアブラムシ[猫足油虫]……87

の

ノスリ[鵟]……181
ノボリリュウタケ[昇龍茸]……105

は

ハイイロチョッキリムシ[灰色直截虫]……92
ハクセキレイ[白鶺鴒]……181
ハクビシン[白鼻芯]……164
ハクレン[白鰱]……51
ハシビロガモ[嘴広鴨]……181
ハシボソガラス[嘴細烏]……181
ハナアブ[花虻]……59
ハナバチ[花蜂]……59

ひ

ヒイロタケ[緋色茸]……105
ヒドリガモ[緋鳥鴨]……181
ヒメスズメバチ[姫胡蜂]……59
ヒメヒガサヒトヨタケ[姫日傘一夜茸]……105
ヒヨドリ[鵯]……180
ヒレナガニシキゴイ[鰭長錦鯉]……51

ふ

ブドウタマバエ[葡萄玉蠅]……78
ブドウトガリバチ[葡萄尖蜂]……78
ブルーギル……50

へ

ベニセンコウタケ[紅線香茸]……105
ヘリヒラタアブ[縁扁虻]……74

ほ

ホオジロガモ[頬白鴨]……180
ホコリタケ[埃茸]……105
ホシハジロ[星羽白]……180
ホシメハナアブ[星目花虻]……48
ホソヒラタアブ[細扁虻]……59
ホトトギス[杜鵑]……49

ま

マガモ[真鴨]……180
マルハナバチ[円花蜂]……34
マンネンタケ[万年茸]……105

み

ミコアイサ[巫女秋沙]……180

む

ムクドリ[椋鳥]……180

め

メジロ[目白・繡眼児]……59,180
メダカ[目高]……51

も

モツゴ[持子]……50
モモブトカミキリモドキ[腿太擬天牛]……77
モンシロチョウ[紋白蝶]……75

や

ヤゴ[水蠆]……49
ヤマガラ[山雀]……180
ヤマトシジミ[大和小灰蝶]……70

ゆ

ユリカモメ[百合鷗]……180

よ

ヨシガモ[葦鴨]……180
ヨツスジハナカミキリ[四条花天牛]……59

る

ルリマルノミハムシ[瑠璃丸蚤葉虫]……74

わ

ワカサギ[公魚]……50

植物用語の解説

維管束[いかんそく]　植物で導管・師管・繊維組織などが集まって束をつくっている部分。

1年草[いちねんそう]　満1年以内に生活史を終えるもの。春ごろから秋までの生活史を持つ夏型1年草と、秋から翌年春から夏ごろまでの生活史を持つ冬型1年草に分ける場合もある。

穎[えい]　イネ科の花に特有の苞のこと。花を包む内穎、護穎、小穂にある苞穎などがある。

穎果[えいか]　穎に包まれた果実。例えば玄米はイネの果実。

腋芽[えきが]　芽がつく位置によって頂芽と腋芽がある。腋芽は葉の付け根にある芽。

越冬芽[えっとうが]　日本の場合は冬季に休眠する芽で、冬芽ともいう。

越年草[えつねんそう]　秋から翌年の春または夏ごろまでに生活史を終えるもの。冬型の1年草という場合もある。

エライオソーム[えらいおそーむ]　種子の付属物でアリ等の餌になるもの。（ムラサキケマン等）

雄しべ先熟[おしべせんじゅく]　両性花で、雄しべが先に成熟し、雌しべは後から成熟するもので雄性先熟（ゆうせいせんじゅく）ともいう。（ホタルブクロ、キキョウ等）

外花被[がいかひ]　外側の花被で萼に相当するもの。1個は外花被片という。

塊茎[かいけい]　地下茎の先や途中につくもの。（ジャガイモ等）

塊根[かいこん]　普通にある貯蔵根で不定根が肥大したもの。（サツマイモ等）

開放花[かいほうか]　普通に花冠が開くもの。反対は閉鎖花。（アズキ、イネ等）

仮種皮[かしゅひ]　花のときの胚珠（はいしゅ）の柄や胎座（たいざ）の部分などが発達して種子を包むようになったもの。（マサキ等）

花序[かじょ]　花のつき方。またはついている茎全体のこと。

芽鱗[がりん]　鱗片に被われた休眠芽。。

稈[かん]　イネ科植物の茎。節があり葉がつく。多くは中空が多い。

管状花[かんじょうか]　キク科の花では小花の花に舌状花（ぜつじょうか）と管状花がある。管状花は細い筒状になっているので筒状花（とうじょうか）ともいわれるが頭状花と音が同じなので管状花と言われることが多い。

偽果[ぎか]　子房以外の部分が肥大して見かけ上の果実をなすもの。これに対し子房自身が果実になったものを真果という。

気孔[きこう]　葉の孔（あな）のことで空気の出入りと水の蒸発を行う。

気根[きこん]　地上の茎から出て空中に露出する根のこと。（ガジュマル等）

寄生根[きせいこん]　寄生植物の根で宿主の組織内に根を伸ばしているもの。（ヤドリギ等）

偽輪生[ぎりんせい]　対生や互生の葉の間隔が小さくなり、輪生のように見えるもの。重なって見える場合もある。（ミツバツツジ等）

クチクラ層[くちくらそう]　葉の表皮に分泌されたロウ質でできた層。常緑樹の葉でよく発達し水分の蒸発防止等の保護の役割がある。

合弁花冠[ごうべんかかん]　花弁が一部、または全部合着しているものをいう。互いに離れている花冠は離弁花冠（りべんかかん）という。

根茎[こんけい]　地中に伸びる地下茎で、節に鱗片葉(りんぺんよう)やその痕を残している。

根生葉[こんせいよう]　地上茎が短く、葉が根ぎわから出るものをいう。また根生葉と茎葉(けいよう。茎につく葉)の両方を持つものもある。根生葉が集中して、放射状に見える形をバラの花にたとえてロゼットという。

ササ[ささ]　タケと同じ仲間で茎を取り巻く葉鞘がタケより長く残る。草本と木本の性質を合わせ持つ。

3倍体[さんばいたい]　植物は子孫を残すために減数分裂を起こし、配偶子(生殖細胞)を作る。この時、染色体の数が半分になり別の配偶子と出会って2倍体になり、両親の性質を受継いだ個体が生まれる。この過程の中で稀に2倍の染色体を持った4倍体と正常の2倍体が出会った時に生まれるのが3倍体。3倍体は奇数なので減数分裂が起きない。このため受粉はしても受精をしない「種なし」ができる。

師管[しかん]　葉で作られた養分を運ぶ茎の中にある通路。

支柱根[しちゅうこん]　気根が地面に達して茎を支える形をしたもの。

子房[しぼう]　1～数個の心皮が合わさって胚珠を包んだ全体のこと。子房ができたことが被子植物の大きな特徴となった。被子植物の“子”とは種子の“子”で種子のもとになる胚珠をさしている。つまり胚珠が“被”(被さる、覆う)の状態にある植物という意味。

子房位置[しぼういち]　子房の位置と花被のつく位置との関係から子房上位(ナノハナ、モモ等)、子房中位(クサボケ、ナシ等)、子房下位(キュウリ、カボチャ等)、子房周囲(サクラ、バラ等)がある。

雌雄異株[しゆういしゅ]　雄花と雌花が別々の株につくこと。(ヒサカキ、ハマヒサカキ等)

雌雄同株[しゆうどうしゅ]　雄花、雌花、両性花が同じ株につくこと。(イロハモミジ等)

珠芽[しゅが]　むかごのことで腋芽が養分を蓄え肥大したもの。(オニユリ、ヤマイモ等)

宿存萼[しゅくそんがく]　果実が熟すまで落ちないで残ったり、別の形になるもの。(ホオズキ、クチナシ等)

主根[しゅこん]　茎の延長で主軸に当る根。その側に生えた細い根を側根または支根という。

種子[しゅし]　胚と胚乳が種皮に包まれた全体をいう。

C4植物[しーよんしょくぶつ]　光合成の際にカルビン回路(光合成反応における代表的な炭素固定反応でデンプン等を合成する回路)とは異なる経路で炭素固定する植物の総称。最初に炭素原子4個を持つオキサロ酢酸が生成される。C3植物に較べ光合成の速度が速く蒸散量が少ないので、厳しい環境により強いといえる植物。(サトウキビ、トウモロコシ、ヒエ等)

シュート[しゅーと]　茎と葉全体のこと。

心皮[しんぴ]　花の各部はもともと葉の変形とされるがこのうち雌しべを構成する葉をいう。種類によって1～2個あり胚珠を包む。心皮を持つ植物が被子植物で、合わさって子房を形成する。

ストロン[すとろん]　ほふく枝のことでほふくするシュートの一型で枝の節々から根を出す。

生活史[せいかつし]　草の場合は種子から発芽、成長、開花、結実し、一生を終えるまでの過程のこと。それぞれの植物固有サイクルの生活環の集積を生活史ともいう。

星状毛[せいじょうもう]　葉の裏面や表面に発生。放射状に枝分かれしている毛のこと。(ウツギ等)

腺体[せんたい]　葉の付け根などにある蜜を分泌する部分で小さな突起状やイボ状をしている。

雑木林[ぞうきばやし]　一般的には人によって管理されている人が利用するための二次林。コナラ、クヌギ、クリ等の落葉樹を主とする林。

走出枝[そうしゅつし]　ランナーともいい、ほふくするシュートの一型であるがストロンと違い節から根を下ろさない枝。(ユキノシタ等)

装飾花[そうしょくか]　一つの花序の周辺部にあって特に大きく目立ち、雄しべが退化しているもの。(ガクアジサイ、ヤブデマリ等)

総苞[そうほう]　がくと見られがちだが、花序を包む苞。総苞の個々を総苞片という。キク科などの頭花の下につく。

草本[そうほん]　地上の茎は生存する期間が短く、木化したり肥大生長することはほとんどない。

他家受粉[たかじゅふん]　受粉の形式で一般に別の個体との間で行われる受粉のこと。それに対して自己完結の形式を自家受粉(じかじゅふん)または、同花受粉(どうかじゅふん)という。

タケ[たけ]　ササの仲間であるが、タケの棹(茎)は高く伸び、何年も生存する。棹に年輪がなく、年々大きくならないことや、地下茎をよく伸ばす草本の性質と棹が木化して堅くなる木本の性質を合わせ持つ。しかし、これらの区分については現時点でも様々な意見があり確定していないと思われる。

多年草[たねんそう]　個体の寿命が3年以上ある草本。

単花被花[たんかひか]　がくだけで花弁がない花をいう。(ミズヒキ、イヌタデ等)。

単子葉植物と双子葉植物[たんしようしょくぶつとそうしようしょくぶつ](※下、表組み参照)

単性花[たんせいか]　雄しべ、または雌しべだけを持つ花のこと。

単面葉[たんめんよう]　筒状や二つ折れの葉で外側の裏面だけ見えている葉のこと(ハナショウブ、ネギ)。

中実[ちゅうじつ]　茎の中がつまっているものでこれに対し中が抜けていて管状のものを中空(ちゅうくう)という。

蝶形花冠[ちょうけいかかん]　マメ科の花に多い花冠の形で旗弁が蝶の羽に似ている。(エンドウ等)

同花受粉[どうかじゅふん]　花冠が発達しないか開かずに終わり、その中で受粉して実を結ぶもの。

等花被[とうかひ]　がく片と花弁がほぼ同形、同色の花でがく片を外花被、花弁を内花被という。

頭状花[とうじょうか]　キク科の花で1個の花に見えるのは実は花序で数個から百個の小花の集まりがある。これを頭状花という。

2年草[にねんそう]　満1年以上、2～3年に及ぶ生活史を持つもの。冬を越すことで越年草と混同する場合もある。

	単子葉植物	双子葉植物
葉脈の通り	平行脈が多い	網目状葉脈が多い
維管束(茎)	散在(ばらばら)する	輪形で外の節部と内の木部に分かれる
根形	不定根でひげ根が多い	主根と側根がはっきりしている
子葉数	1枚	2枚
花弁数	3または6(3の倍数が多い)	4または5(4と5の倍数が多い)
主な植物	イネ、タケ、ユリ、マツなど	アブラナ、サクラ、アサガオ、カキなど
例外	サトイモは網目状脈	ドクダミ、オオバコは平行脈

胚[はい]　受精した卵細胞は分裂して胚となる。成長の一段階。

胚珠[はいしゅ]　子房の中で形成され、将来種子となる器官で雌の配偶体の組織である胚のうなどがある。

フェノロジー[ふぇのろじー]　植物の成長の時間的、季節的なパターンのことで植物季節のこと。木本については常緑樹、落葉樹、半常緑樹がある。また、草本については春緑性（早春から晩春）、夏緑性（地上部は春から秋）、冬緑性（地上部は秋から春）の生存期間がある。

複合果[ふくごうか]　多くの花が集った花序全体が見かけ上一つの果実となったもの。あるいは1個の花に多数の雌しべがあり、それぞれの子房が果実となって一つの塊になったもの。（スズカケノキ、クワ等）

腐生植物[ふせいしょくぶつ]　葉緑素を持たず、根に菌類が共生して菌根を作る。この菌根に寄生して生きる植物。（マヤラン等）

普通葉[ふつうよう]　一般的な形の葉のこと。

閉鎖花[へいさか]　花冠が発達しないか開かずに終わり、その中で受粉（同花受粉）して実を結ぶもの。

苞[ほう]　花を包む鱗片葉で、花序を包む鱗片葉は総苞という。個々のものを総苞片という。

実生[みしょう]　種子から芽生えて間もない幼植物のこと。

無花被花[むかひか]　花被（花とがくを合わせて）がないもの。（ドクダミ、フタリシズカ等）

無胚乳種子[むはいにゅうしゅし]　胚乳の組織が退化し、子葉に養分を貯えたもの。（ソラマメ、クリ等）

明点[めいてん]　葉にある微小の穴で植物を同定するための手段にもなる。よく見ると透き通っているような明点や黒点、また赤褐色のものもある。腺点ともいわれ分泌物の違いもあると思われるがまだ解明されていない。（オトギリソウ、ヤマモモ等）

雌しべ先熟[めしべせんじゅく]　両性花で雌しべが先に成熟し、雄しべは後から成熟するもの。雌性先熟（しせいせんじゅく）ともいう。（オオバコ等）

木本[もくほん]　地上の茎は1年を越えて生き続け木化し、肥大成長する。

油点[ゆてん]　ミカン科、オトギリソウ科等の葉にみられる半透明の小さな点、細胞間隔または細胞内に油滴がたまったもので葉を透かすと見える。

雄花穂[ゆうかすい]　針葉樹の雄の花序のことで多くの葯（やく）が集まる。雌の花序は2個の胚珠がつき全体の雌花序を雌花穂（しかすい）という。

落葉[らくよう]　落葉に際して葉にある有用物質を茎の方へ回収し、さらに植物体の不用物質を葉に移動させる。そして落葉を促すかのように葉柄の基部にできる組織である離層（りそう）を発達させ落葉した痕を保護する。

両花被花[りょうかひか]　がくと花冠があり、その区別もはっきりしているもの。（ツツジ類等）

両性花[りょうせいか]　雄しべと雌しべの両方を持つ花。

鱗芽[りんが]　鱗片葉に被われた休眠芽。芽鱗（がりん）ともいう。

鱗形葉[りんけいよう]　偏平な葉が十字対生して茎を包む。小枝と一体化していて、毎年その先が成長する（ヒノキ、サクラ）。

鱗片葉[りんぺんよう]　一般によく見る緑色をした偏平な葉を普通葉というのに対して、これよりも小形で形も特殊なものをまとめて鱗片葉という。

絶滅危惧種に関する用語解説

◎レッドデータブック　絶滅の恐れがある野生生物のリスト（レッドリスト）を掲載した書籍を『レッドデータブック』という。日本では最新版レッドリストを環境省のサイトで見ることができる。

◎レッドリストカテゴリー　絶滅の恐れがある生物を、その逼迫度の高い順に分類したもので次の9つのランクがある。

絶滅(EX)　我が国では絶滅したと考えられる種。

野生絶滅（EW）　飼育栽培下、あるいは自然分布域の明らかに外側で野生化した状態でのみ存続している種。

絶滅危惧Ⅰ類（CR＋EN）　絶滅の危機に瀕している種。

絶滅危惧ⅠA類（CR）　ごく近い将来における野生での絶滅の危険性が極めて高いもの。

絶滅危惧ⅠB類（EN）　IAほどではないが近い将来における野生での絶滅の危険性が極めて高いもの。

絶滅危惧Ⅱ類（VU）　絶滅の危険が増大している種。

準絶滅危惧（NT）　すぐに絶滅する危険性は小さいが将来的に絶滅する危険性がある種。

情報不足（DD）　絶滅の危険性を評価するための情報が不足している種。

絶滅のおそれのある地域個体群(LP)　地域的に孤立している個体群で絶滅のおそれが高いもの。

皇居東御苑の植物の中にもこれらのリスト内の絶滅危惧IB類（EN）のキエビネを始め、絶滅危惧II類（VU）に入るものもいくつかある。例えばオキナグサ、キンラン、マヤラン、ミスミソウ、トサミズキ、アサザ、フジバカマ、エビネなどで、これらの草木を見つけた時は特に気を付けて近付いて見て下さい。

外来生物法に関する用語解説

外来生物法　2005年6月1日より施行された法律で、正式には「特定外来生物による生態系等に係る被害の防止に関する法律」という。

在来植物　もともと日本国内にあった植物をまとめて「在来植物」、または「在来種」という。

帰化植物　日本の植物の約4000種のうち約1200種で、海外から持ち込まれたものが野生状態になっているものを「帰化植物」または「外来植物」と呼ぶ。ほとんどの帰化植物は人為的に持ち込まれたもので、「意図的導入」と「非意図的導入」がある。

史前帰化植物　縄文時代や弥生時代に渡来したと考えられる大昔の帰化植物を史前帰化植物という。

新帰化植物　江戸時代末期以降に渡来したものでキク、イネ、マメ科は帰化植物の三大科。

一時帰化　海外から持ち込まれた種子や苗が定着できずそのまま消滅してしまったものを一時帰化という。

侵略的外来生物　もともとの生態系に大きな打撃を与える可能性が高いものを特に「侵略的外来生物」という。現在皇居東御苑において見られる侵略的外来生物のうち要注意外来生物に指定（日本生態学会）されているものは、カモガヤ、キショウブ、ハルジオン、ヒメジョオン、オオカナダモ、オオアレチノギク、セイヨウタンポポ、アカミタンポポ等がある。

未判定外来生物　被害にかかる知見が不足しているなどで法的規制はないが、正しい方法で取り扱うよう理解と協力を求められている種のこと。

逸出帰化植物　栽培植物が野生化したものをいうが「栽培逸出」といって帰化植物と見なさない場合もある。

植物を名前で楽しむ

植物の楽しみ方は花や樹形などを目で見て楽しんだり、ハスの花が開く音や竹の葉の擦れる音を耳で聴いたり、よくも悪くも香りや匂いを鼻で嗅いだりもします。また東御苑の植物は残念ながら味わうことはできませんが、人間にとっての大切な食物としてその味を楽しみます。そして手触りで若芽や葉の感触を確かめたりもします。このように人は五感で植物を感じとって、季節変化や生物の生きざまを知り、楽しみや生活の知恵としています。さらに人々はそれだけでなく、写真を撮り、絵を描き、押花、切花……とまさに100人100色の楽しみ方を持っています。そして私にはそれらの楽しみに加えて自分だけの植物の楽しみ方があります。そのうちから少しだけ御披露したいと思います。それは何かというと「名前」なんです。私は植物を調べているうちに植物図鑑等の索引を見ていて、時々没頭するように名前を並べたり、つないだりして遊んでいます。

面白い名前

植物には音だけで考えると面白い名がいっぱいあります。拾いあげて並べてみました。

フトイ、ホソイ、アシボソ、タコノアシ／イヌノフグリ、ブラシノキ／コイヌノハナヒゲ、ヤブレガサ／キリン、ウシカバ、ウマゴヤシ／ビロウ、クサイ、ショウベンノキ／ギョウテン、オオナラ、ニオイタチツボスミレ／フトモモ、オニク、アブラチャン／ウシノシッペイ、タコノキ、ピース／オトコヨウゾメ、タカサブロウ／タヌキモ、コタヌキモ、シラン、ワルナスビ／ホクロ、カキラン、ミミカキグサ／マメガキ、ママッコ、コブシ、ヨメノナミダ、ヨメコロシ、ママコノシリヌグイ／バクチノキ、オケラ、ポーポー、トチュウ、ポロポロノキ、メグスリノキ／ボケ、ナス、クズ、アンズ、タチドコロ／スズメノテッポウ、スズメノヤリ、カナムグラ／キツネノカミソリ、チドメグサ

とこれは全て図鑑に普通に載っている植物の名前なのです。その植物の姿を見てみたくなります。

長い名前と短い名前

日本の植物の中で一番長い名前はヒルムシロ科アマモ属の海草で、通常の呼び名ではたった3文字のアマモ(甘藻)ですが、この別名がリュウグウノオトヒメノモトユイノキリハズシ(龍宮の乙姫の元結の切り外し)と、なんとダントツの21文字の名前です。反対に最も短い名前はイグサ科イグサ属のイ(藺)です。短いですね。ウ(卯)の花のウはウツギのウですがこれは植物としての正式な名ではありません。陰暦の卯月(4月)に花をつけるところからついた名前です。そういえば植物にはキ(木、樹)を始めとしてハ(葉)、エ(柄)、ネ(根)、メ(芽)、ホ(穂)、ミ(実)、ケ(毛)、フ(斑)など一文字の部位が多いですね。なぜかわかりませんが日本人がまだ語彙が少なかった頃、自然のものを指して伝えるのに短い言葉で発信したのではなかったのかと勝手に想像しています。詳しい人がいましたら是非教えて下さい。

動物の名前

よくあるのは動物の名前ですがおそらく一番多いのはイヌで、多くは劣るとか役に立たないの意味です。イヌタデ(犬蓼)、イヌガラシ(犬芥子)、イヌマキ(犬槇)、イヌシデ(犬四手)などたくさんあります。他の動物ではキリン(麒麟)、キツネノボタン(狐の牡丹)、ヒツジグサ(未草)、ネコノメソウ(猫の目草)、ウシゴロシ(牛殺し)、ウマゴヤシ(馬肥)、ウシカバ(牛樺)、クマシデ(熊四手)、ブタクサ(豚草)、タヌキラン(狸蘭)、オカトラノオ(丘虎の尾)、イノコズチ(猪子槌)、イタチハギ(鼬萩)、サルスベリ(猿滑り)、カニコウモリ(蟹蝙蝠)、マムシグサ(蝮草)、タカノツメ(鷹の爪)、カラスノエンドウ(烏の豌豆)、スズメノヤリ(雀の槍)、ウグイスカグラ(鶯神楽)、ホトトギス(杜鵑草)、カモメラン(鷗蘭)、ヒヨドリバナ(鵯花)、マイヅルソウ(舞鶴草)、キジムシロ(雉蓆)、トキソウ(朱鷺草)、ツバメオモト(燕万年青)、ネズミモチ(鼠糯)、タコノキ(蛸の木)、ノミノフスマ(蚤の衾)、ヤブジラミ(籔虱)、ミミズバイ(蚯蚓灰)、ハエドクソウ(蠅毒草)、スズムシソウ(鈴虫草)、アリドオシ(蔓蟻通し)、トンボソウ(蜻草)、アキノウナギヅカミ(秋の鰻攌み)、サバノオ(鯖の尾)ドジョウツナギ(泥鰌繋ぎ)等々いくらもありそうです。

可哀想な名前と不思議な名前

なんとも可哀想な名前を付けられたものがハキダメグサ（掃溜草）、ヤブレガサ（破れ傘）、オオイヌノフグリ（大犬の陰嚢）、ドロノキ（泥木）、ビロウ（蒲葵）、ヘクソカズラ（屁糞葛）、ヨゴレネコノメ（汚れ猫の目）など。恐らく名前を付けた人間がうらめしいと思いますが圧巻はショウベンノキ（小便の木）。さらにすぐには理解不能な不思議な名前ですがジゴクノカマノフタ（地獄の釜の蓋）、ママコノシリヌグイ（継子の尻拭い）、オニシバリ（鬼縛り）、オニノヤガラ（鬼の矢柄）、ワレモコウ（吾亦紅）、キミノオンコ（黄実のオンコ）、バクチノキ（博打の木）、オトコヨウゾメ（男莢迷）、モクゲンジ（木患子）、ハキダメギク（掃溜菊）……あるものですね！　詳しくは本文を。

人の名前

植物名には意外にも人の名前のようなものが多く、アオキ、アサダ、アカギ、イブキ、イワイ、ウベ、エノキ、エンドウ、オオバ、オギ、カイ、カシワ、カツラ、カワタケ、クロキ、クロベ、シラネ、セリ、トコロ、ネズ、ヒムロ、マツモト、ミズキ、ヤグチ、ノムラ、タカサブロウ、カニザブロウノキなどで思わず出席をとりたくなったりします。

色名が入った名前

植物の名前には色のついたものもたくさんあります。はじめに既に色名になっているものもたくさんありますのであげますとアイ、サクラ、ダイダイ、チャ、ウコン、レモン、ミカン、カキ、モモなどです。そしてまずダントツに多いのは白でシロシキブ（白式部）、シラカバ（白樺）、シロミノマンリョウ（白実の万両）、ウラジロノキ（裏白の木）、ビャクダン（白檀）などの白系です。次に多いのはアカツメクサ（赤詰草）、ベニバナ（紅花）、ベニガク（紅萼）、園芸種ですがツバキのサツマクレナイ（薩摩紅）などの赤系です。次に植物名の世界では金は黄でギンは白を指しますのでキンラン（金蘭）やキバナアオギリ（黄花青桐）、キハダ（黄膚）などを合わせると黄系が多くなります。あと順にクロユリ（黒百合）やクロモジ（黒文字）、コクタン（黒檀）などの黒系、アオカラムシ（青茎蒸）、アオハダ（青膚）、ノコンギク（野紺菊）などの青系、ムラサキシキブ（紫式部）、シタン（紫檀）の紫系、少ないですが美しいルリソウ（瑠璃草）の瑠璃色、そして意外と少ないのが緑系でミドリザクラ（緑桜）などですがもっとも昔はアオといえば緑色を含めていたのですからミドリは新しい名前かもしれません。

数字のある名前

今度は名前に数字のある植物を順に代表としてひとつずつ拾っていきます。1—イチリンソウ（一輪草）、2—フタリシズカ（二人静）、3—ミツバ（三葉）、4—シホウチク（四方竹）、5—ゴヨウマツ（五葉松）、6—ケンロクエンザクラ（兼六園桜）、7—ナナカマド（七竈）、8—ヤツデ（八手）、9—クリンソウ（九輪草）、10—ジュウガツザクラ（十月桜）、12—ジュウニヒトエ（十二単）、20—ハツカグサ（二十日草）、100—ヒャクニチソウ（百日草）、1000—センニチコウ（千日紅）、10000—マンリョウ（万両）。

自然がある名前

自然を名前にしたものはヒマワリ（向日葵）、ソラマメ（空豆）、ツキミソウ（月見草）、スター（ヘデラヘリックス）を始めとしてクモマグサ（雲間草）、カゼグサ（風草）、アラシグサ（嵐草）、ヒデリコ（日照子）、フウラン（風蘭）、ユキノシタ（雪の下）、ユキワリソウ（雪割草）、ウノハナの別名であるユキミソウ（雪見草）等、風流なものもたくさんあります。また東御苑にはモクゲンジの別名ゴールデンレインツリーのように短期間でめまぐるしく変化するものもあります。でも私が一番好きな名前はサクラの品種名であるアマノガワ（天の川）です。ロマンチック！

歌のタイトルにある植物名

植物には歌のタイトルにも多くあります。懐かしいのでは「リンゴの歌」「リンゴ追分」「カラタチの花」「くちなしの花」「アンコ椿は恋の花」「サルビアの花」少し昔で、「秋桜」「コスモス」「赤いスイートピー」「忘れな草をあなたに」「吾亦紅」「百万本のバラ」「バラが咲いた」「月曜日にはバラを」「シクラメンのかほり」「カーネーション」そしてサクラだけでも「桜」「SAKURA」「桜島」「桜坂」「サクラ色」「さくら」「さくらんぼ」「サクラサク」等まさに満開です。さらに「マーガレット」「楓」「向日葵」「ヒマワリ」「スミレ」「ガーベラ」「キンセンカ」といくらでもあってキリがありません。

他の生物と同じ植物名

植物の名が他の生物の名と偶然、またはその姿が似ていることなどで同じ名前があります。例えば、アカネ(昆虫)、カマツカ(魚類)、サワラ(魚類)、タラ(魚類)、ハゼ(魚類)、ワカサギ(魚類)、ホトトギス(鳥類)、カバ(ほ乳類)、キリン(ほ乳類)等です。しかしネットの検索ではなかなか植物として出てくれないことがあります。

植物と漢字

和名のある植物は基本的にそれにあてはめた漢字があって私はそれだけでもワクワクします。手元にある1万1000字の親字を収めた中級の漢和辞典を開いてみると、部首でキヘンが312、クサカンムリが390(『大漢和辞典』では約2000)、タケカンムリが171で、合計すると植物系だけでも873もあります。ちなみに多いイメージのあったニンベンが270、ゴンベンが195、イトヘンが219でした。一番多くてもサンズイで400です。こうしてみると植物に関連した漢字が断トツに多く、我々日本人と植物との関係がいかに深いかを感じます。漢字の内容を見てみると、日本の気候風土と日本人の特質である勤勉さや器用さを活かした道具や建築技術などの意味が多いのもうなずけます。これらの漢字から日本人の歴史や文化をたどっていくことはとても楽しいことです。おしまいに漢字を2つだけあげると、クサカンムリで一番画数が多い字は虆でルイと読んで「かずら」という意味です。またキヘンは欖でランと読み「オリーブ」という意味です。

植物しりとり

最後に私が少しだけ苦労した植物の「しりとり」を御紹介します。園芸種名や別名も含めて五十音を使っています。但し、「旧かな」と「ん」は除いています。

(ヌ)バタマ→マルスグリ→リョウブ→ブタナ→ナニワベニ→ニッコウキスゲ→ゲンノショウコ→コウゾ→ソメイヨシノ→ノコンギク→クサノオウ→ウマノミツバ→ハンショウツル→ルリハコベ→ヘボガヤ→ヤナギトラノオ→オモト→トキリマメ→メダラ→ラ・フランス→スベリヒユ→ユキザサ→サクラタデ→デラウエア→アオカラムシ→シラネ→ネコノテチ→チトセバイカモ→モミ→ミヤマカラマツ→ツタ→タンポポ→ホタルブクロ→ロウバイ→イヌビエ→エイザンスミレ→レンゲイワヤナギ→キンセンカ→カンショ→ヨウキヒ→ビワ→ワラベナカセ→セコトラム→ムヨウラ(ン)

以上、植物の名前だけでもこれだけ楽しめます。そして楽しんでいるうちに自然と植物の名を覚え親しみがわき、ほおっておけなくなると思います。読者の皆様もどうぞ御自分の楽しみ方を見つけて下さい。そして見つけた方は是非教えて下さい。

この本に掲げられなかった植物など

東御苑に存在するといわれる植物は、この本に掲載したもの以外にも確認できなかったものも多く今後の課題としていますが、主なものは名称だけ挙げておきます。

アズマシャクナゲ、アメリカタカサブロウ、アリタソウ、オオバクロモジ、オニヤブソテツ、キジムシロ、キズタ、クワクサ、コセンダングサ、コブナグサ、サガミラン、タシロラン、チドメグサ、ネコハギ、ノアザミ、ノハラアザミ、ヒナタイノコズチ、ヒマラヤスギ、ヒマラヤユキノシタ、ヒレハリソウ、ウラシマソウ、エンジュ、キリ、ニシキウツギ、アカザ、メマツヨイグサ、ラクウショウ、チョウジソウ、ミソハギ、ツリフネソウ、カゼクサ、イワタバコ、クサソテツ。

『国立科学博物館事報 第35号』(平成12年12月25日)によれば、鳥類ではこの本に掲載した以外にも、オオタカ、ホンセイインコ、トビ、キジ、コジュケイ、ホオジロ、オナガ、エナガ、アカハラ、カシラダカ、カケス、ゴイサギ、チュウサギ、コサギ、サンコウチョウ、センダイムシクイの名がある。また、その他の昆虫以外の生物としては、アカミミガメ、ヤモリ、トカゲ、カナヘビ、アオダイショウ、ヒバカリ、マカエビ、アメリカザリガニ、アズマヒキガエル、アマガエル、ウシガエル、アズマモグラ、アブラコウモリの名があります。

植物を生活や趣味で楽しむ

北桔橋附近の濠からの景観は現在一般に見ることのできる中で最も美しい場所だと思います。高低差のある石垣には数多くの刻印も見られます。

皇居東御苑では季節のよい時には時々スケッチをしている人や本格的に梅などの植物を描いている人も見かけます。私も時々出かけて描くことがあります。上と右の絵は私が好きな北桔橋と大手門の水彩画です。ここには歴史的にも重要な天守台や櫓門、あるいは濠と石垣も多くそれらの絵を描いている人もいますが、実際に石垣の刻印を探したり、古い絵図で江戸城を実感することも楽しいものです。さらに研究者もよく来苑していて、案内をしていたり、様々な角度から江戸城や江戸そのものあるいは生物学の調査をしている人もいます。まさにここは歴史と残された自然の宝庫です。

また、写真が趣味の人は大勢いるようで、季節ごとに咲く美しい花や特定の植物の定点観測、サクラやハナショウブなどは、各地の追っ掛けの人もいます。今ではデジタル技術の進歩で面白い組み合わせ写真を作っている人がいますが、私の知り合いにも自分で掘った木彫と植物を一つのフレームに納めることを趣味としている人がいますし落葉をカットして様々なアート作品を作っている人もいます。東御苑での採取は禁じられていますが押花やドングリなどの木の実を他で集めている人もいます。

小さい頃は笹舟や草相撲、草笛、髪飾りであそんだり、木の実の鉄砲やコマ、やじろべいなども作りましたが、今では野草や原っぱ、竹やぶも都会ではなくなり、すっかり草木との触れ合いも少なくなりました。その意味でも皇居東御苑は自然から様々なことを学ぶことが出来る貴重な場所だといえます。ここは一から十まで用意してくれる遊園地にはない自分で生み出す楽しみのある素晴らしい場所です。

大手門は江戸城の正門で大名の登城時には馬を降りたので「大下馬」とも呼ばれました。東日本大震災で渡り櫓門の漆喰いの壁が一部剝落しましたが、現在は修復済みです。しかしなぜか現在は絵にあるその漆喰の窓が塞がれてしまっているのが少し残念です。

皇居東御苑内の現場メモの写真の中からの四季4枚です。

春

夏

A 押花1
小さな道草の花を可愛い押花にしています。知人作。

C 切葉
枯葉を切り抜いてコケシにしたものです。私の知人の作品です。葉を切るだけでなく色紙を重ねて構成しています。

B 押花2
上の作品の連作ですが念のために東御苑の花ではありません。

A

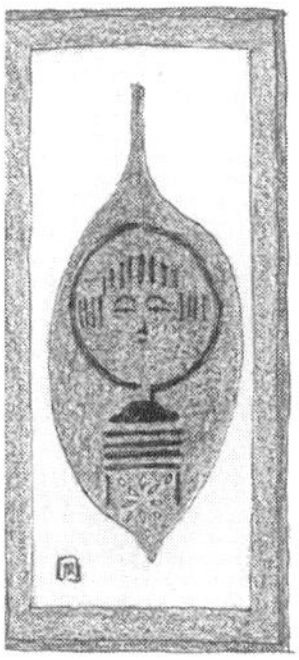

C

B

秋

冬

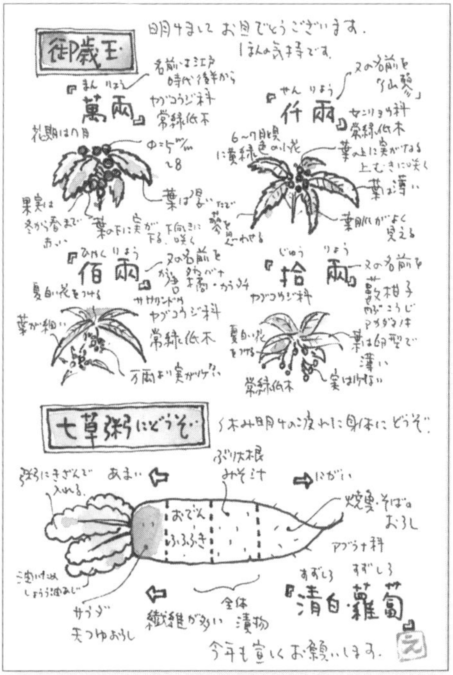

▲この年は年賀状に正月飾りの千両、万両などと七草にちなんで大根を描きました。

▼この年は戌年でいつも虐げられているイヌの名がつく植物の正月口上でした。

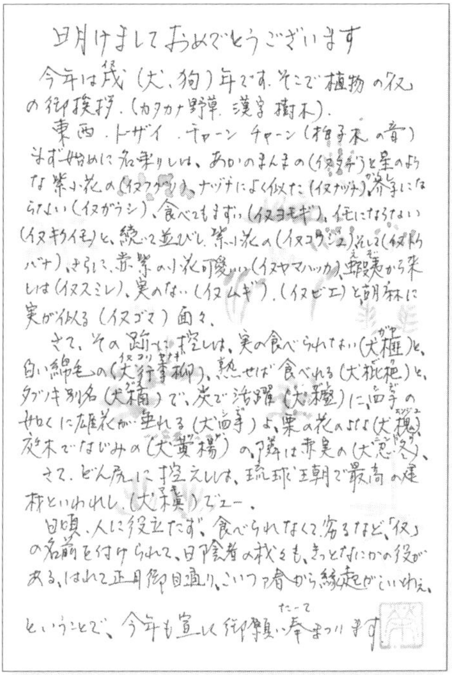

明けましておめでとうございます

今年は戌《イヌ》（犬、狗）年です。そこで植物の「犬」の御挨拶。（カタカナ野草、漢字樹木）。

東西、トザイ、チャーン チャーン（拍子木の音）

まず始めに名乗りしは、あかのまんまの（イヌタデ）と星のような紫小花の（イヌフグリ）、ナヅナによく似た（イヌナヅナ）、芥子《からし》にならない（イヌガラシ）、食べてもまずい（イヌヨモギ）、芋にならない（イヌキクイモ）と、続いて並びし、紫小花の（イヌコウジュ）そして（イヌトウバナ）、さらに、赤紫の小花可愛い（イヌヤマハッカ）、蝦夷《えぞ》から来しは（イヌスミレ）、実のない（イヌムギ）、（イヌビエ）と胡麻に実が似る（イヌゴマ）面々。

さて、その跡に控えしは、実の食べられない（犬榧《ガヤ》）と、白い綿毛の（犬行李柳《イヌコリヤナギ》）、熟せば食べれる（犬枇杷《ビワ》）と、タブノキ別名（犬樟《グス》）で、炭で活躍（犬樫）に、四手の如くに雄花が垂れる（犬四手《シデ》）よ、栗の花のような（犬槐《エンジュ》）、庭木でなじみの（犬黄楊《ツゲ》）の隣は赤実の（犬忍冬《ニンドウ》）、

さて、どん尻に控えしは、琉球王朝で最高の建材といわれし（犬槙《マキ》）でェー。

日頃、人に役立たず、食べられなくて劣るなど、「犬」の名前を付けられて、日陰者の我々も、きっとなにかの役がある、はれて正月御目通り、こいつァ春から縁起がいいねえ。

ということで、今年も宜しく御願い奉《たーて》まつります

皇居と江戸城重ね絵図

B1版　ユポ紙　木下栄三作・画

問い合わせ:江戸文化歴史検定協会　http://edoken.shopro.co.jp/

〒101-0051　東京都千代田区神保町2-14　SP神保町ビル5階

TEL:03-3515-6954(9:30〜17:30　土日・祝日休)

価格:3000円(税込・送料込)

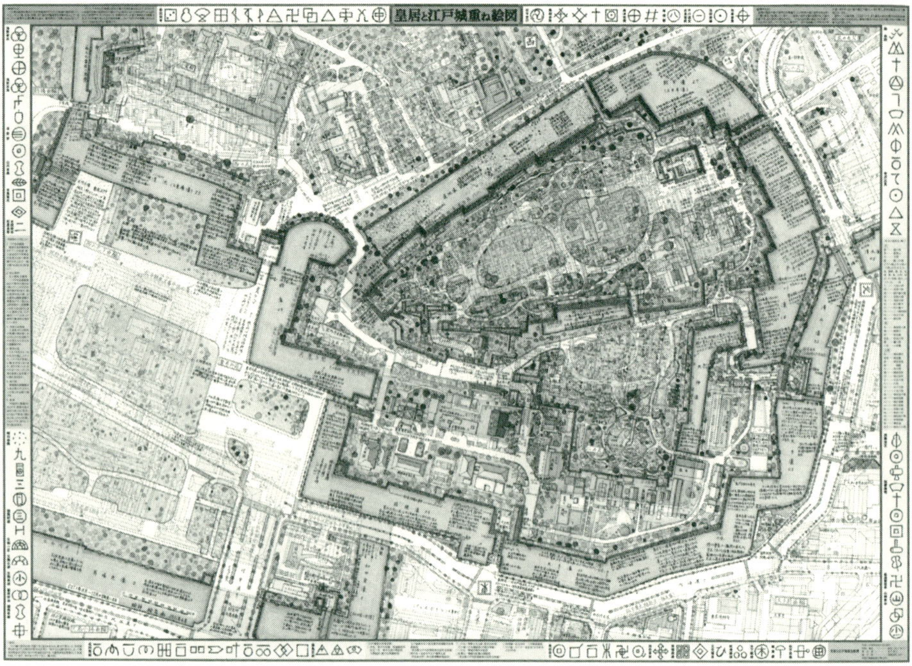

※本書と「皇居と江戸城重ね絵図」を併用することにより植物と歴史がより理解できます。

皇居東御苑案内

一般公開

公開日:毎週火曜日から木曜日、および土曜日、日曜日

公開時間: 3月1日〜4月14日／ 9月1日〜10月31日
9:00〜16:30(ただし入園は16:00まで)
4月15日〜 8月31日
9:00〜17:00(ただし入園は16:30まで)
11月1日〜 2月末日
9:00〜16:00(ただし入園は15:30まで)

出入門:大手門、平川門、北桔橋門

休苑日:毎週月曜日、金曜日(天皇誕生日以外の国民の休日等の休日」は公開。月曜日が休日で公開する場合は翌火曜日休苑)。行事の実施、その他やむを得ない理由のため支障のある日。12月28日から翌年1月3日まで。

駐車場:なし

その他:新年一般参賀、天皇誕生日一般参賀、雅楽の一般公開、一般参観申し込み等については「宮内庁」のホームページにて。

◎宮内庁ホームページ

http://www.kunaicho.go.jp/

参考文献

•生物学御研究所編『皇居の植物』(保育社、1989年)
•林弥栄『日本の野草』(山と渓谷社、1983年)
•林弥栄『日本の樹木』(山と渓谷社、1985年)
•国立科学博物館『国立科学博物館事報 第34 ～ 36号 皇居の生物相Ⅰ～Ⅲ』
•国立科学博物館皇居調査グループ『皇居•吹上御苑の生き物』(世界文化社、2001年)
•濱野周泰『葉っぱでおぼえる樹木』(柏書房、2005年)
•濱野周泰、石井英美『葉っぱでおぼえる樹木2』(柏書房、2007年)
•飯島亮、安蒜俊比古『庭木と緑化樹1 針葉樹•常緑高木』(誠文堂新光社、1974年)
•飯島亮、安蒜俊比古『庭木と緑化樹2 落葉高木•低木類』(誠文堂新光社、1974年)
•岩瀬徹、大野啓一『写真で見る植物用語』(全国農村教育協会、2004年)
•岩瀬徹『形とくらしの雑草図鑑』(全国農村調査協会、2007年)
•小林正明『身近な植物から花の進化を考える』(東海大学出版会 、2001年)
•長岡求『野の花•街の花』(講談社、1997年)
•宮内庁『御所のお庭』(扶桑社、2010年)
•鈴木康夫、高橋冬、安延尚文「『草木の種子と果実』(誠文堂新光社、2012年)
•浜田豊『花の名前』(日東書院、2003年)
•岡部誠『木の名前』(日東書院、2003年) •深津正『植物和名の語源』(八坂書房、1999年)
•今井國勝、今井万岐子『山菜ガイド』(永岡書店、2000年)
•いがりまさし『四季の野の花図鑑』(技術評論社、2008年)
•いがりまさし『野草のおぼえ方上•下』(小学館、1998年)
•梅本浩史『樹皮ハンディ図鑑』(永岡書店、2010年)
•勝木俊雄『日本の桜』(学習研究社、2009年)
•大貫茂『桜の名木100選』(家の光協会、2002年)
•井筒清次『桜の雑学事典』(日本実業出版社、2007年)
•中野正皓『皇居の花』(学習研究社、2005年)
•平馬正『皇居の四季花物語』(講談社、2009年)
•三浦朱門、村田正博『皇居』(JTBパブリッシング、2006年)
•菱山忠三郎『里山•山地の身近な山野草』(主婦の友社、2010年)
•植松黎『毒草を食べてみた』(文藝春秋、2000年)
•中井将善『毒草100種の見分け方』(金園社、1988年)
•湯浅浩史、矢野勇ほか『花おりおり その1 ～ 5』(朝日新聞社、2002 ～ 2006年)
•井上俊『いにしえの草木』(羽衣出版、2010年)
•田中肇『昆虫の集まる花ハンドブック』(文一総合出版、2009年)
•北川淑子、林将之『シダハンドブック』(文一総合出版、2007年)
•小林正明『身近な植物から花の進化を考える』(東海大学出版会、2001年)
•植松黎『毒草を食べてみた』(文藝春秋、2000年)
•深津正『植物和名の語源』(八坂書房、1999年)
•菱山忠三郎『里山•山地の身近な山野草』(主婦の友社、2010年)
•小沢知雄、近藤三雄『グランドカバープランツ』(誠文堂新光社、1987年)
•広田伸七『ミニ雑草図鑑　雑草の見分け方』(全国農村教育協会、1996年)
•田中修『植物のあっぱれな生き方』(幻冬舎、2013年)
•田中修『ふしぎの植物学』(中央公論新社、2003年)
•田中修『植物はすごい』(中央公論新社、2012年)
•田中修『雑草のはなし』(中央公論新社、2007年)
•辻井達一『日本の樹木』(中央公論新社、1995年)
•辻井達一『続日本の樹木』(中央公論新社、2006年)
•青木宏一郎『江戸の園芸』(筑摩書房、1998年)
•乙益正隆『草花遊び 虫遊び』(八坂書房、1993年)
•東京都公園協会編『徳川三代将軍から大名•庶民まで、花開く江戸の園芸文化』(東京都公園協会、2011年)
•岩槻秀明『街でよく見かける雑草や野草のくらしがわかる本』(秀和システム、2009年)
•葛飾区郷土と天文の博物館『花菖蒲Ⅱ、Ⅲ』(葛飾区郷土と天文の博物館、2002、2004年)
•東京都公園協会『東京の自然図鑑合本』(東京都公園協会、2009年)
•菊葉文化協会編、近田文弘『皇居東御苑の草木図鑑』(大日本図書、2010年)
•日本造園組合連合会『庭師の知恵ことわざ事典』(講談社、1996年)
•北嶋廣敏『緑の雑学事典』(グラフグループパブリッシング、2009年)
•木村義志監修『日本の淡水魚』(学習研究社、2009年)
•桐原政志ほか『日本の鳥550 水辺の鳥』(文一総合出版、2009年)
•五百沢日丸ほか『日本の鳥550 山野の鳥』(文一総合出版、2004年)
•別冊太陽『日本の自然布』(平凡社、2003年)

木下栄三（きのした・えいぞう）

昭和25年、名古屋生まれ。建築家、画家。
神田で建築設計事務所「エクー」を主宰し、一級建築士として数多くの建築の設計を手掛ける傍ら画家としても活動。江戸城の歴史や神田の風景などに興味を持ちそこから得た知識と旺盛な探究心で数々の作品を手掛ける。NPO神田学会理事。江戸文化歴史検定試験一級合格。
建築以外の作品としては「新版神田向横丁の稲荷絵地図雙六」「皇居と江戸城重ね絵地図」など。稲荷絵地図ではNHK『ブラタモリ』に出演。展覧会や講演、講師なども並行して行っている。朝日新聞に「神田今昔」「日本橋今昔」等を絵と文で掲載。その他ライフワークとして皇居（江戸城）を中心とした「新三十六見附」を設定し、歴史と都市計画的な考察を踏まえて、プロジェクトを展開している。著書に『絵本かんだ彷徨』がある。

ブックデザイン：大森裕二
協力：瀧崎吉伸
　　　いがりまさし

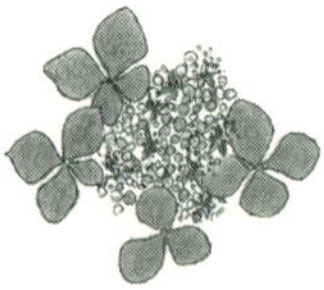

皇居《こうきょ》東《ひがし》御苑《ぎょえん》の草木帖《そうもくちょう》

2014年 4月25日　初版　第1刷発行

著者　木下栄三
発行者　片岡　巌
発行所　株式会社技術評論社
東京都新宿区市谷左内町21-13
電話　03-3513-6150　販売促進部
　　　03-3267-2272　書籍編集部
印刷／製本　日経印刷株式会社

定価はカバーに表示してあります。

造本には細心の注意を払っておりますが、万一、
乱丁（ページの乱れ）や落丁（ページの抜け）がございましたら、小社販売促進部までお送りください。
送料小社負担にてお取り替えいたします。

ISBN978-4-7741-6384-0　C0045
Printed in Japan